高职高专"十一五"规划教材

★ 农林牧渔系列

名特优水产养殖技术

MINGTEYOU SHUICHAN
YANGZHI JISHU

刘革利　李林春　主编　　王　权　副主编

U0367772

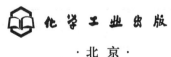

·北京·

内 容 提 要

本书介绍了30种名特优水产品种的养殖技术，兼顾了南北不同区域的需要。为了适应高职高专"项目教学"的需要，本书把每个养殖品种当作一个项目来运作，每个项目包括技能要求、养殖现状与前景（即项目可行性分析）、认识养殖品种、人工繁殖、苗种培育、成体饲养管理等内容，同时在关键技术环节提出了具体的技术目标。本书在编写时融入了新技术、新方法、新工艺及新设备，内容新颖、实用，可供读者灵活选择。

本书适合高职高专水产相关专业使用，同时也可供中职院校相关专业以及水产养殖行业从业人员参考。

图书在版编目（CIP）数据

名特优水产养殖技术/刘革利，李林春主编. —北京：
化学工业出版社，2010.6（2025.7重印）
高职高专"十一五"规划教材★农林牧渔系列
ISBN 978-7-122-08448-4

Ⅰ.名…　Ⅱ.①刘…②李…　Ⅲ.水产养殖-高等学校：
技术学院-教材　Ⅳ.S96

中国版本图书馆CIP数据核字（2010）第078638号

责任编辑：梁静丽　李植峰　郭庆睿　　　文字编辑：周　倜
责任校对：周梦华　　　　　　　　　　　装帧设计：史利平

出版发行：化学工业出版社（北京市东城区青年湖南街13号　邮政编码100011）
印　　装：北京虎彩文化传播有限公司
787mm×1092mm　1/16　印张16½　字数424千字　2025年7月北京第1版第11次印刷

购书咨询：010-64518888　　　　　　　售后服务：010-64518899
网　　址：http://www.cip.com.cn
凡购买本书，如有缺损质量问题，本社销售中心负责调换。

定　　价：39.80元　　　　　　　　　　　　　　　　版权所有　违者必究

高职高专"十一五"规划教材★农林牧渔系列建设单位

（按汉语拼音排列）

安阳工学院
保定职业技术学院
北京城市学院
北京林业大学
北京农业职业学院
长治学院
长治职业技术学院
常德职业技术学院
成都农业科技职业学院
成都市农林科学院园艺研
　究所
重庆三峡职业学院
重庆文理学院
德州职业技术学院
福建农业职业技术学院
抚顺师范高等专科学校
甘肃农业职业技术学院
广东科贸职业学院
广东农工商职业技术学院
广西百色市水产畜牧兽医局
广西大学
广西职业技术学院
广州城市职业学院
海南大学应用科技学院
海南师范大学
海南职业技术学院
杭州万向职业技术学院
河北北方学院
河北工程大学
河北交通职业技术学院
河北科技师范学院
河北省现代农业高等职业技术
　学院
河南科技大学林业职业学院
河南农业大学
河南农业职业学院
河西学院

黑龙江农业工程职业学院
黑龙江农业经济职业学院
黑龙江农业职业技术学院
黑龙江生物科技职业学院
黑龙江畜牧兽医职业学院
呼和浩特职业学院
湖北生物科技职业学院
湖南怀化职业技术学院
湖南环境生物职业技术学院
湖南生物机电职业技术学院
吉林农业科技学院
集宁师范高等专科学校
济宁市高新区农业局
济宁市教育局
济宁职业技术学院
嘉兴职业技术学院
江苏联合职业技术学院
江苏农林职业技术学院
江苏畜牧兽医职业技术学院
金华职业技术学院
晋中职业技术学院
荆楚理工学院
荆州职业技术学院
景德镇高等专科学校
昆明市农业学校
丽水学院
丽水职业技术学院
辽东学院
辽宁科技学院
辽宁农业职业技术学院
辽宁医学院高等职业技术学院
辽宁职业学院
聊城大学
聊城职业技术学院
眉山职业技术学院
南充职业技术学院
盘锦职业技术学院

濮阳职业技术学院
青岛农业大学
青海畜牧兽医职业技术学院
曲靖职业技术学院
日照职业技术学院
三门峡职业技术学院
山东科技职业学院
山东省贸易职工大学
山东省农业管理干部学院
山西林业职业技术学院
商洛学院
商丘职业技术学院
深圳职业技术学院
沈阳农业大学
沈阳农业大学高等职业技术
　学院
思茅农业学校
苏州农业职业技术学院
温州科技职业学院
乌兰察布职业学院
厦门海洋职业技术学院
咸宁学院
咸宁职业技术学院
信阳农业高等专科学校
杨凌职业技术学院
宜宾职业技术学院
永州职业技术学院
玉溪农业职业技术学院
岳阳职业技术学院
云南农业职业技术学院
云南省曲靖农业学校
张家口教育学院
漳州职业技术学院
郑州牧业工程高等专科学校
郑州师范高等专科学校
中国农业大学烟台研究院

《名特优水产养殖技术》编写人员名单

主　编　刘革利　李林春

副主编　王　权

编　者　（按姓名汉语拼音排列）

陈方平　厦门海洋职业技术学院

陈铭华　建瓯盛源水产实业有限公司

黄　斌　信阳师范学院

李林春　厦门海洋职业技术学院

刘　波　福建省水产研究所

刘革利　盘锦职业技术学院

唐晓玲　湖南环境生物职业技术学院

汪成竹　信阳农业高等专科学校

王家庆　河北农业大学

王　权　江苏畜牧兽医职业技术学院

杨四秀　永州职业技术学院

张安国　辽宁医学院动物科学技术学院

张俊杰　新疆农业大学

赵梅英　厦门海洋职业技术学院

序

  当今，我国高等职业教育作为高等教育的一个类型，已经进入到以加强内涵建设、全面提高人才培养质量为主旋律的发展新阶段。各高职高专院校针对区域经济社会的发展与行业进步，积极开展新一轮的教育教学改革。以服务为宗旨，以就业为导向，在人才培养质量工程建设的各个侧面加大投入，不断改革、创新和实践。尤其是在课程体系与教学内容改革上，许多学校都非常关注利用校内、校外两种资源，积极推动校企合作与工学结合，如邀请行业企业参与制定培养方案，按职业要求设置课程体系；校企合作共同开发课程；根据工作过程设计课程内容和改革教学方式；教学过程突出实践性，加大生产性实训比例等。这些工作主动适应了新形势下高素质技能型人才培养的需要，是落实科学发展观，努力办人民满意的高等职业教育的主要举措。教材建设是课程建设的重要内容，也是教学改革的重要物化成果。教育部《关于全面提高高等职业教育教学质量的若干意见》（教高［2006］16号）指出"课程建设与改革是提高教学质量的核心，也是教学改革的重点和难点"，明确要求要"加强教材建设，重点建设好3000种左右国家规划教材，与行业企业共同开发紧密结合生产实际的实训教材，并确保优质教材进课堂。"目前，在农林牧渔类高职院校中，教材建设还存在一些问题，如行业变革较大与课程内容老化的矛盾、能力本位教育与学科型教材供应的矛盾、教学改革加快推进与教材建设严重滞后的矛盾、教材需求多样化与教材供应形式单一的矛盾等。随着经济发展、科技进步和行业对人才培养要求的不断提高，组织编写一批真正遵循职业教育规律和行业生产经营规律，适应职业岗位群的职业能力要求和高素质技能型人才培养的要求，具有创新性和普适性的教材将具有十分重要的意义。

  化学工业出版社为中央级综合科技出版社，是国家规划教材的重要出版基地，为我国高等教育的发展做出了积极贡献，曾被新闻出版总署领导评价为"导向正确、管理规范、特色鲜明、效益良好的模范出版社"，2008年荣获首届中国出版政府奖——先进出版单位奖。近年来，化学工业出版社密切关注我国农林牧渔类职业教育的改革和发展，积极开拓教材的出版工作，2007年年底，在原"教育部高等学校高职高专农林牧渔类专业教学指导委员会"有关专家的指导下，化学工业出版社邀请了全国100余所开设农林牧渔类专业的高职高专院校的骨干教师，共同研讨高等职业教育新阶段教学改革中相关专业教材的建设工作，并邀请相关行业企业作为教材建设单位参与建设，共同开发教材。为做好系列教材的组织建设与指导服务工作，化学工业出版社聘请有关专家组建了"高职高专'十一五'规划教材★农林牧渔系列建设委员会"和"高职高专'十一五'规划教材★农林牧渔系列编审委员会",拟在"十一五"期间组织相关院校的一线教师和相关企业的技术人员,在深入调研、整体规划的基础上,编写出版一套适应农林牧渔类相关专业教育的基础课、专业课及相关外延课程教材——"高职高专'十一五'规划教材★农林牧渔系列"。该套教材将涉及种植、园林园艺、畜牧、兽医、水产、宠物等专业,于2008~2010年陆续出版。

该套教材的建设贯彻了以职业岗位能力培养为中心,以素质教育、创新教育为基础的教育理念,理论知识"必需"、"够用"和"管用",以常规技术为基础,关键技术为重点,先进技术为导向。此套教材汇集众多农林牧渔类高职高专院校教师的教学经验和教改成果,又得到了相关行业企业专家的指导和积极参与,相信它的出版不仅能较好地满足高职高专农林牧渔类专业的教学需求,而且对促进高职高专专业建设、课程建设与改革、提高教学质量也将起到积极的推动作用。希望有关教师和行业企业技术人员,积极关注并参与教材建设。毕竟,为高职高专农林牧渔类专业教育教学服务,共同开发、建设出一套优质教材是我们共同的责任和义务。

介晓磊

2008 年 10 月

前言

名特优水产动物是一个较为模糊的概念，它是与常规水产动物相对应存在的。一些过去被当作名特优水产动物的种类如罗非鱼等，因养殖规模大、数量多、价格低而成为了常规水产动物。本教材所选取的名特优水产动物多数为名贵、稀少、养殖方式特殊、养殖规模较小、商品价值较高、营养价值优良而备受人们青睐的水产经济动物，它们具有以下特点：①经济价值较高，养殖效益高；②数量比一般养殖品种稀少，或已达一定规模但仍较畅销；③养殖需要较高的投入；④养殖技术水平要求较高；⑤养殖风险性大。

名特优水产养殖技术是在名特优水产养殖业的发展中逐渐兴起的一门新兴的应用性实践性强的学科。为了适应高职高专"项目教学"的需要，本教材把每个养殖品种当作一个项目来运作，每个项目包括技能要求、养殖现状与前景（即项目可行性分析）、认识养殖品种、人工繁殖、苗种培育、成体饲养管理等内容，同时在关键技术环节提出了具体的技术目标。

本书是依据动物的分类地位谋篇布局的，其中名特优鱼类又依据其重要的生态、形态与食性特征将养殖技术类似的划归到一类中，分别为冷水鱼类、比目鱼类、无鳞鱼类、滤食性鱼类、凶猛肉食性鱼类五大类。其中将生物学上本来具有鳞片的泥鳅、鳗鲡等种类也按照人们的传统习惯并入无鳞鱼类这一大类中。

参加本书编写的作者来自全国10所高校、1个研究所和1个企业共12个单位。编写分工如下：李林春编写第一章、第二章和第二十四章；黄斌编写第三章、第五章和第六章；唐晓玲编写第四章和第十二章；汪成竹编写第七章、第八章和第二十五章；刘革利编写第九章、第十章、第十八章、第十九章和第二十三章；张安国编写第十一章、第十七章和第三十章；王权编写第十三章、第十四章和第二十章；陈铭华编写第十五章；张俊杰编写第十六章；杨四秀编写第二十一章和第二十二章；王家庆编写第二十六章和第二十七章；陈方平编写第二十八章；刘波编写第二十九章；赵梅英编写第三十一章。

本书的编写得到了各参编院校的大力支持，在此对兄弟院校领导的支持和帮助表示衷心感谢。本书在编写过程中，参考了同行专家的一些文献资料，在此，我们谨向这些作者表示诚挚的谢意！

本书内容涉及面广，加之编者水平有限，书中不足之处在所难免，恳请广大读者批评指正。

编者

2010 年 4 月

目录

第六篇　比目鱼类养殖　　135

第七篇 无鳞鱼类养殖 161

第二十章 南方大口鲇养殖 …………………………………………………… 162

第二十一章 黄颡鱼养殖 ………………………………………………………… 166

第二十二章 黄鳝养殖 …………………………………………………………… 174

第二十三章 泥鳅养殖 …………………………………………………………… 181

第一篇

通用技术

第一章　水产养殖通用技术

【技能要求】

1. 可独立开展亲本强化饲育的相关操作。
2. 可进行常规水产品种的人工催产、人工授精和人工孵化操作。
3. 可开展常规水产品种的育苗操作。

第一节　人工育苗技术

水产苗种生产方法可分为两种：农场式育苗和工厂化育苗。

（1）农场式育苗　采用传统的我国鲤科鱼类育苗方法，即池塘施肥培饵育苗法。其优点是将苗种培育与饵料培养集于一体，不必单独进行饵料培养工作。缺点是易受灾害天气影响，且单产低。本章不作专门讲解。

（2）工厂化育苗　在人为控制条件下，完全依靠人工投喂饵料在室内育苗系统中进行生产。其优点是育苗条件不受天气影响，便于全人工控制和计划生产；容易发现和控制敌害；育苗数量多、密度高、质量好、生产稳定；一套设备可全年使用，生产周期短，可多茬育苗。缺点是投资成本高，管理复杂。

一、工厂化育苗的基本设施

工厂化育苗对场址选择有一定要求，其主要设施有育苗车间、亲本池、产卵池、孵化池、育苗池、饵料池等。

1. 场址选择

育苗场应选择在临近河流、水库或自然海水，潮流畅通，临岸海水较深的区域，以礁滩、沙滩和沙泥滩为佳。水源无污染，水质清澈，符合国家渔业一级水质标准。若用水井，则要求水质优良，不含任何沉淀物和污物，水质透明、清澈，重金属、硫化物和细菌指数均不超标。有充足的电力资源，为防止供电不足或断电，育苗场应设置备用发电机组。交通便利。

2. 育苗车间（育苗室）

育苗车间主要作用是保温、防雨和调光。北方应以防寒保温为主，南方应注意遮阳。屋顶多采用钢骨屋架和玻璃钢瓦顶，辅以遮光帘调光。四周为砖墙水泥面，并设窗户以利通风。

3. 亲本池

亲本池有水泥池、玻璃钢水槽、大型帆布水槽、网箱等。水泥池有圆形、方形、八角形、长方形等，以圆形、八角形居多。容积多为 $30\sim200m^3$，配备进排水、充气、加温管道。

4. 产卵池

产卵池的结构、形状、大小、材质、配套等基本与亲鱼池相同，只是出水口上位，并在池外增设集卵槽和集卵网箱，且可与亲本池通用。

5. 饵料车间与饵料池

饵料池分植物饵料（单胞藻）培养池和动物饵料（轮虫、卤虫）培养池，可分车间或共用同一车间生产。植物饵料培养车间要求能防雨、保温、调光，防污染，光照强，通风好；动物饵料培养车间可稍暗。

二、人工繁殖技术

1. 亲本选择与培育

> **亲本选择与培育的技术目标：**从野生群体中或良种场养殖群体中挑选品质优良者作为亲本来饲养；饲养的亲本个体应体形完整、色泽正常、健壮无伤、行动活泼、集群性强、摄食积极、年龄与规格适宜；温水性亲本种类的强化饲育要从前一年的秋季开始，冷水性种类要从当年的春季开始，亲本成活率达到95%以上。

（1）亲本来源　亲本有两种来源：一是从野生群体中挑选；二是从良种场养殖群体中挑选。最好从原产地挑选。有养殖基础的品种应从养殖成体中选留品质优良者作为亲本使用，但隔几年仍需从原产地补充部分野生亲本，以避免种质退化。

（2）亲本选择标准　选择的亲本要求体形完整、色泽正常、健壮无伤、行动活泼、集群性强、摄食积极、年龄与规格适宜。

大多数亲鱼选择标准：一般雌鱼3龄以上和雄鱼2龄以上作为繁殖的亲鱼。体重2～5kg。体质健壮、发育正常、体形好、鳞片完整、无伤病，雌雄比例恰当，雌雄比通常为1:1或者1:2，多数情况下雄性多准备一些。

（3）繁殖季节　温度和水产动物的繁殖产卵密切相关（表1-1）。自然界春季持续升温诱使温水性种类产卵，秋季持续降温诱使冷水性种类产卵。对光照和温度敏感的亲本，还可利用光、温调控方法，诱导和控制亲本在一年内的任何一个月份产卵，如大菱鲆可通过延长光照、提高水温改变自然产卵周期，实现在人工条件下一年多次产卵育苗。

表 1-1　一些名特优水产动物的主要繁殖季节

种类	繁殖季节	种类	繁殖季节
大黄鱼	4～6月	红鳍东方鲀	5～6月
鳖	5～8月	大菱鲆	5～8月
半滑舌鳎	8～10月(20～26℃)	黄颡鱼	4～5月
泥鳅	5～6月	长吻鮠	5月中旬
牛蛙	5～9月(25～28℃)	黄鳝	6～7月
刺参	5～7月(13～22℃)	乌鳢	5～6月(22～28℃)
马粪海胆	3～5月(14～17℃)	牙鲆	4～6月(10～24℃)
紫海胆	5～7月	真鲷	黄海、渤海地区，5～7月；广东沿海，11月底至2月初
光棘球海胆	6～8月(20～23℃)		
青虾	6～7月	姆鱼	6～7月
海蜇	5～7月(20～25℃)	虹鳟	12月至翌年1月(8～12℃)
克氏原螯虾	5～10月	罗氏沼虾	2～6月
褶纹冠蚌	3～5月(10～20℃)	南方大口鲇	4～6月(22～24℃)
	9～10月(15～20℃)	鳜	4～5月
河蟹	2～3月(9～12℃)	大鲵	5～9月(22～25℃)

（4）亲鱼培育　亲鱼培育方式见表1-2。

表 1-2 亲鱼培育方式

培育方式	网箱培育	室外土池培育	室内池或者搭棚水泥池培育
设备规格	网箱规格 4m×4m×4m	500～1000m²	20～50m²
密度	5～7kg/m³	150～300g/m²	1～3kg/m³
亲鱼种类	真鲷、鳜、大黄鱼、鲟鱼	南方大口鲇、乌鳢、鳜、长吻鮠、鲟鱼、虹鳟、罗氏沼虾、鳖、泥鳅、点带石斑鱼、河蟹、牛蛙	真鲷、大菱鲆、牙鲆、东方鲀、大黄鱼、黄颡鱼、长吻鮠、黄鳝、半滑舌鳎、长吻鮠、鲟鱼、虹鳟、罗氏沼虾、大鲵、泥鳅、点带石斑鱼、河蟹、牛蛙

① 水质要求　为了保证水质优良,繁育场需要有良好的进排水条件,水质需经过严格的检验,应符合农业部发布的《无公害食品·海水养殖用水水质》(NY 5052—2001)《无公害食品·淡水养殖用水水质》(NY 5051—2001)的要求,溶解氧要保持在 7mg/L 以上,pH 值在 7.8～8.2 的范围内,氨态氮要小于 0.1mg/L,海水盐度为 28～35。池顶遮光,控制光照强度为 200～600lx,持续充气增氧。

② 强化饲育　亲本产卵期一般很少摄食或停食,产卵之前和之后则摄食旺盛。因此,多数亲本需要强化培育,培育期的营养和饵料水平会对产卵数量、质量、受精率、胚胎发育和幼体的质量及成活率产生重大影响,因此,要重视亲本培育期间的营养与饵料问题。温水性种类通常从前一年的秋季开始,冷水性种类从当年的春季开始。因为名特优水产种类通常都是肉食性种类,所以主要投喂新鲜的小杂鱼、螺蚌肉、蚯蚓、蝇蛆、蚕蛹、牡蛎、沙蚕等高营养的优质鲜活饵料,部分补充植物性饲料(豆饼粉、米糠、麸皮、胡萝卜、青菜叶等),并交叉投喂添加渔用多维、矿物质、鱼肝油等的配合饲料等。一般日投喂 2 次,投喂量为水产动物总体重的 2%～3%。产前 1 个月应减至 1%左右,并适当加大水流量,以促使性腺发育成熟。

2. 人工催产

人工催产的技术目标:人工催产成功率、受精率均达到 90%以上,孵化率达到 95%以上,产后亲本死亡率不超过 5%。

(1) 催产剂的参考注射用量　见表 1-3。

(2) 催产剂的注射方法　注射分体腔注射和肌内注射两种,目前生产上多采用前法。

① 体腔注射　注射时,使鱼夹中的鱼侧卧在水中,把鱼上半部托出水面,在胸鳍基部无鳞片的凹入部位,将针头朝向头部前上方与体轴成 45°～60°,刺入 1.5～2.0cm,然后把注射液徐徐注入鱼体。

② 肌内注射　肌内注射部位是侧线与背鳍间的背部肌肉。注射时,把针头向头部方向稍挑起鳞片刺入 2cm 左右,然后把注射液徐徐注入。在注射过程中,当针头刺入后,若亲鱼突然挣扎扭动,应迅速拔出针头,不要强行注射,以免针头弯曲,或划开肌肤造成出血发炎。可待鱼安定后再行注射。

注射完毕,消毒注射部位,挂上标志,放回原池中。要做好记录,记下注射时间、激素种类及剂量、亲鱼体长、体重和其他要说明的情况,以便总结催产效果。

催产时一般控制在早晨或上午产卵,有利于工作进行。为此,须根据水温和催产剂的种类等计算好效应时间,掌握适当的注射时间。

(3) 人工授精　人工授精方法共有三种,即干法、半干法和湿法。干法是把精液直接挤入盛有卵子的容器中,加以搅拌,然后用清水将受精卵冲洗干净;湿法是将成熟的卵和精液先后挤入海水、淡水中,使之受精;半干法是先将精液用适量水稀释,然后与卵子混合受精。

表 1-3　一些名特优水产动物催产剂的参考注射用量

种　类		卵的类型	催产剂	每千克体重注射用量
海水种类	真鲷	浮性卵	LRH-A＋HCG＋维生素 B_1	$50\sim100\mu g＋2700IU＋2ml$
	斜带石斑鱼 点带石斑鱼		LRH-A＋HCG	$7\mu g＋1000IU$
			PG	10mg
	大黄鱼		LRH-A＋PG 或 LRH-A	$50\mu g＋0.2mg$ 或 $50\sim100\mu g$
	牙鲆		控温、控光	
	真鲷		LRH＋HCG	$10\mu g＋1000IU\sim30\mu g＋1000IU$
	半滑舌鳎		控温、控光	
	大菱鲆		控温、控光	
	红鳍东方鲀	沉性卵	HCG＋LRH-A_2	$500\sim1500IU＋50\mu g$
淡水种类	乌鳢	浮性卵	PG＋HCG＋LRH-A	2颗＋$500IU＋5\mu g$
	黄颡鱼	黏性卵	LRH-A＋HCG	$150\mu g＋500IU$
	鲟鱼		LRH-A 或 PG	$30\sim90\mu g$ 或 $2\sim6mg$
	南方大口鲇		DOM＋LRH-A	$1\sim5mg＋22\mu g$
	泥鳅		HCG＋LRH-A	$400\sim500IU＋3\mu g$/尾
	长吻鮠		LRH-A＋PG＋DOM	$30\sim50\mu g＋1$颗＋4mg
	虹鳟	沉性卵	控温、控光	
	鳜		LRH-A＋HCG	$50\mu g＋500IU$
	黄鳝		LRH-A	$5\sim30\mu g$/尾
	牛蛙	卵块	PG＋HCG＋LRH-A	4颗＋$600IU＋250\mu g$/尾
	大鲵	卵块	LRH-A＋HCG	$26\sim192\mu g＋157\sim2173IU$

　　注：HCG 表示绒毛膜促性腺激素，PG 表示脑垂体，DOM 表示马来酸地欧酮，LRH-A 表示促黄体素释放激素类似物，LRH-A_2 表示促排卵素 2 号。

　　特别提示：当发现亲鱼发情进入产卵时刻（流水产卵的最好在集卵箱中发现刚产出的鱼卵），立即捕捞亲鱼检查。在进行人工授精过程中，应避免精、卵受阳光直射。操作人员要配合协调，做到动作轻、快，否则易造成亲鱼受伤，引起产后亲鱼死亡。

　　（4）产后亲本的护理　亲本产卵后的护理是生产中需要引起重视的工作，因为在催产过程中，常常会引起亲本受伤，如不加以很好护理，将会造成亲本的死亡。

　　产卵后亲本的护理，首先应该把产后过度疲劳的亲本放入水质清新的池塘里，让其充分休息，并精养细喂，使它们迅速恢复体质，增强对病菌的抵抗力。为了防止亲本伤口感染，可对产后亲本加强防病措施，进行伤口涂药和注射抗菌药物。

　　亲本皮肤轻度外伤，可选用以下药品涂擦伤口：高锰酸钾溶液、磺胺药膏、青霉素药膏和呋喃西林药膏等，以防伤口溃烂和长水霉。

　　亲本受伤严重者，除涂消炎药物外，可注射 10% 磺胺甲唑钠，$5\sim8kg$ 体重的亲本注射 1ml（内含 0.2g 药）或每千克体重注射青霉素（兽用）10000IU。

　　进行人工授精的亲本，一般受伤较为严重，务必做到伤口涂药和注射抗菌药物并用，可减少产后亲本的死亡。

　　3. 人工孵化

　　（1）孵化方法　浮性卵、黏性卵、沉性卵（包括漂流性卵）要采取不同的孵化方法。

　　浮性卵：宜用静水微充气、微流水配合微充气或流水孵化。

　　黏性卵：将受精卵均匀地黏附在黏卵板上，置于有微流水的水池中孵化。

　　沉性卵和脱黏的黏性卵：宜用锥形容器如孵化桶、孵化槽或孵化环道等底部反向较强流水孵化，放卵密度一般为 1～2 粒/ml。

（2）孵化条件　淡水种类可直接用过滤库水或河水，海水种类宜用沉淀过滤（二级砂滤）海水，调节盐度，最好用消毒海水（紫外线、臭氧），严防带入泥沙杂质、污物及敌害生物；温度调整在适温范围内，并保持恒定。高温虽可缩短孵化时间，但会造成初孵仔鱼变小和畸形；胚胎发育期的耗氧量较高，要尽可能进行充气或流水以提高孵化率。

待鱼苗鳔充气（见腰点）、卵黄囊基本消失、能开口主动摄食和游动自如时（一般孵出后4～5天），即可下塘。鱼苗下塘时应注意池塘水温与孵化水温不要相差太大，一般不宜超过±2℃。这时鱼苗幼嫩，操作要细致。

三、苗种培育技术

> **苗种培育的技术目标**：苗种规格齐整，色泽正常，健康无损伤、无病害、无畸形，活动能力强，摄食良好，合格率在95%以上，伤残率低于5%。

鱼苗培育是指从初孵仔鱼开始培育至2～3cm鱼苗的过程，鱼种培育是指从3cm培育成10cm左右的大规格鱼种的过程。通常，鱼苗培育在工厂化培育池中进行（图1-1），鱼种培育可采用网箱、土池和水泥池等多种方式培育。

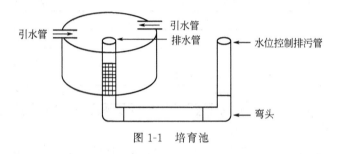

图 1-1　培育池

1. 鱼苗培育

培育池一般采用室内水泥池，面积5～100m²，放养密度视种类、设施与技术条件而定，低密度的如乌鳢100～150尾/m²，中等密度如南方大口鲇500～1000尾/m²，高密度如大黄鱼2万～5万尾/m³。刚孵化的鱼苗腹部有膨大的卵黄囊，待卵黄囊吸收后，仔鱼开始摄食初期，可投喂一定量的熟蛋黄和小型浮游动物，如轮虫、桡足类、枝角类浮游动物和水蚤等，鳜鱼苗的开口饵料为体长与鳜鱼苗差不多或更小的鱼苗，如鲂、鳊、鲴、鲮等鱼苗。育苗中期投喂轮虫、卤虫无节幼体、桡足类浮游动物、配合饵料等。育苗后期，可继续投喂中期饵料，加强配饵投喂，并辅助投喂鱼、虾、贝肉糜（现已少用）。每次改换新饵料时，必须有几天新旧饵料的交叉投喂期使之逐步过渡。现在除早期投喂轮虫、卤虫外，中后期饵料基本被配合饵料取代，简化了育苗程序，提高了效率。

2. 鱼种培育

网箱培育鱼种养殖成本较低，但对养殖水域的水质要求严格，且不能超过一定的养殖容量；室外土池养殖成本也较低，但受外界水源、气候等条件的限制；室内水泥池养殖成本较高，但往往水温、水质稳定，不受气候等条件的限制，可实现常年养殖。

（1）网箱培育　网箱应设在波浪平稳、避风、水较深、水流通畅的天然港湾、库湾内。网箱规格一般为4m×4m×(3～5)m。日投喂4～5次，可投喂配饵或鱼肉糜。根据鱼苗生长和网箱污浊程度换网。约培育60天左右，鱼苗全长可增长至8～10cm。

（2）土池培育　方法同农场式鱼苗培育。

（3）水泥池培育　　可使用原育苗池或其他水泥池，面积 $30\sim1000m^2$ 均可。水、气、温、光、饵等培育条件均与鱼苗后期培育相似；放养密度 $500\sim800$ 尾/m^3；饵料为配合饵料，亦可少量使用鱼肉糜，日投饵 $5\sim6$ 次。注意加强循环流水、清底和病害防治。

3. 管理要点

（1）水源水处理　　培育是否成功，很大程度上依赖于水源水水质与水量的充分保证。培育最好用水库水、河水、自然海水等（若用深井水，则要全面分析其理化因子的含量及比例，只有符合要求才能使用），经过过滤、消毒杀菌、调温后，达到清新、无毒、无污染、泥沙少、无敌害生物，水温、盐度、水质因子满足鱼苗需要再进入培育池。

（2）换水与充气　　前仔鱼期可以静水培育，辅以加水和部分换水，并微充气；后仔鱼期可部分换水或适当流水；稚鱼期与幼鱼期，流量逐步加大。同时随鱼苗的生长逐渐加大充气量，排水口溶解氧量大于 $6mg/L$。

（3）水温控制　　水温是最重要的环境因素，它对新陈代谢的水平和效果都会产生深刻影响。不同种类育苗期对水温要求不同，冷水性鱼类的水温控制在 $12\sim18℃$，温水性鱼类、热带鱼的水温控制在 $22\sim28℃$。

（4）盐度与光照控制　　光照对一些鱼苗的摄食会产生影响，延长光周期能使仔鱼的生长速度加快。育苗初期鱼苗不喜光，室外池最好搭棚遮阳，随个体增大或变态开始则需要较强的光照，并随光照强度增大，摄食量便会增强。对于一些海水养殖种类，养殖水体的盐度以维持在 $23\sim32$ 较为适宜。

（5）pH 值、氨态氮和悬浮物控制　　最佳 pH 值为 $7.8\sim8.7$，氨态氮含量不超过 $0.1mg/L$。水中悬浮的颗粒物质不能高于 $15mg/L$。每半月适当投放光合细菌 $50\sim100ml/m^3$ 以控制水质。

（6）去油膜和清底　　及时使用专用工具撇除水表面油膜和吸污清底。

（7）分苗　　随着鱼苗的生长，定期分苗十分重要。一般在孵化后第 $15\sim20$ 天进行第 1 次分苗，第 $30\sim35$ 天进行第 2 次分苗，第 60 天进行第 3 次分苗。一般情况下，第 1 次和第 2 次分苗只是从密度上加以稀疏，第 3 次则需按大、中、小 3 个等级进行分拣、分级培育。并注意计数、监测鱼苗生长发育与成活以及对鱼苗行为习性、病害出现的观察处理等工作。

（8）待出售苗种质量标准　　苗种达到一定的规格后，即可出售或进行养殖。苗种必须色泽正常，健康无损伤、无病害、无畸形，活动能力强，摄食良好。全长合格率在 95% 以上，伤残率低于 5%。

（9）苗种运输　　鱼苗运输前要根据养成的水环境情况提前做好调节和降温工作，运输前一天应停食。运输方式有尼龙袋充氧运输、活水船运输等，主要以尼龙袋充氧运输为主。运输时间以 20h 内为宜。首先在袋内加入 1/3 左右的过滤海水、淡水，鱼苗计数装入袋内，充氧、系扣后，装入泡沫箱或纸箱中，进行运输。10L 的包装袋，每袋可装全长 $5\sim10cm$ 的鱼苗 $50\sim100$ 尾；全长 15cm 的鱼苗，每袋可装 $30\sim50$ 尾。鱼苗运输过程中，要注意观察，避免鱼体碰撞而导致受伤，防止破袋而导致漏光、漏水、氧气不足等现象的发生。水温偏高或运输距离较远时，应用冰块降温。

第二节　养成模式与技术

　　养成技术目标：实现低能耗、高效益、无环境污染；要求疾病预防在先，做到健康养殖，禁用孔雀石绿等任何违禁药物；养殖成品达到无公害绿色食品要求。

目前国内名特优水产动物养成模式，多数为池塘养殖、网箱养殖、工厂化养殖三种形式。

一、池塘养殖

池塘养殖名特优水产动物与养殖常规鱼类的技术无特殊差异，基于名特优水产动物多为肉食性，对于水质要求更严格一些，饵料上以杂鱼虾、贝类、头足类和配合饲料为主。

目前除鱼类外，鳖、蛙养殖也主要以池塘养殖为主。

二、网箱养殖

除个别种类外，几乎所有的可养殖的水产动物都可利用网箱进行养殖。网箱养殖是一项投资省、见效快、养殖成本低的一种养殖模式。但网箱养殖也存在致命弱点，一是易造成环境污染、水体富营养化，二是养殖质量无保障。目前我国有很多地方天然水域网箱养鱼已经超过了最高容量（国家规定网箱养殖面积不得超过水域面积的 0.1%）。

三、工厂化养殖

目前名特优水产动物养成多采用工厂化养殖，概括起来，有养殖用水不重复利用的开放式流水养殖（包括室内与室外流水养殖）和养殖用水循环重复利用的封闭式循环流水养殖两种模式。

1. 开放式流水养殖模式

利用天然的地势形成水位落差，使水不断地流经鱼池，无需动力。在水库大坝下开设流水鱼池，鱼池流出的水仍可用于灌溉用水，目前鲟鱼养殖多采用这种形式，养殖成本低，但具备这种自然优势条件的毕竟很少。多数是采用动力抽取天然水源水（海水、深井水、温泉水、冷泉水、工厂余热水等）进入蓄水池，再由蓄水池导入流水养鱼池。流水养殖模式仅需配备调温及增氧设备等，设备要求简单，施工容易，技术要求也较低，目前是我国育苗温室所采用的主要模式。其中我国北方采用的大棚式工厂化流水养殖是符合我国国情的海水工厂化养殖的典型模式，下面作一简要介绍。

大棚式工厂化流水养殖是一种温室大棚加海水深井工厂化流水的养殖模式，主要养殖大菱鲆、舌鳎、对虾等品种，其主要设施如下。

（1）温室大棚　大棚的外形结构基本与暖冬式蔬菜大棚相似。

（2）海水深井　井水的水温、盐度、氨态氮、pH、化学耗氧量、重金属离子、无机氮、无机磷等水质理化指标均需符合养殖要求。

2. 封闭式循环流水养殖模式

封闭式循环流水养殖模式相对于开放式流水养殖模式而言，养殖用过的水经专用的水处理设施（包括沉淀、过滤、净化、消毒等措施）处理后再重新回到养殖池使用。该模式对设备、技术要求较高，投资较大。其主要设施包括：养鱼车间（温室）、养鱼池系统、进排水系统、水处理系统、供热系统、增氧系统、供电系统及附属设施等。特点如下。

① 功能全面。既可以养鱼，又可以饲养甲壳类、两栖类、爬行类和贝类；既可以育苗，也可以养成；还可作商品销货前的暂养。

② 可控性强。室内可控制温度、湿度、光线，养殖水体可控制溶解氧、氨态氮等指标，有的还可自动监测与控制。

③ 管理方便。因集约化程度高而有利于管理。

（1）养鱼车间与鱼池系统

① 养鱼车间　多为双跨、多跨单层结构，跨距一般为 9～15m，砖混墙体，屋顶断面为

三角形或拱形。屋顶为钢框架、木框架或钢木混合框架，顶面多采用避光材料，如深色玻璃钢瓦、石棉瓦或木板等，设采光透明带或窗户采光，室内照度以晴天中午不超过1000lx为宜。

② 鱼池系统 鱼池多为混凝土、砖混或玻璃钢结构。底面积一般为30～100m²。如鱼池面积过大，易造成水体交换不均匀、饵料投撒不均匀、池鱼摄食不均匀。鱼池水深一般不超过1m，若养殖游动性较强、个体比较大的鱼类，鱼池水深应大于1.5m。鱼池的形状有长方形、正方形、圆形、八角形、长椭圆形等。目前较流行的为八角形池，它兼有长方形池和圆形池的优点，结构合理，池底呈锅底形，由池边向池中央逐渐倾斜，坡度为3%～10%，鱼池中央为排水口，其中安装多孔排水管，利用池外溢流管控制水位高度。

(2) 苗种放养

① 苗种选择 养殖苗种要选择规格整齐的同批苗。因为目前工业化养殖的鱼种多为凶猛的肉食性鱼种，如果苗种大小相差较大，入池后会因互相残食而降低成活率。尽量选择规格较大且已能完全摄食死饵或配合饵料的苗种，因为这样的苗种成活率高，且养殖操作容易。另外，苗种要求体形正常、体质健壮、反应灵敏、活力强、集群摄食明显。对于鱼体瘦弱、体表受伤、得病或畸形苗种，在选择时应注意剔除。

② 放养方式 一般采取单养，这样可以根据所养鱼类的特性制定管理措施。为了充分利用水体，还可采取一放多捕或轮捕轮放的方式。饲养早期可适当加大放养量，中后期捕大留小，并补放一些苗种，以养殖前期不浪费水体，后期不抑制鱼的生长为原则。

③ 放养密度 鱼的放养密度与鱼池结构和设备、水流量、水温、水质、饵料数量和质量及投饵方式、苗种的种类、规格及放养方式等具有密切的关系。

(3) 饲养管理

① 养殖环境监控

a. 水温 工业化养鱼为了保证高产和常年生产，配备的调温设备可将水温控制在所要求的范围内。可以每日定时人工测定水温或通过自动测定、记录温度的装置随时观测水温变化，并通过控制装置使调温设备能按需要运行。冬季应注意采用适宜的加温方式，在温度达到预定要求的同时注意保温和节约能源，夏季注意防暑降温。

b. 光照 养鱼池上方光线不宜过强，一般以1000～5000lx为宜，否则会使池鱼不安，并使池底、池壁繁生藻类而影响其摄食和生长。

c. 水质 需经常定期测定溶解氧、盐度、pH、氨态氮、亚硝酸态氮和硫化物等，保证各项水质指标严格控制在规定的范围内。一般鱼池中平均溶解氧量在5mg/L，排水口的水中溶解氧量不低于3mg/L，pH6.5～8.5，氨态氮低于1mg/L，亚硝酸态氮低于0.1mg/L，盐度符合所养鱼种的适宜盐度范围。设备先进的养鱼厂配有水质自动测定、自动记录、自动控制设备。

如果鱼池排污性能不好，投饵后，池底会聚积残饵、粪便，水面上会漂浮饵料中析出的油膜，此时可采用降低水位、加大水流量或吸底的方法排污。池壁和池底粘有的饵料油脂、排泄物等易繁殖细菌从而诱发鱼病，应经常擦、刷、洗。但操作过程中不要过分惊扰鱼群，以免影响其摄食。

② 饵料与投喂

a. 饵料种类 工业化养鱼所用饵料一般要求大小适口，营养成分配比合理，干湿度适中，黏合性强，以减少饵料散失和溶化在水中。主要种类有生鲜饵料、湿型颗粒饲料、固体配合饲料等。生鲜饵料主要为新鲜或冷冻的杂鱼虾，其营养全面，鱼类摄食后生长较好，但缺点是污染水质且难以添加营养剂和药物；湿型配合饲料制作时需以生饵为原料，因此，需注意生饵的鲜度；固体配合饲料对水质污染少，投喂简单，保管方便，但价格较贵。另外，干、湿型配合饲料使用时需添加维生素 E、维生素 C 和复合维生素,以免鱼类产生维生素缺乏症,一般总添加量为饲料的 1％～2％。

b. 投喂量 一般日投喂量约为鱼体重的 2％～15％,比例随鱼体增大而降低,应尽量控制在鱼饱食量的 70％～80％,切忌过饱。具体的投饵量还应根据鱼的健康状况、水质好坏、天气状况、水温高低灵活掌握,以每天投喂后无残饵为原则。另外,药浴、倒池或分选前后要适当减少投饵量或停饵。

c. 投喂方法 一般要求分散均匀地投于入水口的前部,对密集鱼群外围的个体要适当给予照顾。可先将应投喂量的 60％全池投撒,剩余 40％根据鱼的摄食状况投撒,尽量使饲料沉底前已被鱼抢食。投喂以后 10min,检查池底有无残饵,可供次日投饵量参考。也可使用自动投饵机每日多次定时投撒。另外,养殖过程中要几种饵料并用,避免长期单独投喂一种饵料。例如,牙鲆养殖中,通常在苗种期到入秋投喂固体配合饲料提高成活率,水温降到 25℃ 以下或出池上市前投喂生鲜饵料或改善营养成分的湿型配合饲料以提高商品鱼的肉质。

③ 大小分选 目前养殖的名特优鱼类多为凶猛肉食性鱼类,它们一般在全长 10cm 以前互相残食现象严重,而且随个体间差异的增大、饵料的不足或饲育密度的增大而加剧,因此要经常进行大小分选,这是获得良好饲养效果的必要技术措施之一。一般苗种放养后,每月需分选 1～3 次。分选操作时要轻、快,避免鱼体受伤,尽量缩短离水时间和密集时间。分选后的鱼要进行药浴以防止细菌感染。

④ 日常管理 每天巡池观察鱼的游动和摄食情况,做到合理投饵,并定期抽样检查鱼体的生长情况。定时测定水质指标,及时排污,随时注意调节鱼池水流量,防止水质突变。注意发现鱼病,及时预防和治疗,要经常检查鱼的体色是否异常,是否离群或摩擦池边,发现病鱼、死鱼,要立即捞出,以防鱼病蔓延,鱼病高发季节应对整个养鱼系统进行经常性的消毒,但封闭式循环养鱼系统消毒用药要特别慎重,以免对生物滤池中的微生物产生毒害作用。另外,要经常检查排水口是否漏鱼,注意设备的维护和保养,保证设备正常运转,关键设备要经常检查维修,避免或最大限度减少事故。

【思考题】

1. 简述水产动物通用人工繁殖的流程。
2. 水产动物通用人工育苗技术有哪些?
3. 水产动物养成模式有哪些?

第二篇

两栖爬行类养殖

第二章　大鲵养殖

【技能要求】

1. 能够通过外观辨别出真正的大鲵。
2. 能够调控好大鲵的养殖用水。
3. 能够设计大鲵不同生长阶段的养殖池。
4. 能熟练判断亲鲵的雌雄、雌鲵成熟度，并能进行大鲵人工催产与孵化。
5. 能够鉴别大鲵苗种体质的优劣。

第一节　养殖现状与前景

大鲵俗称娃娃鱼，是国家Ⅱ类重点保护动物。

大鲵主产于长江、黄河及珠江中上游支流的山涧溪流中，原产地主要集中在我国的四大区域：一是湖南张家界、湘西自治州；二是湖北房县、神农架；三是陕西汉中；四是贵州遵义和四川宜宾、文兴等地。其他零星分布于湖北合峰、恩施，江西靖安，广西柳州、玉林，甘肃文县，河南卢氏县、嵩县等地，以丘陵山区资源量为多。

大鲵被誉为"水中人参"和"软黄金"，它一直是我国传统出口创汇的高附加值商品，经济价值高，在美食、保健、医药、观赏等方面均具有广泛开发利用的前景。但由于人工捕捉量大，致使资源量严重衰退，有些产地近些年几乎濒临绝迹。近年来，国家相关部门一方面严厉打击破坏大鲵资源以及捕杀、贩卖等一系列非法犯罪行为；另一方面，鼓励大鲵驯养繁殖和合法合理经营。

自20世纪80年代以来，我国各地陆续开展了人工养殖和繁殖大鲵，大鲵养殖业迅速发展，成为世界上最大的养鲵国家。目前，在我国的湖南、湖北、陕西、四川、贵州、浙江、广东、安徽、江西、甘肃、重庆等省市都有大鲵养殖企业或养殖基地。大鲵已成为一种高效的优良养殖品种，发展潜力巨大。

因大鲵属于国家二级保护动物，养殖大鲵前必须向国家相关机关申请获取"驯养繁殖许可证"和"经营利用特许证"。具体做法是养殖户向县、市（行署）政府渔业行政主管部门提出申请，经审核，报省政府渔业行政主管部门批准，获取许可证后方可养殖，否则视为非法。目前全国依法取得资格的大鲵养殖企业有上百家，此外，还有以公司和农户的合作养殖模式进行大鲵养殖的农户，国家批准建立的大鲵资源保护区有22个，现在还在扩大发展中，大鲵在自然保护区得到较好的繁衍生息，为大鲵的保护、开发利用和可持续发展提供一个更广泛的空间。

大鲵作为珍稀濒危物种资源，其恢复需要相当长的时间。随着人们生活水平的日益提高和保健意识的逐渐增强，人们对大鲵的客观需求量将呈急剧增长之势。野生大鲵资源濒临绝迹，只有大规模人工集约化养殖才能满足社会这一需求。据推测，大鲵商品鱼市场需求量每年大约在3000～5000t（市场价格自2000年的1400元/kg增加到2008年的2600元/kg），大鲵苗种市场每年需求量不低于50万尾（市场价格自2000年的50元/尾增加到2008年的800元/尾）。由此可见，大鲵是卖方市场，未来很长一段时间内将是求大于供。因此，商品大鲵和苗种市场潜力巨大，有望成为我国"三高"产业和出口创汇拳头产品。

第二节　认识大鲵

大鲵（*Andrias davidianus*）属有尾目隐鳃鲵科，是现存有尾目中最大的一种。大鲵身体肥壮、头部扁平钝圆，口大，眼小，无眼睑。身体两侧有明显的肤褶，四肢短而扁，前肢四趾，后肢五趾，稍有蹼。尾侧扁，圆形，尾上下有鳍状物。体表光滑有弹性，布满不规则点状或斑块状青灰色素，体色常因环境的改变而变化，腹部均为灰白色。两后肢腹部间具有一生殖孔，外端与排泄孔相吻合，雌鲵不具交配器。最大个体可超 50kg，身长近 2m（图 2-1）。但在引种时要注意隐鳃鲵科的大鲵与小鲵科、蝾螈科种类相区别（表 2-1）。

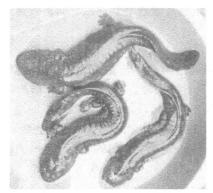

(a) 成体　　　　　　　　　　　　　(b) 幼体

图 2-1　大鲵的成体与幼体

表 2-1　隐鳃鲵科（大鲵）与小鲵科、蝾螈科特征比较

科别特征	隐鳃鲵科（大鲵）	小鲵科	蝾螈科
成体体形	大，25cm 以上	小，20cm 以下	小，20cm 以下
眼睑	无	有	有
体侧纵行肤褶	有	无	无
犁骨齿排列	成一长列与上颌平行	成二短列或"V"字形	成"八"字形
腹部颜色	浅褐或灰白	浅褐或灰白	橘红色斑

大鲵一般生活在海拔 100～2000m，水质清凉，水质矿化度较高，硬度较大，含沙量不大，石缝和岩洞甚多的山区溪河中。在自然生态环境中，大鲵常营底栖生活，白天隐居在洞穴之内，一穴一尾，夜间爬出洞穴四处觅食，并喜阴暗，怕强光和惊吓。大鲵属变温动物，在水温 3℃以下停止摄食，进入半冬眠状态，水温 3.5℃以上时，大鲵开始摄食，水温 16～24℃时摄食最旺盛，生长速度最快，25～28℃摄食明显减少，29℃以上停止摄食。人工养殖可改变其冬眠的习性，能够全年均匀生长。大鲵生活的地区，河水一般不结冰，冬季的水温比同期气温略高，夏季水温较同期气温略低。水温年差小，变化缓和。

第三节　大鲵的人工养殖技术

一、养殖场的选址与要求

1. 养殖场址的选择

自然界大鲵生活在海拔 300～800m 的山区溪流中，有喜阴怕风、喜静怕惊、喜洁怕脏的特点，人工建造大鲵养殖池最好应仿照大鲵自然界的生活状况等来进行，有山洞条件的最好。

2. 水资源要求

实践表明，大鲵养殖对水的总体要求是：水源充足，水质要求富含矿物质水，碱度、硬度适当偏高，石灰岩地区水最好，总碱度 $CaCO_3$ 含量以 $100\sim150mg/L$ 为宜，总硬度 CaO 含量为 $100\sim200mg/L$。以山区溪流水、水库水、地下水等清、凉、活水为好，能做到排灌自如。在水温上，应严格控制在 $0\sim28℃$。在水质上，要求溶解氧丰富，在 $3.5mg/L$ 以上，pH 值在 $6.5\sim7.5$。水中的氯化物、硫酸盐、硅酸盐、氨态氮等符合渔业用水标准。

3. 环境要求

养殖池四周要求环境安静、阴凉、空气清新，以四周群山环绕、树木茂盛、人烟稀少、环境相对独立为好。另外，要求交通方便，当地鱼虾蟹或动物内脏等饵料资源丰富。

二、养殖池的建造

大鲵各阶段养殖池，其形状以长方形或椭圆形为佳，长宽比为 3:2，其高度要求为所养殖大鲵其全长的 $2\sim3$ 倍，水泥结构，池内四周铺瓷砖，防渗、防漏、防逃，池底需装排污孔，进排水系统要配套，做到水位能有效调节，进出自如。养殖池分稚鲵池、幼鲵池和成鲵池三种。一般稚鲵池（蝌蚪阶段 1 龄以内）建在室内，面积 $1\sim2m^2$，壁高 60cm；幼鲵池（幼鲵阶段 $1\sim2$ 龄）面积 $5\sim10m^2$，壁高 $60\sim80cm$，池内用砖头或石块堆成许多洞穴；成鲵池（成鲵阶段 $2\sim4$ 龄）面积 $20\sim40m^2$，壁高 1.2m，池内亦需堆建洞穴，也可放置一定高度的石棉瓦，作为大鲵隐蔽躲藏之物。

新建的养殖池，特别是水泥池，必须浸泡 2 个月以上，待其碱性消失后方可放养苗种。对于原有养殖池要进行消毒，消毒药物一般用 $1mg/L$ 的漂白粉或 $0.5mg/L$ 的 90% 晶体敌百虫杀灭细菌、寄生虫等敌害生物，然后用清水冲洗后注入新水方可放养苗种。

水源需经石英细砂过滤池过滤，经过滤的清洁水进入蓄水池，然后进入饲养池。养殖池内的水温控制在 $16\sim24℃$ 为最佳。

为确保鲵种鲜活饵料的供给，可就近建造饵料池，在饵料池中经常存养一定数量繁殖力强、易于饲养的鱼类、软体动物、蛙类等，如罗非鱼、麦穗鱼、螺、蚌、小蝌蚪等，作为大鲵的饵料。

三、人工繁殖

大鲵一般在 4 龄期达到性成熟，$5\sim9$ 月是繁殖期，繁殖孵化最适宜水温为 $22\sim25℃$。在繁殖季节，大鲵常发出似娃娃的叫声。雌鲵产卵于岩石洞内，一次产卵 300 多枚，体外受精，受精卵抚育的任务由雄鲵完成。雄鲵把身体蜷成半圈状，将卵围住，以免被流水冲走或遭受敌害，直到 $2\sim3$ 周孵化出幼鲵，雄鲵才离去。

目前有 4 种繁殖技术模式：全人工繁殖技术模式、原自然生态繁殖技术模式、模拟自然生态环境繁殖技术模式、生态培育与人工繁殖相结合模式，这些模式各有其优点和缺点。

1. 亲本培育

> **亲鲵饲养的技术目标**：应选择大鲵 6 龄期以上、体重 600g 以上的个体作亲鲵来饲养；亲鲵成活率达到 100%。

亲鲵最好选择 6 龄期以上、体重 600g 以上的个体；雌雄配比 1:1，也可以雄略多于雌。培育性腺成熟的大鲵是人工繁殖成功的关键。

亲鲵的培育池条件要求光暗、底滑、池小（一般 $5m^2$ 左右）。

亲本培育采用冬季、春季、产前培育几个阶段。亲本采用室内单养（一个池内放一尾大鲵）。培育亲本的饵料为鱼、虾、牛肝等，定期补充维生素 C、维生素 E 等，日投喂量为体重的 $5\%\sim10\%$。

2. 人工催产

人工催产的技术目标：培育出具有良好受精能力的成熟精液；促使雌鲵排卵、雄鲵射精同时进行；孵化率达到 95% 以上。

（1）亲鲵的雌雄鉴别　雄性亲鲵：生殖孔略小，呈椭圆形；生殖孔内侧有规则的白色细小颗粒；泄殖孔周围皮下有两片橘黄色橘瓣状物，合围成椭圆形，因而使孔外围隆起，生殖季节性腺发育好的雄鲵更为明显。

雌性亲鲵：雌性大鲵的生殖孔小，周围向内凹入；孔边缘光滑，无颗粒状物；泄殖孔周围皮下无橘瓣状组织因而孔外部无隆起特征；生殖季节成熟度好的亲鲵腹部明显膨大，柔软而有弹性。此外，生殖季节雌性较凶顽，雄性较温顺。

（2）人工催产的关键环节

① 待产亲鲵的选择标准与方法　作为催产的亲鲵必须健壮无伤，雌鲵腹部膨大而柔软，用手轻摸其腹部，有饱满松软感觉，即可作人工催产用，如用手轻摸腹部有硌手感觉则不宜催产。成熟的雄鲵，其泄殖孔周边不但有突起的乳白色小点，而且泄殖孔周围橘瓣状肌肉凸起，内周边红肿明显可见，尤其在繁殖季节这一特征更易辨认。大鲵皮肤光滑，肌肉肥厚，膀胱贮尿量多，或胃内包有未消化的食物，选择时须将鲵体托起，仔细检查，轻压后腹，挤除尿液，这样才不至于被假象所迷惑。另外，在催产前后，挤压成熟的雄鲵腹部能排出乳白色精液，滴入水中即可散去，此时显微观察，成熟精子数量多，呈单个，加一滴水，精子头尾能微微摆动或向前游动，这种精子有良好的受精能力，同时保存较好的成熟精液，也可供多次人工授精之用。成熟的雌鲵可产出念珠状长链形的带状卵。质量不好的卵子，卵带稀、易断、卵膜柔软，这种卵不能受精或受精很差。B超检查，可见卵径 $6\sim7mm$，卵巢呈单个念珠状表明成熟。

② 人工催产池要求　催产池内要求光线弱，面积 $2\sim4m^2$，长方形或正方形水泥池，水深 $30\sim40cm$。池内在催产前必须清洗干净，池底铺设洗净的小卵石，池水最好微流，水流清澈透底，这样有利于观察大鲵是否产卵或产出的卵不至于黏附泥尘等污物。催产池中放大鲵组数宜少，以利于观察。

③ 催产激素与注量及方法　大鲵人工催产采用和"家鱼"人工繁殖基本相同的方法，激素采用鱼用绒毛膜促性腺激素（HCG）和促黄体生成素释放激素类似物（LRH-A），注射时多为两种激素合用，也可单独使用 LRH-A。剂量范围是：蛙垂体 $2\sim3$ 颗＋LRH-A $26\sim50\mu g/kg＋HCG500\sim1000IU/kg$。注射方法是从后背侧肋沟间进针，进针 $0.3\sim0.5cm$。针头采用人用输液软塑料管针头注射，这种针头能防止注射亲体时摆动。进针深度以穿过肌肉层为宜。注射激素量根据大鲵个体大小而有不同，一般 $0.5\sim1ml/kg$。一般雌雄亲鲵剂量相同。

经催产后的大鲵雌体，性腺发育较好的，历经 3 天左右的时间会出现腹部膨大，此为临产前的征兆。这时小心地进入池子中，用手在其背、腹面、体侧褶及泄殖孔周围轻轻地进行抚摸即人工促产。人工促产后的大鲵雌体，大多数喜沿池子边爬动，然后在靠池壁的角落停留不动，头略伸出水面，急促且频频地换气，在即将产出胶带的同时，泄殖孔松弛且张开，有的还会出现身体剧烈地左右摆动，最后将包有卵黄的胶带产出体外。

④ 催产水温与产卵的效应时间　从注射催产激素到产卵的效应时间约 50～168h。人工催产池的水温 15～23℃，一般在 20℃ 以下成熟大鲵药物注射后 2～7 天产卵排精。从产卵的顺利与否看卵的质量，以 3～5 天产的卵质量为佳，水温每提高 1℃，其效应时间减少 10h 左右。大鲵往往存在雌雄性腺发育不同步现象，雄鲵性腺发育滞后，必要时需要加强雄鲵营养和提前注射一针催产药物。

给亲鲵注入催产针剂后，配对后放回原池。经催产后的雌鲵，性腺发育较好的，历经数天时间出现腹部膨大，此为临产前的征兆，这时小心地进入池子中，用手在其背、腹面、体侧褶及泄殖孔周围轻轻地进行抚摸促产。一般自行产卵受精，雌鲵排卵、雄鲵射精同时进行。

⑤ 人工授精　大鲵一般采用干、湿法授精。具体方法：待雌鲵在池中产出卵带后，随即从水中提起轻轻放入布担架内，并用布蒙住眼睛，然后一人用手将尾部向上稍稍提起，另一人一手端着无水的搪瓷盆，左手轻托卵带，让卵带徐徐自然托入盆中。当卵带托入盆中有一定数量后，挤取精液盖于卵带上，加 3～5ml 水，再用两手缓缓进行摇动，使其精卵充分结合。待 5～10min 后，加入少量清水，过 30min，将盆中的水换两次，即可分盆进入孵化阶段。

(3) 人工孵化　受精卵的鉴别：大鲵卵受精后，如果分裂正常，为受精卵。反之如 2～4 细胞分裂不正常，则往往发育不下去，这是未受精的表现。到多细胞期，细胞排列不规则，囊胚期细胞极细，不易观察，到神经胚期，即出现神经板或神经沟期，这样的大鲵卵胚肯定是受精卵，孵化到尾芽期，孵化率达到 95% 以上。受精卵的正确估计，使人工孵化做到心中有数，并及时分开未受精的卵，对提高孵化率十分重要。

目前，大鲵受精卵孵化的方法有 5 种：静水孵化、流水孵化、环道孵化器孵化和仿自然生态孵化，水源可用自来水、泉水、井水、水库水。下面简单介绍静水孵化与流水孵化。

① 流水孵化　一般将 25cm×35cm×6cm 的塑料筛放置于微流水孵化池中，以每个筛放 150 颗受精卵孵化效果比较好。孵化温度在 20℃±1℃ 对大鲵受精卵孵化有利，过高或过低都使受精卵发育受阻而死亡，在适宜范围内，随着水温的升高孵化期缩短，受精卵出苗整齐集中。

② 静水孵化　采用瓷盆进行静水孵化，每盆盛卵 40 粒，每天彻底换水一次。

注意事项：一是控制好水温和光照；二是防治水霉，即孵化时定期用水霉净预防，浓度为 0.6mg/L，浸泡受精卵 10min；三是防止胚胎“贴壳”，即定时轻轻翻动受精卵；四是水体的含氧量不低于 5mg/L。

目前大鲵人工繁殖技术主要存在的问题：雌雄性发育不完全同步，雌性发育差；雄性大鲵的精子活性不高；“三率”（催产率、受精率、孵化率）偏低，幼鲵成活率低。

四、人工养殖

> **人工养殖的技术目标**：引进优质大鲵苗种；幼鲵成活率达到 90% 以上、成鲵成活率达到 98% 以上。

在人工养殖条件下，大鲵以 2～5 龄期时的生长速度最快，尤其是 2 龄期，体重年增长倍数达 6.5～9.8，体长年增长倍数达 2.2 左右。通常池养大鲵体重的增长明显比野外种群快，这主要与人工投饵营养较全面和水温较为适宜有关。大鲵人工养殖的关键环节如下。

1. 大鲵引种与种苗鉴定

(1) 引种　通过当地渔业行政主管部门协调，从别的养殖场引进；或者在经省、自治区、直辖市政府渔业行政主管部门批准后，到野外适量捕捉或收购。

（2）苗种体质优劣的鉴定　大鲵苗种体质的优劣直接关系到饲养的成功与否。优质的大鲵苗种应该是机体健壮、肌肉肥厚、体表无伤痕和寄生虫，变态前外鳃完整无病变，同批苗规格整齐。反之，则为劣质鲵苗。

2. 不同阶段大鲵的人工养殖

（1）稚鲵的养殖　稚鲵池水深以 20～30cm 为宜，刚孵出的稚鲵形似蝌蚪，以吸收本身的卵黄物质为生，35 天后开始摄食外界饵料，如小型浮游动物，70 天后可投喂红虫和蚊蝇幼虫。

（2）幼鲵的养殖　幼鲵池水深 30cm，幼苗入池前用呋喃类药物或 5% 氯化钠药浴10min。放养密度一般为 10～30 只/m²，可投喂红虫、水生昆虫和鱼虾蟹类，饵料要新鲜。每日均需排污及换水，保持池水透明度，清澈见底。

（3）成鲵的养殖　池水深度 30～40cm，放养规格要一致，密度一般为 1～3 只/m²，可投喂多种饲料，以少量多次为宜。为保持水质清新，注意经常换水。饲养一段时间后要适时分规格饲养，以免发生大个体残食小个体的现象。

3. 日常管理

（1）饵料投喂　大鲵为肉食性动物，在野外大鲵主要捕食螃蟹、蛙类、小鱼虾类等。人工驯养大鲵的饵料以鱼块为主。目前比较经济的饵料是白鲢，适当投喂一些龙虾或青蛙等。一般饵料生物的形状切成长方形，以利于大鲵吞食，因为大鲵胃为长筒形。

（2）驯化摄食的方法　饵料鱼要除去不可消化的鱼骨、刺、鳍后再进行投喂，并用2%～3% 的食盐水消毒处理。投喂时要将其切成大鲵适口的块状，饵料块不要过大。刚开始驯食时，用铁丝串在大鲵头口前摆动，进行诱食，要多进行几次，一般驯化半月到 1 个月，大鲵便会主动摄食，对饲养员不再害怕。下午 5 点定时投喂，次日将剩余饵料捡出，防止残饵腐烂变质污染水质。

（3）投喂量与频率　大鲵摄食量与摄食频率存在着明显的个体差异和季节性变化，应该按照不同个体调整其食量和频率。每次投喂量相当于大鲵体重的 2%～5%，投喂频率冬季（水温 8～10℃）每 4～7 天投喂 1 次，春季（水温 11～18℃）每 3～5 天投喂 1 次，夏季（水温 18～24℃）2～3 天投喂 1 次，秋季（水温 15～20℃）2～5 天投喂 1 次。在保证正常投喂的同时，每月要在饵料中加入适量维生素，每次 1 片，每月 2～4 次。近年用人工配合饲料养殖大鲵，是广东珠海首先试用的。

（4）调节水质　养殖大鲵应经常保持大鲵池内水质清爽无污染，水体透明度大，溶解氧量高，pH 值在 6.8～7.8。在实际养殖过程中，要及时清除残饵和排泄物，定期用生石灰调节水质，长期保持池水流动。

（5）调节水温和光照　大鲵对水体温度要求较严，超出其忍受力会造成大鲵冬眠或夏眠，在炎热的夏季和寒冷的冬季，必须采取降温或增温措施，确保大鲵有一个适宜的生长环境。另外，大鲵畏光，养殖池应采取措施避免日光强射，夜晚巡查时，不能用强光照射。

（6）防逃防偷　大鲵逃跑能力特强，在陆上或水中运动较为敏捷，并能爬高顶重，稍有不慎便会逃逸，必须时刻注意防逃，尤其在下暴雨时要注意。养殖池和整个养殖场所有进出水口和陆上通道口都要装防逃设施。大鲵经济价值较高，在养殖过程中要时刻注意防偷。

【思考题】

1. 大鲵养殖场的建场要求与养殖池的设计要点是什么？
2. 如何进行亲鲵的雌雄鉴别？
3. 开展大鲵人工催产与人工孵化的技术关键是什么？
4. 大鲵人工养殖有哪几个技术关键环节？

第三章 蛙类养殖

【技能要求】

1. 能够鉴别常见养殖种类。
2. 能够对养蛙场、养殖池进行合理设计。
3. 能够进行牛蛙的繁殖操作。
4. 能够开展牛蛙的人工养殖。

第一节 养殖现状与前景

蛙类是非常重要的农业灭虫能手，同时又具有重要的经济价值，养殖前景十分广阔。

蛙肉质细嫩，营养丰富，富含蛋白质、多种维生素、矿物元素和人体必需的氨基酸等，味道鲜美，口感和营养优于鱼肉和猪、牛、羊肉，是宾馆、酒楼常备的珍稀佳肴。

蛙肉性凉、味甘，具有滋补强身、清心润肺、补虚损，以及解热毒、活血消积、健肝胃和补脑功效。从林蛙中提取的哈士蟆油是一种驰名中外的贵重药材，被誉为补品之王，具有滋阴补肾、清神明目，可治体虚气弱、精力耗损、神经衰弱、精血不足、记忆力不佳、产后亏血、产妇无乳等。

20 世纪 80 年代末牛蛙养殖在中国得到了发展，先后引到湖南、湖北、江苏、福建、海南、四川、河南、安徽等省养殖。20 世纪 90 年代国家将养殖牛蛙列为"星火计划"中的短、平、快推广应用项目，近 10 多年来在我国养殖发展很快，迄今为止，这一新型养殖业由南向北迅速扩展，养殖方式有池塘养殖、庭院养殖、集约化高密度养殖等多种。

美国青蛙是近年来引进的优良品种，已成为我国最主要的养殖食用蛙之一，具有潜在的市场需求，较高的产量、产值和效益。另外林蛙、棘胸蛙等地方性经济蛙类的养殖也得到了空前的发展。2006 年初步统计，东北三省的人工生态养殖中国林蛙已初具规模，其中吉林省有养殖场 6900 多处，辽宁省有 10000 多处，黑龙江省近 3000 处，放养场总面积达 2000万公顷❶以上。因此，发展经济蛙类养殖，既符合国家对濒危经济蛙类物种保护的需要，也可满足市场的需求，具有良好的发展前景。

我国有 13 亿人口，人们历来喜欢吃蛙肉，是一个吃蛙的大国，国内市场潜力很大。国际上美国、日本、法国、巴西、印度、泰国、新加坡、菲律宾等国家都喜食蛙肉，但能生产并出口蛙类的国家很少，所以蛙肉非常紧俏，当今国际市场上每千克蛙肉售价 15~20 美元。同时林蛙产品哈士蟆油的消费量也很大，国内售价达 4400 元/kg，国际市场价达 1500 美元/kg，所以养殖蛙类的经济效益十分可观。

依据国内外市场的需求，特别是与传统的畜禽及鱼类等水产产量及消费量相比，蛙类产业还正处在商品化大生产的发展初期阶段，有着很大的发展潜力。养殖蛙类是一项投资少、周期短、见效快、效益好的养殖业。

---

❶ 1公顷（hm²）=10000m²。

第二节　认识蛙类

蛙类属脊索动物门、两栖纲、无尾目、蛙科。蛙类作为一种新型养殖对象在国内兴起，养殖品种逐渐增加。主要养殖种类有牛蛙、美国青蛙、黑斑蛙（青蛙）、虎纹蛙、棘胸蛙和中国林蛙。

1. 牛蛙

牛蛙（*Rana Cotecsbciana* Shaw）原产于北美洲，是食用蛙中体型最大的种类。个体重可达 1kg 以上，最大可达 2kg。背部及两侧和腿部皮肤颜色一般为深褐色或黄绿色，有虎斑状横纹。腹部灰白色，有暗灰色斑纹。牛蛙生性好动，善跳跃，怕惊扰，雄蛙叫声似公牛，故称牛蛙，是目前国内最主要的养殖品种（图 3-1）。

图 3-1　牛蛙

图 3-2　美国青蛙

2. 美国青蛙

美国青蛙（*Rana guylio*）学名沼泽绿蛙，原产于美国，比牛蛙略小。一般个体重 400g 以上，最大可达 1.2kg。具有适应力强、性情温顺、容易繁殖、耐寒抗病、不善跳跃、易管理等优点。美国青蛙是继牛蛙之后从国外引进的又一肉食蛙类（图 3-2）。

3. 中国林蛙

中国林蛙（*Rana chensinensis*）主要分布在东北三省，俗称"哈士蟆"。中国林蛙在药用、滋补和美容方面具有很高的利用价值。林蛙生活在近水的草丛中，属陆栖型中草丛生活型蛙类。

4. 棘胸蛙

棘胸蛙（*Paa spinosa*）俗名石蛤、石蛙、石鸡。分布于湖北、安徽、浙江、江西、湖南、福建、广西、广东、海南等地。体形似黑斑蛙，体长 10～13cm。皮肤粗糙，体色各异，以棕黄色最为常见。

5. 青蛙（田鸡）

青蛙是黑斑蛙、虎纹蛙和金线蛙的统称，属水栖型，是我国常见的蛙类。其中分布广、数量多的是黑斑蚊，其次为金线蛙和虎纹蛙，一般养殖的大多是黑斑蛙和虎纹蛙。

第三节　养殖场选址与养殖池的建造

一、养殖场选址的基本原则

养殖场的环境要素诸如温度、湿度、水质、空气等对蛙的生长发育有着极大的影响。不同的蛙类对环境条件的要求不同。如牛蛙、美国青蛙、棘胸蛙、黑斑蛙、虎纹蛙和金线蛙等要求水源充足；林蛙要求有良好的植被；以食用或药用为目的的人工养殖要求有一定的防逃设施，具有一定的封闭性。

鉴于蛙类的生物学特性，大多数经济蛙类的养殖场地要求通风向阳、交通方便、水源充足、水质清新、溶解氧量较高、场地宽敞、地势平坦。而中国林蛙既怕冷又怕热，喜静，养殖场的生态环境要求比较严格，所以场地一般要选择冬暖夏凉，周围环境要安静，无强烈噪声或人为干扰的地方，养殖场要求森林有一定的面积，树木要有一定的高度和密度，树冠能够相互遮蔽，树下没有直射光线；其次是森林中要有常年性或季节性河流水溪。

二、养殖池的建造

1. 亲蛙池（种蛙池）

亲蛙池用于培育产卵用的亲蛙和繁殖后分养雌雄亲蛙用。亲蛙池一般用土池较好，面积以 $100\sim300m^2$ 为宜。亲蛙的个体大，善跳跃和爬跃，逃逸能力强，池周围一定要有围栏，其建筑材料可用砖石、水泥瓦、塑料纱窗布等。墙体成"丁"字形状，池深 $1.2\sim1.5m$，蓄水 $0.5\sim1.0m$，池底深浅不一，有浅水区、深水区，浅水区约占 1/3 面积，水深 $10\sim20cm$。池岸坡度比要大于 $1:2.5$，亲蛙池四周要有部分陆地，可种些瓜菜、花草，以利亲蛙栖息。池的浅水区应保留稀疏水草，便于附卵。池底淤泥 $15\sim20cm$，池边应有一些土洞穴便于亲蛙越冬。穴底应低于水平面以下数厘米，洞口应在水平面以上。

亲蛙池设有进出水口，要用塑料纱窗布包扎好，防止亲蛙逃跑。在亲蛙经常栖息的池边，应设食台，使亲蛙养成上食台摄食的习惯。

2. 产卵池

产卵池的大小可根据养殖对象的生态要求和养殖场规模来定，周围需有草木及阴凉的环境最好，一般占有养殖场面积的 0.5% 左右。

（1）水泥产卵池 面积不宜过大，一般 $20\sim30m^2$，水深 $15\sim60cm$，低水位区约占 1/3。

（2）土池产卵池 目前广泛采用，也可用亲蛙池来作产卵池。但生产规模较大的养蛙场，可专门设置产卵池，因蛙类在浅水区产卵，所以产卵池浅水区应更多一些，浅水区面积应占水面 2/5 左右。

3. 孵化池

孵化池可以是土池、水泥池或孵化箱等。以水泥池和孵化箱为好，土池次之。也可使用一般鱼类孵化池进行孵化。孵化池的上方应架设棚架遮阳。

（1）水泥孵化池 一般面积在 $2\sim4m^2$，高 $0.6m$，蓄水 $0.3\sim0.4m$，进水口和排水口应设在相对位置，排水口用 40 目纱网封闭。孵化时，需在池内放一些水生植物，用以托附卵块。规模较小的养殖场可以不建孵化池，而用孵化网箱，或放入池塘中孵化。

（2）孵化网箱 规格一般为长 $120cm×80cm×50cm$，用 40 目聚乙烯网片制成，四周用木桩固定在水中。

（3）土池孵化池 面积比水泥孵化池可大些，池深 $0.5m$，蓄水 $20\sim40cm$。

4. 蝌蚪池

由于蝌蚪具有喜欢浅水的生活习性，故蝌蚪池应当设置一些斜面或小岛，面积不宜太大。蝌蚪池总面积一般占繁殖场总面积的 1%～2%。

用土池和水泥池均可。一般面积为 $20\sim100m^2$，生产规模大的可采用 $200\sim300m^2$，池深 $0.8\sim1.0m$，蓄水 $0.5\sim0.6m$。池埂坡度约为 $1:3$，以便变态后的幼蛙登陆上岸。池壁应设进排水管，排灌方便，池内还应设置一些浮水性水生植物如水葫芦等，为蝌蚪栖息创造良好的条件。因蝌蚪饲养期较长，同池饲养蝌蚪生长快慢不一，必须经过多次分级饲养，所以同样结构的蝌蚪池需设置若干个。

5. 幼蛙池

幼蛙池的面积不宜过大，大者 100m²，小者 10～20m²。为了便于幼蛙的驯食，以小池为好。幼蛙池可用土池或水泥池。

多采用土池，面积一般在 30～100m²，蓄池 0.7～0.8m，蓄水 0.4～0.5m。水陆面积比为（1～2）∶1，池壁堤坡比为1∶3，进、出水口加防逃网，以防幼蛙逃跑，池中应设置饵料台和种植水生植物，供幼蛙摄食和栖息。

6. 成蛙池

成蛙饲养池的结构与幼蛙饲养池相似，只是规格可大一些，排污能力也要强一些。采用土池，成蛙池面积 100～300m²，池深 1m，蓄水 0.4～0.6m，水陆面积比为 2∶1，池壁堤坡比为 1∶3。成蛙池与幼蛙池并没有绝对的界限，二者可以相互使用。成蛙池需设置排灌水管，池中设立小岛，在其上挖一些人工洞穴，在陆地上种植一些阔叶植物，可起到遮阳的作用。

第四节　牛蛙的人工养殖技术

一、生活习性

牛蛙原产于热带，温度对牛蛙的生存和繁殖影响甚大。当气温下降至 10℃以下时，开始休眠，休眠期间适宜的温度为 2～5℃。当温度下降至 6～7℃以下时，牛蛙呈麻痹状态。牛蛙的致死低温为 0～0.5℃，致死高温为 38～40℃。当温度达 37～39℃时，牛蛙的身体会失去平衡。牛蛙的适宜生长发育温度为 20～32℃，最适宜生育温度为 25～30℃，低于 20℃或高于 30℃，均不产卵。自然条件下，当水温下降到 20℃时，其摄食量明显下降，活动也开始减少，当水温继续下降到 16℃时就停止摄食，进入冬眠状态。翌年春季，水温上升到 18℃时开始摄食。

二、食性

牛蛙是以动物性饲料为主的杂食性动物，尤其喜食活饵。在自然界中捕食的活生物主要是水、陆生昆虫和蠕虫。在不同的发育阶段，食性也不尽相同。蝌蚪可投喂蛋黄、血粉、鱼粉等，也可投喂豆浆、麸皮、面粉等。幼蛙及成蛙的食物范围包括：环节动物，如蚯蚓；节肢动物，如甲壳类虾；软体动物，如螺、蚌；鱼类、两栖类、爬行类的幼体及哺乳类的内脏等。牛蛙生性贪婪，生长季节食量较大，牛蛙的最大胃容可达空胃容的 10 倍，6～8 月是摄食旺季，在人工饲养条件下一周年体重能达到 500g 左右。牛蛙性凶残，经常发生大蛙吃小蛙的现象。因此，人工养殖应大小分养，尽量避免其同类相残。

三、人工繁殖

人工繁殖的技术目标：亲蛙的产卵率达到 100%，受精卵的孵化率达到 70% 以上。

长江流域一般在 5 月中旬前后，当水温升到 18℃以上时，性腺成熟的牛蛙就开始交配产卵。这时要加强亲蛙的饲养管理，认真做好采卵、孵化和饲养蝌蚪的各项准备工作。

1. 亲蛙的选择与雌雄鉴别

我国华东、华中和华南地区，雌蛙一般为 2 年性成熟，饲养条件好，体重达到 300g 以上的 1 龄雌蛙也可成熟产卵。雄性牛蛙一般 1 龄即可达到性成熟。但生产上用于繁殖的牛蛙，年龄都在 3 龄以上，体重 500g 左右。要求身体健壮、无病无伤、皮肤光滑、体型标准。

雌雄亲蛙的最佳配比是 1∶1 或 2∶1。

成熟牛蛙的雌雄性别，可以从外形的差别上来进行鉴别：①雄蛙的耳鼓膜与眼的直径比例为 1.3∶1.0；雌蛙为 1.0∶1.1；②雄蛙有外声囊，咽喉部呈深黄色；雌蛙无外声囊，咽喉部灰白色并具有点状暗灰色的斑纹；③雄蛙前肢的第 1 指内侧长有一块肿胀很大的婚姻瘤；雌蛙则没有；④生殖季节雌蛙背部常长有细小的痣瘰，雄蛙则没有。

2. 亲蛙的放养与培育

亲蛙的放养密度为 3～4 只/m²，放养时应进行药物消毒，可用 3%～4%食盐水溶液浸浴 15min，或 20mg/L 高锰酸钾溶液浸浴 15min。亲蛙进入培育池 2～3 天后，开始摄食。小鱼虾、蝇蛆、动物内脏等动物性饲料，日投喂量为亲蛙体重的 5%～8%；配合饲料，日投喂量一般为体重的 2%～3%。每天分上午、下午两次投喂。同时每 2～3 天换水 1/2。

3. 产卵与卵的收集

(1) 产卵季节　在南方地区为 4 月上旬～7 月；长江流域在 5 月中旬～8 月；黄河以北地区在 6～9 月。产卵水温范围为 18～30℃，最适水温为 25～28℃。产卵时间约在黎明前后。多数亲蛙常在下雨 2～3 天后，天气转晴时产卵。产卵量随年龄和体重的不同而有差异，少则几千粒，多则 4 万～5 万粒不等。

(2) 卵块收集　产卵季节，牛蛙夜间鸣叫不停，每天早晨巡池一周，留心观察池边是否有卵块和正在产卵的牛蛙。如牛蛙正在产卵切不可惊动，在牛蛙产卵和卵块周围做好标记。等产完卵后，根据标记收集卵块。收集卵块时，用塑料盆等容器从卵块旁边轻轻地伸入卵块下面水中，将卵块收集到孵化池中进行孵化。

发现卵块后要及时采捞，一般产卵后 30min 即应采捞，否则，种蛙及鱼类等动物活动可能冲散卵块或吞食蛙卵。再者，因时间过长，胶膜软化，卵粒就会沉入池底，降低孵化率。

4. 孵化

孵化水温范围为 20～32℃，最适水温为 25～28℃。孵化用水 pH 值 6.5～8.5，溶解氧量为 3mg/L 以上。孵化密度以 0.5 万～0.8 万粒/m² 为合适。池上方设遮阳棚，避免阳光直射和水温骤变。孵化时间为 5～7 天。孵化率一般为 70%～80%。蛙卵在孵化池内应均匀分布，孵化过程要及时清除死卵。

四、蝌蚪饲养

蝌蚪饲养技术目标：蝌蚪的养殖成活率应达到 65% 以上；幼苗体质健壮，规格整齐。

刚孵化出的蝌蚪，体小、游泳能力差，随着个体长大，游泳能力增强。因此在孵化池中饲养 10 天左右才能转入蝌蚪池中。

1. 蝌蚪消毒

蝌蚪放养前用 3%～4%食盐水溶液浸浴 15～20min，或用 5～7mg/L 硫酸铜、硫酸亚铁合剂 (5∶2) 浸浴 10～15min。

2. 放养密度

孵化出膜 10～15 天后的蝌蚪转入蝌蚪培育池。放养密度为 300～500 尾/m²，1 月龄后，密度为 50～100 尾/m²。网箱放养蝌蚪的密度为蝌蚪池的 2～3 倍。

3. 饲养管理

孵化出膜 3 天后，第 1 天每万尾蝌蚪投喂一个熟蛋黄；第 2 天再稍增加些；7 日龄后日投喂量为每万尾蝌蚪100g黄豆浆；15日龄后，逐步投喂豆渣、麸皮、鱼粉、鱼糜、配合饲料等，日投喂量每万只蝌蚪为500～700g；30日龄后，日投喂量每万只蝌蚪为4000～8000g。

4. 变态控制

变态所需时间与温度、水质、饲养管理水平有关。当年蝌蚪均能变成幼蛙，但饲养密度高，饵料不足，水质条件差，变态期需要80～90天。控制温度和饲料可以加快或延长牛蛙蝌蚪的变态时间。水温29～30℃，多投动物性饵料，只需40～50天就能变成幼蛙；当水温在25℃以下，多投植物饵料，能延长蝌蚪的变态时间。变态适宜水温23～32℃，一般情况下，经过60天左右的培育，蝌蚪开始变态发育，10天后全部发育成幼蛙。

五、幼蛙的饲养

1. 放养密度

蝌蚪变态后应及时转入幼蛙池饲养。刚变态的幼蛙放养密度为100～150只/m²；体重25～50g的放养密度为30～40只/m²。网箱幼蛙放养密度为池塘的2～3倍。为防止残食，根据大小及时分级饲养。

2. 饵料投喂

幼蛙喜食活饵料，刚变态的幼蛙以蝇蛆、黄粉虫幼虫、蚯蚓、小鱼苗、小虾类等小型动物活体作饵料为宜。动物性饵料，日投喂量为牛蛙体重的5%～8%；配合饲料，日投喂量为牛蛙体重的2%～3%。变态后的幼蛙应及时驯食，将饵料台底浸入水中大约2cm，逐渐减少小型活体动物投喂量，增加动物肉、内脏和膨化配合饲料投喂比例，一般一周后幼蛙主动食用配合饲料和非活体饵料，完成驯饲。每天投饵2次，分别为9:00和16:00。

3. 日常管理

定时巡塘，及时分级饲养；做好防病、防逃、防敌害工作；加强水质管理，保持水质清新。水深保持在60～80cm，视水质变化情况不定期冲注新鲜水，水面可放水浮莲等水生植物，不但可遮阳，还可净化水质。

4. 幼蛙越冬

当气温和水温下降到10℃以下时，幼蛙便开始冬眠，到第2年春季，气温和水面温度升到10℃以上时，冬眠结束。人工养殖时要设置适宜的越冬场所，让幼蛙安全过冬，同时越冬前应投足饵料，使蛙体积累足够的营养，维持冬眠期间新陈代谢的消耗。

六、成蛙的饲养

成蛙的养殖方式有粗放型养殖和集约化精养两种方式。

粗放型养殖，就是要充分利用天然的饵料及其他自然条件，圈定养殖范围，投放牛蛙种苗，适当投喂饵料，定期采收捕捉的一类养殖方式。这类方式的特点是饲养场地较大，投资小、收益大，人为干预少，但单位面积产量低。常见的养殖方式如沼泽养殖、湖泊养殖、河道养殖、稻田养殖。

集约化精养，是利用人工饵料和非农耕地，采取人工方法建造池塘，进行精细管理的一类集约化养殖方式。这种方式的特点是养殖密度大，单位面积产量高，高投入高产出，经济效益显著，近年来，这种方式发展较快。集约化精养这种方式依据饲养场地的差别，又可分为池塘养殖、场区养殖、庭院养殖、室内养殖、恒温养殖等方式。

1. 池塘消毒与放养

干池每公顷用生石灰750～1100kg或漂白粉150～225kg（有效氯含量在30%左右）进行消毒。一般清池消毒10天即可放苗。放养前幼蛙可用20mg/L的高锰酸钾液浸洗10～20min。浸洗时要有人员在场观察，发现异常情况马上将蛙苗取出。放养密度为30～40只/m²。

2. 池塘饲养管理

（1）巡池　每天早、中、晚定时巡池，做好防逃工作；保持水质清新，一般水深保持在30～40cm。注意观察，一旦发现摄食与活动情况发生异常，应及时采取相应的治疗措施。

（2）饲料投喂　主要以浮水性配合饲料为主，投喂前半小时先将配合饲料用清洁的水泡湿，使饲料稍微软化膨胀，这样可以预防饵料吸收池中的污水，消除牛蛙食后肠胃发生疾病，也可以促进牛蛙对营养的吸收。日投饵量保持在蛙体重的5%～15%，饵料的投喂做到"四定"。同时根据气候、水质及残饵等情况酌量调整，做到少量多次。投喂量以半小时内吃完为宜。

七、牛蛙的运输

> **牛蛙运输的技术目标**：蝌蚪运输的成活率达到98%以上；幼蛙、成蛙运输的成活率分别达到97%和98%以上。

1. 运输蝌蚪

（1）运输工具　运输工具与鱼苗、鱼种的运输工具一样，近距离可用一般的铁桶、塑料桶、大塑料盆等；远距离运输可用帆布篓、塑料袋等（要充氧）。

（2）准备工作　蝌蚪运输前，要进行蝌蚪的密集暂养锻炼，以便蝌蚪能在运输途中适应密集生活。密集暂放在水泥池或网箱内，时间从几小时到一天，让蝌蚪排尽粪便，以免在运输途中排出大量粪便污染水质，影响成活。

（3）运输的密度　运输密度与运输时的水温、距离、蝌蚪的大小、天气情况有关。一般以每千克水装载蝌蚪计算，3～5cm长的蝌蚪40～60尾，6～8cm长的蝌蚪25～30尾，8cm以上的蝌蚪15～20尾。尼龙袋装运时，如在20h以内到达目的地，可不再换水充氧。用其他容器装运时，要根据蝌蚪活动情况，适量添加新水，必要时彻底换水。

2. 运输幼蛙、成蛙

（1）运输工具　短途运输可用塑料桶、塑料袋、竹筐和木箱等；长途运输可用木箱或竹扁筛。木箱适宜规格为40cm×30cm×20cm，其下部侧面开直径约1cm的孔数个。箱内用木板隔成若干小区，高约10～12cm，并加有孔穴的盖。竹扁筛适宜直径50～60cm，高5cm。

（2）准备工作　装运前2～3天，应从养殖池中取出，暂养在一起，停止喂饵。

（3）运输方法　装运时，应在装运工具的底部铺垫薄薄的一层草，并在蛙上面也盖上薄薄的一层草，以保持牛蛙身体的湿润状态。垫盖的草要适度，不能太厚或太薄，太厚影响漏水、通气，太薄影响保湿、保温和擦伤牛蛙皮肤。运输途中，坚持每2～3h淋水一次，如果不用淋水的方法保持牛蛙体表的湿润，易造成蛙体失水而死亡，分层装运时，淋水要分层进行。炎热天气一般不适宜运输，如果必须运输，则可在淋水中加入冰块降温。

【思考题】

1. 常见的经济蛙类有哪些？
2. 成蛙、幼蛙的养殖池有何异同？
3. 如何鉴别雌雄青蛙？
4. 人工孵化蛙卵时要掌握哪些操作要点？
5. 如何进行蛙的安全运输？

第四章 鳖类养殖

【技能要求】

1. 能够鉴别鳖雌雄个体。
2. 能够开展鳖的人工繁殖。
3. 能够开展鳖的温室养殖与生态养殖。

第一节 养殖现状与前景

鳖俗称团鱼、圆鱼、水鱼、王八等，是一种用肺呼吸、以水栖为主的爬行动物。主要产于亚洲的温带与亚热带。我国鳖属有中华鳖、山瑞鳖两种，其中中华鳖是我国主要的养殖品种。

鳖肉味鲜美，营养丰富，蛋白质含量高达 16g/100g 鳖肉，还含有丰富的钙、磷、铁、维生素 B_1、维生素 B_2、维生素 B_5 和维生素 A 等多种营养成分，鳖是一种名贵的经济价值很高且深受人们喜爱的美味佳肴和补养身体的名贵水产品，同时鳖又是我国传统的中药材。

随着人们生活水平的提高，市场对鳖的需求量越来越大，单靠捕捞野生鳖已远不能满足国内外市场的需要。

鳖的养殖在我国发展很快，伴随而来的是近几年产品价格的下跌。市场的剧烈变化，引起有关人士的极大关注。就目前来看可谓利弊并存，一方面价格的下滑使鳖有更多的机会走上寻常百姓的餐桌，民众消费成为消费的主流，刺激了产品的主流；另一方面下滑的局面如果得不到适当的控制，养殖者无利可图，势必对养殖前景产生困惑、动摇，不利于该产业的稳定发展。

鳖的市场价格与养殖方式、产量、人们的认知程度、消费水平有直接关系（见表 4-1），20 世纪 60～70 年代，人工养殖处于探索阶段，大多停留在繁殖孵化上，几乎没有形成人工养殖的品种；20 世纪 80 年代前期，出现了以杭州为代表的加温养殖，形成批量商品；进入 20 世纪 90 年代，随着加温养殖在国内的逐步扩大，商品鳖进入市场，鳖的价格一路上涨，从 1993 年开始，鳖价出人意料地飙升，至 1995 年达到顶峰，我国出现前所未有的养鳖热，从 1996 年下半年开始，鳖价出现大幅度下降，1997～1999 年价格变化不大；进入 21 世纪，市场价格相对稳定。

表 4-1 鳖的价格变化情况

时间	亲鳖/(元/kg)	商品鳖/(元/kg)	鳖苗/(元/只)
20 世纪 80 年代	50～60	50～60	0.5～1
20 世纪 90 年代	600～1000(最高达 1440)	250～300	30～35(最高达 42)
1997 年	150～240	90～150	3～5
1998 年	150～240	100	4～7
1999 年	150～200	65～110	4～7
21 世纪初	60～80	40～90	2～3

我国的养鳖业经过大起大落之后，已日趋成熟。在市场经济的竞争中，养殖技术、对市场的心理承受能力以及今后发展趋势都有很大的提高。鳖的养殖已真正走到了依靠科技、节支增效的关键阶段。今后我国养鳖业的发展趋势应该是合理调整养殖模式和养殖规模；科学投喂、节约成本；科学用药，健康养殖；横向联合，开展专业化、规模化生产；扩大市场营销市场，大力开展鳖的综合利用。

第二节　认识鳖

鳖属爬行纲，龟鳖目，鳖科，鳖属。鳖体躯略呈圆形或椭圆形，背腹扁平状。外部形态可分为头、颈、躯干、四肢和尾五部分（图 4-1）。鳖对生活环境的特殊要求见表 4-2。

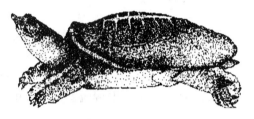

图 4-1　鳖

表 4-2　鳖对环境的要求

条　件	具　体　要　求
栖息	江河、湖泊、池塘、水库和山涧溪流中
生活特点	喜阳怕风、喜静怕惊、喜洁怕脏、性残食，有"晒盖"习性
食性	杂偏动物性，稚鳖喜欢食小鱼、小虾、水生昆虫、蚯蚓、水蚤等。幼鳖与成鳖喜欢摄食螺蛳、蚬、蚌、泥鳅、鱼、虾、动物尸体等，耐饥性强
生长	较慢，通常养殖 3～4 年，体重才能达到 500g 左右的商品规格
呼吸	主要用肺，咽喉部的鳃状组织具辅助呼吸作用

第三节　鳖池的建造

养鳖池可分为亲鳖池（兼产卵池）、稚鳖池、二龄幼鳖池、三龄幼鳖池和成鳖池五种。鳖池建造的总体要求以及各类鳖池面积比例和具体要求可参考表 4-3、表 4-4、图 4-2、图 4-3。

表 4-3　鳖池建造总体要求

条　件	具　体　要　求
水源	水质清新无污染、水量充沛，进、排水方便，以江河、湖泊、水库、池塘等地上水为好
饵料	动物性的饵料来源可靠、数量足、质量好
底质	壤土或黏土，底有淤泥和人工铺入的细沙
环境	安静、背风向阳的温暖处

表 4-4　各类鳖池面积占总面积的百分比及具体要求

鳖池名称	比例/%	要　求
稚鳖池	5	一部分在室内,另一部分在室外。室外池则要建在向阳背风的地方,室内池要向阳、光线明亮、水泥结构,面积 3～10m²,池深 0.5m,底铺上 5cm 厚的细沙,池内水深 20cm,池壁垂直于池底用木板或水泥板搭设休息台,休息台露出水面的面积为稚鳖水面积的 1/5 左右(图 4-2)。每口池面积 50m² 左右较为适宜,池上盖层旧网防止敌害侵袭
二龄鳖池	10	面积 50～120m²,池壁可用条石砌成,并用水泥抹光,池底也可采用水泥底,但要铺上 10cm 左右的细沙和软泥。池壁高 0.7～1m,水深 0.4m 左右,进、排水口都要有防逃设施。幼鳖池和稚鳖池一样,也应在池中搭设休息场,其面积大约占饲养池面积的 1/10。饲料台设在休息场上,饲料台上方用帘子遮阳
三龄鳖池	20	
成鳖池	45	面积约 300～1000m²。池深 1.5m,水深 1m 左右。池底可以利用原有的自然土层,若自然土层过于坚硬,可以铺上 15～30cm 厚的泥沙或粉沙。池的周围要留一定的斜坡作为鳖的休息场,坡面与水面夹角为 30°～40°为好。池的周围砌有高 40cm 以上的防逃墙,墙顶出檐 15cm,以此提高防逃效果。另外,养殖池的进、排水口也应安装可靠的防逃设施
亲鳖池	20	环境安静;日照良好,松软沙土;防逃设施坚固;产卵场地势较高、地面略有倾斜(不积水)和背风向阳的堤岸上。按 0.2m²/只雌鳖进行设计(图 4-3)

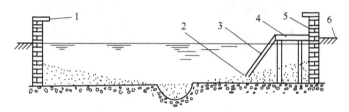

图 4-2　稚鳖池结构示意图

1—防逃檐;2—沙底;3—上坡板;4—投饵场兼休息场;5—水泥池壁;6—地面

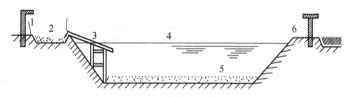

图 4-3　土质亲鳖池断面图

1—防逃墙;2—产卵场兼休息场;3—食场兼休息场;4—水面;5—沙土池底;6—池埂

第四节　鳖的苗种繁育技术

一、亲鳖选择

1. 亲鳖的选择标准

年龄和体重:华南 3～4 龄,华中 4～5 龄,华北 5～6 龄,体重达 500g 左右。体质健壮、皮肤光亮、体形正常、背甲后缘革状裙边较厚,并且较为坚挺、行动敏捷。雌雄比例达 (3～4):1。

2. 鉴别雌雄亲鳖

鳖的雌雄鉴别特征见表 4-5 和图 4-4。

二、亲鳖培育

亲鳖是人工繁殖与苗种培育的基础,目前用于人工繁殖的亲鳖有两个来源,一是天然捕

表 4-5　鳖的雌雄鉴别特征

特征	雌 鳖	雄 鳖
体形	较厚,背甲圆形而凸起,前后宽度基本一致	体较薄,背甲稍稍隆起呈椭圆形,后部较前部略宽
腹甲	后缘略凹	后缘近弧形
尾	短而软,裙边较宽,尾端不露出裙边	较长而硬,裙边较窄,尾端能自然伸出裙边外
后肢间距	较宽,产卵期泄殖孔红肿	窄
交接器	无	有

 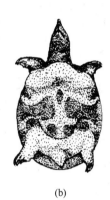

(a)　　　　　　　　　　　　(b)

图 4-4　雌、雄鳖的鉴别

(a) 雄鳖腹面观；(b) 雌鳖腹面观

获经饲养后作为亲鳖；二是用人工苗种经饲养后用作亲鳖。一般生产单位多使用人工养殖的亲鳖选优繁育,人工养殖亲鳖培育条件见表 4-6。

表 4-6　人工养殖亲鳖培育条件

条 件	具 体 要 求
规格	3 年以上
水温	15～17℃
放养密度	每 2～3m² 养 2～3kg 的亲鳖 1 只为宜,最好不宜超过 6000 只/hm²,总重量不宜超过 1200kg
饵料	小鱼、小虾、蚯蚓、蝇蛆、动物内脏、熟动物血、蚕蛹、螺肉、蚌肉等动物性饲料为主,也能吃熟麦粒、饼类、瓜类、蔬菜等植物性饲料,以投放活体螺蛳最好
日常管理	保持安静。控制池水深度 0.8～1.2m,定期灌注新水。及时除污,以保持水质清爽,透明度为35～40cm 较为适宜

三、人工孵化

人工孵化的技术目标: 保证鳖卵的孵化率在 90% 以上。

1. 鳖卵收集

人工孵化先要收集鳖卵。亲鳖产卵始于 5 月中旬左右,收集鳖卵工作从 5 月上旬就应开始。每天早晨太阳出现、露水消失之前,在产卵场根据雌鳖产卵留下的足迹和挖穴时沙土被翻动过的痕迹,仔细查找卵穴的位置,一旦发现卵穴后就在旁边插上标记,同时还要检查一下产卵场之外的空地,以防亲鳖到处挖穴而被遗漏。鳖卵多为圆球形或略呈椭圆形,直径1.7～2.7cm,重2.5～6.5g。发现卵穴后不要马上挖卵,因为刚产出的鳖卵胚胎尚未固定。

卵的动物极与植物极不易分清，应等待 8～30h，鳖卵两极能够明显地辨别时再行采收。鳖卵收集时可采用特制木箱装运（图 4-5）。箱底铺上一层 3～5cm 厚的细纱或稻壳，用以固定卵位而不使其颠倒，将挖出的鳖卵动物极向上，整齐地排列在卵箱中，切莫将两极方向倒置，否则将影响胚胎正常发育而降低孵化率。鳖卵两极容易识别，卵顶有白点的一端为动物极，另一端为植物极。鳖卵采收完毕后，应将卵穴重新填平压实，把地面沙土平整好，再适量洒些水，使沙土保持湿润，以利下批亲鳖产卵和人工寻找卵穴。

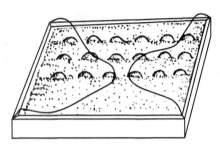

图 4-5　鳖卵收集箱

收集的鳖卵，在送孵化器孵化之前，还要检查卵粒受精情况。其鉴别方法是通过卵粒外部特征判断。如果取出的卵体积较大，卵壳色泽光亮，一端有一圆形白点，白点周围清晰光滑，即为受精卵；若取出的卵没有白点，或白点呈不规则不整齐的白斑，该卵就是未受精卵或受精不良的卵，应予以剔除。最后，将当日收取的受精卵，标记取出时间，送孵化器孵化。

在盛夏及干旱季节，亲鳖产卵场早晚要适量洒水，使之保持湿润状态；在多雨季节，则应保持产卵场排水畅通，防止积水。

2. 鳖卵孵化

野生鳖卵在天然环境条件下孵化，孵化率较低。因此，一般多采用人工孵化法。鳖卵的人工孵化有多种方式，通常采用室内孵化器孵化和室外半人工孵化两种方式。

（1）室内孵化器孵化　孵化器采用木板或者其他适宜材料专门制作，也可利用现有的木箱、盆、桶等多种容器代替。孵化器过大过小都不好，一般规格为 60cm×30cm×30cm 左右较为适宜。孵化器底部钻有若干个溢水孔。进卵孵化前，先在孵化器底部铺 5cm 左右厚的细沙，然后再在沙上摆放卵，卵与卵之间保持 2cm 左右间隙，并根据孵化器深浅，排卵 2～3 层，但不要超过 3 层，每排一层卵都要在其上盖一层 3cm 左右的细沙，排卵盖沙完毕，在靠孵化器一端埋置一个与沙面平齐的搪瓷盆类的容器，内盛少许清水。这是利用稚鳖孵化后就有向低处爬行寻找水源的习性，可诱集出壳稚鳖自动爬入盆内便于收集。为了在孵化过程中保温保湿并利于观察，可在孵化箱上镶盖玻璃或透明塑料薄膜。孵化器内沙土要有 7%～8% 的含水量，孵化期间，每隔 3～4 天喷水一次，保持孵化沙床湿润，但不能积水过多，一般喷水后的沙土以用手捏成团、手松即散为度。孵化沙床温度应控制在 30～33℃ 范围内，如果温度过低，可在孵化器内安装电灯或室内用电炉、火炉等办法提温。当温度过高时，要及时采取遮光和降温措施。这样经过 40～45 天的孵化，稚鳖就能破壳而出。

（2）室外半人工孵化　这是一种利用亲鳖池的休息场或产卵场作孵化场地，适当地采取人工辅助措施，利用自然温度孵化鳖卵的方法。

孵化场地一般选择在亲鳖池坐北朝南的向阳一侧。在靠近防逃墙的地势较高处，挖几条 10cm 深的沙土沟，将鳖卵并排放在沟内，卵的动物极朝上，然后覆盖 10cm 左右的湿润沙土，沙土含水量以手捏成团、松手即散为宜。沟边插上温度表和标牌，温度表插入 10cm 深，标牌上记好鳖卵数量和开始孵化日期等。在孵化沟的两端用砖叠起，砖上横置几根竹竿用于遮阳挡雨。在孵化过程中要注意在孵化沟上洒水，以使沙土保持湿润状态，特别是天热干旱时，洒水次数要适当增加。另外要注意保持孵化沟排水良好，周围不能积水。孵化后期，稚鳖即将孵出之前需在孵化场周围围上防逃竹栅，可在竹栅内地势较低处埋设水盆，盛少量水，并使盆口与地平面相平，以诱使出壳后的稚鳖入盆，便于收集（图4-6）。由于这种方法完全是靠自然温度孵化，没有加温措施，孵化温度不能控制在适宜温度范围内，因此鳖卵孵化时间较长，孵化率也不甚稳定。

图4-6 室外半人工孵化的稚鳖收集示意

孵化期注意事项：①3～5天产出的卵作为同一批孵化，以便及时出壳；②尽量避免翻边和震动鳖卵，在必须搬动孵化器时，应轻拿轻放；③防止各种敌害生物侵害；④刚出壳的稚鳖不要马上搬动，更不要人为地剥落脐带。应在湿沙盘上或浅水盆内暂养2～3天，再移放稚鳖池内饲养。

第五节　鳖的人工养殖技术

> **鳖的养殖技术目标**：通过合理调整密度和分级饲养，控制鳖同类相残；加温养殖饲养一年，能使90%以上鳖的体重达到400～500g。

鳖性凶猛好斗，有同类相残的习性。在人工饲养时，通常将稚鳖、幼鳖、成鳖、亲鳖分级、分池饲养。

一、稚鳖饲养

稚鳖在浅水盆内暂养2～3天后，卵黄已吸收干净，羊膜也自然脱落，就可以移到稚鳖池内饲养。由于鳖的生殖期较长，温度过高或过低都不利于稚鳖的生长。因此，对早期（大约7～8月份）和晚期（大约10月份）破壳的稚鳖不要直接移入室外稚鳖池饲养，最好先放在室内池中进行养殖。若必须在室外池饲养，注意对稚鳖池的遮阳降温或保暖防寒。中期（9月上旬前后）破壳的稚鳖，可以直接放到室外稚鳖池中饲养。放养密度以40～50只/m²为宜，也可放养到70只。此外，还要根据稚鳖的破壳时间和大小，分池放养。如果鳖池不足，可在池中用塑料板或密眼网相互隔开。

卵黄已吸收完毕的稚鳖，便开始摄食食物，要求饵料精、细、鲜、嫩，营养全面，适口性好。通常在出壳后的1个月内喂些红虫、小糠虾、摇蚊幼虫、丝蚯蚓（又名水蚯蚓）等，也可投喂鸡、鸭蛋羹和生鲜状态的鱼片、动物的肝脏等，切忌投喂用盐腌过的各种动物肉或内脏，也不要投喂脂肪含量高的饵料。在投喂动物内脏、大鱼虾、河蚌、螺等饵料时，必须预先绞碎后再投喂，以提高适口性。如果有可能最好将鱼粉、蛋黄或鱼虾、螺、蚌肉绞碎后加入少量的面粉，制成人工配合饵料投喂。投饵按照"四定"原则，其投饵量为全池稚鳖总体重的 5%～10%，并根据食欲、天气、水质情况灵活增减。

稚鳖入池饲养前，用 20mg/L 的高锰酸钾溶液浸泡消毒 15min，对已患水霉病的稚鳖用 2mg/L 的孔雀石绿溶液浸泡 1～2h。稚鳖对不良的水质环境适应能力也较弱，因此要经常清除池中残饵、污物，每隔 3～5 天更换一次新水（新水水温要接近原池水温），池水的透明度保持在 30～40cm。

稚鳖饲养管理中最重要的是越冬管理。为了使稚鳖安全越冬，应在秋后稚鳖停食前加强饲养管理，保证喂足营养丰富、脂肪含量较高的食物，使稚鳖体内脂肪得到蓄积。当室外气温降到 10℃左右时，就应将稚鳖集中起来，全部转入室内稚鳖池中进行越冬。稚鳖池底要提前增铺 20cm 厚的粉沙，注水 5～10cm，使入池的稚鳖自行钻入沙中越冬。稚鳖越冬的放养密度为 100～200 只/m²，水温保持在 2～6℃较为适宜，水质保持清新。

二、幼鳖饲养

放养密度视鳖的大小而定，一般体重 10g 以上的幼鳖放养量 15～20 只/m²；体重在 10g 以下的放养 20～30 只/m²。随着鳖的生长，饲养过程中还可按个体大小分池调整饲养密度。

开春后水温高于 16℃时，就可以对幼鳖进行投喂。幼鳖摄食能力较强，除了摄食高蛋白质的动物性饲料外，还能利用一定量的含淀粉多的植物性饲料。投饵量应随季节（水温）不同而有变化。4 月份，水温尚低，幼鳖摄食量较少，每天上午 9 时左右投喂一次即可，投饵量为幼鳖总体重的 5%～10%；5 月份以后，水温升至 20℃以上，摄食量增多，当水温达到 26～30℃时，每天投饵量为幼鳖总体重的 20% 左右；入秋后水温逐渐降低，投饵量为幼鳖体重的 5%～10%；越冬前，为了增加幼鳖体内脂肪的积累，可适当增加动物内脏和鲜蚕蛹的投喂比例，以保证幼鳖安全越冬。

饲料投放在用木板或水泥板设置的饲料台上，一般每 50m² 水面设一个，每个饲料台面积约 1m²。位置固定在池内靠边 1.5m 处，台面在水面下 10cm 的水中。浮性饲料可直接投放到饲养池中。

幼鳖饲养中要加强水质管理，使池水透明度保持在 30～40cm。盛夏季节还应采取必要的降温措施，通常采用的方法是搭棚遮阳。遮阳棚位置选择在鳖池的西南端，面积占池水面积的 1/3 为宜。也可在池边种高大的树木，用以遮阳防暑。

幼鳖经过一年的饲养，体重一般可达 50～100g，这时幼鳖对环境的适应能力大大增强。在向阳背风、池底泥沙层厚度为 20cm 以上的池中（适时注水保持高水位），幼鳖就可安全越冬。

三、成鳖饲养

在一般情况下，室外自然温度养鳖时，其生长速度见表 4-7。

表 4-7　自然温度下鳖的生长速度

时　间	刚孵化时	第 1 年末	第 2 年末	第 3 年末	第 4 年末
鳖长/cm	2～3	3～5	8～10	12～15	15 以上
鳖重/g	3～5	5～15	50～100	130～250	500 左右

成鳖的放养密度，体重 50～100g 的二龄鳖，放养 8 只/m² 左右；体重约 200g 的三龄鳖，放养 4～6 只/m²；体重在 400g 以上的四龄鳖放养 2～4 只/m²。成鳖养殖阶段同样应坚持按鳖的规格大小分池饲养的原则。

成鳖的投饵方法、数量、次数和采用的饲料种类与幼鳖基本一样。采用配合饲料比采用各种单项饲料效果更好，其配方为：鱼粉 60%～70%，马铃薯淀粉 20%～25%，外加少量的干酵母粉、脱脂奶粉、脱脂豆饼、动物内脏粉、血粉、维生素、矿物质等；或血粉、蚕蛹粉、猪肝渣等 30%，豆渣 30%，麦粉 30%，麦芽 3%，土粉 3%，另加植物油、蚯蚓粉、骨粉各 1%，维生素 0.1%。在生长适温期内，如采用上述配方，日投饵量占鳖总体重的 5%～10%。

由于成鳖池一般面积较大，水也较深，所以其水质比较容易控制，尤其是当成鳖池中放养一定数量的花鲢、白鲢时，能起到防止水质过肥的作用。成鳖池水要求肥度适中，透明度 30cm 左右，水色呈茶褐色、油绿色等，这样的水质溶解氧量高，不仅有利于鳖的生长发育和各种天然饵料繁殖生长，而且鳖在这种水体中生活有安全感，并可减少相互咬斗。如果水质过于清瘦，透明度太大时，可以向池塘中施一定量的发酵腐熟的粪肥，培肥水质。当水质过肥时，则应适当灌注新水或每半月至一个月施一次生石灰加以调节。石灰既能调节水质防止鳖病发生，又能满足成鳖及其饵料生物（螺、蚌等）对钙的需求。成鳖越冬管理无需采取特别防寒保温措施，只要越冬期间始终保持高水位，鳖就能安全越冬。

四、加温养鳖

鳖按常规方法养殖，从孵化不久的稚鳖长到 500g 左右的商品规格，需 4 年或更长的时间。如果人工将养鳖池的水温常年控制在 30℃ 左右的最佳温度范围内，就可以大大加速鳖的成长和大大提高鳖的成活率。同时也能达到缩短养鳖周期的目的。这就是日本各地广泛采用的加温养鳖，使养鳖生长周期缩短至 12～15 个月的诀窍所在。

加温养鳖池一般为水泥结构，面积以 20～50m² 为宜。可设数口池子，以利不同规格的鳖分池饲养。池子的结构要求与其他常温鳖池基本相同。鳖池建在温室内，如果建在室外则需搭架覆盖塑料薄膜保暖。加温养殖根据升温方式不同分四种，即锅炉加温、电热加温、温泉水加温和工厂废热水加温。后两种不需要花费燃料和电费，但在使用前还须对温泉水的水质进行化验，若化验后发现热水内含有对鳖有害的物质，就不能直接作为饲养用水，而应在池底设置管道，将温泉水或废热水通过管道，间接加热鳖池水温，加温养殖时间一般从 9 月下旬开始，至翌年 5 月中旬结束。在鳖移入之前，鳖池要用漂白粉作一次消毒处理，然后再加水，并把池水温度调整到 30℃ 左右，再把鳖放入池中。

鳖的放养密度可比常规养殖提高 1 倍左右，饲养管理要求与常规养殖相似，重点是加强水质管理，控制好水温并确保有充足的光照，最好每周换水一次。养殖过程中，池水温度保持相对稳定。

到翌年 5 月份，当室外水温达 24～25℃ 时，就要适时将鳖移到室外进行常温养殖。但是在移养前几天，要逐渐降低温室内养殖池水温，使鳖对降温有个适应过程。

五、鱼鳖混养

1. 鱼鳖混养池

鱼鳖混养池的建设应以适于养鳖的需要为准。因此，除去稚鳖池因其水体小不适于混养鱼类外，幼鳖池、成鳖池和亲鳖池（水位在 1～1.5m 以上者），均可混养鱼类。如果鱼池改造成鱼鳖混养池，必须根据各类鳖池建设要求，建筑防逃墙、饵料台、休息场和产卵场等。

2. 鳖的分级放养密度

鳖的具体分级放养密度见表 4-8。

表 4-8 鳖的分级放养密度

个体规格/g	10～15	50～100	100 以上	750 以上
放养密度/(只/m²)	5～10	2～4	1～2	0.1～0.5

3. 鱼种的放养密度和搭配比例

一般以浮游生物食性的鱼类，例如鲢、鳙、白鲫等为主要的混养对象，适当配养鲤、鲫、罗非鱼等杂食性鱼类，也可配养一定量的草鱼、团头鲂等草食性鱼类。通常一二龄鳖池每亩❶投放夏花鱼种500尾左右，经一年培育出塘时可获大规格鱼种。三四龄鳖池每亩投放10cm以上大规格鱼种350尾左右，用以养成商品鱼。鱼种的搭配比例为，鲢占55%～65%，草鱼、团头鲂占20%，鳙鱼占10%～15%，鲤鱼、鲫鱼占5%～10%。

4. 饲养管理

对于规格在10cm以下的草食性鱼类，可喂各种饼类、麸皮、米糠等精饲料，10cm以上时可投喂水、旱草类。鳖的饵料与单养相同。由于鳖在生长发育过程中需要较多的钙质，所以还要定期向池中投放适量的生石灰。一般在生长季节，坚持间月按450kg/hm² 施一次生石灰。此外，在养殖过程中，还要根据天气、水质、水温等具体情况及时加注新水，增加溶解氧，改善水质，防止鱼类严重浮头和泛池事故的发生。

六、敌害防控

鳖的主要天敌是蛇、鼠、蚂蚁、猫、黄鼬、水獭、鹰等。蛇会挖掘卵穴，吞食鳖卵和稚鳖；野鼠喜欢在鳖的产卵场挖穴，造成鳖卵干燥死亡；而蚂蚁往往会围攻稚鳖；猫和黄鼠狼对稚鳖危害更大，因为鳖身上会分泌出特别的腥味液，易被猫等嗅识，再有猫、黄鼠狼习惯于晚上活动，此时正是鳖活动的时间。除此之外水獭也是鳖的天敌，水獭可潜入水底危害鳖类。

为了防止天敌危害，首先要加固池堤或围墙，堵塞漏洞和缝隙，切断敌害入池通道和藏身之地。对于蚂蚁，除在产卵场发现蚁巢立即剿灭外，还可在产卵场四周撒上农药阻止蚁群进入产卵场。对于鸟害和兽害，可在鳖池上方设置金属网予以保护。

【思考题】

1. 亲鳖饲养的技术要点有哪些？
2. 如何孵化鳖卵？
3. 怎样饲养稚鳖、幼鳖和成鳖？
4. 加温养鳖的优点和实施要点有哪些？

❶ 1亩＝667.67m²。

第五章　龟类养殖

【技能要求】

    1. 能够鉴别几种主要的经济龟类。

    2. 会合理选择乌龟养殖场址。

    3. 能够科学设计乌龟养殖池。

    4. 能准确地鉴定雌龟与雄龟，受精卵与非受精卵。

    5. 能独立从事乌龟的人工孵化工作。

    6. 能够开展乌龟的常规养殖。

第一节　养殖现状与前景

龟在食用、滋补、保健、药用、工艺等方面用途很广，龟类具有独特的其他动物无法替代的经济价值。加大力度开发龟类养殖，前景十分广阔。我国的养龟业从20世纪80年代末、90年代初发展到现在，取得了惊人的成绩，并解决了"吃龟难"、"观龟难"的问题。

我国真正深入开展人工养龟的历史不长，20世纪70～80年代主要是分散型的家庭零星养殖，主要停留在炒种阶段，没有形成产业和市场。90年代后，我国龟的养殖业得到发展，一些企业和养殖大户大胆投资养龟业，将食用、药用价值高的乌龟作为首选品种，取得了良好的经济效益。尤其是1996年中华鳖市场滑坡之后，养龟开始升温。湖南、湖北、福建、江西、广东、海南、江苏、浙江等省养龟业迅速发展。目前国内养殖种类以乌龟、黄喉拟水龟、红耳龟为主。

自1990年起，龟的价格逐年上涨，以乌龟为例，1989年40～50元/kg，1994年商品龟价格为90～100元/kg，1997年为150～180元/kg，1998年为300～320元/kg，1999年已涨至380～400元/kg，目前价格基本稳定在150～200元/kg。

目前，国内龟养殖方式主要有加温养殖、两头加温养殖、大棚保温养殖、常温露天养殖、常温龟鱼混养等。20世纪90年代以前主要采用常温露天养殖，90年代中期主要采用加温养殖，打破龟冬眠的习性，从10月初开始至翌年的5月初，水温保持在30℃左右，使龟一直处于最快生长，大大缩短了养殖时间，提高了成活率。目前采用两头加温、龟鱼混养模式较多，不仅提高了龟的生长速度，降低了养殖成本，而且提高了龟的质量品质，达到绿色产品的要求。

由于龟类具有独特的营养、药用、观赏价值，市场需求量很大。但随着人口数量的猛增及生态环境的破坏，龟逐渐丧失了原有的栖息地，另外，人为的大肆捕捉，加速了野生龟资源的枯竭，发展人工养殖是满足市场需求的唯一途径。

近年来，随着人们生活水平的提高，龟作为一种观赏动物，逐渐进入寻常百姓家，其需求量进一步加大，市场前景十分看好。目前尽管全国一些大中城市都有花鸟市场中设置的宠物龟门市或摊位，但普遍存在热门观赏龟品种奇缺、供不应求的局面。

第二节　认识龟类

龟隶属于爬行纲，龟鳖目，龟科。据调查，我国的淡水龟类有27种，但目前开展人工养殖的龟类主要是乌龟、黄喉拟水龟、三线闭壳龟（俗称金钱龟）等，它们的共同特点是适应性强，易于饲养，营养价值、观赏价值高，药用功能强，深受消费者喜爱。此外，市场上常见的国外引进龟类有巴西彩龟、鳄龟等，因其有着很高的观赏性和食用价值也已逐步成为养殖对象。

1. 乌龟

乌龟（*Chinemys reevesii* Gray），亦称草龟、泥龟、秦龟、金龟等。乌龟头部背面呈三角形，黑或棕色，头顶前部平滑，后部呈细鳞状，吻钝。背部棕色或黑色，背甲椭圆形，边缘齐整，脊棱三条（成年不显），颈盾前窄后宽。腹甲平坦，前缘平切略向上翘，后缘缺刻较深，腹面色浅，腹甲每一盾片有大黑斑。无下缘盾。甲桥、腋盾、胯盾均明显。前肢基部鳞片较大，四肢扁平，指、趾间均有全蹼，指、趾末端有爪。尾细短（图5-1）。

图 5-1　乌龟

图 5-2　黄喉拟水龟

我国除少数地区外，各地都有分布，以长江中下游产量较多。乌龟不仅味鲜美，营养丰富，且有着极高的药用价值。

乌龟为半水栖性，喜栖息于江河、湖泊或沼泽中，也可以爬到潮湿的陆地上活动。气温在10℃以下时冬眠，15℃以上才出穴活动。为杂食性动物，动物性的饵料主要有各种昆虫、蠕虫、小鱼、小虾、河蚌、螺类等；植物性的饵料主要有浮萍、水浮莲以及植物的嫩茎叶等。乌龟的生长较缓慢，通常5龄达性成熟，体重为250～280g，6龄龟达300g以上。每年的5～8月份为产卵盛期，卵分批产出，每次产卵2～8枚。卵在自然条件下60～80天可孵化小龟。

2. 黄喉拟水龟

黄喉拟水龟（*M. mutica*），别名黄喉水龟，又名水龟、小头金龟、香龟、石龟及山龟等，属龟科、水龟亚科、拟水龟属。黄喉拟水龟在国内分布广，数量仅次于乌龟，属水栖类龟，是培育正宗绿毛龟的基龟，又因其抗病力强，有较高的药用价值，特别适合于城乡居民室内或庭院养殖，是不少水产养殖场的常规养殖品种（图5-2）。

3. 黄缘闭壳龟

黄缘闭壳龟（*C. flavomarginaya*），又名黄缘盒龟、金头龟、克蛇龟、金钱龟、断板龟、驼背龟等。分布于河南、湖北、江苏、浙江、安徽、湖南、福建及台湾等省。黄缘闭壳龟主要药用，观赏价值很高，养殖前景广阔（图5-3）。

4. 三线闭壳龟

三线闭壳龟（*C. ctrifasciata*），又名金钱龟、金头龟、红边龟等。三线闭壳龟主要分布

图 5-3　黄缘闭壳龟

图 5-4　三线闭壳龟

于我国广东、海南、福建等地。其外形美观，且肉味鲜美，营养价值高，具有滋阴壮阳、祛湿解毒、消肿抗癌等功效。畅销于香港、台湾等地，其饲养前景十分看好（图 5-4）。

5. 巴西彩龟

巴西彩龟（*Trachemys scripta*），又名红耳龟、秀丽锦龟、七彩龟、巴西龟。其头部、颈部、四肢和尾部都镶嵌有粗细不均的黄绿条纹，眼后有 1 块红色斑块。原产于南美洲，是一种极具观赏价值的龟种，很多人把它作为宠物饲养。

6. 鳄龟

鳄龟（*Macroclemys temminckii*），又名蛇鳄龟、小鳄龟、肉龟。原产于墨西哥、美国，近年引进我国。自然环境条件下，鳄龟 4～5 年达到性成熟，人工养殖条件下，约 2 年左右即可达到性成熟。

7. 平胸龟

平胸龟（*C. megalocephala*），又叫鹰嘴龟、大头龟。其显著特征为头大、尾长、龟壳扁平、腹甲甚小、头尾和四肢不能缩入壳内。主要产于广东、广西、海南、福建、浙江、江西、安徽、江苏、湖南、贵州和云南等省。国外缅甸、泰国也有分布。

8. 地龟

地龟（*G. spengleri*），又名泥龟、金龟、十二棱龟。隶属淡水龟科，地龟属。分布于我国南方，国外产于东南亚各国。地龟为国家二类重点保护野生动物，目前有一定量的养殖。

9. 中华花龟

中华花龟（*Ocadia sinensis*）又称花龟、草龟、斑龟、珍珠龟。中华花龟头较小，头顶后部光滑无鳞，上喙有细齿，中央部凹陷。分布于福建、广东、广西、海南、香港、江苏、台湾、浙江等地区。国外分布于越南、老挝。中华花龟已能大量人工繁殖，目前市场上中华花龟的幼体多数来自我国台湾省。

10. 眼斑水龟

眼斑水龟（*Chemmys bealei*）俗称四眼龟。头部光滑无线，头顶后方有两对眼状斑，背甲与腹甲几乎等长，四肢扁平、具爪，指、趾间有蹼。分布仅限于我国的的福建、广东、广西和海南。其肉可食用，龟板可入药，具有较高的观赏价值。

第三节　乌龟的人工养殖技术

一、养殖场选址

1. 地势朝阳，环境安静

乌龟生长过程中，要经常晒太阳，长期不接受日光浴，体表会附着青苔或细菌、病毒，使其感染多种疾病。同时，阳光充足有利于提高水温，促进龟生长。因此，龟场一定要选在阳光充足的地方。另外，周围环境必须安静，要远离工厂、学校、矿山、靶场，若有噪声干扰，不利于正常生长。

2. 水源充足，水质良好

未经污染的江河、溪流、湖泊、池塘、水库和地下水均可作为养殖水。理想的水源是无污染的地面水，地下水及水库底层水的特点是水质好，但温度低，入龟池前可经过晒水池提温。

3. 土质要求

养龟池的土质要求既能保水，又能完全排干，以壤土或黏土为好。砂土则因其保水性能差，一般不宜建造龟池。如只能在砂土地上建池，必须进行底质处理，如在池底铺上一层黏土或建水泥池底，水泥池底上要铺15～20cm厚的淤泥和细沙的混合土。底泥沙粒宜细不宜粗，以免使龟皮肤磨伤引起伤口感染病变。

4. 饵料条件

饵料是养龟的物质基础，其质量的优劣和数量的多少，直接影响到龟类生长速度的快慢和产量的高低。因此，养龟场最好建在饵料充足、供应方便的地方。

二、养殖池的建造

龟的生长发育可分为几个不同的阶段或时期。不同阶段、不同年龄的龟应分池饲养，因此人工养殖时，应分别建造稚龟池、幼龟池、成龟池和亲龟池，一般各类龟池总面积的百分比分别为稚龟池2%、幼龟池25%、成龟池53%、亲龟池20%。

不同生产方式、不同规模的养龟场，总体布局及各级养殖池在总体面积中所占的比例不尽相同。小规模养殖可只建稚龟池、幼龟池、成龟池。规模化养龟场必须具有排灌水系统、库房、饵料加工厂、孵化室、工作室等设施。除此之外，养龟场必须有防逃设施、饵料台、晒背场所。

1. 稚龟池

稚龟娇嫩，抗逆能力较弱，对生活环境和养殖条件要求严，同时要注意防老鼠、蛇、鸟等动物捕食小龟。因此，稚龟池应建室内池和室外池。

（1）室外稚龟池　建在室外背风向阳的地方，具有良好的保温、防暑、通风的条件。稚龟池为长方形，面积为5～20m²，池深0.5m，水深10～30cm，采用水泥和砖建造，池底铺10cm的软泥层，池壁保持光滑。池中水面另一边留陆地，陆地与水池以30°斜坡相接，水陆面积为5∶1，食台设在水池与陆地相接处的平台上，便于稚龟取食并及时清理残余饵料，陆地上方可用石棉瓦搭建成遮阳棚。

（2）室内稚龟池　室内稚龟以池3～5m²为宜，用砖砌水泥抹面，池底、池壁要光滑。池深30～50cm，蓄水15～30cm，底铺5cm厚细沙，池内置木板作饵料台兼休息台。池壁设置溢流管保持水面低于池壁顶10cm以下，防止稚龟从池内逃出。

2. 幼龟池

幼龟池是用来饲养2～3龄小龟的，一般建在室外，采用长方形水泥池或土池结构，面积较稚龟池稍大，一般为20～80m²，池深0.6～1.0m，水深0.3～0.5m，池子围墙上部向内伸出5～10cm。池子由水陆两部分组成，面积约为为3∶1，陆地以20°～30°倾斜与水池相接，便于幼龟上岸活动。可在陆地上设置龟窝，位置选择在池子的中间或一角，南北朝向，龟窝高20～50cm，上面覆盖石棉瓦、泥土等遮盖物，形成冬暖夏凉的阴暗环境，类似于自然环境中的洞穴，供龟栖居。饵料台可用木板或水泥板设在水陆交界处，呈30°角。一部分连接陆地，一部分伸入水中，既可作食台，也可作晒背、栖息场所。

3. 成龟池

成龟池是用来饲养 3 龄以上的商品龟的。面积可大可小，一般以 $100\sim1000m^2$ 为宜，常采用土池，形状为长方形，东西方向，池深 $1.5\sim2.5m$，水深保持在 $1m$ 以上。龟池四周用砖、石块砌成高出水位线 $30\sim50cm$ 防逃围墙，墙的顶部内伸出 $5\sim10cm$。饲养池既有水面，又有陆地，一般水面与陆地面积之比可控制在（$3\sim4$）：1，龟池水陆交界的坡比以 $20°\sim30°$ 为宜，陆地也可置于池的中间。饵料台可用水泥预制板或杉木板搭设，按 $30°$ 角的坡度一端浸没在水下 $10\sim15cm$，另一端露出水面。饲料投放在水面与水下交界的地方。饲料台上方最好设遮阳棚架，防止日晒雨淋引起饲料变质。

4. 亲龟池

亲龟池是用来饲养产卵亲龟的，亲龟池可以是土池或水泥池，以土池为好。亲龟池为长方形，面积一般为 $300\sim1200m^2$，可根据养殖规模设计。池底要求泥土或砂质泥土，亲龟池由水池和陆地两部分组成，陆地分为运动场（摄食平台）和产卵床两部分，水陆面积比约 $2:1$，水深 $0.5\sim1m$，水池与陆地以 $1:3$ 坡比斜坡相接，产卵场设在陆地上，大小根据雌龟的数量来确定，一般为 $5\sim10$ 只/m^2。产卵场设在龟池高处，在地面下挖 $20\sim30cm$，填满干净的细沙土。亲龟池周围的防逃墙一般高 $50cm$。饲料台的设置同成龟池，龟池四周应多栽种树木花草，尽量模拟自然生态环境，有利于亲龟繁殖。

三、人工繁殖

1. 繁殖习性

乌龟交配时间为 4 月下旬至 9 月初，水温 $20\sim25℃$ 时开始交配，在傍晚或黄昏进行。我国长江流域一般在 5 月中旬至 10 月上旬，$6\sim9$ 月是产卵高峰期。成熟雌龟每年可产卵 $3\sim4$ 次，每次间隔 $10\sim30$ 天，每次产卵 $2\sim10$ 枚。自然条件下龟卵孵化时间约需 $50\sim80$ 天，人工孵化时间为 $50\sim60$ 天。

2. 年龄鉴别

龟的年龄计算方法，一般是以龟背甲盾片上的同心环纹的多少来推算，每 1 圈代表 1 个生长周期，即 1 年。盾片上的同心环纹多少，然后再加 1（破壳出生为 1 年），即是龟的年龄。这种方法只有龟背甲同心环纹清楚时，方能计算比较准确，对于老年龟或同心环纹模糊不清的龟，只能估计推算出它的大概年龄，几十年的龟则因环纹不清晰而难以准确鉴定。

3. 亲龟的雌雄鉴别

雌龟与雄龟在外形上有较为明显的区别，雄龟个体较小，龟壳黑色，躯干部长而薄，尾长柄细，具有特殊臭味；雌龟个体较大，龟壳棕黄色，纵棱显著，躯干部短而厚，尾短柄粗，没有特殊臭味。

准确的鉴别方法是在乌龟的繁殖季节，抓住成龟，当它的四肢和头尾皆欲缩入壳内时，用手指使劲抓住它的头及四肢，如果乌龟泄殖孔内有一膨大呈褐色的交接器外突者为雄龟，否则为雌龟。

4. 亲本培育

> **亲龟饲养的技术目标：** 应选择亲龟 6 龄以上，体重 250g 以上的个体作亲龟来饲养；亲龟成活率达到 100%；亲龟的产卵率达到 100%；卵的受精率达到 95% 以上。

（1）亲龟的选择　要选择皮肤有光泽，头颈伸缩自如，反应灵敏，爬行时四肢有力，身体饱满，体质健壮、无伤的个体。年龄以 6 龄以上、体重为 250g 以上为宜。同龄个体，一般雌体要比雄体大些，雌雄比例为 $2:1$。

（2）放养　种龟必须用 40mg/L 高锰酸钾溶液消毒 30min，然后才能放入亲龟池饲养。放养密度为 1～2 只/m²。为充分利用水体，龟池中可套养少量鱼种。

（3）加强投饵　亲龟的饲料要保证营养全面、均衡，才能确保亲龟正常的生长和繁殖。主要饵料为小鱼虾、蚯蚓、螺蚌、家畜家禽的内脏、蚕蛹、豆饼、麦麸、玉米粉等。动植物性饲料的比例为 7：3。开春后，水温上升到 16～18℃时，开始投饵诱食，每隔 3 天用新鲜的优质料，促使亲龟早吃食。水温达 20℃以上时，每天投喂 1 次，鲜饵料投喂量为体重的 5%～10%，商品配合饲料投喂量为体重的 1%～3%。

（4）水质管理　龟池水质要求肥、爽，保持中等肥度，水色最好呈茶褐色，透明度 25～30cm，经常注入新水。春秋季水位控制在 0.8m 左右，夏冬季控制在 1～1.5m。保持龟池的清洁卫生，减少蚊虫，并要定期进行药物消毒。

（5）产后培育　产后培育是龟人工繁殖中不可缺少的一个环节，因为在入秋后亲龟虽然停止产卵，但在生殖季节体内营养大量消耗，需要迅速补充，另外，秋后性腺照常发育。为此，在入冬前尽可能投喂含蛋白质、脂肪较高的动物性饲料，增加亲龟的营养蓄积，利于亲龟的安全越冬，保证翌年正常繁殖。

5. 产卵

（1）产卵床的整理　亲龟产卵前，要将产卵床的沙土翻松，清除杂草，保持沙土湿润。

（2）产卵过程　乌龟产卵时间多在黄昏至黎明，产卵过程分选卵穴位置、挖穴、产卵、盖卵四个阶段。

① 选择卵穴的位置　雌龟在产卵之前到处爬行，选择土质疏松、潮湿、隐蔽、能防敌害的地方产卵。

② 挖穴　用前肢支撑身体，用后肢交替扒土挖穴，直到卵穴直径约 3～4cm，深 5～10cm。

③ 产卵　卵穴挖成后，进行产卵，产卵时，泄殖腔正对产卵窝的中央，产完一批卵需要 30min 左右。

④ 盖卵　一窝卵全部产完，盖卵同样用后肢和尾巴。卵穴盖好后，再用腹板在泥沙上来回压实，然后雌龟才离开产卵场回到水池中。

（3）卵的收集　在产卵期间，每天早上检查产卵场是否有龟产卵的痕迹，产过卵的地方，土质疏松、新鲜。如时间长则很难发现，若有产卵痕迹，应插上草棍作标记，第 2 天收卵。收卵前先准备好容器，容器底铺 1～2cm 厚的细沙。收卵时小心扒开覆盖卵穴的沙子，暴露龟卵，将龟卵轻轻放入容器中。一般在早晨收卵，卵采完后，应将卵穴抹平，恢复产卵前的原状，以便雌龟再挖穴产卵。

（4）受精卵的识别　受精卵中央的一侧出现乳白色斑，简称白斑，或中央有 1 个白色环带，其边缘清晰圆滑。卵在孵化早期，白斑或白色环带逐渐向两侧及两端扩大。白斑所在的一面为动物极，相反的一面为植物极。未受精卵无白斑或白色环带。对找不到白斑的龟卵，不要马上弃去，应将其放在预备孵化箱中孵化，如 3～5 天后仍不出现白斑或白色环带则应及时淘汰。

6. 人工孵化

人工孵化的技术目标：科学合理地控制好孵化介质的温度为 27～33℃，孵化介质含水量为 7%～8%；受精卵的孵化率达到 98% 以上；稚龟的出壳率达到 100%。

受精卵在自然条件下孵化，湿度和温度不稳定，龟孵化率低，一般采用人工孵化。

（1）孵化室　可新建或利用旧房改造，面积一般为 10～30m²，高度 2.5～3m。室顶用泡沫板封顶，室内四面墙体最好亦用泡沫板贴面，以便保温。

（2）孵化箱　孵化箱可用木箱，一般规格为70cm×50cm×40cm，也可用现成的塑料箱等。孵化箱太大操作不方便，太小影响透气。

（3）孵化介质　孵化介质为土沙或细河沙，选用的孵化介质经消毒、清洗、晒干后备用。

（4）布卵　孵化介质使用时用洁净的水调至适当的湿度，以手能捏成团、松手又能散开为度（相对湿度为80％左右）。先在箱底铺4～5cm孵化介质，将收集到的龟卵平放在孵化介质的沙土上，卵与卵之间相隔2cm，卵上覆盖3～4cm的沙土，沙中插入温度计，便于掌握沙温，最上层铺盖薄海绵（将海绵浸泡水后，用手轻轻挤出部分水）。孵化室内配置加温设备（空调、电炉、电暖器等）、温度计、湿度计若干。

（5）孵化管理　每天定期查看温度、湿度，孵化室的温度控制在27～33℃，如果孵化室温度低于27℃或沙子温度低于25℃，应及时启动加温设备。空气湿度控制在80％左右，沙子含水量为7％～8％，一般经50～60天就能孵出稚龟。由于龟卵无蛋白系带，在孵化过程中不能翻动，否则会导致胚体窒息而死亡。

（6）稚龟的收集　孵化后期（第50～60天）应勤观察。出壳的稚龟有趋水习性，可在孵化池的一端（在排卵时可留出来）安置一个盛有半盆水的小塑料盆，盆底铺厚约2～3cm的细沙，盆口外沿与沙层平齐，便于稚龟爬入盆中，从而收集刚孵出的稚龟。

7. 稚龟的暂养

刚出壳的稚龟体质脆弱，比较娇嫩，对外界环境适应能力差，抵抗力较低，易受病原体感染，不宜直接入池饲养。因此，刚出壳的稚龟应按规格大小分放于大盆、塑料箱等容器中暂养，暂养容器要消毒，容器底部保持一边高，一边低，坡度以20°为宜，低的一边注水1～3cm，以淹没龟背甲1cm为准。稚龟孵出的第3天可逐步投喂饲料，开口饵料以水蚯蚓、蝇蛆、黄粉虫等活饵料较好，也可投喂切碎的鱼肉、虾肉、动物内脏等。暂养过程中要严防蛇、鼠和蚂蚁的伤害。

四、人工养殖

> **人工养殖的技术目标**：选择优质龟苗、龟种；保证稚龟室内安全越冬，使稚龟成活率达到95％以上；保证幼龟、成龟正常冬眠，成鳖成活率达到98％以上。

1. 稚龟饲养

稚龟经过一周的暂养驯食后，可正常摄食人工投喂的饲料，由于暂养容器面积较小，不适宜长时间养殖，要及时转入饲养池中饲养。

（1）放养密度　稚龟合理的放养密度为30～50只/m²，相同规格放入同一池中饲养，入池前用20mg/L的高锰酸钾溶液或2％～3％的盐水浸泡消毒10～15min。消毒后将稚龟轻轻地放入池内无水处，让其自行爬入水中，严禁将龟直接倒入水中，以防溺水。

（2）饲养管理　稚龟的生长速度及成活率很大程度上取决于饵料。稚龟的饵料要求嫩、精、细，易消化且营养丰富。日投喂2次，投饵应做到"四定"要求。要注意水质变化，及时清除残饵，定期换水。每次换水量为水体总量的1/4～1/3。每天定时巡池，做好龟池管理记录。

（3）越冬管理　稚龟个体小，内部器官发育尚不健全，体内贮存物质少，在越冬期间，如管理不当，越冬死亡率高。当气温降至16℃时，应将稚龟转入准备好的室内越冬池中越冬。越冬池预先放入泥沙，并用清水或自来水将沙冲洗干净，沙要保持一定湿度，能捏成团，但不积水。如果沙过于干燥时，要洒水湿润。注意防冻保温，使室温控制在 1～8℃，防止室内结冰。

2. 幼龟饲养

稚龟越冬后或到第 2 年春天就进入了幼龟饲养阶段。幼龟养殖是指稚龟第 1 次越冬后到第 2 次、第 3 次越冬前的养殖，包括 2 龄龟和 3 龄龟的养殖。

（1）放养时间　4 月上旬，当水温达到 18℃ 以上时幼龟开始摄食，幼龟应按不同规格分级饲养，将个体大小一致的幼龟放入同一池内饲养，以免造成弱肉强食。一般每平方米放养 2 龄龟 20～30 只，3 龄龟 10～20 只。

（2）饵料投喂　幼龟的饵料应以动物性饵料为主、植物性饵料为辅。若用人工配合饲料应注意添加鱼粉、骨粉、蚕蛹粉、肉骨粉、玉米粉、豆饼、花生饼和多种维生素等。日投鲜饵量应为体重的 5%～6%，若投喂配合饲料，应为龟体重的 1%～2%。投喂时坚持"四定"原则。

（3）水质调控　幼龟对水质要求比较严格。水体透明度为 25～40cm，pH 值为 7.0～8.5。高温季节，幼龟摄食量大，排泄粪便多，污染大，需勤换水保证水质清新。每月用生石灰全池泼洒一次外，生石灰用量为 15～30g/m^2。为防高温季节阳光直射，龟池上方应搭棚遮阳。

（4）越冬管理　幼龟目前的越冬方法主要有以下三种。

① 室外水池自然越冬　在冬季水温不低于 3～5℃ 的地方可室外自然越冬。选择室外避风、向阳的池塘，池塘内留 20cm 厚的淤泥，让龟掘穴冬眠。越冬密度可比饲养池高 2～3 倍，冬眠期间保持水深在 1m 左右，避免水温剧烈变化。最好在越冬池上方覆盖稻草等防寒物，保持池水表面不结冰。室外越冬成活率一般较低。

② 室内水池越冬　冬季寒冷地区常采用室内水泥池或容器越冬，当气温降至 15℃ 时将幼龟转入室内，池底铺上约 20cm 的泥沙，注水深 5～10cm，温度过低时可适当加温，温度稳定在 4～8℃。整个越冬期间应以静息为主，不要轻易翻动，保持水中氧气丰富。

③ 温室越冬　当霜降开始后将幼龟移入温室大棚中，或将幼龟聚集在 1～2 个饲养池中，当水温下降到 15℃ 以下时，用塑料大棚覆盖饲养池进行越冬，越冬幼龟成活率可达 90% 以上。

3. 成龟养殖

目前，成龟的养殖方式很多，一般分为常温养殖、龟鱼混养和加温快速养龟三种养成方式。

（1）常温养龟

① 龟池消毒　干池消毒：排干池水，用 110g/m^2 的生石灰化成石灰浆全池泼洒。带水消毒：保留池水深 1m，生石灰用量为 220g/m^2，或用 20g/m^2 漂白粉全池泼洒，饲养池四周也要泼洒，消毒彻底，经 10 天左右毒性消失即可放养。

② 龟苗放养　成龟放养时间，一般在每年 4 月中下旬，水温稳定在 18℃ 以上时放养，放养密度为 3～6 只/m^2。

③ 饲养管理　5～9 月份气温高，龟的代谢旺盛，生长速度快，饵料以动物性饵料为主、植物性为辅。鲜饵料日投饵量约为成龟总体重的 5%，盛食期约为总体重的 8%～10%；配合饲料日投饵量约为成龟总体重的 2% 左右。一般在每天上午 8～10 时，下午 4～6 时各投饵一次。注意保持水质清新，高温季节（6～8 月）每月施生石灰 1 次，每次用量为 15～20g/m^2，每隔 15～30 天加注新水 1 次，每次换水 1/4～1/3。

（2）龟鱼混养　龟活动以陆地为主，用肺呼吸。鱼生活在水中，龟不仅不与鱼争氧，相反，由于龟的上下频繁活动，有利于空气中的氧溶入水体，促进上下水层的对流，同时，龟在池底活动觅食，有利于底层有害气体泄放。

① 池塘准备　混养龟鱼的池塘面积以 1500～3000m² 为宜，可由鱼池改造，也可新建。池深 2～2.0m，水深 1.5m，鱼池四周要建 0.5m 高的防逃围墙。在龟池中设置固定的食台，食台倾斜放置在水中，有 15～25cm 的部分浸入水中，食台的倾斜度适当小于池堤的坡度，便于幼龟上下食台。池底四周可种植柳树、芦苇等，便于龟上岛休息。

② 龟鱼放养　龟鱼混养的池塘放养前，龟池要按常规方法消毒清整。消毒后再进行放养。一般在春季前后先放养鱼种，以每公顷水面放鲢鱼 4500 尾（规格为 20～30g/尾）、鳙鱼 1050～1200 尾（50～100g/尾）、武昌鱼 1500 尾（规格为 20～30g/尾）、草鱼 750～900 尾（规格为 50～100g/尾）、鲤鱼或鲫鱼 750～900 尾（规格为 20～30g/尾）。4 月中上旬，水温稳定在 18℃ 以上时再放养龟苗。龟的放养应按规格、大小分养。一般放养密度为：50g 以上幼龟每公顷放 2.3 万～2.7 万只，100～150g 的龟放养 1.5 万～1.8 万只，300g 以上作为亲龟放养 1.2 万～1.5 万只。

③ 养殖管理　龟、鱼饵料台分开搭设，相互间隔越远越好，投饵时，先给鱼料，再给龟料。龟饲料一般为动植饲料比为 6：4 或 7：3，日投饵量应根据季节来确定，高温季节适当多投，其他季节适当少投。正常情况下按体重的 4%～5% 投喂，以下次投喂时不剩余为原则。龟鱼混养池要经常加注新水，保持一定的水位。早春、秋末水温较低，池水水位宜浅些，以利提高池水温度。高温季节水要加深，以促进龟、鱼的摄食生长，越冬期水位要加深保温。坚持勤巡塘，及时掌握龟、鱼生长情况。高温季节，每隔 20～30 天施生石灰 1 次，用量为 15～20g/m²。勤换水，水体透明度保持在 25～35cm，pH 值为 7.5～8.5。

(3) 加温快速养殖　乌龟冬季加温饲养能消除龟的冬眠习性，使其和夏季一样正常摄食生长，缩短龟的养殖周期，达到全年饲养的目的。

① 龟的放养　加温养龟的放养密度比常温养龟的密度大 1～2 倍。一般稚龟放养密度为 50～80 只/m²，2～3 龄幼龟 20～40 只/m²，150g 以上种龟 5～8 只/m²。放养时龟的个体要严格分级，不能大小混养。同时要做好入池前龟体消毒处理，用 10mg/L 的高锰酸钾溶液浸洗 20min 后放入池中。

② 水温调节　温室水温控制在 28～32℃，室内气温高于水温 4℃ 以上，保持水温不致降低以及室内空间不形成雾气和水滴。当气温上升到 25℃ 以上即可停止加温，进入自然温度养殖。

③ 投饵　以人工配合饲料为主，根据生长及时调整投饵量。稚龟前期日投喂量为体重的 6%～8%，幼龟日投饵量为体重的 3%～5%，成龟日投喂量为体重的 3%～4%。每天分 2 次投喂，上午 8～9 时投喂总投饵量的 40%，下午 5～6 时投喂总投饵量的 60%，具体投喂量根据龟的摄食情况随时进行适当调整，同时搭配一定的鲜活的动植物饲料。

④ 水质调控　加温养殖，池面积小，水体少，放养密度大，水温高，摄食量大，排泄物多。沉积水底的残饵和粪便，经发酵产生有害气体，造成水质污染，易使水体透明度变小，pH 偏酸，水中散发出腥臭气味，因此，每 2～3 天要排出部分老水，注加新水，每 10～15 天用生石灰 15～20g/m³ 化成石灰浆全池泼洒，调节 pH 到 7.5～8.5。定期向池中接种光合细菌，降低水体的氮、磷含量，改良水质，保持水体透明度在 20～35cm。

【思考题】

1. 乌龟养殖场的建场要求与养殖池的建造要点是什么？
2. 亲龟、商品龟、幼龟、稚龟的养殖技术有何异同？
3. 如何进行乌龟的人工孵化？
4. 稚龟与幼龟如何安全越冬，越冬期间应注意哪些事项？

第六章 鳄类养殖

【技能要求】

1. 能够鉴别几种具有重要经济价值的鳄鱼。
2. 能够进行鳄鱼养殖场选址工作。
3. 能够设计鳄鱼养殖池。
4. 能准确地鉴定雌雄，受精卵与非受精卵。
5. 能够开展鳄鱼卵的人工孵化。
6. 能够开展鳄鱼的人工养殖。

第一节 养殖现状与前景

鳄鱼是世界稀有动物，也是现代最大的一类爬行动物。鳄鱼肉鲜嫩可口，营养价值高，含有丰富的蛋白质和人体必需的氨基酸、不饱和脂肪酸、维生素和多种微量元素，可提高人体免疫力，其营养价值比猪、牛、羊肉都高。鳄鱼还具有重要的医药价值及食疗保健功效，据记载，鳄鱼肉能滋心润肺，化痰止喘，补肾固精，补血壮骨，驱除湿邪等；干肉作中药配料，更是治哮喘症的良药。食鳄鱼具有补气血、滋心养肺、壮筋骨、驱湿邪的功效，因而对咳嗽、哮喘、风湿、糖尿病有较好的治疗效果。目前鳄鱼肉也已进入市场，价格比牛肉高出5～10 倍。

鳄鱼全身是宝，皮革制品更是重要的出口创汇产品。鳄鱼皮革制品早已于 20 世纪 80 年代末期进入中国市场，但价格昂贵。我国鳄鱼产品绝大多数依靠国外进口，世界上一些国家积极发展鳄鱼养殖业，例如委内瑞拉建有许多合法的鳄鱼养殖场，泰国近年更大力推广人工养殖鳄鱼出口创汇，美国现在的鳄鱼数量近百万条左右。

鳄鱼具有极大的观赏价值。建立鳄鱼观赏园，不但能改变人们对鳄鱼的传统看法，游客在游乐中参观鳄鱼卵孵化、成长、交配等生活习性，增长动物学知识，还能观赏到紧张刺激的人鳄搏斗表演，真正做到集旅游性、知识性、趣味性于一体。因此开展鳄鱼养殖，并与旅游观光业紧密结合，必将取得较好的经济效益和社会效益。

目前我国鳄鱼的数量稀少，属国家保护动物。但是，随着鳄鱼人工养殖技术的成熟，养鳄热正在中国兴起，广东、上海、广西、湖北等地已先后从国外引进鳄鱼进行饲养。鉴于鳄鱼在制皮、食品、保健品、制药、旅游和科研等方面的重大商品价值，鳄鱼养殖市场前景广阔，大有作为。

据初步了解，我国现有各类鳄类养殖单位约有 140 家，包括野生动物园、城市动物园、种源繁育场、专类观赏园，存栏数约 7 万～8 万条。除扬子鳄外，从国外引进的鳄鱼有湾鳄、美洲鼍、凯门鳄、尼罗鳄、暹罗鳄等约 10 余种。养殖数量从数十条到数万条不等，目前养殖规模最大的是广东省番禺香江鳄鱼养殖基地，养殖的暹罗鳄达 4.5 万条。养殖场所主要集中在南方各省市，以广东、海南、福建、安徽、湖北、浙江、上海为主。安徽省建立了扬子鳄养殖繁殖基地，存栏数大约有 1 万条。

尽管我国养鳄业起步较晚，大部分养鳄场饲养管理方法落后，鳄鱼的引种成活率、产卵率、孵化率、幼鳄成活率都较低，种源短缺，必须从国外进口，成本高于国外。但也有着诸如国内市场大，劳动力价格低廉，邻近中国香港、日本两大消费市场等其他国家无法比拟的优势，因此其养殖前景比较好。

为了更好地促进鳄类的保护与养殖业的健康发展，必须依法开展驯养繁殖和经营利用。中国已将所有外来鳄类物种分别核准为中国国家一级、二级保护野生动物，还将所有鳄类动物及其产品列为中国禁止进出口产品。作为受保护的濒危野生动物，鳄鱼的进口、养殖和经营一直受到严格控制。要合法经销鳄鱼，必须取得野生动物行政主管部门批准并取得进出口许可证，这对鳄鱼养殖造成一定的限制。扬子鳄是中国特有种，目前尚处于种群恢复重建阶段。湾鳄、尼罗鳄、暹罗鳄、凯门鳄等鳄鱼种类是比较理想的养殖对象，但中国没有野生种群，若在中国发展养殖业，须从国外引种，须取得出口国核发的允许进出口许可证，否则无法引种。适度发展，稳步前进。在加强管理的前提下，积极鼓励、引导企业进行鳄鱼的驯养繁殖和经营利用，逐步实现规模养殖，规范管理。

第二节　认识鳄鱼

鳄鱼属爬行类中的水栖类型，除具有爬行纲的基本特点外，为适应水栖生活，在外形上有较大的特化，体被大型坚甲，头骨具有双颞窝，方骨不可动，槽生齿，四肢健壮，趾间具蹼，趾骨退化，泄殖腔孔纵裂，雄体具单个交配器。尾侧偏，粗长有力。腹部为白色的软皮。

鳄鱼按生物学分类主要分为3个科，即鳄科、食鱼鳄科、短吻鳄科，总共23种。按鳄鱼的体型大小将其分为四大类：巨大种、普通大种、一般种、小型种。也可根据鳄鱼生存环境分为咸水鳄、半咸水鳄、淡水鳄。当前可以进行国际贸易的鳄类有10多种，我国鳄的养殖种类主要是泰国鳄和扬子鳄，其次是暹罗鳄、眼镜鳄、湾鳄、尼罗鳄、密河鳄。主要养殖品种如下。

1. 扬子鳄

扬子鳄（Alligator sinensis）体长2m左右，体重30~40kg。头部扁平，吻短而宽，钝圆。上颌每侧有圆锥状齿18枚，下颌每侧齿为19枚。颈部较细，有2对具纵棱的鳞片。身体外被覆革质甲片，腹甲较软，甲片近长方形，排列整齐。四肢短粗，趾间有蹼，趾端有利爪。有一粗长的尾巴强壮而有力。背部为灰褐色，带有黄色斑及条纹，灰色的腹部有黄色小斑和横条（图6-1）。

图6-1　扬子鳄

扬子鳄是我国特有珍稀物种，为国家一级保护动物。其分布仅限于安徽长江以南、皖南山系以北的丘陵地带，在皖、苏交界的个别地区尚有残存，约在北纬30.6°~31.6°，东经118°~119.6°。

栖息在长江一带的丘陵溪壑，在湖河的浅滩挖穴而居，其野外生活环境草木茂盛、气候温暖而潮湿，人工饲养应尽量模拟其自然生态环境。扬子鳄每年11月进入冬眠，次年4月初苏醒活动，每5~6月发情，在水上交配，1个雄鳄一般与4~5个雌鳄交配，7月上岸产卵，每窝可产卵20枚以上，靠自然孵化，约70天左右幼鳄破壳而出。扬子鳄在野外的食物多种多样，有螺、蚌、鱼、蛙及节肢动物等，人工饲养应尽可能提供丰富的食物，满足其生长发育及繁殖的需要。

2. 尼罗鳄

尼罗鳄（Crocodylus niloticus），又称非洲鳄，是一种大型的鳄鱼。体长 2～6m，平均体长 3.7m。分布于非洲尼罗河流域及东南部，不同地区亚种彼此之间略有区别。

3. 泰国鳄

泰国鳄（Crocodylus siamensis），又称暹罗鳄、新加坡小型鳄等，一般体长不超过 3m。分布于泰国中部、柬埔寨、马来西亚等地。

4. 凯门鳄

凯门鳄（Caiman crocodilus）又称眼镜鳄，体长最大可达 2.5m，常见成体为 1.5～2.0m，是美洲分布最广泛的种类，分布范围从墨西哥南部到秘鲁和巴西，这种鳄鱼被分成多个亚种。

5. 湾鳄

湾鳄（Crocodylus porosus）也叫澳大利亚咸水鳄、河口鳄、新加坡小鳄。体长可达6～7m，是大型鳄类。分布于东南亚沿海直到澳大利亚北部。历史上记载：中国广东省潮安、汕头、珠江口、顺德、海康，海南岛与广西的合浦、钦州有湾鳄分布，现在中国境内野生湾鳄早已绝迹。

6. 密河鳄

密河鳄（Alligator mississippiensis）又称美洲鳄、美洲短吻鳄。背面暗褐色，腹面黄色。分布于北美洲东南部，最北可到达美国佛罗里达南部，向南经中美洲、西印度群岛到达厄瓜多尔和秘鲁。

7. 马来鳄

马来鳄（Tomistoma schlegelii）吻部细长，体长最大可达 5m。成体背面黄褐色，头部深色斑较少，体背面和尾侧面有褐黑色横纹；幼体黄褐色或褐色，体尾有深色带纹，下颌有深色斑点。分布于印度尼西亚、马来西亚、越南、泰国等地。文献记载马来鳄曾分布于我国的广东、广西、海南、福建、台湾等地。

第三节　鳄鱼的人工养殖技术

一、养殖场选址

鳄鱼场选址时主要考虑温度、饲料、市场与交通、水质和安全等因素。

1. 温度因素

鳄鱼大多是热带动物，即使是温带种的扬子鳄与密西西比鳄也是喜好较高的温度。从鳄鱼喜好高温的特点来看，国内完全可以在天然池的条件下饲养鳄鱼的地方只有海南全省、台湾、广东、广西、云南与福建的部分地区，其他地区必须在气温较低时用温室进行养殖。从技术与经济的角度考虑，鳄鱼养殖场最好是建在南方气候较热的省份比较适宜。

2. 饲料因素

鳄鱼是肉食性动物，对其所喂食的肉食种类与品质要求不严格，常规的肉类食品如鱼、鸡、鸭、猪肉、牛肉、狗肉等都可作为其大宗食物进行饲养，目前许多养殖场都以廉价的杂鱼、鱼骨架、鸡骨架，或其他饲养场所淘汰的体弱动物、动物内脏（鸡、鸭、猪等）喂养鳄鱼，因此，鳄鱼养殖场附近最好有渔区，或者有屠宰场、较大型的肉类动物饲养场或交易市场等。

3. 水质因素

鳄鱼营半水生生活，养殖场必须具备陆地与水面。水质对鳄鱼的养殖很重要，要求水源充足，水质良好、空气清新，土壤无污染。无工业污染、农药污染和生活污染。

4. 安全因素

安全因素主要有两方面，首先是人员的安全，鳄鱼具备极强的攻击力，尤其是在繁殖期或饥饿的时候。因此，鳄鱼场除了做好大门、围墙、警告牌等安全设施之外，选址时也必须考虑到要对鳄鱼场附近居民的安全负责，应选择相对偏僻，有利于安全管理的区域建场，并做好鳄鱼逃跑出场后的应对措施。其次是鳄鱼的安全，鳄鱼的经济价值高，在利益的驱动下，一些不法之徒会铤而走险进行偷盗。

5. 环境因素

通风向阳，环境安静，交通便利，电力充足，远离学校、居民区、工厂等人群密集和喧闹的地方。要尽量选择避风和无暴雨袭击的温暖地带，地面土质以壤土、黏土较好，如果是沙质和可渗透的，则挖出的水塘是不适用的。必须用水泥打底，以防止水渗漏。

二、养殖池的建造

养鳄池有土池与水泥两种。水泥池分露天池和室内池，不同饲养池分别满足幼鳄、成年鳄、繁殖种鳄的不同生理需求。

1. 土池

土池一般用于养殖亲鳄鱼与成鳄鱼的池塘。池塘可大可小，因养殖规模而定，一般每个池塘面积 $1200 \sim 7000 \mathrm{m}^2$ 比较适宜，池底平坦，淤泥小于 20cm，水深 $1 \sim 1.5$ m。鱼塘四周有 1m 高围墙，鳄鱼有穴居的习性，栅栏埋入地下部分要达到 1m，以防止鳄鱼掘洞潜逃。围墙内水面与陆地面积比例约为 1:1，以利于鳄鱼生长。

土池是鳄鱼比较理想的天然栖息场所。在池中可种植一些水生植物，养殖小鱼、昆虫、蛙等生物，既可作为鳄鱼的活饵料，又可吃掉鳄鱼的残渣，有利鳄鱼的健康生长。在冬季低温季节，鳄鱼易患呼吸道感染，土池是理想的越冬场所，鳄鱼喜钻入泥塘中以抵御寒霜。

2. 水泥池

(1) 室外水泥池　室外水泥池主要用于养殖成鳄和半成鳄，可根据场地情况和养殖量建成 $100 \sim 1000 \mathrm{m}^2$；饲养池的四角为圆弧形。池总深 $1.2 \sim 1.5$ m，水深 $30 \sim 80$ cm；在池子中间砌成 $50 \sim 100 \mathrm{m}^2$ 的平台，平台的 $1/2$ 面积设置凉棚供鳄鱼上岸活动。池子的一边设置部分浸没于水中的斜坡，可提供鳄鱼吃食和休息。

(2) 室内水泥池　室内水泥池主要用于养殖仔鳄与幼鳄，建在饲养室内，建造时应考虑保温、保湿、通风、排水等因素，依据饲喂幼鳄的数量决定面积的大小。饲养室不宜过高或过低，通常高度约 3m 左右。饲养池面积不宜过大，一般面积为 $2 \sim 10 \mathrm{m}^2$，四角为圆弧形，池深 0.5m，水深 $15 \sim 20$ cm。

三、人工繁殖

> **人工繁殖的技术目标：** 鉴别雌雄的准确率达到 100%；亲鳄鱼的产卵率达到 100%；鳄鱼卵的受精率达到 95% 以上；受精卵的孵化率达到 90% 以上。

鳄鱼平常雌雄分居，每年繁殖季节交尾一次，水中交配。交配后雌鳄用杂草、树叶等筑巢，临产时爬上巢顶，在中间挖一洞，将卵产于洞中。产卵前 $2 \sim 3$ 天，母鳄会发生剧烈胎痛，泪流如注。产卵数一般为 $20 \sim 30$ 枚，也可达 70 枚，椭圆球形卵类似鹅蛋，重 $50 \sim 200$ g。孵化期 $2 \sim 3$ 个月。

鳄鱼雌性、雄性皆存在亲体关怀行为，具体表现在护卵、挖巢、携带和引诱幼鳄入水及保护幼鳄等。幼鳄的性别普遍由孵化时的温度决定，28～31.5℃范围内孵化出的后代全为雌性，到32℃后代中雄性率猛增到60%以上，在32.5～33℃范围内孵出的幼鳄全为雄性。

1. 雌雄鉴别

鳄鱼的雌雄鉴别，可以通过鳞片及泄殖腔内的交接器的形态进行判断。一般鳞片厚而小的为雄性，薄而大的雌性；泄殖腔呈三角形，其内棒状交接器长且发红的鳄鱼为雄性，短小色淡的为雌性。鳄鱼性成熟较晚，一般都在3年以上。

2. 亲鳄鱼的培育

繁殖鳄鱼的放养密度尽量放稀，一般以1尾/10m² 为宜，雌雄比例为（3～5）：1。养殖池水面和陆地之比为1：1，水深1m以上。造巢期，须有足够的植物供造巢用，在饲养区内，除野生杂草外，尚需投入大量杂草，让所有怀卵的雌鳄都能得到足够的造巢材料，以免相互争夺、降低产卵率。

亲鳄鱼性腺发育期，成鳄需获得较全面的营养成分，食物搭配要尽可能多样化。交配期，雌、雄鳄由于性激素的刺激，活动量大，并伴有争偶现象，食欲略有下降，此时喂食可适当减少，待产完卵后，不久即进入大量觅食期，应适当增加投喂饲料。

3. 人工孵化

（1）孵化室的建造　孵化室的设计和建造首先应考虑保温性能较好，室温不随外界气温的改变而变化，在需要提高孵化温度时，能有效地提高室温，因此调温工具是孵化室必备的设备之一。另外孵化室还应安装储水容器和喷洒雨雾工具，以保持孵化室的高湿度。为充分利用孵化室的空间，可安放多层式的孵化架。孵化室面积不宜太大，一般以10～20m² 为宜。

（2）孵化工具与孵化介质　人工孵化设备：有孔的木箱、塑料箱，塑料大水桶，温湿度计，加热棒等。孵化介质主要是泥土、沙、杂草、树叶的混杂物。

（3）取卵　母鳄产完卵并将其掩埋后，引诱或驱赶母鳄远离卵窝，取卵时应注意鳄卵动物极的位置，可根据卵壳上的白色带辨别，有白色带或白色带较宽的部分为动物极，孵化时应朝上，另一侧朝下。受精卵入孵化箱时要除去畸形、破裂的鳄卵。另外，应及时收集已产下的卵，否则易被母鳄或其他鳄弄破。

（4）人工孵化　先在孵化箱底层垫上泥、沙、杂草、树叶等孵化介质，然后将鳄卵单层放于孵化介质上面，再在卵的上面覆盖孵化介质，置于孵化室内。孵化温度保持在30～32℃，经常用水喷洒，使孵化介质潮湿；孵化室空气的湿度维持在80%～90%，孵化前期湿度稍大，中后期稍小。孵化过程中，不要随意摇动鳄卵及翻开的孵化介质。经过60～70天孵化，雏鳄即可以出壳，待雏鳄出壳后，仍将其置于孵化箱内，让其自行扯断脐带。初孵出的幼鳄应饲养在室温33℃左右的孵化箱内，这会有利于幼鳄的卵黄吸收。待6～7天后，可将其移出饲养。

四、鳄鱼养殖

人工养殖的技术目标：幼鳄的成活率达到95%以上；鳄鱼越冬的成活率达到96%以上。

鳄鱼为肉食性动物，在不同发育阶段，其摄食的动物有所不同。小鳄鱼一般以小型的鱼虾、泥鳅、蚯蚓、昆虫等为食。大鳄鱼则以杂鱼、蜗牛、鸡、鸭、猪、牛为食，有时甚至攻击人类。人工饲养时也可投喂配合饲料，鳄鱼在食物缺乏时亦可在很长时间不进食而正常生活。鳄鱼的生长速度与种类、食料、生活环境有关。一般情况下，大型鳄鱼的生长速度较小型鳄鱼快，人工养殖比野生鳄鱼生长快。

1. 幼鳄的饲养

(1) 暂养与驯食　初出壳的幼鳄6～7天内不吃食，应放入饲养箱内暂养。饲养箱设有水淹区和用泥沙铺成的陆地，可供幼鳄自由活动。饲养箱的用水和清洁工作，是影响幼鳄成活率的重要因素之一，因此每天必须定时清理食物残渣、冲洗沉积于箱内的代谢物。

幼鳄孵出第8天后，可以投食，饲料以鲜活的小鱼、小虾为主，此时有的幼鳄开始可能不会自行觅食，这时可用细线系着小鱼、虾，在幼鳄眼前引诱，当它捕食后，在饲养箱水区内放入活的小杂鱼，也可在旱区用小碟盛碎鱼肉，供幼鳄摄食。

(2) 幼鳄放养　幼鳄养殖一般在室内水泥池，放养时大小规格分开，饲养密度为20～30条/m^2。随着幼鳄的生长，放养密度逐渐降低。养殖初期，以鲜鱼、鸡肉等肉糜为主要饲料，一般在傍晚投喂，每天投喂一次，周投喂量为鳄总体重的6%～9%。饲养期间保持室内温度在28～32℃。幼鳄池常用漂白粉消毒，剂量为1～3g/m^3，同时不断注换新水或采用循环水，以保持水质清洁。

(3) 幼鳄越冬　幼鳄越冬一般在室内，以地下室内最好。室内温度保持在10℃左右，湿度保持在80%左右。越冬前2～3天应停止喂食，当体内食物基本消化后，逐步降低饲养室的温度，直至室内温度下降至10℃，即可进入冬眠。越冬期应减少紫外线光照与换水次数，注意保持水质和室内清洁，注意通风和预防鼠害，增加巡查，防止饲养池缺氧并及时拣出死亡的幼鳄。

2. 半成鳄饲养

(1) 放养　从2龄以后到性成熟前的鳄鱼称为半成鳄，一般可将半成鳄直接移入室外饲养池或池塘中饲养。池塘适宜放养密度为0.5～1尾/m^2，水泥池的放养密度为1～2尾/m^2。池塘饲养鳄鱼时可适当套养一定数量的饲料鱼（罗非鱼、鲢鱼、鳙鱼、鲫鱼、鲤鱼）、蛙类等，这些动物既可通过食物联系，清除鳄的排泄物，又能为鳄鱼提供部分饵料。

(2) 喂养　鳄鱼为肉食性动物，食性很广，除各种鱼类外，屠宰场家畜、家禽的头，四肢，内脏，小型啮齿类，河蚌等均可作为鳄类的饲料。成鳄的饲料必须多样化，切忌单一。一般在傍晚投喂，周投饵量一般为：5～6月约占鳄总体重的5%～6%，7～9月可达7%～10%，10～11月下降为5%～6%。

(3) 水质管理　鳄鱼塘定期进行注水、换水，保证池水清新。要求水体pH值7.0～8.5，透明度30cm左右，溶解氧4mg/L以上。

(4) 越冬　半成鳄可自己营造洞穴，于自然状态下正常越冬。越冬开始后要清池，检查是否有留在洞外的鳄鱼，如果有，应及时回到室内进行人工越冬。整个越冬过程要保持水塘的水位正常，不能过高或过低，以达到越冬的洞口下沿为宜。对一些较浅的洞穴应在洞口堆放一些稻草保温。冬眠期间要保持越冬池塘安静，保护好洞穴，避免人畜干扰，防止天敌的入侵。

3. 成鳄饲养

成鳄一般采用室外池塘饲养，放养密度一般为1尾/$10m^2$，养殖方法与日常管理与半成鳄基本相似。

【思考题】

1. 鳄鱼养殖场选址和建池应注意哪些问题？
2. 鳄鱼的生物学习性如何？
3. 鳄鱼人工孵化的操作要点有哪些？
4. 幼鳄养殖的技术要点有哪些？

第三篇

虾类养殖

第七章　青虾养殖

【技能要求】

　　1. 能进行青虾的雌雄鉴别。

　　2. 能熟练进行亲虾培育与抱卵虾的孵化。

　　3. 能开展青虾苗种培育。

　　4. 能开展青虾池塘养殖生产。

第一节　养殖现状与前景

　　青虾又名河虾，是我国和日本特有的淡水虾类。在我国，青虾广泛分布于南北各地的江河、湖泊、池沼中，也常出现在低盐度的河口或咸淡水域。

　　青虾适应性很强、分布广，具有食性杂、养殖周期短、繁殖力强、市场价格高等特点，是深受广大群众欢迎的名贵水产品，还可供出口创汇，因而是一个很有前途的养殖品种。

　　青虾养殖业于20世纪60年代中期在江苏、浙江开始起步。70年代末80年代初，青虾养殖形成了一定的规模，但技术水平较低，同时受到产自江河、湖泊和水库中野生捕捞青虾的冲击，池塘主养青虾效益较差，因此青虾养殖大多采取低成本的套养方式进行，产量较低。80年代末到90年代，超强度的捕捞和水质污染使天然青虾资源量急剧减少，成虾价格大幅上涨，经济价值越来越高，青虾开始作为名特优品种和调整养殖结构的重点，其养殖逐渐步入发展的盛期。养殖规模不断扩大，养殖技术和单位面积产量均得到了大幅度的提高，特别是90年代末以来，青虾养殖业更是飞速发展。目前，青虾养殖面积已经位居淡水虾类第一位。

　　目前，江苏省青虾养殖规模大约有200万亩，养殖青虾年产量6万～9万吨，年产值约30亿元。在浙江、上海、安徽等省市，青虾也已成为水产养殖的主导品种之一，其中浙江省青虾养殖面积已达40多万亩。近年来，广东、福建、河南、山东、湖北、湖南等许多省区的青虾养殖也呈现上升趋势，青虾养殖在水产业中占有越来越重要的地位。

第二节　认识青虾

　　青虾学名日本沼虾（*Macrobrachium nipponnensic*），隶属十足目（Decapoda）、长臂虾科（Palaemonidae）、沼虾属（*Macrobrachium*）。体型粗短，体色青蓝，半透明，并有棕绿色的斑纹，故名青虾，但体色常随栖息环境而变化。青虾的整个身体由20个体节组成。头部5节，胸部8节，腹部7节。除腹部第7节外，每个体节各有附肢1对。头部附肢分化为第1、第2触角，以及大颚和第1、第2小颚；胸部附肢分化为第1～3对颚足和5对步足，颚足为双叉肢型，步足为单肢型，步足前2对成钳形，后3对成单爪形；腹部附肢均为双肢型的游泳足，第6腹节的附肢特别强大宽阔，

图7-1　日本沼虾

向后延伸和尾节组成尾扇，起维护虾体平衡、升降和后退的作用（图 7-1）。

青虾属广温性动物，水温在 14℃以上开始摄食，18℃以上正常摄食。生长的最适水温为 25～30℃，水温 33～35℃时生长仍较快。产卵的最适水温为 18℃。

青虾具有负趋光性，白天多潜伏在阴暗处，夜晚出来活动。在人工养殖的情况下，白天投饵时，也会出来觅食，但数量要比夜间少得多。

青虾喜水质清新。对水中溶解氧要求较高，溶解氧应保持在 5mg/L 以上。青虾虽是淡水虾，但在河口低盐度的咸淡水中也能生存。

青虾喜栖息于水草丛生、水流平缓的浅水水体中。除冬季青虾为了越冬移入较深的水层外，在生长季节，青虾的栖居水深通常不超过 1m。

第三节　青虾的人工繁育技术

一、人工繁殖

> **人工繁殖的技术目标**：通过池塘培育获得成熟健康的亲虾；采用自然产卵的方法获得质量优良的受精卵；保证青虾受精卵的孵化率在 90% 以上。

1. 繁殖习性

青虾是雌雄异体，属多次产卵类型。其产卵期有明显的地域差异，南方较早，北方较晚。在长江中下游地区青虾的产卵期一般为 4～9 月，盛产期为 6～7 月，且有两个高峰，即由越冬后的老龄虾产卵形成的春末夏初产卵高峰，由当年第一代幼虾中的一部分产卵所形成的秋繁高峰。

交配在雌虾产卵前进行，交配前雌虾一般都要蜕皮。交配后的雌虾一般在 24h 内即产卵，青虾产卵的水温为 18～28℃，多在夜间进行，卵巢内成熟的卵一次性产出。体长 4～6cm 的青虾，平均产卵量 1500 粒；体长 3cm 的青虾，平均产卵量 300 粒。

青虾的卵为椭圆形，产出的卵块附着在雌虾具刚毛的腹足上，通过游泳足的不断摆动，提供良好的氧气条件，促进虾卵的孵化，整个孵化期大约需要 22～25 天。

2. 亲虾培育

（1）雌雄鉴别　青虾是雌雄异体，2cm 以下的虾雌雄鉴别比较困难，而 2cm 以上的虾较容易鉴别（表 7-1）。

表 7-1　青虾的雌雄个体特征

鉴别项目	雄　虾	雌　虾
第二步足	强大,其长度为体长的 1.5 倍左右	较细小,其长度不超过体长
第四、第五步足基部之间的距离	较狭窄,第五步足基部内侧有一小突起,为输精管开口	较宽阔,成"八"字形排列
第二附肢内肢的内缘	具有一条棒状的雄性附肢	无棒状附肢
成熟同龄个体	较大	较小

（2）亲虾池的准备

① 清整消毒　亲本培育池以 1500～3000m² 为宜，放养亲本前必须进行清整消毒。

② 水草种植　水草一般选用耐肥水的沉水植物，如轮叶黑藻、菹草、伊乐藻、聚草等，水生植物在池塘中所占面积一般为 30%～50%。

（3）亲虾的选择

① 来源 从符合国家相关规定的青虾良种场引进优质青虾；或从江河、湖泊等水域捕捞优质野生青虾作为亲本；也可在繁殖季节直接选购规格大于 5cm 的抱卵虾作为亲本。注意不要在单一池塘或养殖小群体中选留亲本，以避免近亲繁殖，更不能以销售后剩余下来的小规格虾作为亲本，不得从疫区或有传染病的虾塘中选留亲本。

② 选择标准 要求体格健壮，活动有力，对外界刺激反应灵敏，规格在 4cm 以上且性腺发育成熟。选购抱卵虾时，要选择受精卵呈绿色、黄绿色或黄色的，若受精卵已呈青灰色并已出现眼点，表明受精卵已快孵出溞状幼体，极易从母体上脱落，降低出苗率，并给操作和运输带来不便。以抱卵虾作为亲本时，应直接放入育苗池。雌雄亲虾比例以（3～5）：1 较为合理。

（4）亲本的运输 采集亲本原则上应就地取材，减少运输过程中的损失。运输方式主要有活水车网隔箱分层运输、水桶或帆布桶运输、塑料袋充氧运输、活水船运输等。如果要进行长途运输，必须掌握稀装快运的原则，尤其应注意氧气和温度两个因素。活水车网隔箱分层运输的效果优于塑料袋充氧运输，运输数量多、距离远时最好采用活水车，途中充气增氧；小批量、短途运输可采用塑料袋充氧运输。运输操作要小心，尽量避免亲本受伤，运输前做好充分准备，尽量缩短运输时间。

（5）亲本的放养 清整消毒过的亲本池，每公顷放养亲本 450～600kg，雌雄比为（3～5）：1。亲本放养时应尽量减少运输水温与池塘水温之间的温差，一般不超过 5℃，如温差过大，应缩小温差后再行放养。

（6）亲本的培育 亲本入池后要加强营养，以投喂优质全价配合饲料为主，投喂量为亲本体重的 2%～5%，并适当加喂优质、无毒无害、无污染的鲜活饵料（如螺蛳肉、蚌肉、鱼肉等）。日投 2 次，上午投喂每日总量的 30%，黄昏前后投喂 70%。

青虾在适宜水温范围内，随着水温的增高，生长发育速度加快，交配产卵间隔时间缩短，因此青虾人工繁殖须抓住水温适宜的有利时机，加强亲本培育，促进生长发育，以达到早产卵、多产卵的目的。青虾的耗氧率和窒息点都比较高，如果管理不善，水质恶化，青虾很容易出现浮头，甚至窒息死亡，因此保持池水中充足的溶解氧，是青虾养殖日常管理的关键。

3. 人工孵化

（1）抱卵虾转入育苗池 当水温上升至 18℃ 以上时，性成熟的亲本开始交配产卵。产卵后，卵子呈葡萄状黏附于雌虾腹部游泳足的刚毛上，形成抱卵现象，卵子在雌虾的保护下进行胚胎发育。

育苗池面积以 1500～6000m² 为宜，抱卵虾用地笼捕出后，转入育苗池进行孵化，也可选购野生抱卵虾直接放入育苗池进行孵化。抱卵虾放养前，苗种培育池可参照亲本池清整消毒的方法，但育苗池不需要种植水草。

（2）孵化 抱卵虾的孵化可直接在池塘中进行，也可在网箱中进行。在池塘中孵化，抱卵虾可直接放入育苗池，每公顷放 75～150kg，当抱卵虾孵出幼体 80% 以上时，可用地笼捕出亲本。在网箱中孵化时，网目以幼体能自由通过而抱卵虾不能通过为宜。每平方米网箱放抱卵虾 0.5～0.8kg，应在网箱中放适量水草，供抱卵虾隐蔽，网箱中或网箱外最好有增氧设备，每天投喂，待卵孵化完成后，可将母虾转出出售。

根据虾卵颜色，选择胚胎发育期相近的抱卵虾放入同一池中孵化，有利于整齐出苗。虾苗孵化过程中每天清晨向池中注入 5～10cm 新水，保持水质清新。注意保证卵子孵化所需的温度、氧气、水质等外界条件，同时搞好抱卵青虾的饲养管理工作。

当虾卵呈透明状、胚胎出现眼点时，每公顷施经充分发酵的、腐熟的、无污染的有机肥 1500～4500kg。既可全池撒施，也可堆放在池的四周浅水滩上，以便逐渐释放肥效。其目的是培育轮虫、枝角类等浮游动物。

二、苗种培育

苗种培育的技术目标：通过科学管理，经过 25～45 天的培育，幼虾体长大于 1.5cm，大量幼虾会逆流而游；采取合适的培育条件，保证从初孵虾苗至 1.5cm 的整个培育期间成活率为 20%～60%。

青虾苗种常采用土池进行培育，其具体的培育措施见表 7-2。

表 7-2　青虾幼体培育日常管理

管理环节	措　　施
放养密度	≤2000 尾/m²
饲料投饲	当孵化池发现有幼体出现时，需及时投喂豆浆，每天投喂黄豆 1.5g/m²，以后逐步增加到每天 6g/m²。投喂时间为每天上午 8～9 时和下午 4～5 时各投喂 1 次。幼体孵出 3 周后，逐步减少豆浆的投喂量，增加青虾苗种用粉状配合饲料的投喂，配合饲料中动物性饵料占 30%、植物性饵料占 70%。配合饲料投喂量为每天 3～4.5g/m²，投喂时间为下午 5～6 时
施追肥	幼体孵出后，视水中浮游生物量和幼体摄食情况，每 7～15 天追施腐熟的有机肥 1 次，每次施肥量为 75～150g/m²，以培养浮游生物
透明度	控制在 30cm 左右
溶解氧	≥5mg/L
pH 值	7.5～8.5
注水	每 7～15 天注新水 1 次，注水量为 5～10cm
疏苗	当幼虾生长到 0.8～1.0cm 时，要及时稀疏，控制密度在 1000 尾/m² 以下

经过 25～45 天的培育，幼虾体长大于 1.5cm，可见大量幼虾在水边游动，特别是水流动时，大量幼虾会逆流而游，此时可开始进行虾苗捕捞，进入商品青虾养殖阶段。小批量时采用抄网捕苗；量较大时，采用冲排水法，即进水口加水、排水口装有网箱收集虾苗；大批量时采用拉网捕苗。

第四节　青虾的养成模式与技术

青虾养成的技术目标：通过合理养殖，越冬虾苗经过 2～3 个月的养殖，能够达到 4～6cm 的商品规格。

青虾养殖常采用池塘养殖、网箱养殖和稻田养殖三种模式，其中以池塘养殖最常见，效果最好，下面就以池塘养殖为例介绍青虾的养殖技术。

一、池塘条件

池塘的进水口要用网孔尺寸 0.177～0.250mm 筛绢制成过滤网袋过滤。应配备水泵、增氧机等机械设备，每公顷水面要配置 4.5kW 以上的增氧设备。

二、放养前准备

清塘消毒按池塘常规培育鱼苗鱼种技术规范的规定执行。水草种植面积占池塘总面积的

1/5～1/3；水草种植品种可选择苦草、轮叶黑藻、马来眼子菜和伊乐藻等沉水植物，也可用水花生或水蕹菜（空心菜）等水生植物。虾苗放养前5～7天，池塘注水50～60cm；同时施经腐熟的有机肥2250～4500kg/hm²，以培育浮游生物。

三、虾苗放养

1. 放养方法

选择晴好的天气，放养前先取池水试养虾苗，在证实池水对虾苗无不利影响时，才开始正式放养；虾苗放养时温差应小于2℃。虾苗捕捞、运输及放养要带水操作。

2. 养殖模式与放养密度

（1）单季主养　虾苗采取一次放足、全年捕大留小的养殖模式。放养密度：1～3月放养越冬虾苗（2000尾/kg左右）60万～75万尾/hm²；或7～8月放养全长为1.5～2cm虾苗90万～120万尾/hm²。虾苗放养15天后，池中混养体长15cm的鲢、鳙鱼种1500～3000尾/hm²或夏花鲢、鳙鱼种22500尾/hm²。食用虾捕捞工具主要采用地笼捕捞。

（2）多季主养　长江流域为双季养殖，珠江流域可三季养殖。放养密度同单季主养。

（3）鱼虾混养　在单位产量为7500kg/hm²的无肉食性鱼类的食用鱼类养殖池塘或鱼种养殖池塘中混养青虾，一般虾苗放养量为15万～30万尾/hm²。鱼种养殖池可以适当增加青虾苗的放养量，放养时间一般在冬、春季进行。

（4）虾鱼蟹混养　放养模式与放养量见表7-3。

表 7-3　虾鱼蟹混养放养规格、时间及放养量

品　种	规　格	放　养　量	放 养 时 间
青虾	全长2～3cm	45万尾/hm²	1～3月
河蟹	100～200只/kg	4500只/hm²	1～3月
鳜	体长5～10cm	225～2300尾/hm²	7月
鳙	0.5～0.75kg/尾	150～2225尾/hm²	1～3月

四、饲养管理

1. 饲料投喂

（1）饲料要求　提倡使用青虾配合饲料，配合饲料应无发霉变质、无污染，其安全限量要求符合渔用配合饲料安全限量的规定；单一饲料应适口、无发霉变质、无污染，其卫生指标符合饲料卫生标准的规定；鲜活饲料应新鲜、适口、无腐败变质、无毒、无污染。

（2）投喂方法　日投2次，每天8：00～9：00、18：00～19：00各1次，上午投喂量为日投喂总量的1/3，余下2/3傍晚投喂；饲料投喂在离池边1.5m的水下，可多点式，也可一线式。

（3）投饲量　青虾饲养期间各月配合饲料日投饲量参见表7-4，实际投饲量应结合天气、水质、水温、摄食及蜕壳情况等灵活掌握，适当增减投喂量。

表 7-4　青虾饲养期间各月配合饲料日投饲量（饲料占体重的比例）

月　份	3	4	5	6	7	8	9	10	11	12
日投饲量/%	1.5～2	2～3	3～4	4～5	5	5	5	5～4	4～3	2

2. 水质管理

养殖前期（3～5月）透明度控制在25～30cm，中期（6～7月）透明度控制在30cm，后期（8～10月）透明度控制在30～35cm。溶解氧保持在4mg/L以上。pH值7.0～8.5。

根据养殖水质透明度变化，适时施肥，一般在养殖前期每10～15天施腐熟的有机肥1次，中后期每15～20天施腐熟的有机肥1次，每次施肥量为750～1500kg/hm²。

养殖前期不换水，每7～10天注新水1次，每次10～20cm；中期每15～20天注换水1次；后期每周1次，每次换水量为15～20cm。

青虾饲养期间，每15～20天使用一次生石灰，每次用量为150kg/hm²，化成浆液后全池均匀泼洒。

3. 日常管理

每天早、晚各巡塘1次，观察水色变化、虾活动和摄食情况；检查塘基有无渗漏，防逃设施是否完好。生长期间，一般每天凌晨和中午各开增氧机一次，每次1～2h；雨天或气压低时，延长开机时间。每7～10天抽样一次，抽样数量大于50尾，检查虾的生长、摄食情况，检查有无病害，以此作为调整投饲量和药物使用的依据。按中华人民共和国农业部令（2003）第［31］号《水产养殖质量安全管理规定》要求的格式做好养殖生产记录。

【思考题】

1. 青虾繁殖习性有哪些？
2. 青虾幼体培育过程中，如何进行日常管理？
3. 青虾池塘养殖的主要技术要点有哪些？

第八章　克氏原螯虾养殖

【技能要求】

1. 能鉴别克氏原螯虾雌雄个体。
2. 能熟练进行克氏原螯虾人工孵化。
3. 能开展克氏原螯虾苗种池塘培育。
4. 能开展克氏原螯虾池塘养殖。
5. 能开展克氏原螯虾稻田养殖。

第一节　养殖现状与前景

克氏原螯虾在我国北方俗称喇咕，而南方多称为龙虾、淡水龙虾、螯虾等。克氏原螯虾原产于北美洲，于1918年引入日本，20世纪30年代末期由日本传入我国南京附近，经半个多世纪自然种群的迁徙和人类养殖活动的扩散，如今已广泛分布于我国除西藏外的各个省、市、自治区，成为归划于我国自然水体的一个物种，但其主产区还是在长江中下游地区。

克氏原螯虾具有肉味鲜美、营养丰富等特点，其蛋白质含量达16%～20%，干虾米蛋白质含量高达50%以上，高于一般鱼类，超过鸡蛋的蛋白质含量，虾肉中锌、碘、硒等微量元素的含量也高于其他食品，且肌肉纤维细嫩，易于被人体消化吸收。不仅如此，该虾出肉率达20%左右，可加工虾仁、虾尾，且从甲壳中提取的甲壳素、几丁质和甲壳糖胺等工业原料，广泛应用于农业、食品、医药、烟草、造纸、印染、日化等领域，加工增值潜力很大，是很好的可供开发利用的水产动物资源。

欧美国家是克氏原螯虾的主要消费国，在美国该虾不仅是重要的食用虾类，而且是垂钓的重要饵料，年消费量6万～8万吨，自给能力不足1/3。欧盟和美国每年从中国进口螯虾量达2万吨。瑞典更是螯虾的狂热消费国，每年举行为期3周的螯虾节，每年进口克氏原螯虾就达5万～10万吨。西欧市场一年消费克氏原螯虾约6万～8万吨，而西欧自给能力仅占总消费量的20%。近年来，中国克氏原螯虾消费量猛增，已成为城乡大部分家庭的家常菜肴。在武汉、南京、上海、常州、无锡、苏州、淮安、合肥等大中城市，每年消费量在万吨以上。

目前，我国克氏原螯虾人工养殖量少，主要依靠天然捕捞应市，其自然资源远远满足不了国内国际市场消费需求。虽然克氏原螯虾养殖已逐渐被人们所重视，但目前国内多数地区仍是依赖其自然增殖，或采取粗放养殖的方式。在欧美等国家早已开始大面积的人工精养或超强化养殖，如澳大利亚精养的克氏原螯虾亩产量可达679kg以上，而国内的养殖亩产量普遍在100～300kg的水平，与养殖发达国家相比仍有很大差距。因此，为了保持克氏原螯虾的自然资源，满足国内和国际市场的需求，应积极推广和开展克氏原螯虾的人工养殖。

第二节　认识克氏原螯虾

克氏原螯虾（*Procambarus clarkii*）隶属于节肢动物门、甲壳纲、软甲亚纲、十足目、螯虾科、原螯虾属，是淡水螯虾中的一个种。克氏原螯虾整个身体由头胸部、腹部和尾部组成，共 20 节。头部 5 节，胸部 8 节，头部和胸部愈合成一个整体，称为头胸部。头胸部圆筒形，前端有一额角，呈三角形。额角表面中部凹陷，两侧隆脊，尖端锐刺状。头胸甲中部有一弧形颈沟，两侧具粗糙颗粒。腹部共有 7 节，其后端有一扁平的尾节与第六腹节的附肢共同组成尾扇。胸足 5 对，第 1 对呈螯状，粗大。第 2、第 3 对钳状，后 2 对爪状。腹足 6 对，雌性第 1 对腹足退化，雄性前 2 对腹足演变成钙质交接器。尾节无附肢，尾扇发达。克氏原螯虾体表具坚硬的甲壳。性成熟个体暗红色或深红色，未成熟个体淡褐色、黄褐色、红褐色不等，有时还见蓝色（图 8-1）。

克氏原螯虾对环境的适应能力很强，无论是湖泊、河流、池塘、河沟、水田均能生存。喜栖息于水草、树枝、石隙等隐蔽物中。昼伏夜出，不喜强光，多聚集在浅水边爬行觅食或寻偶。有掘洞的习性，洞穴的深度在 50～80cm。耐低氧和氨态氮能力较强，在一些鱼类难以生存的水体也能存活。一般水体溶解氧保持在 3mg/L 以上，即可满足其生长所需。当水体溶解氧不足时，常攀援到水体表层呼吸或借助于水体中的杂草、树枝、石块等物，将身体

图 8-1　克氏原螯虾

侧卧水面，使其一侧鳃腔处于水体表面呼吸，甚至爬上陆地借助空气中的氧气呼吸。在阴暗、潮湿的环境条件下，离开水体能成活一周以上。

克氏原螯虾对温度的适应性较强，0～37℃都能正常生存。最适生长温度为 25～32℃。当水温上升到 33℃以上或下降到 20℃以下时，摄食量明显减少。当水温下降到 15℃以下时，停止摄食，开始越冬。

克氏原螯虾生存的适宜 pH 值为 6.5～9.0，最适 pH 值为 7.5～8.5。对重金属、某些农药如敌百虫、菊酯类杀虫剂非常敏感。

第三节　克氏原螯虾的人工繁育技术

一、人工繁殖

人工繁殖的技术目标：通过池塘养殖获得成熟健康的亲虾；采用自然产卵的方法获得质量优良的受精卵；保证克氏原螯虾受精卵的孵化率在 90％以上。

1. 克氏原螯虾的繁殖习性

克氏原螯虾的繁殖习性见表 8-1。

表 8-1　克氏原螯虾的繁殖习性

习性项目	具 体 要 求	习性项目	具 体 要 求
性成熟年龄	9～12 月龄	产卵期	7～10 月
最小成熟个体	雌虾 6.4cm；雄虾 7.1cm	产卵高峰期	8～9 月
最小成熟体重	雌虾 10g；雄虾 20g	受精卵孵化时间	5～8 周，10 月底以后抱的卵延续到第 2 年春季孵化
雌雄比例	1∶1		
交配期	5～9 月	繁殖行为	与掘洞行为密切相关，繁殖期的掘洞数量明显增多
交配高峰期	6～8 月		
产卵时间	交配后 30 天左右	个体产卵量	172～1158 粒
产卵类型	分批产卵，一年 3～4 次	个体平均产卵量	517 粒

2. 亲虾选择

(1) 雌雄鉴别　见表8-2。

表8-2　亲虾的雌雄个体特征

鉴别项目	雄　虾	雌　虾
大螯足	粗大,大螯腕节和掌节上的棘突长而明显	相对较小
生殖孔开口	第5对步足基部	第3对步足基部
成熟个体腹部	相对狭小	宽大
腹肢	第1、2腹肢变成管状,较长,为淡红色;第3、4、5腹肢为白色	第1腹肢退化,很细小,第2腹肢正常

(2) 亲虾挑选　选留克氏原螯虾亲虾一般在头一年的9～10月份或当年的3～4月份。雌雄比例通常为2∶1或1∶1。

亲虾常选择10月龄以上、体重30～50g、附肢齐全、体质健壮、无病无伤、躯体光滑、无附着物、活动能力强的个体。一般头一年选留的亲虾,规格可小些,当年选留的规格要大些。

3. 亲虾培育

(1) 培育池　亲虾培育池主要有两种,水泥池和土池。要求水源良好,排灌方便,不受自然和人为的干扰。根据生产规模,培育池的面积从几平方米至数百平方米不等。培育池水深一般在50～60cm,池埂宽度要在1.5m以上,池中要安装好进排水管。池中生长水草,水草面积约占培育池面积的1/3左右。亲虾在繁殖期要进行生殖蜕壳,为了减少亲虾的自相残杀现象,在高密度放养的培育池中,除栽种水草外,还要加设竹筐、网片、毛竹等隐蔽物。池水要求水质清新,溶解氧丰富,特别是强化培育期间,溶解氧要求在4mg/L以上。

采用土池培育时,要在土池中开挖一些小沟渠,方便收集虾苗。由于亲虾习惯打洞,最好是将土池的斜坡浇上水泥,堤埂周围用塑料薄膜拦成高度为30cm的防逃墙。

亲虾放养前,水泥池要清理消毒,土池要清除淤泥、污物和残饵,修补漏洞,搞好防逃、排灌等设施。亲虾池每平方米用225g生石灰化水全池泼洒消毒,然后施入1200g腐烂的秸秆或野草。

(2) 亲虾投放　克氏原螯虾亲虾放养的密度直接关系到培育效果。通常9～11月份选留的亲虾,每平方米放养150～225g;4～5月份选留的亲虾,每平方米放养120～150g。克氏原螯虾亲虾在放养前,要用福尔马林溶液浸浴亲虾,以消除虾体上的附着生物。

(3) 亲虾培育　克氏原螯虾一年可抱卵2～3次。在整个繁殖期内,亲虾要进行多次交配产卵,而每经过一次产卵,都要进行一次生殖蜕壳,并消耗体内大量的营养物质,体质显著减弱。因此,克氏原螯虾亲虾在放养后,要加强饲料投喂及日常饲养管理(表8-3)。自3月份开始要以投喂动物性饲料如螺蚌肉、畜禽屠宰下脚料为主,以维生素含量丰富的青饲料为辅。

表8-3　克氏原螯虾亲虾培育期间日投饵量(饲料占体重的比例)

月　份	3	4	5
日投饵量/%	2～3	4～5	6.5～8

亲虾培育期间,要加强亲虾池的水质管理。视培育池水色、透明度及天气的情况加水和排水。一般每隔10～15天换水一次,每次换水1/3,保证水质良好。如果有条件,最好能使池水形成水流,以促进亲虾性腺发育。

4. 产卵与孵化

克氏原螯虾属一年多次产卵类型。水温升至20℃以上时,亲虾便开始交配产卵,产卵季节在南方可持续 6 个月之久，一年可产卵 3～4 次。

克氏原螯虾受精卵黏附在雌虾腹部附肢刚毛上孵化为稚虾。受精卵适宜的孵化温度为22～28℃。受精卵胚胎发育长短与水温高低密切相关，水温高孵化时间短，水温低则孵化时间长。克氏原螯虾受精卵在 18～20℃时，孵化期为 30～40 天，水温在 25℃时则只需 15～20 天。

刚孵出的克氏原螯虾幼体体形构造与成体基本相同，平均体长约 9.5mm，依靠卵黄囊为营养，攀附于雌虾腹肢上 1～2 周，在此期间幼体也会偶尔离开母体活动。3 周后离开母体营独立生活。在适宜的条件下，幼体经过 50～60 天生长，5～8 次蜕壳，体重长至 0.5～2g。当发现繁殖池中有大量稚虾出现时，应及时采苗，进行虾种培育。

二、苗种培育

1. 培育池的选择与准备

克氏原螯虾苗种培育池以 20～40m²、水深 0.6～0.8m 的水泥池为佳。也可选择靠近水源、水质较好、面积 700～2000m²、长方形、东西向、坡比 1∶2、水深 0.5～1m 的池塘，培育池要设置进排水系统和防逃设施。在池底的中部挖一条水沟或在池塘坡底四周开挖一条沟，便于早期虾苗的培育管理和捕捞操作。

放养虾苗前，培育池要彻底消毒。然后每平方米培育池施腐熟的人畜粪肥 750g，培育稚虾喜食的天然饵料，如轮虫、枝角类、桡足类等浮游生物。

克氏原螯虾无论是成虾还是稚虾、幼虾，都有贪食好斗的习性，在蜕壳时，易受到敌害生物及同类的攻击，而在高密度饲养的情况下，蜕壳时受到的攻击则主要来自于同类。因此，培育池中除要设置网片、竹筒、塑料筒等物外，还要投放一定数量的沉水植物及漂浮植物，供稚虾攀爬栖息和蜕壳时作为隐蔽的场所，还可作为稚虾的青饲料，保证稚虾培育有较高的成活率。

培育池水源一般用河水或井水，要求水质清新。井水在使用前要进行沉淀暴晒。在进水口要用筛网过滤，防止水生昆虫、小鱼、小虾及鱼卵等敌害生物进入培育池。

培育用水要求偏碱性，pH 值应控制在 7.0～8.5。若水质偏酸，可用生石灰调节。用自来水进行小规模生产的繁殖场，可用小苏打来调节 pH 值。

2. 稚虾放养

稚虾放养量一般为每平方米放养 0.8cm 的稚虾 150～230 尾。

稚虾放养时，同池虾苗要求规格一致、体质健壮、无病无伤。放养时间选择在晴天早晨或阴天；放养时最好能在浅滩处"缓苗"，要求动作轻快，尽量避免虾苗受伤。

3. 日常管理

克氏原螯虾苗种培育日常管理见表 8-4。

表 8-4　克氏原螯虾苗种培育日常管理

管理环节	具 体 要 求
施追肥	稚虾放养后适时向培育池内追施发酵过的有机粪肥,培肥水质
投饲	稚虾在放养后的第 1 周,可投喂磨碎的豆浆,每天 3～4 次;第 2 周开始以投喂小鱼虾、螺蚌肉、蚯蚓、蚕蛹等动物性饲料为主,适当搭配玉米、小麦和鲜嫩植物茎叶,经粉碎后混合加工成糊状饲料,早、晚各投 1 次。日投饲量早期每万尾稚虾为 0.25～0.40kg,早上投喂日投饵量的 40% 左右;以后按池虾体重的 10% 左右投喂。具体投喂量要根据天气、水质和虾的摄食情况灵活掌握
换水	培育过程中,不论是水泥池还是土池,每 7～10 天换水 1 次,每次换水 1/3,保持池水溶解氧量在 5mg/L 以上
调水	每 20 天左右泼洒 1 次生石灰,浓度为 20g/m³ 左右,进行水质调节和增加池水中钙离子的含量,提供稚虾在蜕壳生长时所需的钙质

在适宜的条件下，克氏原螯虾幼体经过 25～30 天培育，5～8 次蜕壳，体长可达 3cm 左右，即可将幼虾捕捞起来转入成虾饲养。

第四节　克氏原螯虾的养成模式与技术

一、池塘养殖

> 池塘养殖的技术目标：通过合理养殖，经过 3～5 个月能够达到 6cm 以上的商品规格；通过科学管理，保证养殖成活率达到 90% 以上。

1. 池塘准备

池塘准备见表 8-5。

表 8-5　池塘准备

生产环节	具体措施
池塘清整	饲养克氏原螯虾的池塘要求水源充足，水质良好，进水、排水方便，池埂要有一定的坡度。面积以 2000～3000m² 为宜，水深 0.8～1.2m。新开挖的池塘和旧塘要视情况加以平整塘底、清除淤泥和晒塘，使池底和池壁有良好的保水性能，尽可能减少池水的渗漏
搭建活动平台	虾类活动的场所与鱼类有所不同，虾类活动的场所是供其附着的整个水体底部和池塘中的水草茎叶。水体中可供虾类附着的面积越大，则可放养的虾的数量就越多。克氏原螯虾喜欢在洞穴或阴暗处栖息，因此可在池埂四周平行搭设 2～3 层竹席。竹席第一层设在水面下 20cm 处，长 2～3m，宽 20～30cm，两层之间的距离为 15～20cm；同层的两片竹席之间要留 30～40cm 的间隙，供克氏原螯虾到浅水区活动
池塘消毒	清塘后，即可用生石灰、漂白粉、茶饼等消毒
水草种植	"虾多少，看水草"，在水草多的池塘养虾，成活率高。克氏原螯虾食性杂，摄食的水草有苦草、轮叶黑藻、凤眼莲、水浮莲和喜旱莲子草（水花生）等。在池中种植水草，为虾提供了隐蔽、栖息的理想场所，也是虾蜕壳的良好场所。但水草的种植面积也不能过多，否则会因水草过度茂盛，在夜间使池水缺氧而影响克氏原螯虾的正常生长。一般种植水草的面积以不超过池塘总面积的 1/3 为宜
池塘进水	水源要求水质清新，溶解氧充足，无有机物及工业用重金属污染。向池中注入新水时，要用 60～80 目纱布过滤，防止野杂鱼及鱼卵随水流进入饲养池中
池塘施肥	同时施肥培育浮游生物，为虾苗入池后直接提供天然饵料。在虾苗放养前及放养的初期，池水水位较浅，水质较肥；在饲养的中后期，随着水位加深，要逐步增加施肥量。具体视水色而定，保持池水透明度在 35～40cm

2. 虾苗放养

清塘后 7～10 天，池水药效消失，此时正是虾苗的适口天然饵料如轮虫、枝角类等浮游生物繁殖的高峰期，此时即可进行放苗。放苗前要进行"试水"，如果试水虾活动正常，无死亡现象，说明池水药性完全消失，即可放苗。

放养的虾苗质量要求：①规格整齐，同一池塘放养的虾苗规格要一致，要求一次放足，大小在 3cm 左右；②体质健壮，附肢齐全，无病无伤，生命力强；③野生克氏原螯虾虾苗，应经过一段时间的人工驯养后再放养。

克氏原螯虾虾苗放养量视虾苗的规格大小、放苗时间及池塘条件灵活掌握。放养虾苗的时间要依据饲养的方式来决定，具体见表 8-6。

表 8-6　虾苗放养模式

放养模式	放养时间	放养规格	放养密度
夏季放养	7月中下旬	≥0.8cm,以当年孵化的第一批稚虾为主	45～90 尾/m²
秋季放养	8月中旬至9月	1.2cm左右,以放养当年培育的大规格虾苗或虾种为主;2.5～3.0cm时	40～70 尾/m² 30～45 尾/m²
冬春放养	12月份或翌年3～4月	100～200 只/kg,以放养当年不符合上市规格的虾种为主	25～45 尾/m²

3. 日常管理

克氏原螯虾池塘饲养,要坚持每天早、中、晚巡池3次,观察池塘水质变化,了解克氏原螯虾吃食、活动状况,随时调整饲料投喂量;清理养殖环境,发现异常情况及时采取措施。克氏原螯虾池塘养殖投饲管理与日常管理分别见表8-7和表8-8。

表 8-7　克氏原螯虾池塘养殖投饲管理

生 长 阶 段	管 理 措 施
虾苗虾种(4～5月)	主要摄食轮虫、枝角类、桡足类浮游动物以及水生昆虫幼体,因而应通过施足基肥、适时追肥,同时辅以人工饲料
亲虾培育(5～6月)	应多投喂动物性饲料,如鱼肉、螺蚌肉、蚯蚓以及屠宰场的动物下脚料等,充分满足亲虾性腺发育对营养的要求
成虾阶段(6～9月)	为快速生长阶段,应以投喂麦麸、豆饼以及嫩的青绿饲料、南瓜、山芋、瓜皮等为主,辅以动物性饲料
越冬前阶段(9～11月)	应多投喂动物性饲料,如鱼肉、螺蚌肉、蚯蚓以及屠宰场的动物下脚料等,充分满足克氏原螯虾生长发育及积累营养的需要

表 8-8　克氏原螯虾池塘日常管理

管 理 项 目	管 理 措 施
投饲管理	严格遵循"四定"投饲原则。投喂的饲料要适量、适口,不投喂腐败变质的饲料。每天投饲时,要检查上次投喂的饲料是否还有剩余或池虾是否还在四处觅食,结合近期水温,合理增减投饲量;定期在克氏原螯虾的饲料中添加多种维生素、免疫多糖等,预防疾病发生
水质调节	保持池塘水质清新,溶解氧丰富,一般每15～20天换水一次,每次换水1/3左右,使池水透明度保持在35cm左右,溶解氧量在5mg/L以上,pH值7～8.5;每20天泼洒一次生石灰,每次用量为15g/m³,在改善水质的同时,增加池水中钙离子的含量,促进克氏原螯虾蜕壳生长;每半月全池泼洒光合细菌一次,调节池中氨态氮等含量
水位调节	池塘水位不要太深,通常保持在1m左右,高温季节和越冬期水位可深些,避免忽高忽低
蜕壳虾管理	蜕壳是克氏原螯虾生长的重要标志,为了便于对蜕壳虾的管理,应通过投饲、换水等措施,促进克氏原螯虾群体集中蜕壳。当大批克氏原螯虾蜕壳时,应减少投饲,减少人为干扰,促进克氏原螯虾顺利蜕壳。蜕壳后要及时增加投喂优质饲料,严防因饲料不足而引发克氏原螯虾之间的相互残杀
补施追肥	虾苗放养一周后,施发酵的畜禽粪便75～90g/m²,培育浮游生物。饲养中后期,视池水透明度适时补施追肥,使水色呈豆绿色或茶褐色,保持透明度30～40cm。一般每15天补施一次追肥
防逃防病	饲养克氏原螯虾的池塘,要用塑料薄膜或钙塑板等材料,建好防逃墙。尤其是在汛期,要做好防汛工作,严防大风大雨冲垮池埂或漫池引发逃虾。在日常巡塘时要检查进排水口是否完好,防止逃虾

4. 捕捞

克氏原螯虾生长速度较快,池塘饲养克氏原螯虾3~5个月,成虾规格达到30g以上时,即可捕捞上市。

8~9月放养的克氏原螯虾虾苗,12月份即可捕捞;冬季放养的虾苗,翌年6~7月份即可捕捞。为了便于上市,可以在6~7月和11~12月集中捕捞。捕捞多采取捕大留小的方法,达不到上市规格的留池继续饲养。

克氏原螯虾捕捞的方法很多,可用虾笼、地笼网、手抄网等工具捕捉,也可钓捕,最后再干池捕捉。在4月中旬至7月中旬,采用虾笼起捕,效果较好。但7月下旬以后,克氏原螯虾一般很少钻进虾笼、地笼,捕虾量急剧减少,且多打洞穴居。克氏原螯虾钻入洞穴中,捕捞较为困难,目前多徒手从洞穴中捕捉,有些地方向池中泼洒药物,利用药物将虾赶出洞穴,然后再撒网、拉网或干池捕捉。

二、稻田养殖

> **稻田养殖的技术目标:**通过合理养殖,经过3~5个月能够达到6cm以上的商品规格,做到稻虾双丰收;通过科学管理,保证养殖成活率达到90%以上。

稻田饲养克氏原螯虾,是利用稻田的浅水环境,辅以人为措施,既种稻又养虾,提高稻田单位面积生产效益的一种生产形式。

1. 稻田工程建设

(1)**稻田的选择** 选择靠近水源、水质良好、水量充足、周围没有污染源、保水能力较强、排灌方便的稻田进行养虾,面积大小均可。稻田以壤土为好,要求田埂比较厚实,田面平整,周围没有高大树木,通水、通电、通路。

(2)**田间工程建设** 养虾稻田田间工程建设包括田埂加固、进排水口的防逃设施、环沟、田间沟、暂养小池、遮阳棚等工程。

沿稻田田埂内侧四周开挖养虾沟,沟宽4~6m,深0.8~1m,坡比1:2.5。面积较大的田块,还要在田中间开挖"田"、"井"字形田间沟和增设几条小埂。田间沟宽1m,深0.5~0.6m;小埂为管理水稻之用。饲养沟和田间沟面积约占稻田总面积的20%左右。

利用开挖养虾沟挖出的泥土加固加高田埂。田埂基部加宽到1~1.5m,加高至0.5~1m。田埂四周用塑料薄膜或钙塑板建防逃墙,下部埋入土中20~30cm,上部高出田埂70~80cm,每隔1.5m用木桩或竹竿支撑固定,最好能用塑料薄膜覆盖田埂内坡,既可防止克氏原螯虾攀爬、打洞外逃,又可防止老鼠、蛇、青蛙等敌害进入。

排水渠道可以建在稻田田埂的另一侧,宽深与进水渠道相同。进排水口要用铁丝网或栅栏围住,防止克氏原螯虾顺水外逃。进水渠道建在田埂上,排水口建在渠道的最低处,按照高灌低排的格局,保证灌得进,排得出。

在离田埂1m处,每隔3m打一个1.5m高的桩,用毛竹架设棚架,在田埂边种植丝瓜、葫芦等,待藤蔓上架后,在炎夏起到遮阳避暑的作用。

2. 苗种放养

(1)**放养前的准备工作** 见表8-9。

(2)**虾苗放养** 克氏原螯虾苗种在放养时要进行试水,试水安全后,才能投放虾苗(见表8-10)。

克氏原螯虾放养时,在注意虾苗质量的同时,同一田块应当放养同一规格的虾苗,一次放足。

表 8-9　养虾稻田放养前的准备工作

准备工作	具 体 方 法
清沟消毒	放苗前 10～15 天,稻田养虾沟用生石灰 75～90g/m² 或选用其他药物对饲养沟进行彻底清沟消毒,杀灭野杂鱼类、敌害生物和致病菌
施足基肥	放苗前 7～10 天,田沟中注水 50～80cm,然后施肥培育饵料生物。一般施复合肥 75g/m²,碳铵 89g/m²。农家肥肥效慢、肥效长,施用后对克氏原螯虾的生长无影响,还可以减少日后施用化肥的次数和数量,因此,最好施农家肥,施农家肥 1500～3000g/m²,一次施足
移栽水草	虾沟内栽植轮叶黑藻、马来眼子菜等水生植物,或在沟边种植水花生、水葫芦等。但要控制水草的面积,一般水草占渠道面积的 10%左右,以零星分布为好,不要聚集在一起,以利于渠道内水流畅通
过滤进水	进、排水口安装竹箔、铁丝网等防逃、过滤设施,严防敌害生物进入。虾沟水深保持在 0.6～0.8m 即可

表 8-10　克氏原螯虾苗种放养模式及具体措施

放养模式	具 体 措 施
直接放养亲虾	让亲虾自行繁殖,根据稻田养殖的实际情况,一般放养 20～30 尾/kg 的亲虾 30～75g/m²,让亲虾繁殖孵化出来的幼体能直接摄食稻田水体中的浮游生物
放养市场收购或人工捕捉的幼虾	一般放养 250～600 只/kg 的幼虾 25～45 尾/m²
放养当年人工繁殖的稚虾	放养时间为 7～9 月份。放养稚虾 25～55 尾/m²

由于克氏原螯虾在放养时,个体都有不同程度的体表损伤,因此放养之前要进行虾体消毒。

从外地购进的虾种,采用干法运输时,因离水时间较长,有些虾甚至出现昏迷现象,放养前应将虾种在田水内浸泡 1min,提起搁置 2～3min,再浸泡 1min,如此反复 2～3 次,让虾种体表和鳃腔吸足水分后再放养,可有效提高虾苗的成活率。

3. 水稻栽插

选择优质、高产、耐肥力强、不易倒伏,特别是病虫害少的水稻品种,尽量减少水稻在生长期间的施肥和喷施农药。在 5 月底 6 月初栽插完毕。秧苗栽插完后,保持田水深度在 8～10cm 一周左右,保证秧苗成活和虾苗活动。

4. 田间管理

在稻田中饲养克氏原螯虾,要求每天早、中、晚坚持巡田,观察田间沟内水色变化和虾的活动、摄食情况。稻田养殖克氏原螯虾田间管理见表 8-11。

5. 捕捞

稻田饲养克氏原螯虾,只要一次放足虾种,经过 2 个月左右饲养,就有部分克氏原螯虾能够达到商品规格。长期捕捞、捕大留小是降低成本、增加产量的一项重要措施。将达到商品规格的克氏原螯虾捕捞上市,未达到规格的继续留在稻田内养殖,降低密度,促进小规格的虾快速生长。

捕捞的方法很多,可采用地笼网、虾笼、虾罾、迷魂阵等工具进行捕捞。将捕捞工具置于稻田渠道内,每天清晨取一次虾。在 4 月中旬至 7 月中旬,采用虾笼起捕,效果较好;7 月下旬以后,克氏原螯虾多打洞穴居,多徒手从洞中捕捉或药物驱捕。

表 8-11　稻田养殖克氏原螯虾田间管理

田 间 管 理	具 体 方 法
晒田	稻谷晒田宜轻烤,不能完全将田水排干。水位降低到田面露出即可,而且时间要短,最好在克氏原螯虾进入稻田前先烤一次田。发现克氏原螯虾有异常反应时,则要立即注水
稻田施肥	稻田基肥要一次施足,应以腐熟的有机肥为主,在插秧前一次施入耕作层内,达到肥力持久长效的目的,避免因追肥过多,田间水质难以控制,造成水体缺氧。追肥应做到少量多次,施追肥时最好半边先施半边后施。施追肥时应避开克氏原螯虾大量蜕壳期
水稻施药	克氏原螯虾对许多农药都很敏感。施药时要注意严格把握农药安全使用浓度,确保虾的安全。喷洒农药时,要选用高效低毒的农药或生物制剂,并要求将药液喷于水稻叶面上,尽量不喷入水中,最好分区用药。水稻施药时,要避免使用含菊酯类的杀虫剂,以免对克氏原螯虾造成危害。施药前田间加水至 20cm,喷药后及时换水。稻田施药时同样要避开克氏原螯虾大量蜕壳期
虾苗虾种暂养	刚放入稻田的克氏原螯虾为适应新的环境,会在稻田和沟系中到处乱爬,对刚活稞的秧苗会产生一定的破坏作用。因此,必须在田间工程设计时,于进水口处开挖深 1.2m,坡度 1:2.5 左右的暂养池,占稻田面积的 8%～10%,既保证克氏原螯虾对环境的适应,又便于强化培育,提高上市规格与成活率。同时在秧苗活稞后放入稻田,减少秧苗被克氏原螯虾糟蹋而浮出水面或倒伏
水质调节	克氏原螯虾对水质条件要求不严格。水体 pH 值在 5.8～8.5,透明度在 25～35cm 均生长良好。发现水位过浅或水质过肥,特别是在施追肥后,要及时更换新水。加水时要边排边灌,做到进排不急,温差不大,水位相对稳定。6 月底每周换水 1/5～1/4,7～8 月每周换水 3～4 次,每次用微流水,换水量为原田水的 1/3 左右;9 月以后每 5～10 天换水一次,每次换水 1/4～1/3。暂养池、环沟每 15～20 天用生石灰泼洒一次,进行调节水质
投饲管理	遵循"四定"的投饲原则,投喂的饲料要新鲜,不投喂腐败变质的饲料;定期在饲料中加入光合细菌、免疫多糖、多种维生素等药物,制成药饵投喂,增强虾的体质,减少疾病的发生;在克氏原螯虾生长的高峰季节,在保证投喂的饲料能供虾吃饱的同时,还应增加动物性饲料的比例,大批虾蜕壳时不要冲水,蜕壳后增加投喂优质动物性饲料,促进克氏原螯虾快速生长
水草培育	在环沟、田间沟、暂养池内应移栽一些苦草、轮叶黑藻、水花生等水草,供克氏原螯虾栖息、隐蔽蜕壳和炎夏遮光纳凉。稻田养殖克氏原螯虾,饲养沟内水草的覆盖面以 30% 左右为宜,不能超过 50%。水草过多,会因光照差,浮游生物少,水质过清,青苔及附着藻类大量繁殖而影响克氏原螯虾产量
防逃防病害	每天巡田时检查进出水口筛网是否牢固,防逃设施是否损坏,汛期防止漫田,避免发生逃虾事故。每半月左右用生石灰消毒一次,预防疾病

【思考题】

1. 克氏原螯虾亲虾培育的技术要点有哪些?
2. 克氏原螯虾苗种培育技术要点有哪些?
3. 简述克氏原螯虾的池塘养殖关键技术。
4. 简述克氏原螯虾的稻田养殖关键技术。

第四篇

腔肠、棘皮及软体类养殖

第九章 海蜇养殖

【技能要求】

1. 能鉴别海蜇的雌雄。
2. 能开展海蜇的产卵与孵化工作。
3. 能进行浮浪幼虫、螅状体、碟状体的培育操作。
4. 能开展海蜇的池塘养殖。

第一节 养殖现状与前景

海蜇属的种类有海蜇、黄斑海蜇、棒状海蜇和疣突海蜇，在我国沿海仅发现前3种。棒状海蜇个体小（40～100mm），伞部的中胶层薄，数量少，只有海蜇和黄斑海蜇具有捕捞生产价值。

海蜇为暖水性的大型水母，适应的水温和盐度范围比较广，所以它的分布范围也比较广。在我国沿海，北起鸭绿江口，南至北部湾一带，均有分布。此外，在日本西部、朝鲜半岛南部和俄罗斯远东海区也有分布，但以我国沿海分布为最广，品质好、产量高，占食用水母产量的80%。

海蜇营养丰富，高蛋白、低脂肪，富含无机盐，食用味美可口。在医学上具有舒张血管、降低血压、消炎散气、润肠清积等功效。

自然海区海蜇资源已经很贫乏，导致成品价格居高不下。海蜇人工育苗的成功带动了海蜇的人工养殖。因其投资小、见效快、回报率高而很快被广大养殖户认可。我国的沿海地区有大量的废旧养虾池与海湾可供利用，还可以同海参、贝类等多种经济种类混养。

在北方，每年的6～9月上旬都适宜海蜇生长，南方养殖时间则更长一些。在一些条件好的水域，养殖50～70天就可以达到15～20kg，海蜇个体之间除饵料竞争之外无其他关系，饵料丰富的水体可以轮放轮捕。目前，海蜇全人工苗种育苗及养殖期间各种理化因子对海蜇成活率的影响，水温以及天气突变对海蜇性成熟的影响，不同饵料生物对海蜇生长速度的影响以及大规格苗种的长途运输等一系列难题都已基本解决。大规模培育海蜇苗种在技术上已经取得成功。人工养殖方面，按每公顷放养4500片幼蜇，回捕率10%计算，每公顷出成品450片，每片按5kg计算，每公顷产量达2250kg，产值可达1.8万～2.7万元，赢利约1.2万～1.5万元。随着海蜇全人工苗种培育技术的不断成熟，养殖经验和技术的不断积累与稳定，海蜇的全人工养殖技术已日趋成熟。

第二节 认识海蜇

海蜇（*Rhopilema esculenta* Kishinouye）隶属腔肠动物门，钵水母纲，根口水母目，根口水母科，海蜇属。体形呈蘑菇状，分为伞体部和口腕部。伞体部，俗称海蜇皮。口腕部，俗称海蜇头。伞体部和口腕部由胃柱和胃膜连为一体。伞部高，超半球形，纵切面分为3

层：外伞层、中胶层和内伞层，中胶层较厚。伞缘具 8 个感觉器和 110～170 个缘瓣。伞体中央向下为圆柱形口柄（胃柱），其基部有 8 对肩板，端部为 8 条三翼形口腕。肩板和口腕上有许多小吸口和附属器，吸口的边缘有鼓槌状的小触指，触指上有刺丝胞，能放出刺丝，具捕食与防御功能。吸口是胃腔（消循腔）与外界的通道，兼有摄食、排泄、生殖、循环等功能。胃丝上有刺细胞和腺细胞，能分泌消化酶行消化功能（图 9-1）。

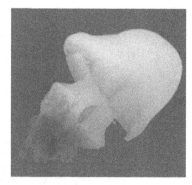

图 9-1　海蜇

海蜇体色多样。浙江省、福建省、江苏省一带的海蜇为红褐色，黄海和渤海海区的海蜇有红色、白色、淡蓝色和黄色等。

我国沿海的食用水母，除了根口水母科海蜇属的海蜇和黄斑海蜇，还有口冠水母科的沙海蜇、叶腕水母科的叶腕海蜇和拟叶腕海蜇等。

海蜇对环境的特殊要求见表 9-1。

表 9-1　海蜇对环境的要求

环 境 条 件	具 体 要 求
水温	水母型适温范围为 15～28℃，最适范围为 18～24℃，存活的上限和下限为 34℃ 和 8℃。水螅型适温范围为 0～15℃，最适范围为 5～10℃
盐度	水母型适宜盐度范围为 8～39，最适范围为 16～24。水螅型适宜盐度范围为 10～40，最适范围为 16～24
光照	水母型喜栖光照度为 2400lx 以下的弱光环境，水螅型更适黑暗条件
溶解氧	大于 4mg/L
氨态氮	小于 0.6mg/L
pH 值	7.8～8.5

第三节　海蜇的人工繁育技术

人工繁育技术目标：通过科学的管理与培育，受精卵孵化率应在 80% 以上。培育出的螅状体，要求健康、个体大、无畸形；培育出的稚蜇、幼蜇，要求健康、体态较好、游姿舒展、个体活跃、大小均匀、游泳有力、无损伤、无畸形；碟状体至稚蜇阶段的成活率达 80% 以上；至幼蜇阶段的成活率达 60% 以上。

一、繁殖习性

根据丁耕芜（1981）报道，海蜇的生活史（图 9-2）为世代交替型。水母型通过有性繁殖产生无性世代的水螅型，而水螅型又通过横裂生殖产生有性世代的水母型。水母型营浮游生活，水螅型营固着生活。通常所说的海蜇是指水母型。

海蜇雌雄异体，秋季性成熟。伞径 500mm 的个体怀卵量 4000 万～10000 万粒。精子头部圆锥形，长约 3μm，尾部细长，长约 40μm。成熟卵为圆球形、乳白色，为沉性卵，直径 80～100μm，分批成熟排放，产卵时间为黎明，卵子是在海水中完成成熟分裂的，具梨形膜。卵子在海水中受精，形成受精卵。

受精卵的卵径为 95～120μm。在 20～25℃，受精后约 30min 开始卵裂，6～8h 发育至

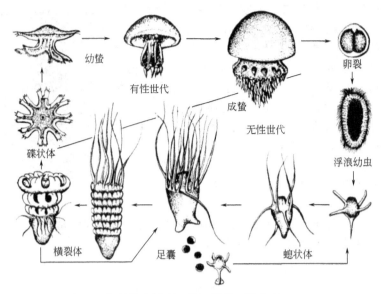

图 9-2　海蜇的生活史（仿丁耕芜、陈介康，1981）

浮浪幼虫，呈现长圆形，$(100\sim150)\mu m\times(60\sim90)\mu m$，体表布满纤毛，活泼浮游。4 天内多数个体变态为早期螅状体，具 4 条触手，体长 0.2～0.3mm；约 10 天达中期螅状体，具 8 条触手，体长 0.5～0.8mm；约 20 天螅状体发育完全，具 16 条触手，体长 1～3mm。

螅状体营着固着生活，从秋季至翌年夏初共 7～8 个月时间，螅状体能以足囊生殖方式复制出多个新的螅状体。当自然水温上升到 15℃以上时，螅状体以横裂生殖的方式产生有性世代的碟状体。初生碟状体直径 2～4mm，浮游生活；经 7～10 天伞径可达 10mm，成为稚蜇；经 15～20 天伞径可达 20mm，成为幼蜇。再经过 2 个多月生长，伞径可达 300～600mm，体重 10～30kg，达到性成熟。秋末冬初，完成生殖的个体全部死亡。

二、育苗设施

1. 培育池

水泥池或水槽均可使用，对水池的大小、形状和深浅等无严格要求。亲蜇蓄养池以池壁光滑为好（如镶嵌瓷砖），形状以圆形、椭圆形或方形池四角抹圆为佳，这样可减轻亲蜇柔软的伞部与池壁的摩擦。

2. 附着器

通常使用聚乙烯波纹板，裁成 40cm×30cm，按片间距 3～4cm 立体组装成附着器，一般 15～20 片组成一吊。使用新波纹板时，应注意将油渍洗涤干净。

三、亲蜇的来源、运输与暂养

1. 亲蜇的来源

亲蜇的来源有 2 种途径：一是从自然海区中捕捞；二是从养殖场中选择。

2. 亲蜇的选择

要求亲蜇个体大，伞径 40cm 以上；性腺发育好，性腺宽度在 10mm 以上；损伤小。

3. 亲蜇的运输

海蜇分泌物多，耗氧量大，运输过程严防因缺氧窒息死亡。正常情况下，亲蜇环肌收缩 40～50 次/min。收缩频率减少、收缩力变弱是缺氧的表征，此时应立即注入新鲜海水，这在船上运输时容易办到。用汽车运输时，由于途中难以换水，容器应大一些，运输时间愈短愈好，尽量控制在 4h 之内。

4. 亲蜇的暂养

(1) 亲蜇的雌雄鉴别　从外形或性腺颜色难以准确鉴别海蜇的雌雄。可用镊子从生殖下穴处插入，取出一小块性腺放大 20～100 倍观察。卵巢呈现大小不等的球形颗粒，精巢内的精子囊呈不规则肾形。鉴别后做标记。

(2) 亲蜇暂养　一般将雌雄个体分池暂养，暂养密度为 0.5 只/m³。每天换水一次，暂养密度大时，则应增加换水次数。在亲蜇暂养期间，可投喂卤虫无节幼体或其他小型浮游动物，投喂频次 2～3 次/天。

四、产卵与孵化

产卵前一天将水池刷净，注入新鲜海水，作为孵化池。凌晨 5:00～6:00 将亲蜇从蓄养池移入孵化池，雌雄比以 (2～3):1 为佳。亲蜇密度 1～2 个/m³，利于雌雄个体之间相互诱导性产物排放。海蜇产卵和排精的时间在黎明。

移入亲蜇 1h 后，从池底取样在显微解剖镜下观察是否出现卵裂。之后每隔 20～30min 抽样观察一次，直到发现大量分裂卵或未受精卵解体为止。

20～25℃时，未受精的卵经 3～5h 后解体。受精卵经 0.5h 开始卵裂，1h 达 4～8 细胞期，2～3h 达 16～32 细胞期，3～4h 达 32～64 细胞期，6～8h 孵化成浮浪幼虫。

卵裂自 16 细胞期形成囊胚腔，此腔随着发育而增大，胚胎将自池底逐渐上浮，在水中呈半沉浮状态。所以应该在卵裂进行约 3h，将亲蜇移出，次日再重复利用。移出亲蜇时，要带水操作，尽量避免亲蜇受伤，以便继续产卵。孵化当日下午，胚胎全部孵化为浮浪幼虫，使用体积法定量。

五、浮浪幼虫的培育

在浮浪幼虫阶段，一般不换水、不投饵，需要微充气。在水温为 22～26℃时，自由游泳时间为 10～20h。

六、投放附苗器

当水温为 22～26℃时，受精卵经过约 20h 的发育，已经达到浮浪幼虫的后期，游泳速度迟缓，这是变态为螅状体的征兆。此时，可投放附着基。由于浮浪幼虫多以前端向斜上方游动，附苗塑料片应与水面平行，密度为 4 吊/m²，附着基应悬挂池中，距池底 30cm。

七、螅状体的培育

1. 越冬前的培育

(1) 变态　浮浪幼虫变态为螅状体，前端附着形成足盘和柄部，后端形成口和触手；如变态时未遇到附着基，则在浮游状态下变态，柄部向上倒悬浮于水面。柄端具黏性细胞，接触附着基易于附着。

绝大多数螅状体附着于塑料片下侧，即螅状体柄部向上，口端向下，呈倒垂状。附着后，在 4 天内生长出 4 条触手，称为早期螅状体。在适宜的条件下，经过 7～10 天，在 4 条触手之间，又生长出 4 条触手，称为中期螅状体。再经过 10 天左右的生长发育，在 8 条触手之间，又生长出 8 条触手，成为具有 16 条触手的完全螅状体。

(2) 螅状体的培育　4 条触手的早期螅状体个体很小，若开口饵料不适口或投饵不及时均可引起大量死亡。本种浮浪幼虫是此阶段的最佳饵料，其次为贝类的单轮幼虫。一般每天上午投饵 1 次，投饵量为附苗量的 5～7 倍。此阶段一般不换水。水温应保持在 20～26℃。

8 条触手的中期螅状体开始可投喂卤虫无节幼体，每天上、下午各 1 次，投饵量为附苗量的 4～5 倍。投喂后 2～3h 换水，每天换水 1 次，换水量为 20～30cm。自本阶段开始，育苗池适当用黑布遮盖，防止附苗器上杂藻丛生，以提高螅状体的附着率。

16 条触手的典型螅状体阶段，定量之后倒池。此阶段以卤虫无节幼体为饵料，投喂频次依水温而定。一般 11～15℃ 时每周投喂 2 次，投饵量为螅状体数量的 10～20 倍；6～10℃ 时每周投喂 1 次；5℃ 以下可不投喂或 4 周投喂一次。螅状体饱食后呈橘黄色，饥饿时呈苍白色，故投喂频次和投饵量可根据螅状体颜色深浅酌情增减。螅状体个体小，少动，耗氧量低，代谢产物较少，水温低时代谢更慢，没有必要频频换水，一般每次投喂后换水 1/3～1/2 即可，方法是用虹吸法从池底吸出有沉淀物的海水，再加入等量新鲜海水。

人工培育螅状体的时间是秋季（9～10 月份），培育碟状体的时间是翌年夏季（5～6 月份），期间相隔约 7～8 个月，并有一个越冬阶段，在此期间，螅状体将进行足囊生殖复制新螅状体。

（3）足囊生殖　螅幼体的体侧长出一条匍匐茎，以其末端附着，形成新的足盘；柄部末端逐渐脱离附着点，并收缩；螅状体移到新的位置，匍匐茎变成柄部。在原附着点留下一团外被角质膜的活细胞组织，称足囊。这种移位和形成足囊的过程可连续进行，一般可形成十多个足囊。足囊形成后，可自顶部萌发出新的螅状体。新螅状体在长成后，同样可形成新的足囊和萌发出下一代螅状体。

足囊生殖与温度、盐度、光照度和营养条件密切相关。10℃ 以下不形成足囊，在 15～30℃ 范围内，随温度上升，足囊生殖能力增强；盐度 8 以下不形成足囊，在盐度 10～32 时，均能进行足囊生殖，以 20～22 为最佳；黑暗和弱光下有利于足囊形成和萌发；良好的营养（饵料）供给，可促进足囊形成，且形成的足囊萌发率高（鲁男，1997）。

2. 越冬培育

> **越冬培育的技术目标**：通过科学的管理，室外越冬的成活率应在 70% 以上；室内越冬的成活率应在 90% 以上。

（1）室外越冬　在冬季，室内如果不加热升温，海水就会结冰的地区可进行螅状体室外越冬。把室外土池清池、消毒后，加入新鲜海水，水深至少 2m。当自然水温下降到 10℃ 时，在螅状体饱食后，用竹竿搭成框架，将附苗器吊养于土池中，下部距池底 50cm，上部离水面 50cm。附苗器离水时间应控制在 15min 之内。此后，不用投饵，直至翌年解冻后，水温上升为 8℃ 之前，将附苗器再从室外移回室内。

（2）室内越冬　冬季室内育苗池不结冰的地区，螅状体可以在原育苗室内越冬。

① 投饵　当自然水温下降到 10℃ 以下时，让螅状体饱食数天后准备越冬。当水温降至 8～6℃ 时，5 天投饵一次；当水温降至 5℃ 以下时，10 天左右投饵一次；当水温降至 3℃ 时不必投饵。

② 换水　在越冬前，要彻底换水 1 次。当水温降至 8～10℃ 时，每 5 天换水 20cm，当水温降至 8℃ 以下时，不必换水，直到翌年春天。

八、碟状体的培育

1. 碟状体的集中培育

螅状体放散碟状体有非同步性的特点。在同一个附着器上附着的螅状体，每天放散出的碟状体的数量是不相同的。在一天之内，如果在一个育苗池中所放散的碟状体达不到要求的密度时，可以用手抄网将其他育苗池中的碟状体捞出来，集中到一个育苗池中培育。也可以是同池的螅状体，经过3～5天放散后，当池中碟状体的数量达到所要求的密度时，则可将育苗池中的附着器移到另一个育苗池内继续放散碟状体。

2. 培育密度

不同伞径碟状体的培育密度见表9-2。

表9-2　不同伞径碟状体的培育密度

伞径/mm	密度/(只/m³)	伞径/mm	密度/(只/m³)
2～4	4万～5万	8	1万以下
5	1万～2万	10	0.5万以下

3. 日常管理

碟状体的日常管理要求见表9-3。

表9-3　碟状体的日常管理要求

项　目	具　体　要　求
水温	16℃以上,如有寒流出现,要注意保温
投饵	200～1000只卤虫幼体/只碟状体,投饵量要根据日常观察碟状体的饱食情况而定
换水	1次/天,换水量为1/3～1/2;5天倒池一次
充气	当碟状体伞径10mm以下时,全天充气,同时要搅拌

九、苗种培育管理

海蜇苗种的培育要求见表9-4。

表9-4　海蜇苗种的培育要求

项　目	具　体　要　求
充气	海蜇伞径10mm以上时,停止充气,只在投饵时充气1h
水温	17～32℃。预防冷空气来临,防止育苗室突然降温
投饵	1000～2000只卤幼/只小海蜇
换水	1次/天,换水量为1/3～1/2;4天倒池一次
倒池	最好用手抄网轻轻操作

十、出苗与运输

1. 出苗

海蜇出苗可采用从排水管出苗，然后用网箱进行收集的方法；也可以采用手抄网捞苗的方法。从成活率来看，这两种方法基本相同。但从恢复活力所需要的时间来看，用手抄网捞苗的方法要比用排水管出苗、网箱收集的方法优越。

2. 运输

(1) 螅状体的运输　在养殖户需苗量大、距离提供苗种的育苗场远的情况下，可采取从育苗场购买螅状体运回养殖场自行育苗的办法，可采用干运法和水运法。

① 螅状体的干运法　将附着螅状体的附苗器从水中慢慢提出，立即装入已准备好的塑料袋内，要求袋的底部聚集1cm高的海水，扎紧袋口，经检查不漏气后，平放入泡沫箱内，用胶带密封泡沫箱的盖子，即可起运。

② 螅状体的水运法　从育苗池内提出附着螅状体的附苗器，压缩后用包装绳扎紧，放

入衬有塑料袋的大桶或泡沫箱内，桶内或箱内已装有一定量的海水，附苗器装好之后，加海水漫过附苗器，扎好袋口，封好桶或箱口，以免海水溅出，即可起运。

海蜇螅状体水运时，运输的时间更长。在10℃左右的水温条件下，运输60h，螅状体的状态良好，成活率可达90%以上。

(2) 海蜇苗的运输　一般使用塑料袋充氧方法。袋内装水量约占袋总空间的1/4～1/3，伞径15～20mm的幼水母运输密度为600～800只/L。若运输时间过长（超过5h），应考虑适当降温并降低密度，以保证运输成活率。

第四节　海蜇的养成模式与技术

> **海蜇养成技术目标：** 养殖的成蜇，要求体重一般达到5kg以上；养殖成活率要求在6%～15%。

一、池塘养殖

池塘养殖海蜇是目前养殖海蜇的主要模式。2003年，从辽宁到广西北部湾沿海一带，大规模进行海蜇养殖。海蜇养殖成功率高，经济效益好。海蜇生长异常迅速，体重3mg的碟状幼体，经3个月生长，可达10kg以上，增重300多万倍。其生长速度与海域中的饵料生物丰度密切相关（鲁男，1995）。

1. 池塘条件

养殖池塘的面积大小以2hm²以上为宜，池深在1.5m以上为好。目前已有的虾塘、盐场中的水池、较大的进水渠道等均可用于养殖海蜇。

在养殖池附近，最好有淡水水源，并能引到养殖池中。如选在河口区，盐度较低，饵料生物相对丰富，有利于海蜇的生长。同时淡水水源方便，可用来调整养殖池水的盐度，但要避开有污染的水域。养殖池塘进排水最好依靠自然纳潮，自然纳潮能够达到换水量大、换水日多的目的，有利于海蜇生长环境的优化和饵料生物的丰富，如果依赖二次提水，养殖的效益将会受到影响，增加生产成本，同时还会受潮汐的影响，换水量和日次受到限制。

养殖池塘的池底以硬质底为好。池底及池壁上有尖硬物体要及时消除，如石头、铁丝等硬物，防止海蜇擦伤。池塘四周如有浅水区，要在离池壁一定距离设立防护网，防护网的下沿在排水时，还应该有30cm的水深。防护网的网目以0.5cm为好。网片应用无结的网，也可以用网目与纱窗布相似的网布。用塑料布围池也可以，但应该将塑料布贴在池壁上。进水闸门处的防护网，在养殖初期应更换一次。当海蜇生长达到4cm时，将进水闸门处原有网目0.5cm或以下网目的防护网，更换为网目为1.0～1.5cm的网片。进水口处防护网网目增大为1.0～1.5cm，有利于饵料生物进入养殖防护网内。

2. 放养前的准备

放干池水，清除石头、杂物、杂草，耙平池底，修建闸门及进、排水口。进、排水口要加设拦网，以防敌害生物的入侵和海蜇的外逃。

新池要进行清理平整，老池要进行清淤。清除淤泥和敌害生物后要进行消毒。

通常在投苗前15天左右，先进水70～80cm，施发酵鸡粪100～150kg/hm²。施肥量要根据海水肥度的具体情况而酌情确定，水肥时可少施肥，水瘦时可多施肥。同时，要施一定量的氮肥，施尿素25～35kg/hm²。应平衡施肥，有机肥所占的比例不得低于50%。

3. 苗种放养

（1）苗种选择　苗种应该选择体态比较好、无残损畸形、游姿舒展、个体活跃、个体大小均匀的群体。购买苗种时选择本地区育苗室生产的苗种，可以避免由于不同海域生态条件的差异而导致的海蜇苗种入池后需要较长时间去适应的情况。如果在异地购苗时，发现与养殖池的生态条件差异较大时，要对购入的苗种进行驯化，使其逐渐适应本地区的生态条件，然后才能入池养殖。购买本地区的苗种可缩短运输时间，提高成活率。

（2）苗种规格和放苗密度　苗种的规格应该根据运输条件、苗种价格和成活率等综合因素来考虑，一般以选择体长 2～3cm 的苗种为好。放苗密度要视苗种规格、池塘的换水能力和池塘的大小而定。一般情况下，若池塘实施一次性放苗，种苗规格在 2～3cm 时，放苗密度应小于 3000 头/hm^2。对于水体较大的池塘，如 40hm^2 以上时，最好分 2～3 批次放苗，放苗量也可适当增加。各地可根据当地的饵料丰欠及土池的进、排水等具体条件，因地制宜地调整放苗的密度。

（3）苗种投放　苗种投放时应注意池塘的水温和天气状况。放苗时水温应不低于 18℃为好。放苗时应选择天气状况较好的时间，最好在早晨或傍晚。放苗时最好先将苗种倒进一个较大的容器中，加一些池塘的水，让苗种适应 20min 左右，然后再放入养殖池塘中。放苗时最好用工具把苗种运到养殖池塘中间，均匀、缓慢地放入池中，操作不可急躁，以防伤苗，若条件不允许可在池塘上风处放苗。

（4）苗种暂养　若购买的苗种较小，有条件的最好进行暂养。暂养的目的：一是提高成活率，二是加快幼蜇的生长速度。暂养的方法较多，例如在室内水泥池中进行暂养，达到规格后再移至养殖池塘；在养殖池塘中围网暂养，当苗种达到一定的规格后将围网撤掉，使苗种分散地进入池塘大水面中；利用室外小土池进行暂养，当苗种达到规格后，再移至养殖池塘中。

4. 日常管理

在海蜇养殖中，容易发生变化的因素是水温和盐度，饵料的丰欠是海蜇生长快慢的重要因素。

（1）进水、排水　在养殖池塘投放小苗之前，当养殖池塘纳水量达 60％左右即可。因为水质新鲜，无论是否进行肥水发塘，相对地饵料都比较丰富，足以满足小苗的食用。放苗 5～7 天后，每天可进水 10cm；放苗 15～30 天后，每天可进水 20cm；放苗 30 天后，每天可进、排水深 25～30cm。在海蜇的养殖过程中，除了海区水质突然发生变化，如出现赤潮或发生事故造成污染外，一般养殖后期的进、排水量要大于前期。

进、排水的具体时间，要根据生产的不同季节而定。春天进、排水时，要保持池塘的水温不下降反而上升；夏天进、排水时，要使池塘的水温不上升反而下降，这是进、排水时应掌握的原则。进、排水不仅可用来调节水温，而且还可以用来调节盐度和补充浮游生物的饵料量。

暴雨过后，要排掉上层的水，引进海水，使池水盐度降幅小一些。

如果池塘内饵料的密度比海区小，则应加大进、排水量，否则相反。进、排水量要根据养殖池塘的具体条件灵活地掌握。

（2）投喂饵料　目前在养殖海蜇中，一般是不投饵的。主要是通过控制养殖密度和进、排水量的方法来调节养殖中所需要的饵料。了解养殖池塘中饵料含量的情况，常常通过观察池水的透明度和水色来判断养殖池塘中水质的肥瘦，一般要求透明度以 20～40cm 为好，水色以茶色为好。如果水质瘦，可以按比例添加各种无机盐、速效肥料以达到肥水的目的。

（3）堵塞池塘渗漏　在池塘养殖海蜇过程中，塘堤出现渗漏是经常发生的事。因此，在日常巡塘时，要特别注意。发现漏水的地方，要及时堵塞，以免海蜇随水流而流出池外，或被迫贴在漏水处而致死，或因为海蜇随水流流入夹缝中被挤死。

（4）防止海蜇搁浅　在巡塘时，要注意海蜇被搁浅而不能退回到深水中或者因拦网没有拉紧而使海蜇聚在一起，要及时采取措施使海蜇回到深水中或者离开网袋。

二、拦网和围网养殖

在总结池塘养殖海蜇技术中发现，大塘比小塘养殖的成活率高，生长的速度快，而且产品的质量也比较好。因此，在缺乏大塘的海区，或者养殖面积不足的海区，可采取港湾拦网养殖或者在近岸海区进行围网养殖。

1. 港湾拦网养殖

选择没有或者少有船只进出的港湾，在港湾的出口处用网片拦截，将内湾和外港分开。被拦截港湾的面积应在 35hm² 以上，可用于养殖海蜇。港湾的浅水区，最低潮时水深在 0.5m 处也应进行拦网，否则海蜇会因搁浅而致死。

选择港湾的底质，应以泥质为好。石质的海底不适宜于海蜇养殖。因为港湾的周围岸边多为石质，岸边要进行拦网，以避免海蜇与岸边石质碰撞受伤而死亡。为了防止海蜇在岸边浅水区退潮时搁浅，在容易出现搁浅处也应拦网，使之在低潮时也能保持 30cm 以上的水深。拦网扦竿之间的距离以 5m 左右为好，如果间距太远，拦网的上网不容易拉直，容易出现网袋。进出口的拦网高度，要高出最高潮水面 1m。要注意拦网的下纲与海底之间的拦挡要封好，以防海蜇从下纲处逃逸。

海湾拦网养殖与土池养殖相比，有许多优势：进排水通畅，水的交换量大；养殖区域内水质新鲜，饵料生物丰富。不足之处是风浪比土池内大，海蜇因此而容易受伤。

拦网的网目大小，要根据投苗的规格大小而定。网目大小应在海蜇直径的 1/2 以下。一般为 2cm 左右为好。网目大容易损伤海蜇的腕部，同时鱼类等敌害生物也容易进入。

放苗时水温应在 16℃ 以上，盐度为 13～34，伞径 3cm 以上的稚蜇。若购回的苗种较小，要在拦网区内再围出一个小区域进行中间培育。

2. 近海围网养殖

（1）场址选择　场址应选择在平时潮流较为缓慢的近岸海域，而且在养殖季节里，受风浪影响要小。围网区的海底要求平坦，底质为泥质或泥砂质，岩石或砾石底质不适宜于海蜇养殖。围网区内水深以 7m 左右为宜，大潮最低潮时最浅处水位也应在 0.5m 以上。围网的面积应以 65hm² 以上的为好，这样海蜇在网内活动的余地大，与围网碰撞的机会少。

（2）围网设置　围网设置包括扦竿、围网、横向钢绳、斜拉纲和进出口等。

在围网下网之后，其上纲的高度，应高出最高潮位 1m 左右，以防止在大风浪时，海浪会超过围网的高度，小海蜇被海浪带出围网。

（3）中间培育大规格苗种　作为海区面积较大的围网养殖海蜇，需要大规格苗种。放养在围网的海蜇苗种伞径应为 4cm 左右。一般育苗场不具备那么多的培育水体来培育大规格的海蜇苗种。所以养殖户可在围网区内的浅水处，用小网目的网片围出几百平方米的水面，以培育大规格的海蜇苗种。从伞径为 1.5～2.0cm 的小规格海蜇苗培育至伞径为 3～4cm 大规格海蜇苗的时间大约为 7 天左右。培育密度为 250 万～300 万只/hm² 为好。

（4）苗种放养　采购海蜇苗种要选择在无大风和大浪、小潮水期间进行。因为此阶段的潮流缓慢，把小苗运到中间培育的小拦网内，按当时潮水的流向，选择在上流处，解开袋口，轻轻地贴近水面放出小苗。

当小规格的海蜇苗经过培育，从伞径 1.5～2.0cm 达到伞径 3～4cm 的大规格海蜇苗时，再放到大围网中进行养成。放养时，在船上可将小围网的下纲提起，将下纲和上纲用绳子系在一起，海蜇就会自行地从小围网中游出来而进入大围网中。

围网养殖海蜇的放养密度，应与各地池塘养殖海蜇的放养密度相似，以每公顷 4500 只为基准，根据围网养殖的水环境条件、饵料生物的丰度等情况酌情进行调整。

（5）日常管理

① 要加强值班巡逻，防止围网破损造成损失。特别是发生台风、大潮时更要谨慎。要及时发现问题，及时解决。

② 要注意在大风、大浪、大潮等海流的冲击下，海蜇堆积在一起，挤压在网片上，要及时发现，及时处理，否则易引起海蜇的窒息而导致死亡。

③ 要防止行船或过往船只误入围网区内，破坏围网设施及养殖生产。

④ 要注意暴雨、洪水引起海水盐度的急剧变化，防止污水排入，引起养殖区海水的污染，注意赤潮的发生等情况。

⑤ 要加强渔政管理，防止逃、偷等事故的发生。

第五节　海蜇的增殖技术

一、放流海区条件

浮游生物丰度和低盐度水域是选择海蜇放流海区的主要条件，应选择曾经是海蜇丰产，而今资源已显著减少的沿岸河口或内湾进行海蜇放流实践。

二、放流的时间

放流时间视海区水温而定，一般应是海区水温上升至 15～18℃ 的时候。放流时间过早，因水温偏低，生长缓慢，初期死亡率高；放流时间太晚，生长期短，个体偏小，影响回捕产品质量。放流的合适时间，南方沿海（如浙江）为 4～5 月份，北方沿海（如辽宁）为 5 月下旬至 6 月初。

三、放流苗种的规格

确定海蜇水母体的放流规格，主要应考虑两个因素。其一是用于放流的水母体，必须是度过自然死亡高峰阶段的幼体，使容易死亡的生长阶段在人工控制下度过，最大限度地增加放流幼体的有效数量，提高放流后的成活率。其二是用于放流的幼体并不是以大为好，而应达到成活率比较稳定后立即放流。因为从人工环境过渡到自然环境，相对幼小阶段更易于适应，同时也可节省培养大规格个体所花费的人力和物力，以降低种苗成本。目前公认用伞径 5～10mm 的种苗放流比较合适。

四、放流方式

1. 放流螅状体

如果放流海区为内湾，且具备岩礁沙砾底质、水质清澈、水流平缓等条件，将螅状体与附着器一起置于海区越冬，或螅状体越冬后移于自然海区吊养。使其随着水温上升横裂生殖释放出碟状幼体于放流水域，以增殖海蜇资源。

2. 放流稚、幼海蜇苗

海蜇苗的出池和运输是两个重要技术环节。一般采取聚乙烯袋装充氧后高密度集中运输，经 5h 成活率达 90% 以上。

【思考题】

1. 海蜇对生活环境的具体要求有哪些？
2. 海蜇浮浪幼虫的培育技术要点有哪些？
3. 海蜇螅状体越冬前的培育技术要点有哪些？
4. 海蜇螅状体室外越冬技术要点有哪些？
5. 海蜇碟状体的培育技术要点有哪些？
6. 海蜇苗种的运输技术要点有哪些？
7. 海蜇池塘养殖的技术要点有哪些？

第十章　刺参养殖

【技能要求】

1. 能选择质量好的亲参。
2. 能进行亲参的运输。
3. 能开展亲参的人工升温促熟。
4. 能开展刺参人工繁育生产。
5. 能开展刺参池塘养殖。

第一节　养殖现状与前景

据报道，全世界海参大约有 1000 多种，可供食用的大型海参种类约有 40 种。我国已经发现的海参大约有 140 种，其中可食用的海参大约有 20 种，10 种具有较高的经济价值。而产于黄海、渤海的刺参从品质及数量上看，均属最佳。近几年来，市场价格不断上涨，经济价值较高。

刺参属温带种，主要分布于北太平洋浅海，包括日本、朝鲜、俄罗斯远东沿海和中国北部沿海。我国主要产于辽宁省大连，河北省北戴河、秦皇岛，山东省的长岛、烟台、威海及青岛沿海区域。

早在几百年前，中国人民就把刺参作为一种珍贵的海味品，列为"八珍"之一。在清末赵学敏编纂的《本草纲目拾遗》中就有记载，大意为：辽东产的海参，体色黑褐，肉糯多刺，称为辽参或刺参，不仅其品质最佳，且药性甘温无毒，具补肾阴、生脉血、治下痢及溃疡等功效。因其药性温补，足敌人参，故名海参。《本草纲目》认为刺参体壁可治疗肾虚阳痿、肠燥便秘、肺结核、再生障碍性贫血、糖尿病等；内脏可用于治疗癫痫等病；海参肠可用于治疗胃、十二指肠溃疡及脊髓灰质炎。现代药理研究表明：刺参体内含有大量的黏多糖，对人体的生长、伤口愈合、消炎、成骨及预防组织衰老、预防动脉硬化等有着特殊的功效。黏多糖又是一种广谱抗肿瘤药物，同时，还可以提高巨噬细胞的吞噬功能。从海参中提取的海参素（Holothurin）是一种抗霉剂，在浓度为 6.25～25μg/ml 时，可抑制多种霉菌。

进入 20 世纪 80 年代，随着刺参工厂化育苗技术的发展，能够批量供应各种规格的刺参人工苗种，从而促进了刺参养殖业的发展。从 20 世纪 80 年代开始国内外做了许多刺参养殖试验，刺参的人工养殖技术日趋成熟。目前，刺参的养成模式有池塘养殖、围网养殖、陆上室内养殖、海上筏式养殖、海底沉笼养殖及贝参混养等模式。近年来，中国刺参人工育苗及养殖事业发展迅猛，主要是受市场价格的影响。由于刺参作为一种珍贵的高级滋补品，市场价格一直居高不下，并且随着人们生活水平的不断提高，商品海参远远满足不了人们生活水平日益增长的需要，市场价格不断上涨，大大刺激了海参增养殖事业的进一步发展。

第二节　认识刺参

1. 鉴别特征

图 10-1　刺参

刺参（*Stichopus japonicus*）在分类学上隶属于棘皮动物门，游走亚门，海参纲，楯手目，刺参科，仿刺参属。刺参体形呈圆筒形，两端稍细，体分背、腹两面。背部略隆起，具有 4～6 排不规则的圆锥状的肉刺，腹面较平坦，整个腹面有密集的小突起，称为管足，管足的末端有吸盘，管足大致可排成 3 个不规则的纵带（图 10-1）。口位于前端腹面围口膜中央，周围有 20 个分枝状的触手，具有触手囊。刺参靠触手的扫、扒、粘将食物送入口中。肛门位于体后端偏背面。生殖孔位于体前端背部，距头部约 2cm 处，呈一凹陷孔。在生殖季节明显可见，除生殖季节外，此孔难以看清。

2. 刺参对环境的要求

刺参对环境的要求见表 10-1。

表 10-1　刺参对环境的要求

环境条件	具 体 要 求
水温	最适生长水温为 8～15℃，可适应的水温范围较广，可以耐受的水温为 -2～30℃。但长时间处在低温(0℃以下)或高温(28℃以上)时，对刺参会造成危害，易发生排脏和溃烂
盐度	适宜盐度为 28～33。不同生长时期对低盐度的耐受程度也有所差别，多数试验表明，浮游幼体为 20～30；0.4mm 稚参为 20～25；5mm 稚参为 10～15；成体为 15～20。在 20℃以下时，水温越高对低盐度的抵抗力就越强
底质	含泥量在 10% 以下，以沙砾为主，泥沙混合，沙粒较大，细沙和粉沙含量少；有机质含量较高，硫化物含量少；有礁石、大型海藻
水深	分布于 15m 以内的海区，最大分布水深可达 35m 以上。刺参在同一海区的分布水深与年龄有关，幼参多分布于浅水区，随着年龄的增长及体重、体长的增长，逐渐向深水区移动

3. 刺参特殊生物学特性

（1）排脏与再生　刺参在受到强烈刺激时可将其内脏（包括胃、肠、呼吸树、背血管丛、生殖腺等）排出体外，称为排脏现象。引起排脏的因素主要有：水温的突升或突降、海水污浊等物理和化学刺激。另外，刺参离开海水时间过长时，其体壁会自动溶化，称为自溶。棘皮动物一般都具有较强的再生能力，刺参的再生能力也很强。

（2）夏眠　水温达 20～25℃时刺参停止摄食，排空消化道，陆续潜伏到礁石底下或岩石缝中等隐蔽场所开始夏眠。实验观察证明：刺参夏眠的主要致因是水温，而且，夏眠的开始水温因刺参的年龄不同有一定的差异，其趋势为刺参年龄越大夏眠开始的水温越低。秋季当水温降至 19～20℃后，刺参复苏，陆续从隐蔽的场所爬出来，开始活动与摄食，夏眠结束。

第三节　刺参的人工繁育技术

人工繁育的技术目标：在培育过程中，要求各阶段的浮游幼虫，体质健壮，游泳活泼，摄食正常；要求稚参及幼参伸展自然，摄食旺盛，排便不黏而散，生长速度较快；从小耳幼虫到 5mm 的稚参成活率达 10% 以上；从稚参到 2～5cm 的幼参成活率达 40% 以上。

一、繁殖习性

刺参的性成熟年龄为 2 龄，而且往往与个体体重有很大关系。个体过小即使是 2 龄，性腺仍然不发育、不成熟；在控温人工养殖的条件下，即使不足 2 龄，体重 250g 以上的个体，性腺发育仍然很好。

刺参生物学最小型为体重 110g，体壁重 60g，刺参的成熟期卵巢每克含卵量约 20 万粒左右（隋锡材，1990）。

刺参的产卵期与各地的水温有密切的关系。大连地区产卵盛期为 7 月上旬至 8 月中旬，此间水温为 17~22℃。山东南部沿海，产卵期为 5 月底至 6 月底；山东北部沿海一般为 6 月中旬至 7 月中旬。同一地区的不同海区，由于水温回升快慢不同，产卵期也会有一些差别。

二、育苗设施

（1）育苗室和饵料室　新建育苗室首先应充分考虑水质、环境及交通运输等诸多方面的因素。其中水质是关键，也是基础。要求水质清新、无污染、无大量淡水流入。最好在小潮也能抽水。育苗室的建筑方向，最好不要正南正北，要偏东南或偏西南方向，要求通风条件好，保温性能好。

幼体培育和饵料生产池的比例一般为 2∶1 或 3∶1 为宜。

（2）沉淀池　一般沉淀时间要求在 24h 以上，沉淀池最好加盖，除能挡风尘遮雨水之外，还可造成黑暗环境，促使浮游生物沉淀到池底。沉淀池的污物要及时清除，以免沉淀物腐败分解产生硫化氢、氨等有毒物质，败坏水质。一般要求，1 周左右清扫池 1 次，特殊情况如大风浪过后，应立即清扫。沉淀池总容量，可为日用水量的 2~3 倍，为使用方便，要将沉淀池隔成几个单元，以便轮流清理、沉淀。

（3）砂滤设备　沉淀池的水必须经过砂滤后方可进入育苗室和饵料室。目前使用的砂滤设备有无压砂滤池、压力砂滤器和重力式无阀砂滤器。

三、亲参的采捕、运输与蓄养

1. 亲参的采捕

（1）亲参的来源　目前亲参的来源有 2 种途径：一是参圈中养殖的；二是自然海区生长的。

（2）采捕时间　亲参的采捕时间取决于刺参的育苗方式。刺参的育苗方式分为升温育苗和常温育苗，若是升温育苗，则需要提前采捕亲参进行人工升温培育，使其在自然繁殖季节前产卵。采捕亲参的时间取决于预计产卵的时间，一般需提前 2~3 个月采捕亲参。若是常温育苗，采捕亲参的时间取决于其性腺成熟的时间。第一批是虾池中人工养殖的亲参，当虾池（圈）中的水温为 20℃左右时，即可采捕；第二批是自然海区的亲参，当海水水温达 16~17℃时采捕。常温育苗所需的亲参，采捕时间不宜过早，最好是在采捕后 2~3 天内产卵为宜。采捕亲参应避免亲参排脏和皮肤受损伤，操作时应避免挤压、日晒、与油污接触，并及时运回。

（3）亲参的选择标准　养殖的亲参，个体重应在 250g 以上；海区生长的亲参，个体重应在 300g 以上；人工促熟的亲参，个体也应该在 300g 以上。应选择皮肤无损伤，未排脏的个体。性腺指数应达到 15% 以上，体壁指数（体壁重/体重）在 50% 以上（图 10-2）。

2. 亲参的运输

目前多采用聚乙烯塑料袋，袋中装海水 1/3，每袋装入亲参 10~15 头，然后充入氧气，扎口后放入泡沫保温箱中。如果气温超过 18℃，泡沫箱内需放入冰块降温。这种方法运输时间在 10～12h，未见亲参有排脏现象。

3. 亲参的蓄养

亲参采捕后，一般需要几天的蓄养才能排精产卵。亲参入池前，把排脏的个体及皮肤破损的个体拣出。亲参的蓄养密度控制在 8～10 头/m² 为宜。如果密度过大，导致性腺发育缓慢，甚至影响精、卵的质量。一般在亲参蓄养时水温已在 20℃左右，可以不投饵，每日早、晚各换水一次，换水量为池水容积的 1/3～1/2，换水时应及时清除池底污物、粪便和排脏的个体。应随时观察亲

图 10-2　亲参

参的活动情况，如有产卵迹象，应及时做好产卵的准备。

4. 亲参的人工升温促熟培育

亲参一般提前 2～3 个月采捕入池，入池 3 天后待其适应室内的水环境，每日升温0.5～1.0℃，当水温升到 15℃左右，应采用恒温培育，直至采卵前 7～10 天。研究表明，当积温达到 800℃左右时，亲参的性腺能够成熟并自然排放。

促熟培育期间，培育密度为 8～10 头/m³。饵料可以用天然饵料也可以用人工配合饲料，日投饵量为刺参体重的 5%～10%，根据残饵的多少，调整投饵量。为使亲参昼夜摄食正常，白天应用黑布遮光，可避免亲参白天挤压在池的角落里不食不动。

四、产卵、受精与孵化

1. 产卵

刺参为多次产卵，大多数在晚间排放精（卵）子，一般在 20：00～24：00，有时甚至在凌晨 3：00～4：00，也出现排放精（卵）子现象。产卵、排精前，雌雄亲参活动频繁，不断地将头部抬起，左右摇摆。几乎都是雄的先排精，排精持续 0.5h 后，雌参才开始产卵。排精时，生殖疣突出，精子由生殖孔排出，呈一缕乳白色的烟雾徐徐散开。产卵时，生殖疣突出，卵子从生殖孔产出后，呈 1 条橘红色绒绒状波浪似喷出，然后慢慢散开沉于池底。一般雌参产卵可持续 0.5h 以上，产卵量一般 100 万～200 万粒，多者达400 万～500 万粒，个别大的个体，产卵量可超过千万粒。

（1）自然产卵　亲参采捕的时间适宜或人工促熟后性腺发育成熟后，可以采用自然产卵法。

由于刺参往往在傍晚或夜间产卵、排精，不能人为控制产卵时间和产卵量，生产中要避免产卵量过大、精液过多造成水质败坏而导致受精卵大量解体的现象。

（2）人工刺激产卵　亲参性腺发育充分成熟是人工刺激产卵的先决条件。在亲参培养过程中，发现有雄性排精或部分亲参昂头摇尾时，即可采取人工刺激使其产卵。人工刺激产卵的方法一般如下。

① 升温刺激法　升温的幅度一般在 1～2℃。

② 阴干刺激法　将亲参置于空的采卵池，阴干 30～60min，然后加满海水。

③ 流水刺激法　将亲参置于空的采卵池，打开进水阀门、出水口，形成水流冲击亲参20～30min，或用高压水冲击 10～15min。

亲参刺激后 30～60min 即开始沿池壁向上移动，头部抬起并摇晃，约 2h 后雄参先排精，而后约 0.5h 雌参开始产卵。如果雌参产卵后，雄参仍大量排放精液，应把雄参拿出，放入另外池子蓄养，以防水体中精液过多。但是，在雌参尚未产卵时，特别是水体中精液不多时，不要急于将雄参拿出，因为精液对雌参产卵有诱导作用，但如果亲参发育不够成熟，

有时刺激无效，仍需再继续暂养 2～3 天再行刺激。

2. 受精

受精的方式有自然受精和人工授精两种。

（1）自然受精　亲参产卵时通常是雌雄在同一池内排放，而且是雄性先排精，卵子产出后，水体内已有足够的精子，卵子可以自然受精。同时，应微量充气或轻轻搅动水体，以使精子和卵子充分接触。

（2）人工授精　如果雌参和雄参分别在不同的水体中排精产卵，则需进行人工授精。精子和卵子产出后在一个比较长的时间内，都可以正常受精，但是在人工育苗生产中，如果没有特殊情况还是应该及时进行人工授精。人工授精时加入的精液量不必大，一般以一个卵子周围有 3～5 个精子为宜。

3. 孵化

（1）洗卵　产卵池内的精液往往造成池水非常混浊，过多的精液导致孵化时的水质败坏，所以应及时洗卵。操作方法是用 250 目的网箱将池水排出 1/2～3/4，然后再加满水；或者是一边排水一边加水，使池水水位大体保持稳定。

（2）分池　亲参产卵后，应对受精卵计数。方法是先将池水上下充分搅动，使卵分布均匀，然后多点取样，将样品混合后计数。重复 3～4 次，取其平均值。根据计数结果，如果受精卵密度超过孵化密度，就要分池。孵化密度一般以 4～6 个/ml 为宜。

分池方法有两种：一是虹吸法，用虹吸管将池水吸入周边的池子。各池中受精卵的数量以分入的水体计算；二是浓缩法，用虹吸管将池水吸入网箱（250 目）中；受精卵在网箱中浓缩后，移入其他池子进行孵化。移入受精卵的数量以原池中相应水体容量计算。

（3）孵化

① 孵化水温　常温育苗，受精卵以自然水温孵化；升温育苗，孵化水温在 17～20℃，同时使苗室气温高于水温。

② 充气与人工搅动　刺参的卵子是沉性卵。为了使受精卵在水体中均匀分布，充分利用水体空间，孵化过程中要充气与人工搅动。充气量要适宜，以发挥其搅动水体的作用。人工搅动，一般每 0.5h 搅动一次。

五、浮游幼虫的培育

刺参浮游幼虫阶段是指从小耳状幼体开始直至变态到稚参阶段。这一阶段持续时间较长，幼虫变态次数多，是育苗的关键时期。

1. 选优

在静水条件下，一般健壮幼虫分布于水体的上表层，畸形及不健壮的幼虫，则多沉于水体的底层。利用拖网或虹吸等方法可以清除孵化池内畸形、不健壮幼虫、死亡胚体及其他污物，而健壮幼虫得到继续培养，这个过程称为选优。

2. 幼虫的培育密度

刺参人工育苗实践表明，初期耳状幼虫的密度应控制在 0.5～1 个/ml，幼虫的培育密度应随其个体增大而逐渐减小。

3. 日常管理技术

（1）幼虫培育的环境条件　见表 10-2。

表 10-2　幼虫培育的环境条件

温　度	溶解氧	光照	盐度	pH	氨态氮
18～22℃	＞3.5mg/L	500～1500lx	26.2～32.7	7.8～8.6	＜0.5mg/L

（2）换水　一般每天换水 2 次，早晚各一次，每次换水量为池水的 1/3～1/2。也可以采取流水培育的方法，即从培育池的一端注入海水，同时从另一端排水，使整个培育池的水一直处于流动状态，只在投饵后停止流水 1h 左右。

换水时应避免幼虫的流失，应选用合适的筛绢做成网箱进行换水，网箱一般做成方形或圆形，网箱大小要适中，太大操作不方便，过小对幼虫易造成伤害。换水过程中，必须不断轻轻搅动网箱内的水，以减少网箱周围幼虫的密度。另外，换水前后的温差应控制在 ±0.5℃。

（3）投饵　饵料是幼虫生长发育的物质基础，选择适宜的饵料品种，掌握合理的投喂量对于幼虫的生长速度、成活率及变态率至关重要。初期耳状幼虫，当消化道已经形成并开始摄食时，应及时投喂适宜的饵料。

① 饵料种类　刺参幼虫培育期间的饵料种类主要有单胞藻类以及光合细菌、海洋红酵母、面包鲜酵母和大叶藻粉碎滤液等代用饵料。

在实际育苗生产中，单胞藻类一般以盐藻和角毛藻为主，配合一些其他种类，如三角褐指藻、小新月菱形藻、叉鞭金藻等。

② 投喂方法　投饵一般在换水后进行，投饵后立即轻轻搅池以使饵料在池内分布均匀。小耳幼虫每日投喂 2～3 次，日投饵量为 2 万细胞/ml；中耳幼虫每日投饵 3～4 次，日投饵量 2.5～3 万细胞/ml；大耳幼虫每日投饵 4 次，日投饵量 4 万细胞/ml。具体的投饵量应根据当天镜检幼虫胃含物的具体情况适当增减。

（4）充气　幼虫培育过程中应微量充气，每 3～5m² 设一个气石，充气量不能太大。

六、刺参幼虫的变态与附着

1. 变态

幼虫发育到大耳幼虫后期，水体腔出现五触手原基，体两侧出现 5 对球状体，开始变态，幼虫臂极度卷曲，身体急剧缩至原体长的 1/2 左右，逐渐变态为樽形幼虫，樽形幼虫 1～2 天后，先是 5 个指状触手从前庭伸出，之后在其相反方向的体后段的腹面生出第 1 个管足，至此幼体发育为稚参。

大耳幼虫的后期，同时具备 4 个完善的形态特征，是顺利变态为樽形幼虫的条件。这 4 个特征是：体长 900μm 以上；5 对球状体明显；胃部膨胀；触手原基呈小指状。体长不足 900μm 的大耳状幼虫只要具备其他 3 个特征，也可以正常变态为樽形幼虫。

2. 附着

樽形幼虫初期时营浮游生活，到了后期，大部分转入附着生活，应及时投放附着基。

（1）附着基种类　生产上常用的附着基大致有透明聚乙烯薄膜、透明聚乙烯波纹板及聚乙烯网片等 3 种。附着基在投放前必须进行彻底的消毒处理。如果是新附着基，表面常带有油渍等污物，一般先用 0.5%～1% 的 NaOH 溶液浸泡 1～2 天，再反复清洗干净后使用。

（2）投放时间　一般情况下，当出现 30%～50% 的樽形幼虫时，应投放附着基。稚参对附着基有一定的选择性，试验表明，附着基上有底栖硅藻等稚参饵料，稚参附着数量明显增加。

（3）附苗密度　控制适宜的稚参附着密度是提高稚参成活率的重要技术措施。大量试验表明，适宜的附着密度应控制在 1 头/cm² 以内。

七、稚参的培育

稚参的培育是指从刚附着的稚参培育到体长 3～5mm 的稚参的过程。

刺参是杂食性的动物。泥沙中的单胞藻类（主要为底栖硅藻）、原生动物、浮游植物、小型桡足类、螺类及双壳贝类的幼体和幼贝、大型海藻、大叶藻碎片、虾蟹类蜕皮壳碎片及各种动植物尸体碎屑、细菌类等都是刺参的饵料，刺参所摄食的食物与其所生活的底质中所含的成分密切相关。

刺参的摄食是用其触手不断地伸缩与交替活动，即用触手的先端不断地扫、扒、粘住饵料并送入口中。通常它们扫、扒底质表层的食物，即使是体长 2～3cm 的幼小刺参，也能扒取表层3～4mm 深的饵料。刺参移动缓慢，活动范围小，摄食的范围很有限。

1. 换水

稚参完全附着后，可不经过网箱换水。一般每天换水 2 次，每次换水 1/3～1/2。也可采取常流水的方法进行培育，此种方法虽然费用较高，但培育效果好。

2. 投饵

如果附着基上预先繁殖底栖硅藻的可不用投喂，但要注意稚参的附着密度，不要太大，以保证稚参有足够的饵料。如果没有预先在附着基上培养底栖硅藻，而是附着后投喂活性海泥、鼠尾藻粉碎液及其他配合饵料等，只要饵料充足，同样可达到较好的变态、附着效果。

稚参附着后，初期投喂含底栖硅藻的活性海泥，用 300 目筛绢网过滤后，日投喂量为 0.5～1.5L/m³，每日 2 次。体长 2mm 后，采用鼠尾藻磨碎液投喂，前期用 200 目过滤，中、后期用 80～40 目的筛绢过滤，每日投喂 2 次，日投喂量为 30～100g/m³。具体投喂量应根据稚参的摄食情况、水温高低、水质情况而适当增减。

3. 分苗

当稚参生长到一定阶段，原有的附着基已经不能满足稚参生长的需要时，需要及时调整附苗密度。在实际生产过程中，要将附着基上的稚参全部刷下来，经收集计数后按要求均匀地撒入放有聚乙烯网片附着基的池子，使其在聚乙烯网片上重新附着。

八、刺参苗种的中间育成

刺参苗种的中间育成又称"保苗"。体长 3～5mm 的稚参，还不能作为养殖用苗种，还需要在育苗室内继续培育，一般培育到规格为 200～2000 头/kg，具体规格要根据客户的要求而定。因此保苗时间长短不一，有时甚至需要越冬。

1. 室内中间培育

(1) 培育设施　培育池内悬挂 40 目聚乙烯网片作为附着基，网片规格一般为 (20～30) cm×(40～60) cm。使用时把网片串成吊，每吊 10～15 片，每片网片的间距为 10cm 左右，每吊的低端系有坠子，上端系有浮子。

(2) 培育密度　苗种的培育密度一般控制在 3000～10000 头/m³。

(3) 日常管理

① 投饵　以鼠尾藻或马尾藻磨碎液和配合饲料混合投喂。鼠尾藻或马尾藻磨碎液每天 50～100g/m³，配合饲料每天 10～20g/m³，每天投喂 2 次。

稚、幼参生长阶段在投喂上述饵料的同时可以投喂部分活性海泥，具体投喂量应根据稚参摄食情况和残饵多少，适当调整。

② 换水　在稚参培育过程中，要时刻保持培育池内水质清新，主要措施是换水加倒池。一般每天换水 1 次，每次换水 1/3～1/2，7～10 天倒池一次。

③ 充气　由于稚参的个体越来越大，摄食量越来越多，代谢物增加，局部水质容易变差。因此，充气量需要适当加大，气石的数量最好达到 0.5 个/m²。

2. 海上中间培育

不投饵条件下的海上中间培育，其场所应设在有机物和浮泥较多的泥底内湾，所用设施主要为改进的中间培育笼。该笼一般为金属框架，外包网目为 1.4mm 的网衣，笼内铺设黑色的波纹板。

在海上中间培育期间要依水温及风浪情况调节水层，冬季时要把培育笼固定在水面 3～4m 以下或沉于海底，以免刺参因冻伤而造成死亡；春季到来之后要加强日常管理，及时清洗网笼，避免网眼堵塞，同时及时清除杂物。

放养密度、饵料投喂、投放水层和附着基的种类等均为决定中间培育效果的关键因素。实验证明，海上中间育成，刺参的成活率和放养密度成负相关，投放密度越低，成活率越高，增重越快。

第四节　刺参的养成模式与技术

> 　　刺参养成技术目标：商品参鲜重达 150～200g/头；放养秋苗（体长 2～4cm 幼参），成活率达 20% 左右；放养春苗（体长为 6cm 左右），成活率一般在 60% 以上；商品参要求个体粗壮，体长与直径比例小，肉刺尖而高，基部圆厚，肉刺行数 4～6 行，行与行比较整齐，颜色以灰褐色者多，皮厚出成率高。

一、池塘养殖

1. 养殖池的条件及建造

应选择附近海区无污染、远离河口等淡水水源，盐度常年保持在 28 以上（短期可降至 24～26），风浪小的封闭内湾或中潮区以下的海区。以沙泥或岩礁池底为好，保水性能好。要求池塘进、排水方便，常年水位不低于 1.5m。池塘面积可因地制宜。

池塘应建于潮间带中、低潮区，面积一般为 1.5hm² 为宜。坝高以天文小潮期间高潮时能向池内进水为基准，池深 2～4m，坝顶有可挂网的插杆。进排水闸应设在池塘的最低处。闸门处设筛网（60～80 目），阻挡刺参逃逸或被海水冲走，同时还可阻挡蟹类、鱼类等有害生物进入。

2. 放苗前的准备工作

（1）池塘的清整　旧池塘在参苗放养前要将池水放净、清淤，必要时回填新沙，并暴晒数日。

（2）参礁的设置　根据刺参的生活习性，池塘要投放一定数量的附着基，也就是参礁。如果原先是岩礁底，也应投放一定数量的参礁，参礁可以选择石头、石板、瓦片、瓷管、空心砖、废旧扇贝养殖笼等。参礁的数量一般要根据养殖的刺参数量、水深、换水条件而定，一般为 20～100m³。参礁的堆放形状多样，堆形、垄形、网形均可。附着基要相互搭叠、多缝隙，以给刺参较多的附着和隐蔽的场所。

（3）池塘的消毒　放苗前 1～1.5 个月，对池塘进行消毒。池内适量进水，使整个池塘及参礁全部被淹没。常用漂白粉 75～200kg/hm² 或生石灰 1500～3000kg/hm²，兑浆后全池泼洒，并浸泡 1 周。对于有虾蛄、蟹类、海葵等敌害生物的池塘，可泼洒敌百虫 10.0mg/L 杀灭。

（4）培养基础饵料　投苗前 15 天左右，待清塘药物毒性消失后，将池水放干，注入 30～50cm 海水，进行施肥。可施有机肥，也可施无机肥。一般碾碎的干鸡粪每公顷 400～700kg，堆放于池塘四周水中，或者施用尿素、磷酸二氢铵、硝酸铵、碳酸氢铵等 50～75kg/hm²。如果水温低，底栖硅藻繁殖较慢，要加大施肥量和施肥次数，3～4 天后加水至 0.8～1m，再施无机肥一次，一般 50～75kg/hm²。

有条件的地方，可向池内移植栽培鼠尾藻、马尾藻、石莼等大型藻类，既可作为刺参的饵料，并为刺参增加了栖息的场所。池水在放苗前逐渐加满。

3. 苗种放养

（1）放苗时间　放苗分春、秋两季，不同地区水温不同，放苗时间也不相同，一般水温7～10℃时投放参苗比较好。此时，刺参具有较强的活动能力和摄食能力，对环境的适应能力也很强，为越冬打下基础。并且这样的温度下敌害生物较少或活动较慢，对刺参的危害不大，有利于提高刺参的成活率。

（2）苗种规格　苗种一般来自于人工苗和天然苗。所放的苗种不能过小，苗种过小，其抗病害和对环境的适应能力较弱，成活率较低。一般苗种的规格应在2～10cm比较好。

（3）放养密度　苗种的密度由苗种大小、参礁的数量、换水的频率、饵料供应等因素决定。一般2～5cm小规格的参苗在40头/m²以下；5～10cm中等规格的参苗在30～40头/m²；10～15cm较大规格的参苗在10～30头/m²为宜，20cm以上的参苗，密度不超过10～20头/m²。

（4）苗种投放方法　投放方法一般有网袋投放法和直接投放法两种。前者适用于小规格的参苗，后者适用于中等以上规格的参苗。网袋尺寸为30cm×25cm，每袋所装数量视参苗的大小而定，3cm左右的参苗可装500头左右。袋内放一些小石头，将袋沉放于参礁比较集中的地方，让参苗自行爬出，直接附在附着基上。网袋上可绑绳和浮子，3～5天后，将网袋取出，观察参苗逃逸和成活的情况。直接投放法是用手或水舀在离水面10cm左右将参苗直接投放在参礁集中的地方。

4. 养殖管理

（1）水质管理　保持水质清新是加快刺参生长、提高养殖成活率的重要措施。养殖前期水可只进不出，2～3天进水10～15cm。当水位达到最高处时，每天换水10%～40%。每2～3天可在进水后肥水一次。进入夏眠后，应保持最高水位，每天换水量应遵循水质好、水温低、盐度稳定的原则。秋季以后加大换水量，每天换水量在10%～60%。冬季可只进水不排水，保持最高水位即可，水色以浅黄色或浅褐色为好。

（2）饵料投喂　除了池塘里的底栖硅藻及有机碎屑可作为刺参饵料外，还应适量投喂人工饵料。刺参在自然条件下10～16℃时，即春、秋季节（3～6月份、10～11月份）生长最快，此时要加大饵料投喂量。春季一周投喂1次，秋季一周投喂2次。投喂量应为刺参体重的5%～15%。6～10月份刺参进入夏眠，加之此时水质相对比较肥，可停止投喂。12月至翌年2月份，水温降低，刺参活力减弱，可不投喂。投饵一般应选择傍晚进行。

（3）其他管理　每日监测池塘内外水温、盐度各一次，每周监测pH值一次，有条件的单位可1～2周测定一次水中的氨态氮及其他水质指标，并做记录。池内大型藻类、海草、残饵等腐烂后，能造成池底局部缺氧，加之刺参行动缓慢，夏季又有休眠习性，不能迅速逃离不良环境，往往会引起死亡，因此，要及时捞出池内杂物，保持池水清洁。不定期（7～15天）测量刺参的体长、体重，检查其生长情况；并剖开几头刺参，检查其食物含量，调整投饵量。越冬期间应及时清除冰面上的积雪和杂物，以保持池水一定的光照，同时要在冰面上适当的地方打几处冰眼，便于观察池塘水质状况。要经常派潜水员检查刺参的生长情况，观察刺参是否患病。如发现病参，可将其放入容器内，用20～30mg/L的青霉素、链霉素等进行药浴后，放在池塘内的网箱里养至痊愈后再投入池内。在夏季高温期，最好每20天施生石灰450～600kg/hm²。使用时将生石灰碾碎溶解后全池泼洒，能杀灭细菌和一些敌害生物，改良水质，减少疾病的发生。

5. 收获

经过1～2年的养殖，刺参鲜重达150～200g/头即可收获。收获的方法比较简单，可将池内水位降低，组织人员进到池内采捕，先从水浅处开始采捕，依次向水深处采捕。采捕结束后，立即向池中进水，保证余下刺参的成活。

二、围网养殖

近几年，山东青岛开发了围网养殖刺参的新技术，实践证明，这种养殖方式与其他养殖方式相比，具有回捕率高、投资少、管理方便、经济效益显著等优点。围网养殖就是用网片围拢一定范围的海域，投入参苗进行养殖。

1. 养殖水域选择

选择避风条件较好、无污染和没有淡水注入的内湾。水流稳缓，水质清新。海域水深要求 3～6m，底质是岩礁或泥沙质，最好是刺参自然生长的海区。

2. 围网结构

（1）网片　围网分内、外两层，材料是聚乙烯网片。外围网是主网片，承受水流阻力和冲击力。内围网设在外围网内壁下部，高度 2m 左右，长度与外围网相同，其作用是防止刺参外逃，用机织无结节网片，网目为 0.6～0.8cm。

（2）网片装配　网片纵向使用，外围网在水中呈直立状，上缘到水表面，下缘在海底用沙袋压住。

① 网缩结扎　围网有 3 根水平方向的钢索，起固定网形和加固网片的作用，长度等于网片缩结后的长度，用网线分段扎在网片上。浮子纲用一根 120 股绳穿入网片上沿的网目中，外加一根 180 股绳，并扎在网片上。中纲在网高的中部，用一根 210 股绳沿水平方向穿入网目，扎在网片上。下纲用一根 120 股绳穿入围网下沿的网目中，扎在网片上。

② 浮力配置　浮子宜小，等距离栓在浮纲上，保持网上沿平展不下垂，避免刺参外逃和敌害生物进入。

（3）围网的底部固定　围网的底部用装砂的长条编织袋压牢，必须保证不脱离海底。在岩礁质的海底处，为防止礁石磨破网衣，预先用装砂的编织袋把海底铺平，再将网下沿压住。

3. 养殖区的海底改造

刺参主要生活在海底，靠楯手扒食海底的有机物、腐殖质、沉积物和藻类，并需要栖息和掩蔽场所。底质的优劣关系到刺参的成活率以及生长速度。因此，刺参围网养殖区必须进行人工改造。

对于岩礁底质，应将原有的活动石块调整均匀，活动石块少的，应适当投石补充或采用定向爆破增加活动石块。对于泥沙底质，要在池内人工投石，如果石块来源方便，可在海底均匀铺设一层，厚度不低于 20cm，如石源不便，则可在海底铺成条状或堆状，也可投入瓦片等附着基。

人工造底的作用是拦截海底的沉积物，繁殖底栖硅藻类，为刺参提供良好的栖息场所。网内的生活环境好，刺参的逃逸机会就少，人工造底、造礁是刺参围网养殖的关键。

4. 苗种放养

根据刺参围网养殖的特点，要求投放体长 8cm 以上的参苗，有利于提高成活率和防逃效果。投苗时间一般在 4 月份。可将苗放在网袋内，在袋中装入小石块，打开袋口，将袋沉入海底，让参苗自行爬出网袋。

5. 养殖管理

刺参围网养殖日常管理主要是看护、检查和维修围网。要做到经常检查围网，使之保持良好的状态，发现断纲、移位、离底、浮纲局部下垂、网片破裂等现象，要及时修整。经常清除围网上的附着物，在整个养殖期内，一般更换 1～2 次围网网片。对于借海岸设围网的养殖区，大风浪后要巡视岸边，将冲上岸的刺参送回养殖区。在检查中发现养殖区内有敌害生物，要及时设法清除，特别是要用捕蟹笼及时捕捉蟹类。

【思考题】

1. 刺参对栖息环境的具体要求有哪些？
2. 亲参的选择标准有哪些？
3. 亲参人工升温促熟的方法有哪些？
4. 刺参浮游幼虫的人工培育技术要点有哪些？
5. 稚参的人工培育关键技术有哪些？

第十一章 海胆养殖

【技能要求】

1. 能够进行海胆的雌雄鉴别。
2. 能熟练进行海胆的人工诱导产卵操作。
3. 能开展海胆人工授精。
4. 能进行海胆苗种培育、幼海胆中间培育生产。
5. 能进行海胆全人工养殖。

第一节 养殖现状与前景

海胆分布广泛，从沿岸到5000m的海底都有分布。世界上现有800多种海胆，全部为海产种。我国现存海胆的种类约为100多种，常见的海胆有马粪海胆、光棘球海胆、紫海胆等。光棘球海胆又称大连紫海胆，主要分布在太平洋西北部水域，在我国其自然分布的海区主要为辽东半岛东侧、山东半岛黄海侧和渤海海峡中部分岛礁周围，光棘球海胆是分布于我国北方海域海胆种类中最主要的经济种类；紫海胆产于浙江、福建、广东和广西沿海，是我国南方加工海胆制品的最主要的经济种类；马粪海胆为中国和日本沿海的特有品种，在我国沿海分布范围较广，产于黄海、渤海、东海沿岸。

海胆是一种食用价值、药用价值、科研价值都比较高的经济海洋生物。因其蛋白质中蛋氨酸的含量很高，鲜味比较独特，在许多沿海国家或地区被认为是一种很美味的海产品。尤其是在日本，海胆的生殖腺及其加工制品被视为最名贵、最美味的高档海产品之一，市场价格很高，消费量也非常大，虽然日本每年有近两万吨的产量，但仍然满足不了消费市场的需要，还要进口数千吨。

由于海胆具有广阔的应用前景和良好经济价值，因而其研究与发展已越来越受到重视。受国际市场影响，中国的海胆出口价格在10年中上涨了近10倍，因而也导致了对其采捕量逐年上升，资源量日益下降。随着海胆增养殖事业的进一步发展，海胆必将对人们的生产、生活做出更大的贡献。

第二节 认识海胆

海胆属棘皮动物门，海胆纲。海胆体形呈球形，有的呈半球形，有背腹面之分。腹面较平坦，中部稍向内凹，口位于腹面的中央或稍偏前侧；背面较隆起。海胆的棘有长有短，有尖有钝，种类不同。具体形态特征见表11-1和图11-1。

表11-1 三种常见海胆特征

特 征	光棘球海胆	紫海胆	马粪海胆
形状	全体呈半球形	壳呈半球形	壳呈低半球形
大小	直径8～10cm	直径6～7cm	直径4～5cm

| 光棘球海胆 | 紫海胆 | 马粪海胆 |

图 11-1　三种常见海胆形态

不同种类海胆对环境的适应条件有所不同，具体见表 11-2。

表 11-2　三种常见海胆对环境的要求

环境条件	光棘球海胆	紫海胆	马粪海胆
水温	生长水温为 15～22℃	生长适温为 20℃左右	生存水温为 0～30℃
盐度	27～35	25～30	30～34
底质	岩礁和砾石底质	无	沙砾底质
水深	自潮间带下区至 10～30m 水深的浅水区	水深潮间带下区至 10～20m 水深	水深 3～4m
分布	主要分布在太平洋西北部水域，在中国主要分布在辽东半岛东侧、山东半岛黄海侧和渤海海峡中部分岛礁周围	产于浙江、福建、广东和广西沿海	产于黄海、渤海、东海沿岸
特性	中国北方海域海胆种类中最主要的经济种类	中国南方加工海胆制品最主要的经济种类	中国和日本沿海的特有品种

第三节　海胆的人工繁育技术

一、育苗设施

海胆的整个人工育苗过程主要有浮游幼体培育和稚海胆培育两个部分。目前，国内很少建设专用的海胆育苗室，海胆的人工育苗大都借用普通贝类育苗室或鲍育苗室的培育设施和水处理系统。用于海胆的育苗室应具备以下最基本的条件。

1. 供排水系统

海胆的水处理系统主要包括进水管道系统、水泵、沉淀池、水过滤系统和排水道。其中进水海域的选择是保证水质条件的一个重要方面。排水口应当远离进水口并处于潮流的下方，以防止自身污染。

2. 浮游幼体培育池

用于培育海胆的浮游幼体，在操作管理上以池深 1～1.5m、容积十至数十立方米的长方形育苗池比较方便实用。

3. 稚海胆培育池

目前稚海胆培育阶段大多使用与鲍育苗池规格相似的长条形培育池（或培育水槽）。鲍育苗池大致有两种类型：单列式培育池及双列式培育池，其中，单列式培育池宽 1.3m、深 0.5～0.7m、长度大都在 3～10m（或者更长些），每个池的两侧都留通道，这种池操作管理比较方便；双列式培育池宽 0.9m，深度及长度与前种基本相似，每两个池并列成一组，每组池的两侧各留有通道（即每个池仅一边有通道），这种类型的培育池的操作管理虽不如前一种池方便，但育苗室建筑面积的有效利用率却要比前一种池偏高些。

4. 一级饵料保种室、饵料培养室和饵料培养池

一级饵料保种室要求室内采光及保温、通风条件好，室内配备有若干饵料培养用的三角烧瓶，二层或三层式支架以及过滤、消毒器具等。饵料培养室一般选用透明度较好的玻璃钢屋顶，并配备有可以调光的遮光帘。饵料室内的饵料培养池又分为二级饵料培养池与三级饵料培养池两种，二级饵料培养池以深 0.4～0.6m、容积 0.5～1m³ 的小型水泥池或者水槽较好，三级饵料培养池以池深 0.5～0.8m、容积 3～5m³ 的中小型水池较好。为了增强下层饵料藻类生长需要的光照，饵料池的内壁最好涂敷白色防水涂料，我国贝类育苗室的饵料室及其饵料培养池基本符合上述要求。

5. 底栖硅藻的培养设施

稚海胆变态后，由浮游生活转为底栖生活，饵料由浮游单胞藻类转为底栖硅藻。底栖硅藻培养常用容器有玻璃缸（用于藻种培养）、水族箱（用于中继培养）和水泥池（建于室内或室外），池底面积约 1m²，高约 30～40cm，池内壁最好铺有白瓷砖。可以利用鲍育苗的底栖硅藻培养池，也可以利用贝类育苗的三级饵料池。底栖硅藻的附着基一般用鲍育苗的波纹板。附片架一般用"目"字形塑料框，波纹板可以放在附片架上。

6. 采苗板及其框架

采苗板除用于采集附着变态的稚海胆外，还可以为附着变态后的种苗提供硅藻饵料。目前，海胆育苗大都使用与鲍采苗相同的采苗板及其框架，即无毒的透明聚氯乙烯波纹板，采苗板规格一般为长 40cm、宽 33cm、厚 0.5～0.8mm，波纹的波高 1～1.5cm。为了便于操作管理，采苗板一般都采用框架组装。组装采苗板的框架有筐式及折叠式两种，每个框架均可组装采苗板 20 片，其中，折叠式框架无论横放还是立放采苗板均不易脱出，并且采苗板的间距较大，板间不易重叠，对海胆育苗更为适用。

7. 网箱与附着板

用于盛装及培育剥离后的幼海胆。网箱用塑料纱网缝制，上侧敞口，网箱规格一般为深 0.3～0.4m，长宽约在 0.8～1.5m，应根据育苗池大小灵活掌握，以方便操作管理为原则。纱网孔径 1～5mm，应根据培育的海胆规格来选用，孔径不宜过小，否则透水性差，影响培育效果。网箱需要定期的暴晒、清洗以保持清洁。如果有条件，网箱的孔径要随海胆的大小及时更换以便保持良好的透水性，也使海胆的粪便容易掉落，从而保持网箱内的清洁。用人工配合饵料进行培育时，网箱的底部还需要放 1～2 片带孔的黑色波纹板作幼海胆的附着基，并兼有承接饵料作用。该波纹板为无毒的黑色聚氯乙烯（PVC）或者玻璃钢材质，规格一般为长 50～80cm、宽 30～70cm、厚 0.8～1.5mm，波纹的波高 3～5cm，在波纹的波峰上面（或者侧面）开有一些孔洞作为幼海胆活动的通道，开孔大小约 2～4cm，孔间距 20cm左右。

二、人工繁殖

1. 繁殖习性

海胆有生殖腺 5 对，海胆性腺成熟的年龄大多数在 2～3 龄。在繁殖方面，海胆也十分奇特，即在一个局部海区，如有海胆的生殖腺产物存在，就能引起这个海区中所有性成熟的海胆全部排卵或排精。有人戏称这种现象为"生殖传染病"。

海胆雌雄异体，具体区别见表 11-3。海胆的繁殖时间、怀卵量与种类、个体大小等内在因素有关，见表 11-4。

表 11-3　雌雄海胆鉴别特征

生殖产物	雌　　性	雄　　性
颜色	呈淡黄色	呈乳白色
形状	离开生殖孔后很快分散成颗粒状,并逐渐下沉	离开生殖孔后在短时间内仍保持线条状,散开的速度相对较慢

表 11-4　三种常见海胆的繁殖时间与怀卵量

环境条件	光棘球海胆	紫海胆	马粪海胆
繁殖时间	6~8 月份	5~7 月份	3~5 月份
怀卵量	500 万~600 万粒	400 万~600 万粒	300 万~500 万粒

2. 亲海胆的选择

目前人工育苗亲海胆大多采取人工促熟培育的方式。

亲海胆质量的优劣对获得的受精卵质量至关重要,所以亲海胆在培育或者使用前一定要认真进行挑选。一般来说,育苗用的亲海胆要挑选 3~4 龄以上的无损伤的健壮个体,中间球海胆应选择壳径 5~6cm;光棘球海胆的亲海胆规格以壳径 6~8cm 比较合适。

3. 亲海胆的采捕和运输

亲海胆的采捕要以不损害海胆各器官为前提,最佳方法是重潜法拣取,拣取时潜水员应注意避免损伤海胆的管足、围口部及壳。亲海胆的运输,以活水运输最好。方法是用容器装满海水,海胆放在水中,在运输中以气泵充气,或以水泵充水,以保持水中溶解氧充足。淋水干运法的效果要差些,但也可行。亲海胆采捕后,应立即起运,不宜停留,应避免高温,防止干燥和窒息。若亲海胆成熟度不够,需经升温和投饵暂养,以促其成熟。

4. 人工促熟

> **人工促熟的技术目标:**催产成功率达到 50%;生殖腺指数大于 20%。

亲海胆促熟培育主要是通过调节其培育水温,同时再辅以适当的饵料、光照、充气等技术措施为其提供良好的培育条件,加速其生殖腺的发育。培育水温的调节过程一般是先通过一段缓慢的升温过程,使培育水温逐渐接近其繁殖水温,然后再经过一段时间的恒温培育,即可促使亲海胆的生殖腺提前达到成熟。进行亲海胆的促熟培育,良好的饵料供应也是极其重要的培育条件之一。海胆的摄食活动具有明显的日周期性变化,一般夜间摄食,白天很少有索饵活动。夜间投饵要适当增加,同时白天要适当地控制光照。

亲海胆蓄养密度为 40~100 个/m²。亲海胆的数量要根据亲海胆的怀卵量和培育水体而定。大体上,亲海胆的数量可以用以下公式计算:亲海胆数=[(培育水体×培育密度)÷怀卵量]×2。其中×2 是根据海胆的雌雄比决定的。因为雌雄比为 1:1,海胆雌雄异体不可辨认,雌海胆占 0.5 的比例,所以要乘 2。如果再考虑催产的成功率,则还要在以上公式的基础上再乘以 2 左右(催产成功率一般为 50%)。

在采卵之前还应检测亲海胆性腺发育情况。由于海胆的生殖腺包藏于壳内,其成熟度从外观上无法进行测定。目前大多采用剖壳检查生殖腺外观、测定生殖腺指数以及显微镜滴片检查生殖腺内容物的方法。如果所检查的样品中大部分海胆的生殖腺外观饱满或者生殖腺外有少量白色或淡黄色液汁渗出;生殖腺指数大于 20%;生殖腺内容物经稀释后在显微镜下观察雄性精子游动活泼,雌性卵子呈圆形,卵黄颗粒密集且均匀,卵径大部分在 90μm 左右,则说明该亲海胆生殖腺成熟良好,已经进入或即将进入繁殖盛期,可以用于诱导采卵。如果生殖腺不很饱满,或者精子不活跃,卵子偏小,说明亲海胆成熟不良或者尚未到繁殖期。如果生殖腺外有大量浆液渗出或者呈现糊状,则表示采捕的亲海胆已进入繁殖末期。用后两种亲海胆进行诱导采卵难以取得好的效果。

5. 人工诱导采卵

> **人工诱导的技术目标**：人工诱导有效率达到 50%；掌握正确的诱导方法，获得优质的受精卵。

（1）人工诱导方法　目前生产性海胆育苗比较普遍地采用人工诱导的方法来获得精、卵。常用的诱导方法有氯化钾溶液注射法及摘除口器法（见表 11-5），两者的有效率都可以达到 50% 以上，获得的精、卵质量也足以满足育苗生产的需要。

表 11-5　人工诱导海胆产卵的方法

诱导方法	氯化钾溶液注射法	摘除口器法
具体操作环节	用氯化钾配制成浓度为 0.5mol/L 的海水溶液，用注射器自亲海胆的围口膜处注入 0.5~2ml 的氯化钾溶液，每个亲海胆的注射量可按其个体大小控制在 1.5~2.5ml，注射后将亲海胆的口面向上静置 1~5min，再将亲海胆移入采卵槽中或集卵器上，一般再经过数分钟即可排放。开始排放后，要立即分辨雌雄个体，卵子和精子应分别进行收集	剪开亲海胆的围口膜并剪断口器的系膜，摘掉口器，再用洁净的海水冲净壳内的黏液及其他杂质，然后将亲海胆生殖孔朝下浸渍于采卵槽水体上层，一般经数分钟即可排放，排放后精子、卵子也应分别收集

（2）人工采卵水温　不同种类的海胆，采卵的水温也不相同。一般要求的水温为：光棘球海胆 20~23℃，中间球海胆 15~20℃，马粪海胆 14~17℃。

6. 人工授精及孵化

> **人工授精孵化技术目标**：受精率达 80% 以上；孵化率达 60% 以上。

（1）人工授精　在水温 23℃ 的海水中，精子在 1~2h 保持受精能力，卵在 0.5h 之内保持正常受精能力。因此，排放后应尽早予以授精，授精时间最好控制在精、卵排出体外后的 30~60min，以获得较高的受精率。环境温度较高时则授精的时间还应适当缩短。人工授精的具体操作方法如下。

① 开始排放后，要立即分辨雌雄个体，卵子和精子应分别进行收集。

② 授精之后要立即对受精卵进行彻底的洗卵，这是非常重要的一个步骤。在海胆育苗操作中，对于授精后镜检认为受精良好的卵，一般都立即开始洗卵，洗卵次数通常不少于 3~5 次，精子用量过多则洗卵次数应适当增加。

③ 在小型水槽中进行洗卵比较便于操作，可利用海胆的卵为沉性卵这一特点，当卵全部沉至槽底后，采取倾倒法或者虹吸法将水槽上层 2/3~4/5 不含卵的水慢慢地倾倒掉（或虹吸掉），然后再加入水温相同的新鲜海水。

④ 经过约 30min，待卵充分沉降后，倒掉（或虹吸掉）水槽上层海水，然后再次加入新水。

⑤ 如此反复操作 3~5 次，则水槽内的多余精子即可被洗掉绝大部分。

人工授精注意事项：授精时精子的用量必须加以控制，平均每个卵子周围有 3~4 个精子比较合适。常用的检查方法为镜检法，即授精 1~3min 后立即取样置于显微镜下进行检查。若大部分卵的卵黄周围出现围卵腔、受精膜举起则说明授精良好，否则应分析原因并及时采取补救措施。

（2）孵化　授精过程一般在较小的水体中集中进行。卵子的密度比较大，经洗卵后的受精卵可移入孵化水槽或者水池内进行孵化。在生产性育苗中，受精卵的孵化密度以 10~20

个/ml 比较合适。在孵化过程中，为了避免因受精卵在容器底部沉积过久而造成局部缺氧影响孵化率，可采取定时充气或者用搅耙上下轻轻提动等措施进行补救。

海胆浮游幼体孵出的上浮时间，主要与海胆的种类和孵化水温有关。中间球海胆在17.0~18.5℃水温下经 11.5h，受精卵即可发育至纤毛囊胚而上浮，进入浮游幼体期；光棘球海胆在 20~23℃水温下，需 10~15h；马粪海胆在 14~17℃下约需 22h。

三、浮游幼体培育

在水温 23℃左右的条件下，海胆的浮游幼体要经过 20 天左右发育，才能达到进行变态的状态。这一阶段的饲养管理，实际上是海胆育苗工作的核心，应从各个方面加强管理措施，提高浮游幼体的成活率，促进其发育程度的进展。

1. 浮游幼体的选育

用于浮游幼体的容器，小至几升的玻璃缸，大至几立方米的水泥池，都可采用，效果甚佳。培育水体容积不限，须换水方便，光照适度，水质无污染。

常用的选育方法有两种，一是用 100~200 目的筛绢制作成网箱，在孵化池的上层轻轻拖取，本方法适合于大型孵化池；二是采用胶管虹吸的方法，本法适用于小型孵化池。

2. 培育密度

目前使用容积为 8m³ 的水泥池培育幼体时，培育密度一般为 0.5 个/ml 左右。

3. 饵料种类

海胆幼体以单胞藻为饵料，不同的单胞藻饵料对于海胆幼体生长、幼体变态率及成活率都有不同的影响。因此，选择饵料种类是育苗的关键。浮游幼体的饵料以牟氏角毛藻投喂成活率高，幼体健壮，次之为叉鞭金藻、新月菱形藻。但叉鞭金藻与新月菱形藻混合投喂时，其效果也很好。

4. 日常管理

海胆培育过程中的日常管理见表 11-6。

表 11-6　海胆苗种培育日常管理

管理项目	具 体 操 作 方 法
投饵	大约在选育后的第 2 天，浮游幼体发育可进入棱柱幼体期。这时，海胆幼体的消化道分化基本完成，开始进行摄食。因此应及时地投喂开口饵料 饵料的质量和投喂的数量能直接影响幼体的生长发育和成活。单胞藻的投喂量应随幼体的生长发育逐渐增加。初期的投饵量只须 1 万~2 万个细胞/ml 即可。随着幼体的长大，饵料的投喂量依次增加。到后期，特别是变态前数天，应大量投饵，投饵量为 8 万~10 万个细胞/ml。一般换水后投喂，每天分 2~4 次投喂，切忌投喂过多，以免引起水中氨态氮含量过高
换水	通常每天换 1~2 次，换水量每次为总水体的 50%~70%，换水使用网目为 100~200 的滤鼓、过滤棒。换水时操作要细心，以防伤害幼体。每隔 5~10 天还应进行 1 次倒池并清底
水温	水温是影响幼体生长、发育和成活的主要因素之一。不同的海胆幼体，需要不同的培育水温。在适宜的范围内，水温越高，发育越快。紫海胆的幼体培育水温应控制在 26~28℃，虾夷马粪海胆幼体培育的适宜水温在 15~21℃
光照	培育室的光照以暗光或弱光为好，以保持浮游幼体分布均匀，避免浮游幼体聚群而导致局部缺氧下沉

四、稚海胆培育

稚海胆培育技术目标：每片采苗板附着幼体数量平均不超过 300 个；经过培育，稚海胆壳径达到 1~2mm 以上。

1. 稚海胆的采集

(1) 采集时间 海胆从浮游幼体发育变态为稚海胆所经历的时间，与海胆的种类和环境水温有关。中间球海胆在 15～18℃下，18～21 天可结束浮游生活，开始着底变态为稚海胆。而光棘球海胆在 20～24℃条件下，则需 15～20 天。

投放采苗板进行采集的时间，应在浮游幼体开始变态之前。变态之初，8 腕幼体先在其左侧分化出海胆原基。投放采苗板的时间，最好选择在海胆原基开始出现的 2～3 天内。此外，采苗板在池中放置的方法，对采苗结果也有较大影响。采苗时采苗板呈水平状态放置，附苗的效果最好。变态后的稚海胆，吸附在附着基上，以上面的底栖硅藻为食，此后终生营底栖匍匐生活。

(2) 采集密度 海胆附着幼体的采集密度，一般以后期 8 腕幼体的数量与采苗板数量之比（即平均每片采苗板幼体的数量）来表示。在正常的情况下，采集中间球海胆幼体的密度，最好控制在每片板平均不超过 300 个幼体。

2. 稚海胆前期培育

稚海胆在生长发育阶段，由于摄食习性的转化，前后两个时期的管理及采取的技术措施各不相同。

(1) 饵料 刚变态的稚海胆，壳径只有 350μm 左右，此时的底栖硅藻足够这些个体微小的海胆食用。稚海胆的前期，管理的重点是提高采苗板上硅藻饵料的增殖速度，满足前期稚海胆摄食的需要，加速稚海胆的生长，提高育成率。

具体的管理措施是：通过调整光照强度，延长光照时间、加大换水量、适量充气。光照强度多控制在 500～3000lx。如果光照过强，则板上的绿藻繁殖过快，会抑制硅藻的生长；如果光照过弱，则不利于硅藻的生长。在培育水体中，保持适当的营养盐浓度，对于硅藻生长有促进作用。因此，在换水后应适时补加营养盐，可按氮 1～5mg/L、磷 0.2～1mg/L、硅 0.1～0.5mg/L、铁 0.01mg/L 施加。但是必须注意如果施肥不当会给培育水体中带来过量的氨态氮等有害物质，可能对稚海胆造成危害。因此，在营养盐的种类选择及其施用量上，必须严加控制，以防止顾此失彼。

(2) 日常管理 8 腕幼体后期，移入培养底栖硅藻的池内，1～2 天静水培养，幼体附着变态至稚海胆后，采用微充气、流水培育法，随着稚海胆的成长，流水量逐渐增大。流水量每天由换水 1～2 个量程增至 3～4 个量程。室内光线控制在 2000lx 以内，以利于底栖硅藻的繁殖，使采苗板上保持棕褐色。

3. 稚海胆后期培育

稚海胆的后期培育，随着摄食能力的增强，食性开始逐步转化，可开始摄食海带等藻类。这时的个体仅依靠摄取采苗板上的硅藻，难以满足其生长发育的营养需要。可以通过投喂海带等海藻类饵料进行补充。当采苗板上的硅藻消耗殆尽时，应将稚海胆从采苗板上剥离下来，放置于网箱内，投喂海藻或人工配合饵料。

另外在育苗生产中，稚海胆死亡高峰时的平均壳径为 1.4mm，这显示出海胆在壳径 1mm 以上时食性有改变，饵料由底栖硅藻转向大型藻类。因此，稚海胆长到 1mm 以上时，可以投喂海带、石莼等大型藻类。

(1) 剥离 当稚海胆壳径在 1～2mm 以上时，由于附着板上的饵料被大量摄食，并且稚海胆可以摄食嫩的石莼等海藻，此时可用软毛刷等将其从采苗板上剥离下来。剥离的稚海胆放入有黑色波纹板的网箱内流水培育。

(2) 培育密度与饵料 刚剥离的稚海胆的培育密度为 1 万～2 万个/m²。饵料主要采用嫩的石莼等，2～3 天投喂 1 次。

(3) 管理 日换水量在 1～5 个量程，连续充气，每天清除粪便一次，每 7 天至少倒池一次。

五、幼海胆的中间培育

> **幼海胆培育技术目标：**成活率80%～90%；经过3～6个月的培育，海胆个体达到1～2cm以上。

7～9月份采苗的稚海胆，培育至当年年底，只能生长到4～10mm。如果用这样的稚海胆进行增殖或海上养成，则成活率低。为了提高增养殖的效果，大多数需要将稚海胆再经过3～6个月的中间培育，使个体达到1～2cm以上的大规格的苗种。这种培育过程通常称为中间培育。海胆的中间培育有陆上中间培育和海上中间培育两种方式（见表11-7）。

表11-7 幼海胆的两种中间培育方式

培育方式	陆上中间培育	海上中间培育
培育场地	室内的培育池水泥池规格可为5m×1m×0.5m	大多数在浮筏上吊养
培育设施	大多数是网箱，规格90cm×70cm×40cm，网目为3mm	网笼或者塑料箱等，规格80cm×80cm×40cm
培育密度	1个网箱放养2000～3000个	1个育成笼放养2000个左右
投饵	使用海带等海藻类，也可以使用人工配合饵料	石莼、海带、裙带菜等海藻类，投喂间隔时间视稚海胆的大小以及水温等而定，一般每月2～6次
成活率	可达90%	可达80%～90%
优点	培育环境的可控性强，海胆生长快，培育成活率高，适用于越冬培育	管理工作量相对较小，可以借用其他养殖生物的育苗设施，培育成本低
缺点	管理工作量大，成本偏高	受气候等自然条件的影响较大，安全性差，培育的成活率偏低

第四节 海胆的养成模式及技术

> **海胆成体养殖技术目标：**养殖幼海胆的成活率在40%～90%；养殖1.5～2.0年达到商品规格。

目前，海胆人工养殖方式仍以海上筏式养殖与陆上工厂化养殖为主。

一、海上筏式养殖

海胆的筏式养殖具有养殖器材可以与其他种类的养殖器材兼用，养殖成本较低，投入产出比高等优点，因此更易于被生产单位接受，易于推广。目前养殖单位普遍采用此种养殖方式。

1. 海区选择

养殖海区选择在水流清澈，盐度较高，无工业污染，淡水径流较小，浮泥较少，水深10m以上，冬季无冰冻水层的海区。同时应选择海藻自然生长旺盛，易于设置浮筏的海域。

2. 养殖器材

筏式养殖可用的养殖器材种类较多，可借用海带、扇贝等的养殖笼。常见的鲍鱼养殖笼、扇贝养殖笼等均可借用。目前海胆筏式养殖最常用的养殖器材是一侧带有拉链的多层式养殖笼。该笼综合了鲍鱼养殖笼和扇贝养殖笼的优点，管理操作方便，养殖效果好，并可以与扇贝、鲍鱼等海上养殖并用。

3. 饵料

海上养殖海胆以投喂海带等海藻类为主要饵料。不同规格的海胆对饵料的需求不同，如虾夷马粪海胆，0.3～1cm 的海胆主要摄食底栖硅藻、石莼和海带等，1cm 以上的海胆主要摄食大型海藻如海带、裙带菜等。此外，在饥饿状态下虾夷马粪海胆也摄食贻贝、柄海鞘等饵料。

投喂饵料要根据苗种大小、生长速度以及水温升降灵活掌握，一般 2 天投喂一次，生长期5～7 天投饵一次，高温或寒冷季节 10～15 天投饵一次，每次投饵要适量，以免堵塞网衣，影响箱内水体交换。

4. 养殖密度及管理

关于海胆的养殖密度，既与其大小规格有关，又与使用的养殖器材种类有关，养殖中应根据各种参数及时进行密度调整，定期检查网箱是否有漏洞，及时清除浮泥、附着生物、箱内敌害生物。

二、陆上工厂化养殖

陆上工厂化养殖的养殖条件及其产品收获期的可控性强，与筏式养殖相比，有不受季节和气候等限制的优点，且海胆的生长快、产量高，可以在天然海胆采捕淡季供应市场，提高商品价格，丰富市场供应；其缺点是设施投资较大，养殖成本相对偏高。

陆上工厂化养殖大多采用多层式玻璃钢水槽，水槽规格为 240cm×60cm×30cm，给水方式为连续流水，日给水量约为培育水体的 10 倍。养殖密度多控制在：壳径 1cm 的海胆苗5000 个/槽，2～2.5cm 的 3000 个/槽，3～3.5cm 的 2000 个/槽，饵料为海带、裙带菜、石莼等海藻类，日给饵量为海胆体重的 5%，投喂量根据水温、海胆的个体大小及其摄食状态适量增减。一般情况下，采用本养殖方式养殖壳径 1～3cm 的海胆苗，经 12～18 个月即可达到商品规格（壳径 4.5cm 以上），平均产量不低于 $15kg/m^2$。

【思考题】

1. 我国海胆养殖的主要种类及其繁殖习性是什么？
2. 亲海胆采捕的标准及注意事项是什么？
3. 海胆采卵的方法有哪些？
4. 海胆幼体培育的技术环节有哪些？
5. 稚海胆培育的管理技术有哪些？
6. 海胆的养殖方式有哪些？

第十二章 河蚌育珠

【技能要求】

1. 能鉴别河蚌的雌雄个体。
2. 能进行钩介幼虫的人工采集。
3. 能进行蚌苗的人工培育。
4. 能进行植珠操作。
5. 能及时采收珍珠并进行初步加工。

第一节 养殖现状与前景

中华民族把珍珠视作上品由来已久，据《海史·后记》记载，禹定各地贡品"东海鱼须鱼目，南海鱼革玑珠大贝"，说明在 4000 年前珍珠就作为向宫廷贡献的珍品了。据有关史料记载采珠业始于汉朝，与此同时，珍珠在首饰、服饰、珠帘、宝饰上有了广泛的应用。随后珍珠又发展成为药用，如唐代的《海药本草》、宋代的《开宝本草》、明代的《本草纲目》等 19 种历代医药古籍中对珍珠的疗效有过明确的记载。目前中成药应用珍珠的有珍珠散、牛黄镇惊冬、安宫牛黄丸、行军散、锡类散等 20 多种。珍珠的稀有、晶莹美丽及广泛的药用效果，使珍珠变得日益名贵。

中国很早以前就有了人工育珠的记载，但以后失传了。近代珍珠养殖业的兴起，始于 20 世纪 60 年代中后期，70 年代有较大的发展。早期是采捕天然水域中的三角帆蚌和褶纹冠蚌作为育珠蚌，手术蚌年龄一般在 2～3 龄以上，育珠周期褶纹冠蚌在 2 年左右，三角帆蚌在 3 年左右。随着生产规模的扩大，国内外市场也扩大。在 60～70 年代中期，珍珠价格有几次较大的起落，曾一度滞销，使一些育珠单位转产或停产，70 年代后期起，珍珠价格有了大幅度回升。利用天然资源已无法满足生产的需要。这时，蚌的人工繁殖技术已经突破，这为育珠生产提供了坚实的基础。同时我国的淡水珍珠产量，特别是褶纹冠蚌珍珠的产量上升很快。80 年代中后期起，褶纹冠蚌珠的价格又大幅度地下跌，下跌的原因一是生产总量过大，二是优质珍珠产量不高，珍珠生产再次进入低谷。到了 80 年代后期，我国珍珠产业的总形势是已形成一批经济实力较强、技术水平较高的经济实体和珍珠生产的专业大户。他们用三角帆蚌作为育珠蚌，而且在蚌的繁殖、培育及插珠技术上都有创新，他们不仅度过了难关，而且获得了较好的经济效益，生产规模也有所发展，优质珍珠生产量明显上升。珍珠养殖业的发展，促进了珍珠项链加工厂等珍珠饰品加工业的发展，也推动了珍珠在医药及保健方面的应用，珍珠口服液、中华多宝口服液、珍珠眼药水等珍珠医药保健产品受到消费者的广泛欢迎。

目前，在提高珍珠质量上还有许多工作要做，如插片操作、育珠环境条件、饲养管理方法等的改进。提高珍珠质量要围绕珍珠的圆、光、大、彩上下工夫，要进行深入研究，解决技术难题。另外对有核珠、工艺珠也要进行深入的研究，以扩大珍珠"家族"的产品。对珍珠的药用和健身价值的研究，意义就更为深远了，因为这些研究的成功不但可以造福人类，还可扩大低质珍珠的消耗量，有利于珍珠产业的稳定与发展。

第二节 认识育珠蚌

淡水育珠蚌常用的是三角帆蚌，又名劈蚌或翼蚌。壳大而扁平、壳质厚而坚硬，壳顶背部生长轮脉粗糙，壳后背缘向上伸展成三角帆状。壳表面为黄褐色或黑褐色，壳内珍珠层呈乳白色、肉红色或紫色。其产珠质量好，珠质细腻光滑，色彩鲜艳，珠形较圆，但珍珠生长较慢。主要分布在长江中下游流域的大中型湖泊及河流中。

褶纹冠蚌又名湖蚌或鸡冠蚌。其壳大稍膨起，壳后背缘向上伸展成鸡冠状。壳表面呈黄褐色或黑褐色，壳内珍珠层为乳白色、淡蓝色或粉红色。其培养的珍珠质量仅次于三角帆蚌。主要分布在长江流域、东北及华北地区的湖泊、河流中（见图 12-1）。

三角帆蚌　　　　褶纹冠蚌

图 12-1 三角帆蚌和褶纹冠蚌

河蚌是水生底栖动物，常年栖息在具沙质、泥质或石砾底质的江河、湖泊、池塘等的底部。三角帆蚌喜欢生活在水质清澈，流速较大，底质较硬，pH 值为 7～8 的水域中；褶纹冠蚌喜在水流缓慢或静水、pH 值为 5～9.5 的淤泥中栖息。在冬季，蚌的整个躯体潜埋在淤泥里，仅露出壳的后缘部分进行呼吸和摄食。待到夏季天气暖和时，河蚌才将身体的大部分露于淤泥外。

海水育珠蚌主要有白蝶贝、黑蝶贝等。白蝶贝又称大珠母贝和白蝶珍珠贝。它属热带、亚热带海洋的双壳贝类，在我国是南海特有的珍珠贝种。形状像蝶子，个体很大，是珍珠贝种类中最大的一种，也是世界上最大型最优质的珍珠贝。其内脏圆润丰满，肉质（闭壳肌）味道鲜美，营养丰富，堪称席上佳品。它的贝壳色、形独特，珍珠层厚而有美丽的光泽，是名贵的工艺品原料，所以在国际市场上销路颇广。白蝶贝所育珍珠颗粒大、色泽好，经济价值很高。

第三节 河蚌的人工繁育技术

一、繁殖习性

> **河蚌人工繁殖的技术目标：**采用自然的方法获得质量优良的钩介幼虫，并能使钩介幼虫及时寄生到采苗鱼体；保证采苗率，每尾鱼上大约附有 300～400 只稚蚌即可。

因河蚌地理位置、饲养条件和蚌的品种不同而异。对于三角帆蚌，一年只繁殖一季，一季可连续排卵 10 次以上。繁殖期为 4～8 月，繁殖的适宜水温为 18～30℃。以 5～6 月水温在 20～28℃时为繁殖盛期。而褶纹冠蚌属多次产卵类型，一年产卵两季，每一季可连续排卵 2～3 次。第一季在 3～5 月，水温为 10～20℃；第二季在 9～10 月，繁殖的适宜温度为 15～20℃。

性成熟的河蚌每只怀卵量达 20 万～30 万粒。成熟的卵子通过生殖孔进入鳃上腔，再到外鳃腔中。成熟的精子排出体外，进入水中。雌蚌借助鳃纤毛的定向摆动，形成水流，使精液从进水孔进入雌蚌的外套腔中，在雌蚌的外鳃腔受精后成为受精卵。

受精卵在雌蚌的外鳃腔中变态发育，发育成早期的钩介幼虫，在膜内活动一天以后，破膜发育为成熟的钩介幼虫（图 12-2）。成熟的钩介幼虫很快就从外鳃腔中排出进入水中。从受精卵发育到成熟的钩介幼虫并排出体外，所需时间因水温、蚌的品种不同而异，一般为

10～20天。成熟的钩介幼虫营寄生生活，在鱼体上发育成稚蚌，鱼体分泌黏液，形成包囊，把钩介幼虫包住并供给营养。如钩介幼虫未能遇上寄主，经1～2天后即死亡（图12-3）。三角帆蚌钩蚴寄生在鱼体一般为10天，褶纹冠蚌钩蚴20天。

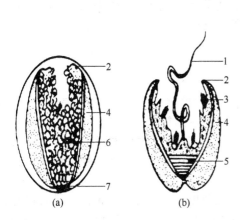

图12-2 破膜前后的钩介幼虫

（a）趋近破膜期的钩介幼虫；（b）破膜脱出的钩介幼虫
1—临时足丝；2—钩；3—感觉毛；4—介壳；
5—闭壳肌；6—侧窝；7—纤毛

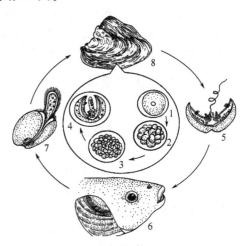

图12-3 河蚌的发育过程

1—受精卵；2—多细胞期；3—囊胚期；4—未破膜的
钩介幼虫；5—破膜脱出的钩介幼虫；6—钩介幼虫
寄生在鱼鳃上；7—从鱼体脱落下的幼蚌；8—成蚌

二、亲蚌选择

亲蚌应选择4～6龄，体质健壮，壳体完整无伤，闭壳敏捷，喷水有力，壳色发亮，肉质饱满，珍珠层的色泽光彩美丽，生长线稀疏的成熟蚌。

三、亲蚌的雌雄鉴别

亲蚌的雌雄鉴别见表12-1和图12-4。

表12-1 雌雄亲蚌鉴别

部位	雌 蚌	雄 蚌
蚌壳	膨突，后缘较钝圆	平实
生长线	稠密、腹部不均匀	稀疏
外鳃瓣	饱满凸起，不透明，淡褐色	淡黄色
鳃丝	排列细密，为100～120条，沟纹不明显	排列稀疏，为50～60条，沟纹明显

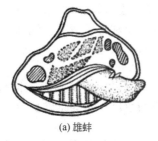
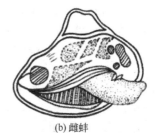

（a）雄蚌　　　　　　（b）雌蚌

图12-4 雌、雄蚌的鳃丝

四、亲蚌培育

将亲蚌按雌雄1∶1或1∶2的比例进行吊养，要求雌雄相间，后部相对靠近，间距为10cm；亲蚌培育池的面积为1500～2000m²，维持微流水；保持水质肥沃嫩爽，水呈黄褐色，透明度为30cm左右；定期用生石灰水进行全池泼洒，施放量为每次15～30g/m²。这样做的目的除能增加水体中的钙质、调节酸碱度外，又能预防蚌病的发生。

五、钩介幼虫的人工采集

1. 采苗鱼的准备

被寄生成熟的钩介幼虫的鱼叫采苗鱼。要求体质健壮，性情温和，各鳍完整无伤，鳃、鳍宽大。可作采苗鱼的有鳙鱼、黄颡鱼、草鱼、鳑鲏、泥鳅等。

选择好的采苗鱼，在出塘前要加强饲养管理，并进行2～3次拉网锻炼后。再移入暂养箱中暂养，待其鳃丝及鳍条上附着的污泥脱落后，有利于钩介幼虫寄生，便可用于采苗。

2. 钩介幼虫成熟度检查

只有成熟的钩介幼虫才能利用其足丝和钩附着在鱼体上，因此，采苗前应进行检查。用开口器打开壳口，用塞子撑开。一是肉眼观察外鳃颜色法。乳白色或粉红色，表示不成熟；如三角帆蚌的外鳃呈棕色、紫色或橘黄色，褶纹冠蚌的外鳃呈铁锈色或黑紫色，表示已成熟。二是针挑起外鳃法。如挑起一条粘连不断的细丝，表示成熟良好；或者将卵挑到载玻片上，置于显微镜下观察，如见到大部分或全部钩介幼虫破膜，足丝互相粘连，则证明其大部发育成熟，可以进行采苗。

检查要求动作轻快、迅速，否则会引起"流产"。

3. 人工采苗

时间选择在气温较高、天气晴朗的日子。雌蚌将成熟的钩介幼虫全部排出在盆中，然后放入采苗鱼。不断搅动水体或加入小股流水，增加钩介幼虫与采苗鱼的接触机会，每尾鱼上大约附有300～400只钩介幼虫即可。

4. 采苗鱼的暂养

暂养密度应根据鱼体大小和每尾鱼体上附苗的多少而定，一般每平方米放鳙鱼60尾。可在水面投放部分浮性水生植物如水葫芦等建立隐蔽场所。加强饲养管理，不断注入新水。每天可泼洒适量豆浆，以保持采苗鱼体质健壮。防止敌害和采苗鱼外逃。

褶纹冠蚌对生态条件（如底质、流水、水质等）要求要比三角帆蚌低，也可将其采苗鱼直接放入底质较硬的池塘中，进行脱苗和蚌苗培育。

六、蚌苗人工培育

1. 培育池

在水源充足、向阳通风的地方，可用砖和水泥建造；每个池面积一般为2～3m²，几个可以串联为一排，池深为40～50cm；单独的进排水设备，进排水口处可用40～60目的筛绢做成拦网，池底略向排水口倾斜，便于水体充分交换和排干清池。池面上要搭凉棚以免太阳暴晒，并防止水温骤然升高，然后注入新水，使水深保持在30～40cm。

2. 培育方法

临近脱苗2～3天的采苗鱼，移入蚌苗培育池。经3～4天后，用网将采苗鱼捕起检查，如果其鳃和鳍条上的小白点已经消失，表示钩介幼虫已变态为稚蚌脱落，应及时将脱苗鱼捕起，放回池塘培育或进行第2次采苗。

稚蚌脱离鱼体后，营底栖生活，应不停地注入溶解氧量高和饵料生物丰富的新水，两周后可投放少量经发酵的牛粪肥水。稚蚌经 30 天培育，一般可达到 1cm 左右的幼蚌，这时要调整密度，当幼蚌长到 3~5cm 时，把幼蚌装入网笼中进行吊养。对于无淤泥的池塘，可以进行底养。经 2~3 年饲养，可达到手术蚌标准。另外，也可用网箱培育，将网箱调整到不同深度，春、秋季节网箱离水面 20~30cm，夏、冬季节网箱离水面为 60~80cm，网目随幼蚌的增长而逐渐调整。

3. 饲养管理

培育期间应不断注入新水，注水量应先小后大，水质应先清后肥。培育前期，水质应清些，因为过肥水质中的大型浮游动物可将稚蚌吞食。随蚌体的增大，注水量应逐渐增加，水质也应逐渐增加肥度。当蚌长至 1cm 以上时，应进行分级稀疏饲养。以后蚌体每增加 1cm，可调整密度一次。同时加强对敌害的防治。

第四节　植珠操作技术

植珠操作的技术目标：通过正确的手术操作，能使供、受体蚌健康成长；保证手术中供体蚌的细胞小片活力，能在 1min 内移植到受体蚌；受体蚌能接收供体蚌提供的小片，并使植片率达 95％。

一、手术操作时间

春季 3~5 月或秋季 9~10 月，水温在 10~30℃ 范围内并避开繁殖盛期。

二、手术蚌的选择

在蚌的植珠过程中，进行手术操作的蚌，统称为手术蚌。其中，用于制作细胞小片的蚌称为制片蚌，用于插植小片或珠核的蚌称为插片蚌，已插上小片或珠核的蚌称为育珠蚌。

制片蚌：壳体完整无伤、闭壳迅速、喷水有力、壳内珍珠层色泽美丽。

插片蚌：体质健壮、无病无伤、壳面生长线稀疏、外套膜完整。

制片蚌与插片蚌的比例为 1∶1 或 2∶3。

三、无核珠的手术操作

1. 手术工具

手术工具主要有手术台、制片工具和插片工具（图 12-5）。

2. 术前准备

洗净手术蚌的外壳，再将插片蚌的腹缘向上，整齐地排列在水槽或盆内，然后加水，待蚌壳自然张开后，便可塞入 1cm 厚的开口塞，并每隔 1~2h 应换水一次，以防其缺氧窒息。手术前后要防止细菌感染。

3. 无核珠的插片手术

无核珠的插片手术过程可分为制片和插片两个步骤。

（1）制片　防止阳光直射，动作要细致、轻快、熟练，避免因操作时间过长，而造成小片干燥死亡。

① 开壳　用开壳刀分别从蚌的前后缘插入，割断前后闭壳肌，待蚌壳自然张开后，再割断其韧带，使左右两外套膜的边缘膜完整无伤地贴在两片蚌壳内。

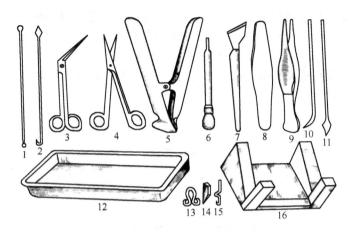

图 12-5　无核珠手术工具

1—送片针；2—开口针；3—弯头剪刀；4—剪刀；5—开口器；6—滴管；

7—切片刀；8—拨鳃板；9—镊子；10—弯头刀；11—棱形通针；

12—解剖盘；13,14—开口塞；15—固定针；16—手术台

② 剪除色线　将开壳的制片蚌平放于手术台上，一手用镊子夹住边缘膜的色线，一手用剪刀沿蚌的腹缘将其外套膜的边缘剪除，不能残留。

③ 剥分内外表皮　在制片蚌外套膜边缘的前或后闭壳肌附近，用剪刀或镊子在边缘膜上开一小口，一手用镊子夹住内表皮，另一手用钝头镊子（尽可能偏向外表皮一侧）插入内外表皮间的结缔组织中，两手协作，边分离边伸入，将前后闭壳肌之间边缘膜的内外表皮全部剥离，再轻轻擦去外表皮上附着的结缔组织液。剥制的外表皮要求薄而均匀，注意不能损伤外表皮，这种剥分方法叫剥膜法（图 12-6）。

④ 剪取外表皮　用剪刀把已分离的外表皮沿外套膜肌痕由前到后全部剪下，然后在消毒液中浸洗 1min 展于小片板上。最后，轻轻擦干外表皮上的黏液和污物。

⑤ 整形和切片　刚剪下的外表皮宽狭不一、厚薄不

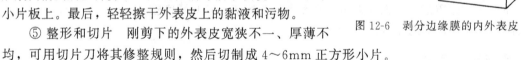

图 12-6　剥分边缘膜的内外表皮

均，可用切片刀将其修整规则，然后切制成 4～6mm 正方形小片。

（2）插片　制备片应立即插植到插片蚌外套膜的结缔组织中去，以便使小片的结缔组织与插片蚌的结缔组织尽快愈合为一体，维持其活力。

① 开壳　用开口器轻轻插入插片蚌的两壳之间，以不损伤闭壳肌为准。插入开口塞固定。

② 插片　将小片由伤口与腹缘成垂直方向插入。将开壳并固定好的插片蚌腹缘向上，斜置于手术台上。然后用拨鳃板将鳃、内脏团、斧足等拨到暂不进行手术的一侧，用灭菌水将欲进行手术一侧中央膜内表皮和内脏团上的污物、黏液全部洗去。

右手拿送片针刺住小片的正中，左手持开口针，协助把小片包裹在送片针的圆头上。用开口针在中央膜的内表皮上横开一小口，再将小片由送片针从伤口处插入外套膜内外表皮间的结缔组织中。然后用钩形开口针在内表皮外面压住小片，再抽出送片针，依此类推。

手术完毕后应迅速将手术蚌从手术台上取下，拔出塞子，在蚌壳上刻上编号、插片日期及手术者，浸在盛有清水的瓷盆或水槽中。从制片到插片手术完毕，最好不超过 15min。

第五节　育珠蚌的饲养技术

育珠蚌饲养的技术目标：通过精心的饲养，能使育珠蚌伤口尽早愈合、恢复健康，经 2～3 年饲养，就能培养出大批优质珍珠。

一、水域选择

应选择水温适宜，水质肥沃清新的水域，一般而言，凡是可以养鱼的地方，都可进行育珠蚌的养殖，如池塘、水库与湖泊的汉湾等。

1. 环境条件

水源丰富，通风向阳，无高大树木和建筑物遮挡，水中溶解氧充足，饵料丰富，无丛生水草，无污水流入。

2. 水质

三角帆育珠蚌喜欢生活在水质肥沃、溶解氧量高、饵料丰富、中性或微碱性的水体中。透明度为 30cm，水色以黄绿色、黄褐色为好。水中溶解氧量应保持在 4～6mg/L 以上，pH 值为 7～8，钙含量不低于 10mg/L。

3. 水温

水温在 15～30℃时，育珠蚌的生长发育快，珍珠质分泌旺盛；水温降到 10℃ 以下，则育珠蚌活动微弱，开始进入冬眠，珍珠质分泌基本停止；若水温升到 35℃ 以上时，育珠蚌生长受到阻碍，出现昏迷甚至死亡现象。

二、养殖方式

（1）吊养

① 串吊　在育珠蚌壳顶的翼部钻一小孔，用尼龙绳将 2～4 只蚌穿为一串，同一串上两蚌之间的距离为 15～20cm，然后将其吊入池中竹架或钢绳上。

② 笼吊　育珠蚌腹缘向上，整齐地排列在网笼或网夹内。将网笼或网夹悬挂在水面下。育珠蚌的密度应根据水源情况、水质肥瘦等因素而定。

（2）底养　先吊养半月左右待伤口愈合后再底养，要求池水较浅、池底质较硬、没有污泥或污泥少。

（3）鱼蚌混养　为了充分发挥水体的生产潜力，可以在养殖育珠蚌的水域混养草鱼、鳙鱼、鳊鱼和鲫鱼。但要求放养密度不能过大。

三、管理措施

（1）定期检查　珠蚌放养后的第一个月是伤口愈合的关键时期，每周要检查 2～3 次，及时发现育珠蚌是否有脱片或死亡现象，吊架是否倒塌、网笼是否破裂、吊线是否折断、蚌是否触底、池水是否过肥、敌害及蚌病是否发生等问题，以便从速处理。

（2）水质调节

① 珠蚌刚放入池塘，为了预防伤口感染和促进愈合，不宜施肥，保持清新的水质，并经常注入新水，使水中溶解氧充足。

② 珠蚌体质逐步恢复时，可逐渐增加施肥量。在春秋季节，由于水温适宜，珠蚌食欲旺盛、生长迅速，应加强培育。根据天气、水色、水质肥度等情况适当增加施肥量。

③ 增加水中钙的含量、调整池水 pH 值和预防蚌病发生，可定期全池泼洒生石灰水，每次每公顷施放 225～300kg。

（3）水层调节　夏、冬季宜深，离水面 40～50cm。春秋季宜浅，最上面的一只蚌离水面 15～20cm。为了防止池底的蚌缺氧或当水位下降使蚌触及池底，可将串吊养殖下端绳头提起挂于横杆上，使所吊蚌绳呈"U"形。从而使育珠蚌在最佳的水层中生长发育。

（4）清除附着物　定期用刷子刷掉笼上和蚌壳上的附着物。在 4～10 月份，每隔 1～2 个月可刷洗一次，冬季可刷洗一次，还要及时清除池中和池边杂草、污物，注意环境卫生。

第六节　珍珠的采收与加工

一、采收季节

采收季节因育珠蚌品种的不同而异。无核珍珠的养殖周期一般为 2～3 年，其中褶纹冠蚌的养殖周期为 2 年，三角帆蚌为 3 年。每年 10～12 月份或次年 2 月份前后，水温在 15℃以下进行采收。

二、采珠方法

1. 杀蚌取珠

把育珠蚌从水中捕起，洗掉壳上污物，用开壳刀切断前后闭壳肌，用手捏出珍珠。如用采珠蚌制作小片，可将年轻蚌的外套膜剪下后再取珠。

2. 活蚌取珠

选 5 龄以下年轻蚌，采珠操作近似于插片时的手术操作。取珠时，左手持拨鳃板或镊子，从水平方向顶住珍珠，右手持开口针，在相反方向的内表皮和珍珠囊上开一伤口，伤口的大小以珍珠能挤出为宜。然后左手用力，把珍珠顶出伤口，落入体腔，待珍珠全部压出后，再倒入容器内。然后整理并消毒伤口，取出开口塞，将蚌吊养于池中，进行再生珍珠养殖。

三、洗涤与加工方法

刚采收的珍珠，应进行洗涤处理，再进行分级包装或加工。

1. 洗涤

刚采收的珍珠，先用清水洗涤后，放入盐水中浸泡数分钟，捞出后用清水洗净，然后放入 1.5%～2.0% 的十二醇硫酸钠溶液中，轻轻搅拌几分钟，接着浸泡若干小时，再搅拌数分钟，即可将其取出，用清水冲洗干净，最后用细绒布吸干，用白绸布打光，按规格分出一至四级包装出售（表 12-2）。

表 12-2　淡水无核珍珠等级标准

等级	形　状	大小	色泽	珠光
一级	圆球形,全珠细腻光滑	50mg 以上（包括 50mg）	玉白色、浅红色	全珠珠光闪耀
二级	圆球形、近圆球形、半圆球形,全珠细腻光滑	大小不分	玉白色、浅粉色略次于一级	全珠珠光闪耀
三级	圆球形、近圆球形、半圆球形、腰鼓形、棒形,全珠光滑,有微细皱纹	大小不分	玉白色、浅橙色、浅粉色、浅黄色	全珠显珠光
四级	形状不定,表面有不规则沟纹	大小不分	颜色不分	珠光面积不少于 80%

2. 加工

为了提高珍珠质量，增加珍珠的花色品种，扩大销售市场，珍珠必须经过穿孔、漂白、增白、染色、抛光等加工过程。

加工方法是先用激光或穿孔机，将珍珠打成孔径为 0.2～0.5mm 后，放入广口瓶中，用 3 倍于珍珠体积量的漂白液倒入广口瓶内处理 24h 让珍珠漂白；接着用荧光剂浸漂，进行增白；再用 3 倍珍珠体积量的染色液，在恒温下处理 20h 将珍珠进行染色；然后用清水洗净，加入发艳器中发艳。最后用线将珍珠穿制成手镯、项链等高级工艺品。

第七节　疵珠形成原因

在人工培育珍珠的过程中，育成的珍珠常出现一些疵珠（表 12-3），严重影响珍珠的质量和产量，这是育珠过程中应引起足够重视的问题。

表 12-3　疵珠形成原因

疵珠	症　状	形　成　原　因
烂片	小片在外套膜的结缔组织中溃烂成黄色的糨糊状	小片干死或擦伤，细菌感染所引起
焦头珠	珍珠半粒裸露在外套膜的内表皮之外，呈黑色烧焦状	手术时操作不当或植片不符合要求
附壳珠	珍珠贴附在蚌壳的内层上	送片时，把小片送到外套膜的外表皮以外或水质不良
烂核珠	珠内有发臭的呈豆渣状物，珠光暗淡	小片制作时擦伤或插片时工具不清洁等
骨珠	形成的珍珠部分或全部呈骨质状，无光泽	边缘膜未能剪除干净，或制作小片的蚌不符合要求
乌珠	珍珠发黑，其中间含有泥沙等杂物	插片时用水和工具不清洁，或由于伤口有泥沙等进入
僵珠	养殖两年以上的育珠蚌，产生的珍珠形似谷壳，呈僵化状态	制片蚌太瘦或冻伤、擦伤等
皱纹珠	珍珠表面带有深浅不一的沟纹或皱纹	送片针大小与小片大小不相称或操作不当，形成皱纹的珍珠囊
尾巴珠	珍珠的一端或多端带有尖形或长形尾巴	形成畸形珍珠囊
粉珠	珍珠表面无光泽，呈粉末状	制片蚌不符合要求；或小片的结缔组织过多，影响表皮细胞的分泌功能；或由于蚌病引起，使珍珠囊失掉分泌珍珠质的功能，使骨质蛋白分泌增加

【思考题】

1. 河蚌的繁殖习性有哪些？
2. 如何鉴别亲蚌的雌雄？
3. 亲蚌培育的技术要点有哪些？
4. 无核珠的插片手术步骤有哪些？
5. 育珠蚌养殖方式有几种？如何进行管理？
6. 试分析疵珠形成的原因有哪些？

第五篇

冷水鱼类养殖

第十三章 鲟鱼养殖

【技能要求】

1. 能鉴别鲟鱼雌雄个体。
2. 能进行鲟鱼人工催产与孵化。
3. 能进行鲟鱼苗种培育。
4. 能开展鲟鱼池塘与网箱养殖。

第一节 养殖现状与前景

鲟鱼是鱼类家族中一个古老的类群，基本上分布在北半球，是世界上宝贵的自然资源。鲟鱼绝大多数骨骼为软骨，为原始的软骨硬鳞鱼类，脊索持续到成年期，歪尾，肠有螺旋瓣，仅栖息于欧洲、亚洲和北美的温带水域。鲟鱼是广温性鱼类，大多数种的生存温度为 1～34℃，最适温度则依种类而异。鲟鱼也是广盐性鱼类，包括洄游、半洄游和淡水定居种类，但所有的种类均在淡水中繁殖，且需进行长距离的溯河洄游，是淡水中最大的鱼类。

鲟鱼是大中型的经济鱼类，不但个体大，肉质鲜美，而且其卵子可做成名贵的鱼籽酱。因此，鲟鱼不但具有很高的学术研究价值，而且具有很高的经济价值，前景十分诱人。目前，鲟鱼的人工繁殖技术、营养需求和饲料等的研究已取得了一定的成果。

对于鲟鱼的资源及其增殖的研究，在国外已有 100 多年的历史，1869 年俄国学者已开始研究小体鲟的生物学及其繁殖。到 20 世纪 70 年代苏联已建鲟鱼繁殖场超过 20 余个，年产幼鲟达 1 亿尾以上，后美国、意大利、德国、法国及比利时等国家也相继强化欧洲鲟、杂交鲟等遗传工程研究及实行现代化养殖生产。然而，近 10 年来随着工业化的高速发展带来的水污染，影响鲟鱼生存，1990 年世界鲟鱼总产量约 2 万吨，至 1993 年后下降到 1 万吨。在国内，我国的鲟鱼研究也有几十年的历史。由于长江沿江的建闸筑坝，阻碍了中华鲟的洄游和产卵，使这一种类濒临灭绝。为对其进行保护，我国的科学工作者从 50 年代开始对其生态及生物学方面展开研究，70 年代又开始人工繁殖及放流增殖，目前已建立起大规模的繁殖基地。目前，主要养殖品种有俄罗斯鲟、史氏鲟和匙吻鲟。

鲟鱼有鱼类活化石之称。我国的中华鲟、史氏鲟、白鲟等被列为濒危动物。鲟鱼全身是宝，一般每千克售价 200 元以上，鲟鱼卵售价为 400～500 美元/kg。鲟鱼皮可制成优质皮革，匙吻鲟和俄罗斯鲟等还可作为观赏鱼。世界上绝大多数水体具备鲟鱼养殖的自然条件。由于其个体大、生长速度快、抗病力和对环境适应能力强以及经济价值高等特点，鲟鱼一直是西方发达国家主要的淡水养殖对象之一，也是重要的出口创汇水产品。我国是鲟鱼种类最多的国家之一，长江、黑龙江、钱塘江、珠江、伊犁河、额尔齐斯河流域以及东海、黄海等水域不仅有鲟鱼栖息，而且适于发展鲟鱼业。鲟鱼养殖业在我国正在崛起，我国池塘养鱼历史悠久，河流纵横、湖库遍布，气候温和，具备鲟鱼养殖方面得天独厚的自然条件，发展鲟鱼业在我国潜力巨大。

第二节 认识鲟鱼

鲟鱼在分类学上，鲟鱼隶属于鲟形目（Acipenserformes），全世界共有2科6属32种，其中现存的有2科5属27种，另有5个亚种，均为长寿型的大型经济鱼类。目前，主要养殖品种有俄罗斯鲟、史氏鲟和匙吻鲟。

1. 俄罗斯鲟

个体延长，呈纺锤形，体高为全长的12%～14%，头长为全长的17%～19%，吻长为全长的4%～6.5%，吻短而钝，略呈圆形。触须4根，位于吻端与口之间，更近吻端。须上无伞形纤毛，口小，横裂，较突出，下唇中央断开。背鳍不分支，鳍条27～51根，臀鳍不分支，鳍条18～33根。背部灰黑色、浅绿色、墨绿色，体侧灰褐色，腹部灰色或柠檬黄色。幼鱼背部蓝色，腹部白色（图13-1）。

图 13-1 俄罗斯鲟

图 13-2 史氏鲟

俄罗斯鲟主要分布在里海、亚速海和黑海，以及流入该海域的河流。除洄游种群外，部分是终生在淡水生活的定栖性种群。其食性主要是底栖软体动物，虾、蟹等甲壳类及鱼类。幼鱼以糠虾、摇蚊幼虫为食，雌鱼生长快于雄鱼。

2. 史氏鲟

体延长呈圆锥形，头呈三角形，略为扁平，下口位，口裂小，呈蒜瓣状，口前有四条角须，呈一字形排列并与口平行，口能伸出呈管状，伸出的口管长度因个体大小而异。幼体在吻腹面有平均7粒粒状突起（俗称七粒浮子）体长无鳞，背鳍位于体后部，接近尾鳍。尾鳍为歪尾型，上叶大于下叶，背部体色绿灰或褐色，腹部银白，偶鳍与臀鳍呈浅灰色，躯干部横切呈五角形，腹部较平（图13-2）。

史氏鲟栖息于河道中。最适生长温度为21℃左右，最适孵化温度为18～20℃，适温性较强。其耗氧和窒息点高于常规鱼类，溶解氧量不能低于6mg/L，有避光性。

史氏鲟为动物食性鱼类，以水生昆虫幼虫，底栖动物及小型鱼类为食。幼鱼以底栖生物及水生昆虫幼虫为主。主要靠触觉、嗅觉捕食。史氏鲟生长速度较快，尤其是鱼体长超过15cm时，生长速度加快，人工养殖条件下，在周年水温15～25℃情况下，一周年可达0.39～0.6kg，4周年可达7.38～10.25kg。

3. 匙吻鲟

匙吻鲟外形很有特点，有一个形如匙柄的长吻，约占体长的1/3，躯干流线型，尾部侧扁，鳃盖布满梅花状花纹，尾鳍叉形，不对称。体背部灰黑色，腹部灰白色。刚孵出的仔鱼无吻，一月后吻发育完全（图13-3）。

匙吻鲟生活在江河湖泊、水库和池塘中，适温广泛，2～37℃水体中都能生存，能在北方安全越冬，对水中溶解氧要求5mg/L以上，pH值适宜范围6.5～8。匙吻鲟是一种滤食

图 13-3　匙吻鲟

性鱼类，主要摄食枝角类浮游动物。生长较快，放养全长 25cm 的匙吻鲟，当年达 50cm，体重 0.5kg，第 2 年可达 80～85cm，体重 2.5～3kg。

第三节　鲟鱼的人工繁育技术

一、人工繁殖

> **鲟鱼人工繁殖的技术目标**：采用自然产卵的方法获得质量优良的受精卵；保证鲟鱼受精卵的孵化率在 80％以上。

1. 繁殖习性

多数鲟鱼属隔年产卵类型，通常相隔 2～4 年，且性成熟晚。中华鲟雌鱼性成熟年龄为 14～16 年，雄鱼为 8～25 年，每年的 6～8 月上溯至江中滞留过冬，翌年 10～11 月在宜昌江段产卵繁殖；匙吻鲟较中华鲟、达氏鳇等性成熟早，雄鱼性成熟多为 7～9 年，雌鱼多为 8～10 年；史氏鲟的最低成熟年龄，雌鱼 9～10 年，雄鱼 7～8 年；卵巢重为体重的12.7％～34.7％，成熟卵径 2.5～3.5mm，每千克卵 3 万～6 万粒，平均约为 4.4 万粒。现以史氏鲟为例，介绍鲟鱼的苗种繁育技术。

2. 亲鱼的来源

收集亲鱼一般在鲟鱼溯河洄游期间进行，收集地点愈靠近产卵场，亲鱼的成熟度愈高。由于目前人工养殖的史氏鲟尚未达到成熟年龄，人工繁殖的亲鱼是靠采捕野生鲟获得的。目前的亲鱼均来自黑龙江捕捞的野生亲鱼，繁殖季节从 5 月下旬至 7 月初。选择身体无伤或轻伤，雌鱼体重 15kg 以上，雄鱼体重 20kg 以上的个体作亲鱼。雌、雄鱼在生殖期的体征有所不同，成熟欲产的雌鱼体瘦、吻尖、脊板尖，体表黏液多，腹皮薄，腹部大且柔软富有弹性。除需具备上述特征外还需检查卵细胞发育，用特制挖卵器挖卵检查卵粒色泽、形状、极化程度等。成熟的卵细胞卵径在 3.1mm 以上，状似椭球形，卵体绿色或黑绿色，有光泽和弹性，两极分化明显，动物极端出现白色无光泽的极斑。雄鱼较易选择，繁殖期体重在 20kg 以上的个体大多可作亲鱼用，具体检查方法是将鱼体背尾部弯曲成弓状，用手轻压生殖孔，有少许精液流出者即可。

3. 亲鱼的暂养

收集到的成熟、健壮的亲鱼可进行短途或长途运输至繁殖场暂养。但暂养时间不宜过长，一般在 12h 以内进行催产为最佳。暂养池以圆形或椭圆形为好，这样可避免死角，也有利于亲鱼转弯环游。暂养池要求注排水方便，并配备增氧设施，面积可大可小，以每尾亲鱼占 10m² 以上为好，水深 1～1.2m，水流速度为 2m/s，水质清新无污染，并有遮光设施。如果亲鱼因个体较大或其他原因不能运输和暂养，可用绳索将其拴在江边浅水区，直接进行催产。

4. 人工催产

当水温为 16～24℃时即可进行人工催产，用 LRH-A 作为催产剂。注射剂量范围为 50～

$100\mu g/kg$。卵巢处于Ⅴ期的雌鱼采用1针注射；卵巢发育至Ⅳ期中的雌鱼采用2针注射。第1针注射全剂量的10%，两针间隔6h，雄鱼用量减半，注射部位为胸鳍基部。经注射催产的亲鱼，分别暂养，流水刺激。注意观察亲鱼活动，定期检查鱼体变化。雌鱼开始排卵时，游动活跃，频繁撞击水面，轻压下腹至生殖孔有卵粒涌出时即可取卵。取卵时间掌握在排卵开始的90min左右，不宜超过150min，否则影响受精率。催产效应时间与水温高低两者成负相关。当平均水温为16.5℃时，效应时间为17～19h，平均水温为19℃时，效应时间为10～12h。

5. 人工授精

用挤压法采集精液，一尾体重20kg的雄鱼一次可排出300ml精液，甚至更多，雄鱼可反复多次使用，优质精液呈纯牛奶状。

用手推法或活体取卵手术采卵粒。手术是在成熟亲鱼腹部切开一个7.5cm小口，将大部分成熟鱼卵取出后，缝合切口，伤口消毒后将亲鱼放入池塘，经过20～30天后，伤口愈合，亲鱼可存活。一尾15kg体重的雌鱼可产10万～20万卵粒。用湿法人工授精，精液用量为每千克鱼卵用10ml精原液，精液在使用时先行用无菌水稀释，稀释的比例为精液：水=1：200。授精时将鱼卵放入精液中均匀搅动3～4min，静置片刻，弃去污水，漂洗干净。史氏鲟卵黏性，受精卵需在20%～25%滑石粉悬浊液中搅拌20～30min去黏后，将鱼卵移入孵化器中孵化。

6. 孵化

史氏鲟卵粒较大，重1kg鱼卵约4万粒左右，受精卵孵化既需要有新水不断交换，也要求对卵粒定时翻动。一个规格为380cm×65cm×30cm的孵化器一次可容史氏鲟卵40万粒。孵化时，每台孵化器进水量50～60L/min，自动拨动装置每分钟拨动一次，用此种孵化器孵化率可达85%。史氏鲟也可用双层网箱孵化1kg鱼卵，方法是：将网箱浮置固定于水质清澈，水流速为0.8～1.5m/s的江湾处，每20min人为翻动鱼卵一次，此种方法孵化率为85%以上。史氏鲟卵孵化水温为16～24℃，适温为19～22℃。平均水温17℃时，约105h出膜；平均水温21.5℃时，约81h出膜。

二、苗种培育

> **苗种培育技术目标**：通过合理投喂等管理措施，稚鱼经过7～10天的饲养，长到10cm左右，鲟鱼苗成活率达80%以上；采取合适的培育条件，规格10cm以上的幼鱼，重3～5g，经过饲养可达到250g，成活率达90%以上。

1. 鱼苗暂养

史氏鲟鱼苗的暂养是指鱼苗孵出后到卵黄囊完全吸收、开始摄取外界食物前这一阶段的培育管理。刚孵出的史氏鲟仔鱼形似小蝌蚪，有一大卵黄囊，体长在8～11mm，体重在10～30mg，水温应控制在15～22℃，pH应在6.5～8，溶解氧应在6mg/L以上，此阶段生长很快，大约需要7～10天。暂养期间史氏鲟仔鱼的生长速度较快，要注意及时进行分池。调整育苗的密度主要是以鱼苗的体重变化为依据，一般在仔鱼的暂养初期，放养密度控制在5000～7000尾/m²，至开口时可调整到2000～3000尾/m²，史氏鲟仔鱼逐步吸收完卵黄囊，并将在其后肠形成螺旋形的色素栓排出体外。当色素栓完全排出体外时，鱼苗即开口摄取外界食物，至此，暂养便告结束。当鱼苗中有50%左右个体色素栓排出时，就应该开始进行投喂。

2. 稚鱼培育

稚鱼培育池内由喷头连续供水，并配置供氧气头增氧，池中保持较高的溶解氧水平，一般不低于 60mg/L。

仔鱼出膜后 6～7 天开始摄食，首先用鲜活水蚤喂养 1～2 周，接着用切碎的水蚯蚓投喂，投喂量视鱼苗摄食情况而定，尽量做到少量多餐，由于鲟鱼有夜间摄食习惯，因此在夜间投饵量可适当加大。另外，应及时清理池底残渣污物。稚鱼经一段时间活饵投喂后，鱼苗长至 1～3g 时，转入人工配合饲料的驯化饲养。此时的鱼苗食欲旺盛，对水环境的变化有一定抗御能力，驯化规格整齐，成活率稳定。驯化鱼池的水环境要求溶解氧量高（6mg/L），放养密度为 400～500 尾/m²。驯化方法有以下几种：

① 直接用颗粒饲料投喂，此法驯化时间短，1～2 周，成活率 35%～40%；

② 活饵和颗粒饲料交替投喂，此法驯化成活率可达 40%～50%，需要的时间太长，要 8 周以上；

③ 饲料中加入一定比例的活饵制成软颗粒投喂，3 周可完成驯化，成活率在 50% 以上；

④ 用活饵研浆浸泡干颗粒饲料，晾至半干后投喂，时间约需 2 周，成活率可超 80%。

显然，后两种方法效果较好，驯化时间短，成活率高，史氏鲟幼鱼经驯化完全接受配合饲料后，继续饲养的成活率高，较少患病死亡，在养殖水温和饲养条件适宜的情况下，生长速度很快。

史氏鲟在稚鱼期需预防疾病，主要是及时清除残饵和死鱼，保持池内卫生，防止水质恶化，特别是要注意经常对排污管中的死角进行彻底清除。其次是定期对鱼体进行消毒处理，一般用 1%～2% 的食盐水洗浴 3～4min 即可，7 天左右一次。对投喂的活饵用 2% 的盐水或 3% 的土霉素粉进行消毒，以防病菌带入。

3. 幼鱼培育

史氏鲟鱼苗经过暂养、开食和驯化后，规格通常达到 10cm 以上，重 3～250g 这一阶段，此时称为幼鱼或鱼种，可以移入鱼种池进行培育。此阶段本身各个器官已发育完善，骨板形成，形态与成鱼相似，摄食旺盛，生长迅速，抵抗病害能力增强。

史氏鲟幼鱼期适宜水温为 18～20℃，最高水温不宜超过 26℃，最低不宜低于 15℃，此温度范围幼鱼摄食旺盛，生长迅速。昼夜温度变化应在 5℃ 以内。pH 在 6.5～8，水中溶解氧在 6mg/L 以上，当水温达 25℃ 时，水中溶解氧应在 7mg/L 以上。

史氏鲟幼鱼的培育大多选择水泥池培育，分为静水培育和流水培育。静水培育的水量较少，但要求注排水方便。水泥池规格一般在 20～40m²，池深 0.6m，池底光滑，并设有增氧设施。流水池一般采用喷淋式圆形流水池和长方形流水池，圆形流水池直径为 2.5～3.0m，深 0.7m。长方形流水池以 2m×8m 为好，深 0.5m。长方形流水池注水一端有一横笛式注水管，与池外连通，用控制阀控制水的流量，在池的另一端底部有排水管，位于池端中部最低处，以便排净池水。池壁光滑，设有充气泵用于增氧。

史氏鲟幼鱼在放养前，应对水池和鱼体进行消毒，并检查注排水是否通畅，通常采用 2% 的食盐水，浸洗 5min 左右对鱼体进行消毒。一般每公顷水池放养 30g 的幼鱼 15000 尾左右。

第四节　史氏鲟的养成模式与技术

养成技术目标： 通过科学管理措施，鲟鱼种经 5～6 个月养殖，保证有 80% 以上的个体达到 1000～1500g 的上市规格，养殖的成活率在 80% 以上。

史氏鲟的成鱼饲养，指的是把规格为 100g 左右的鱼种，用人工配合饲料，在其生长的适温范围内，经 5～6 个月的饲养，体重达到 1.0～1.5kg 的商品鱼的过程。目前史氏鲟的成鱼养殖方式主要有池塘养殖和网箱养殖两种。池塘养殖鲟鱼类商品鱼的方式，又分为专修的流水水泥池养殖（即工厂化养殖方式）和静水、微流水或流水土池塘养殖。

一、池塘养殖

1. 水泥池养殖

利用水泥池养殖史氏鲟是目前国内外最普遍的一种方法。水泥池有利于观察鱼的活动情况，占地面积小、产量高、管理方便，鲟鱼可以在人工控制环境下生长。目前不少地区利用过去的养鳗池、养鳟池进行史氏鲟的饲养，也有用专修的水泥池进行养殖，其特点也是在固定形状、规格的鱼池内提供稳定的水流量，保证水交换量的条件下进行养殖生产。

（1）水源及鱼池条件

① 水源条件　要有水量充足、水温适宜恒定、水质符合养鲟标准的江河水、水库水、泉水、深井水等为水源。同时，更要考虑提供水源所消耗的能源最低，降低养殖成本。

② 鱼池要求　圆形、方形的水泥池、塑料池或玻璃钢池都可以，面积 10～150m²，静水池或流水池均可。饲养期间注水深度为 80～150cm，要求水源充足，注排方便，静水池要配备增氧设施，养殖池使用前要用 2%～4% 的食盐水或 30mg/L 的高锰酸钾溶液消毒。

（2）鱼种放养　目前我国用于成鱼养殖的史氏鲟鱼种规格多在 30cm 左右，体重约 10g，放养密度为：流水池 50～100 尾/m²（流量为 3m³/s），静水池 10～30 尾/m²。鱼种放养前要用 2%～4% 的食盐水溶液浸洗 5～10min。放养的鱼种要求体质健壮，规格整齐，体表无伤。

（3）饲养与投喂　史氏鲟的成鱼养殖宜采用人工配合饲料，其主要原料以鱼粉、蚕蛹、肉骨粉、酶化血粉等动物性饲料为主，粗蛋白含量为 37%～43%，粗脂肪为 8%～10%，饲养期间采用"四定"原则投饵，饲料要新鲜、营养均衡、粒径适口（3～4.5mm），日投饵量为体重的 2.5%～4.5%，每天投喂 4 次，每次投喂应在 40～60min 完成。

（4）饲养管理

① 水质管理　每天排污一次，及时排掉残饵及粪便。静水池每天换水 1～2 次，每次换掉池水 50%～100%，并及时开动增氧设施。流水池确保池水溶解氧在 6mg/L 以上。

② 水温调控　史氏鲟适宜生长的水温为 14～25℃，最适生长水温为 18～21℃，因而水温调控极为重要。饲养期间，尽量使水温控制在 18～21℃，水温超过 25℃要及时采取降温措施，并根据水温变化情况、鱼体重量及鱼的吃食情况及时调整日投饵量。

③ 注意避光　史氏鲟有明显的畏光性，因此整个饲养期间，池上要有遮光设施，避免阳光直射。

④ 及时分养　每隔 20 天，要把池鱼分筛一次，大小分养，确保池鱼规格整齐，密度适合，达到商品鱼规格时要及时上市。

⑤ 注意鱼病防治　每 10～15 天用痢特灵全池泼洒消毒，使水体呈 0.5～1mg/L 浓度，每天一次，连用 2～3 天，可预防细菌性鱼病的暴发。饲养期间，每天注意观察鱼的吃食及活动情况，发现异常及时采取措施。

2. 土池塘养殖

即利用与家鱼养殖相似的静水、流水或微流水土池塘或其他结构的池塘进行鲟鱼养殖的一种方法。其特点是养殖鲟鱼的池塘较大，饵料为人工配合饲料和天然饵料。可单养，也可混养；可粗养，也可精养。水中的溶解氧主要靠补水和增氧机械来完成。这种方式前苏联广泛采用，中国南方部分地区正处在试验推广中，该方式是可行的。

（1）鱼池的特点及要求

① 鱼池面积　通常在 1～2hm²（粗养池塘）或 0.3～0.5hm²（精养池塘），水深 2～2.5m，有较好的供排水系统，鱼池应配有增氧机械。

② 水交换量　4～5 天交换一次，供水可以灵活掌握，白天阳光充足时可减少供水量，夜间或阴天时应加大供水，保证足够的溶解氧。

③ 底质　底质淤泥要少，以沙泥底为好。泥土底质的鱼池必须设置固定的饲料台，约 500m² 设一个台，位置是在距池边 3～4m，水深 2m 左右的地方。饲料台的做法是在池底用混凝土做一个 15～20m² 的平面，表面压光。

（2）放养标准　放养幼鱼规格为尾重 50～100g。粗养池塘：单养幼鱼放养量为 1000 尾/hm²；混养幼鱼放养量为 800～900 尾/hm²。精养池塘：单养幼鱼放养量为 3000 尾/hm²；混养幼鱼放养量为 2000 尾/hm²。混养品种以滤食性鱼类为主，如鲢鱼、鳙鱼等，不可搭配与鲟鱼争饵的鱼类。

（3）投喂及管理　粗养池塘应每天注意检查水色、水质，定期检测水中饵料生物。饵料生物种类有摇蚊幼虫、枝角类浮游动物、松藻虫、鞘翅目昆虫、蜻蜓幼虫等，当生物量低于 5g/m³ 时，应及时施肥。

精养池塘应每天投喂人工配合饲料，每天投喂 3 次，每次约 1h 左右。根据鱼的体重、天气、水温、水质情况制定投饵率，一般日投饵量占体重的 3%～5%，保证饲料的质量，粗蛋白为 30%～45%，粗脂肪 5%～8%。

定期调节池塘水质，经常加注新水，保持透明度在 30cm 以上。开动增氧机械，保证溶解氧在 5mg/L 以上。定期消毒防病，每半月泼洒生石灰水一次，每次用量为 300kg/hm²。

二、网箱养殖

利用网箱养殖史氏鲟商品鱼是一种有效的方法，既可降低养殖成本，又能充分利用水资源，为大水面发展鲟鱼养殖探索出一条提高经济效益的好途径。目前，网箱饲养史氏鲟在我国的时间虽然较短，但发展十分迅速，其原因是史氏鲟除自身经济价值高、饲养效果好以外，最主要的是史氏鲟对网箱和配合饲料都表现出良好的适应性，具备了集约经营、规模生产的基本条件。

1. 网箱养殖史氏鲟的条件

（1）设置网箱的水域选择　无论是在湖泊、水库还是溪流，设箱处都应相对开阔、避风、向阳、有一定风浪或有缓流水通过，水深在 3m 以上，透明度 1m 左右，溶解氧高于 6mg/L，pH 值为 7～8，全年 18℃ 以上的水温有 4～5 个月，且是水体水质清新无污染、含氧量高、水质适宜的区域。

（2）网箱的规格与设置　主要根据放养鱼种的规格来决定。一般放养全长 30～35cm、体重 100～150g 的史氏鲟鱼种，可选用网目为 3cm 的聚乙烯网箱为内箱，网目为 4cm 的网箱为外箱，双层使用，规格一般为 20m² 左右，深度应大于 2m。外箱的网目应大于内箱网目，箱高一般在 3m 以上。

（3）鱼种放养　网箱养殖史氏鲟适宜入箱时的水温应在 15℃ 左右，放养密度为：规格为 50～100g 的鱼种放养量为 30～50 尾/m²；规格为 100～150g 的鱼种放养量为 5～20 尾/m²。鱼种进箱前要用 2%～4% 的食盐水浸洗 5～10min，或用 15～20mg/L 痢特灵药液浸泡 10～15min 消毒处理。

2. 饲养投喂

史氏鲟的网箱养殖所用人工配合饲料的营养成分和流水池成鱼养殖的饲料相同，粗蛋白在 37%～42%，饲料为沉性，所用黏合剂黏性要强，以减少饲料在水中的散失，粒径为

2.0～6.0mm。每箱设置沉性饲料台一个，面积为 2～4m²。投喂时，根据鱼的生长、吃食及水温情况，随时调整日投饵量及饲料粒径，一般每天投喂 3～5 次。当水温 14～17℃时，日投饵量为体重的 2%～3%；当水温为 17～26℃时，日投饵量为体重的 4%～6%；当水温为 26～28℃时，日投饵量为体重的 2%。每次投喂以 30min 吃完为宜。

3. 日常管理

① 饲养期间要经常检查箱体有无破损，防止网破鱼逃。

② 定期洗刷网衣，清除污物，每 1～2 天刷洗网箱一次，保证箱体清洁和箱内外水体交换畅通无阻。

③ 每天 7:00、15:00 各测量水温一次，测量深度一般为 2.0m，并认真检查鱼的吃食情况，做好日常记录。

④ 经常清洗饵料台，不允许饵料台有臭味。

⑤ 病害预防。网箱下水前要用生石灰水浸泡杀菌，并提前 7～10 天下水，让藻类附在网箱上，以免擦伤进箱鱼种的吻和皮肤。鱼种进箱时要用 2%～4% 的食盐水浸洗消毒，刷箱时操作要轻，尽量减少鱼体的机械损伤。平时发现病、伤鱼要及时捞出处理，防止鱼病传染。定期用氟哌酸、痢特灵水溶液泼洒箱体，在鱼病流行的 7～9 月定期用土霉素或磺胺类药物做成药饵投喂；药浴可用布箱囤鱼，将药液慢慢地泼入布箱中，可维持一段时间的有效药物浓度，杀死病原体，此方法简单易行。

【思考题】

1. 如何鉴别鲟鱼的雌雄？
2. 鲟鱼苗种培育技术要点有哪些？
3. 鲟鱼池塘养殖的技术要点有哪些？
4. 鲟鱼网箱养殖的技术要点有哪些？

第十四章 虹鳟养殖

【技能要求】

1. 能鉴别虹鳟雌雄个体。
2. 能进行虹鳟人工催产与孵化操作。
3. 能进行虹鳟鱼苗、鱼种培育。
4. 能开展虹鳟池塘养殖生产。

第一节 养殖现状与前景

虹鳟原产于北美洲太平洋沿岸，美国加利福尼亚州山涧中，喜栖于清澈无污染的冷水中，以食鱼虾为主，为高寒鱼类，只能在20℃以下的水中生长。生存条件要求高，属娇贵鱼种。其肉质鲜嫩、味美、无腥、无小骨刺、无需刮鳞，蛋白质和脂肪含量高，胆固醇含量几乎等于零，EPA含量高于其他鱼类数倍以上。EPA能加速病人伤口愈合，对孕妇、老年人、儿童及手术后病患者的身体健康有极大的帮助。适于蒸、煮、红烧、生鱼片等多种烹调方式，素为疗养院和游览胜地所备受欢迎的佳品。

1959年，由朝鲜赠送我国5万粒发眼卵和6000尾当年鱼种从而揭开我国的虹鳟养殖序幕。从其发展可划分为三个阶段：第一阶段是1959～1966年，为试养阶段，试养表明虹鳟在我国的冷水水域中是完全可以正常生长和延续后代的，并积累了虹鳟繁殖和饲养的基本经验和技术资料；第二阶段是1966～1984年，为扩大饲养和提高阶段，虹鳟养殖投资增加，科研加强，交流增多，饲养地区和规模不断扩大，从试养阶段的稀养开始转入密养；第三阶段从1985年开始，为推广普及阶段。虹鳟苗种的密养技术和商品鱼的高产养殖技术已在全国推广普及。目前全国有50多个虹鳟专业养殖场，遍布于黑龙江、吉林、辽宁、山东、河北、陕西、甘肃、浙江、新疆、四川、贵州、湖北、云南等省、自治区。除养殖场外，也发现从养殖池塘逸出在河流生长的个体。随着名特优新养殖品种的备受青睐，虹鳟的生产量正在逐年增长。

养殖虹鳟鱼有很高的经济收益，市场上虹鳟鱼的价格比其他淡水鱼高2～3倍，由于虹鳟鱼是一种适合高密度养殖的鱼类，每平方米养殖可达到100kg，这是其他养殖鱼类无法比拟的。近年来，北京、黑龙江、山东、山西、吉林等省市已将虹鳟鱼列入"星火计划"发展项目，虹鳟鱼的发展还存在极大的市场空间，养殖虹鳟鱼会带来很好的经济收益。

第二节 认识虹鳟

虹鳟（*Oncorhynchus mykiss*）隶属硬骨鱼纲，鲑形目，鲑科，鲑属。虹鳟体型长，侧扁，呈纺锤状。吻圆钝，口端位，有圆锥状颌齿，口裂大，裂斜。眼稍小，位于体轴线上方。有一脂鳍。鳞细小，圆鳞。各鳍均无硬棘。尾鳍呈浅叉形。沿身体侧线中部有一条宽而鲜艳的彩带，延至尾鳍基部，故得名虹鳟（见图14-1）。背部和头顶部苍青色或棕色，侧面及腹部银白色或灰黄色，体侧一半或全部分布有黑色小斑点。幼鱼的彩虹带不明显，随着个

图 14-1　虹鳟

体的增大，特别是达到性成熟后，彩虹带变得极为鲜艳。其色调和肉色有密切关系，彩虹带明显的鱼，肉色亦偏红色。

虹鳟属底栖冷水性鱼类，在自然条件下，喜欢栖息于水质澄清，水量充足，具有沙砾底质的河川上游、支流或溪流之中。其生活的极限温度为 0℃和 30℃，生活的适宜温度为 12～18℃（稚鱼生长适宜温度为 10℃），最适生长温度为 16～18℃。在适温范围内摄食旺盛，生长迅速，机体保持良好的新陈代谢状态。低于 8℃或高于 20℃，食欲减退，生长缓慢。超过 24℃摄食停止，温度达到 27～30℃时，短时间内死亡。在天然水域中，由于水量充沛、溶解氧充足，尚可忍受 24℃以上的温度，而在养殖场，当温度升至 22℃左右，即告危险。

虹鳟是性喜逆流和喜氧的鱼类。丰富的水量和水流的刺激可保持虹鳟良好的物质代谢，促进生长。因此，虹鳟的养殖多采用流水养殖，适宜的水流速度为 2～30cm/s。虹鳟对水中溶解氧要求很高，当水中溶解氧低于 5mg/L 时，呼吸频率加快；低于 4.3mg/L 时，发生浮头；当水中溶解氧低于 3mg/L 时，出现大批死亡，该值为夏季虹鳟的窒息点。其适宜的溶解氧量为 6mg/L 以上，最适溶解氧量为 9～12mg/L。

虹鳟属于广盐性鱼类，既能在淡水中生活，也能在半咸水或海水中生长。对盐度的适应随个体成长而增强。稚鱼能在盐度为 5～8 的水中生长；当年鱼能生活在盐度为 12～14 的水中；1 龄鱼能耐盐度为 20～25 的水体；成鱼能耐盐度为 3‰～3.5‰的海水。体重 35g 以上的虹鳟一般经半咸水过渡后，即可转入海水中生活，且比在淡水中生长快、疾病少。

第三节　虹鳟的苗种繁育技术

一、人工繁殖

人工繁殖的技术目标：采用自然产卵的方法获得质量优良的受精卵；保证虹鳟受精卵的孵化率在 80%以上。

1. 亲鱼雌雄鉴别

临近产卵期的亲鱼雌鱼腹部膨大，色泽鲜艳，食欲减退。这时雄鱼会追逐雌鱼，雄鱼之间会引起激烈的争斗，为此应对雌雄亲鱼进行分池饲养。为刺激精子的产生，可将雄鱼饲养于雌鱼下水流的鱼池中。

雌雄亲鱼的鉴别主要是根据头部，而头部的主要差异在吻端。吻尖者为雄鱼，吻圆钝者为雌鱼（图 14-2）。顶观最明显，侧观次之，这是鉴别后备亲鱼的主要依据。繁殖期的雌雄鱼差异很明显，雄鱼体色黑、吻弯、齿大、腹硬、生殖孔不突出、尾叉浅，而雌鱼则相反。

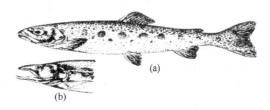

图 14-2　虹鳟外部形态
（a）雌性；（b）雄性

2. 亲鱼成熟度鉴别

成熟的雌鱼腹部膨大、柔软，生殖孔突出红肿。当尾柄上提时，两侧卵巢下垂轮廓明显，轻压腹部卵粒外流。通常在 2 个月的采卵期中雌鱼不是同时成熟的，每隔 7～8 天需进行一次成熟度鉴别，保证成熟的亲鱼能及时进行采卵。

3. 亲鱼培育

池塘种类和规格见表 14-1。

表 14-1　养鳟池的种类和规格

鱼池种类	面积/m²	水深/cm	占总面积的比例/%
幼鱼池	30～90	20～40	25
成鱼池	100～200	100、140	60
亲鱼池	150～300	90～130	15

一般鱼池深度要比池水深 20～40cm，在实际生产中，仅有成鱼池即可。成鱼池既可养稚鱼，亦可养成鱼和亲鱼，无需严格区分。

（1）鱼池的形状和结构　池形可为圆形、椭圆形、六角形、方形等，必须做到便于水的交换和清污，目前以圆形居多。一般可用水泥池和土池两种结构，水泥池造价高，适于密养，便于清污；土池造价低，需要维修。要设注排水系统和防逃设施，鱼池的排列有平行和串联两种。

（2）亲鱼培育　由于亲鱼的怀卵量及卵径通常与其体重呈正相关，而与年龄无关，故应选择体质健壮，体重在 0.8～1kg 以上者作为亲鱼。体重在 4kg 以下的亲鱼，每千克体重怀卵量约为 2000 粒，雌雄亲鱼比为 4∶1。若计划生产 100 万粒卵，则需饲养亲鱼总重为 700kg。亲鱼培育的适宜密度为 5～10kg/m²，水温控制在 4～13℃，溶解氧 8mg/L 以上，流量 30～50L/s。

用于亲鱼培育的全价饲料粗蛋白不应低于 40%，粗脂肪不高于 6%，碳水化合物不高于 12%。日常投喂动物性饲料（新鲜小杂鱼、河蚌肉、蚕蛹等）占 30%～45%，植物性饲料（豆饼粉、米糠、麸皮、胡萝卜、青菜叶等）占 55%～70%。产前 1～2 个月和产后一段时间，可全部投饲低脂的动物性饲料，冬季蔬菜类量应增至 3%～5%。日投饲量为总重的 2%，产前 1 个月应减至 1% 左右。

亲鱼池应及时排污保持清洁。产前 1 个月应适当加大水流量，以促使性腺发育成熟。

4. 人工授精与孵化

（1）人工授精　一般在无直射光照的条件下用挤压法完成采精、采卵和受精过程。操作方法是：一人用两手抱住鱼头部，另一人用手斜向握住鱼的尾柄部，头部向上，腹部朝下对准起过滤作用的多孔采卵盆（采精时可用烧杯等），用手顺着腹部到生殖孔方向，由上往下挤压，直到绝大部分卵被挤出为止。体重在 2kg 以下时熟练的操作者可一人进行操作。卵成熟得好、操作得当，在挤压下卵会很顺利地流出，且鱼也能忍受这种挤压。采卵时，应把鱼体表面的水擦拭干净，避免水滴进入采卵盆。

采到的卵需用等渗溶液（也称等渗液，其配方为：NaCl 90.4g，KCl 2.4g，CaCl₂ 2.6g。将它们依次溶于 10L 水中，pH 为 7，并将温度调至 4℃ 以上）冲洗。采用干法授精，每 1 万粒卵，加入或挤入 10ml 精液，快速而均匀地搅拌 1～2min，再加入少量清水或等渗液，继续搅拌 1～2min，使卵迅速受精，而后静置 1h。再行换水数次，并除去过量的精子和坏卵、卵皮、血块等，直至盆中之水清洁透明为止。待受精卵完全吸水膨胀后，再移入孵化器中孵化。

（2）孵化

① 卵的发育及敏感期特点　虹鳟受精卵在平均水温 7.5℃ 时，共需 46 天才能孵出，累积温度为 343℃。在不同温度下，虹鳟受精卵至发眼、孵出所需时间具体见表 14-2。

受精卵在胚胎发育的各个阶段对外界环境刺激的反应呈现明显差异，根据其敏感期的特点，生产中受精卵的拣卵、洗卵及运输必须避开胚胎发育的敏感期。根据不同发育阶段的敏

表 14-2　水温与虹鳟受精卵孵化时间情况　　　　　　　　　　　　　　　　天

水温/℃	5	6	7	8	9	10	11	12	13	14	15
从受精至发眼	—	30	25	21	18	16	14	13	12	—	—
从受精至孵化	76	60	50	42	36	32	29	26	24	22	20
从受精至上浮	—	110	95	80	68	60	55	49	45.4	—	—

感差异的规律，在受精卵吸水膨胀后可运输 40h（4～8℃）；而进入发眼期的受精卵（简称发眼卵），此时累积温度为 220℃，已无敏感期，可进行长途运输。

② 孵化的技术要求

a. 日光中的紫外线对虹鳟卵有致死作用，故孵化时应避免日光照射。

b. 孵化用水应水质澄清，水温适宜。孵化适温范围 7～13℃，最适水温 9℃。若低于 7℃ 则孵化时间长；若高于 13℃ 则发眼率低，畸形率高。高温对于受精卵的初期发育危害较大，发眼以后即使 18℃ 也能孵化而无大妨碍。但孵化期水温最好控制在 8～10℃ 范围内。

c. 孵化用水的溶解氧量要充足，不然会引起发育障碍，延长孵化时间，畸形仔鱼多。虹鳟孵化用水的溶解氧量需在 6.4mg/L 以上。地下水需经过充分的曝气后才能使用。

③ 孵化管理　人工孵化通常在室内进行，以免阳光直接照射。孵化器目前采用较多的是阿特金斯孵化器及其改进型设施。阿特金斯孵化器主要由孵化槽、孵化盘和支架组成（见图 14-3）。

孵化槽分 4 格，每格前有一小间格，用以改变水流方向，水流从第一小间格流入，由槽底上翻通过第一格的所有孵化盘，再流入下一小间格，如此上下曲折运动，最后由第四格槽顶流出槽外。每格内可放上下叠起的孵化盘 8～10 个，孵化盘是用来铺卵孵化的方盘，用木框钉上网目为 3mm×3mm 的铁纱网，漆成黑色，每盘可铺卵约 3000 粒左右。每个孵化槽可孵化 10 万～12 万粒卵，一般每 10 万粒卵的注水量为 20～40L/min。孵化槽前期作孵化器使用，后期可饲育鱼苗。

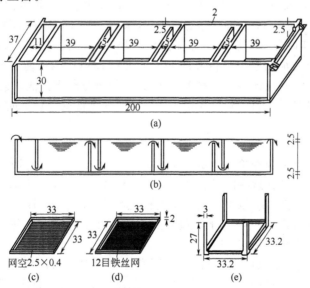

图 14-3　阿特金斯孵化器（单位：cm）
(a) 孵化槽；(b) 孵化槽纵断面；(c) 孵化盘；(d) 小仔鱼饲养盘；(e) 孵化盘放置框

在整个孵化期间，应避光通风，防止振动和机械刺激；同时死卵易滋生水霉，故在孵化过程中需安排几次拣卵作业。拣卵操作应避开受精卵的敏感期，在累积温度 47～140℃ 阶段，必须让受精卵处于安全静止的状态中。

在受精卵发育至发眼期阶段，在管理上应注意防缺氧窒息。控制温度在 5～13℃，同时应避免强亮光和较强烈的振动。

④ 孵出仔鱼的管理　在鱼苗即将孵出时，可在每个孵化盘下面加一个大小相同，网目为 1.5mm×1.5mm 铁纱网的饲育盘，让孵出的鱼苗自行落入饲育盘中，同时在孵化槽底铺上清洁细沙 2～3cm 厚。仔鱼破膜而出时通常全长 15～18mm，极其纤弱，遇堆积过多或流水不畅极易因缺氧而引起死亡。一般饲育盘中仔鱼达 1500 尾左右时就应及时换盘出苗。此时仔鱼趋暗怕光，侧卧水底，其发育完全依靠卵黄囊提供营养，注水量应适当加大，水流控制在 20L/min 以上。整个仔鱼期除调整好水量外，需经常检查，及时清除死苗，保持饲育环境的清洁卫生。

二、苗种培育

> **苗种培育技术目标：**采取合适措施，做好上浮稚鱼进池的准备工作，成活率达 90%以上；通过合理投喂等管理措施，上浮稚鱼再经 2～2.5 个月的饲养，平均体重达 10g，此时期为虹鳟鱼的稚鱼期，这一阶段是虹鳟苗种培育的关键，成活率达 90%以上；采取合适的培育条件，10g 左右的稚鱼继续养殖到一周年，一般平均体重可达 30g 以上大规格鱼种，大规格的稚鱼可达 50～80g/尾，成活率达 90%以上。

1. 上浮稚鱼培育

刚孵出的仔鱼在水温 12～14℃时，经 12～16 天的发育卵黄囊吸收完毕，开始上浮觅食，此阶段称为上浮稚鱼。一般全长 18～28mm，体重 70～250mg。可在平列槽中饲养 2 周后移入鱼苗池，也可直接移入鱼苗池。

饲养上浮稚鱼的池水深度可控制在 20cm 左右，饲养池规格以 2m×15m 或 3m×30m，并列排列为好。适宜温度为 10～12℃，此时稚鱼不易得病，成活率高。饲养前应对鱼苗池作彻底清刷，并用生石灰或漂白粉消毒。注水要过滤，并注意防逃，因上浮稚鱼不喜光，室外池最好搭棚遮阳。其饲养密度在槽内为 1 万尾/m²，水泥池 5000 尾/m²，其适宜的注水量为 1L/s。

上浮稚鱼占槽内或水泥池中稚鱼数的一半时开始投饵。稚鱼使用粒径为 0.3～0.5mm 的碎粒状配合饲料作为开口饲料。开食 15～20 天内稚鱼分散于全池，索饵能力差，不集群，一定要精心饲养，投饵要均匀，坚持少量多次原则，使全部的稚鱼都能摄食。以后可逐渐减少投喂次数。

2. 稚鱼饲养

此期是生产上的鱼种饲养阶段。从上浮稚鱼再经 2～2.5 个月的饲养，平均体重达 10g，此时期为虹鳟鱼的稚鱼期。这一阶段是虹鳟苗种培育的关键。10g 左右的稚鱼继续养殖到一周年，一般平均体重可达 30g 以上，大规格的稚鱼可达 50～80g/尾。

（1）饲养密度和水量　一般上浮稚鱼从开食约经 2 个月左右的培育，可转至鱼种池饲养。饲养密度及所需水量参见表 14-3。

（2）饲料和投饲　投喂虹鳟鱼的饲料主要有进口鱼粉、国产鱼粉、肉骨粉、肉粉、血粉、酵母粉、啤酒酵母、豆饼、大豆、豆粕、麦麸皮、玉米面、面粉下脚，另外添加维生素和矿物质、鱼油、豆油等。饲料中粗蛋白含量 45%左右，粗脂肪 12%左右，粗灰分 6%～12%，粗纤维 2%～5%，无氮浸出物 20%～25%，碳水化合物 20%～30%，磷 0.8%以上，钙 0.2%～0.25%，镁 0.1%，氯化钠 1%～2%，饲料中的代谢能应大于 3kcal[1]/g。虹鳟稚

● 1kcal=4.184kJ。

表 14-3　每饲养 10 万尾虹鳟稚鱼所需面积及其注水量

稚鱼规格/g	鱼池面积		注水量/(L/s)			
	面积/m²	密度/(尾/m²)	5℃	10℃	15℃	20℃
1	60	1600	1	2	3	6
2	80	1200	2	3	6	14
5	106	1000	3	7	14	24
10	125	800	7	15	26	44
15	160	625	9	22	39	65
20	170	588	12	29	52	87
25	200	500	15	35	62	108
30	205	488	17	37	70	115

鱼越小，对饲料中的蛋白质要求越高，饲料的转化率越高。一般饲料中动物性蛋白成分的比例应占 50%，随着鱼体的生长，可逐渐减少动物性蛋白的比例而增加植物性蛋白的比例。投喂方式为围池均匀投撒，初期日喂 6 次，中期 4 次，后期 3 次，12g 以上时喂 2 次。饲料原料一定要保证质量，发霉、变质的饲料坚决不用。虹鳟稚鱼的投饲量和投饲方法参见表14-4。

表 14-4　虹鳟稚鱼日投饵率（饲料干重占鱼体总重的百分比）

稚鱼平均规格		日平均水温/℃									日给饵次数	饲料形状	粒径/mm
体重/g	体长/cm	2	4	6	8	10	12	14	16	18	20			
<0.2	<2.5	1.7%	2.0%	2.2%	2.6%	3.0%	3.5%	4.1%	4.7%	5.4%	3.0%	6	碎粒	<0.5
0.2～0.5	2.5～3.5	1.5%	1.8%	2.1%	2.5%	2.9%	3.4%	3.9%	4.5%	5.1%	2.8%	6	碎粒	0.5～0.9
0.5～2.5	3.5～6	1.4%	1.6%	1.9%	2.1%	2.6%	3.0%	3.5%	4.1%	4.6%	2.4%	4	碎粒	0.9～1.5
2.5～12	6～10	1.1%	1.3%	1.5%	1.7%	2.0%	2.2%	2.6%	3.0%	3.5%	2.0%	3	颗粒	1.5～2.4
12～32	10～14	0.9%	1.0%	1.1%	1.3%	1.5%	1.7%	2.0%	2.2%	2.6%	1.6%	2	颗粒	2.4～3.0

（3）日常管理　虹鳟长势不均是普遍现象。因而每 30～50 天需筛选一次，按大小不同规格分池饲养，以免规格不齐甚至导致自残。池水深度保持在 30～40cm，根据稚鱼的需求及时调整好水量，使排水口溶解氧量大于 6mg/L，氨态氮小于 0.4mg/L。要及时清洗注排水系统及清污。注意观察鱼群活动情况，做好防病工作。

如果水温适宜，养殖措施得当，至年底当年鱼种规格可达 50g 左右。

第四节　虹鳟的养成模式与技术

池塘养殖的技术目标： 通过科学管理措施，虹鳟鱼种经 1 年养殖，保证有 80% 以上的个体达到 200～300g 的规格，再经 1 年养殖可达 800～1000g。

池塘养虹鳟有土池稀放和水泥池密养两种，后者居多。虹鳟生长与水温、溶解氧、环境条件等因素有关。在最适生长水温和溶解氧范围内，虹鳟摄食旺盛，生长迅速，摄食主要以早晨和傍晚为主。虹鳟的寿命一般约为 8～10 龄。在天然水域中，10 龄的虹鳟最大个体可达 20kg。在人工饲养条件下，最大个体可达 7.5kg。

一、池塘条件

养虹鳟用的池塘多为长方形的水泥池，长 40m，宽 4m，池水深度以 60～80cm 为宜。池水的平均流速以 2～16cm/s 为宜。完备的注排水系统，排水采用底排有利于池底污物的清除，养鳟池还应具备增氧设备及防逃设施。池塘在放鱼前要用生石灰严格消毒。

二、放养密度

虹鳟的池塘养殖一般采取高密度放养方式。放养的鱼种应经过筛选，规格整齐，体质健壮，尾重在 50g 左右为宜。通常在一年的生长期中，年生产量约为放养量的 3～5 倍。即在饲养条件允许范围内，放养量和生产量成正比例关系。虹鳟的饲养密度及其所需水量，可参看表 14-5。

表 14-5　每饲养 10 万尾虹鳟所需面积及其注水量

饲养鱼规格 /g	鱼池面积		注水量/(L/s)			
	面积/m²	密度/(尾/m²)	5℃	10℃	15℃	20℃
40	266	375	21	47	89	148
50	334	299	23	59	98	185
60	400	250	28	62	117	199
70	435	230	31	73	136	231
80	533	188	36	83	155	265
90	600	167	41	93	176	300
100	665	150	46	104	196	333
150	1000	100	60	132	254	428
200	1330	75	78	154	270	500
250	1612	62	93	212	357	625
300	1880	53	102	247	417	729

三、饲料和投饲

饲料是高密度养成的关键。生产上采用全价颗粒饲料，其中动物性成分占 30%～40%，植物性成分占 60%～70%。要求粗蛋白含量为 40%～45%，粗脂肪 6%～16%，粗纤维 2%～5%，粗灰分 5%～13%，水分 8%～12%。饲料中优质鱼粉是关键，脂肪含量不宜过高，以免引起脂肪肝。为保证必需的不饱和脂肪酸的需要，可在颗粒料上喷上易吸收的低熔点的植物油。此外还需添加复合维生素、矿物质及其他添加物。

颗粒饲料的粒径应根据鱼体大小决定，一般在 4～8mm，日投喂 2～3 次。投饵率可参看表 14-6。虹鳟很少摄食沉入水底的食物，所以投饵速度和数量要适当掌握，以饲料沉底前全被吞食为宜。可以采用人工投饵或自动投饵机投饵。夏季还可用黑光灯诱虫供鱼摄食。

表 14-6　虹鳟鱼日投饵率（饲料干重占鱼体总重的百分比）

饲养鱼平均规格		日平均水温/℃									日给饵次数	饲料形状	粒径/mm
体重/g	体长/cm	2	4	6	8	10	12	14	16	18	20		
32～60	14～17	0.8%	1.0%	1.2%	1.4%	1.6%	1.8%	2.1%	2.4%	2.7%	1.7%	2	颗粒	3～4
60～90	17～20	0.7%	0.8%	1.0%	1.2%	1.4%	1.6%	1.8%	2.1%	2.4%	1.5%	2	颗粒	4～5
90～500	20～33	0.5%	0.6%	0.8%	0.9%	1.1%	1.2%	1.0%	1.6%	1.8%	1.1%	2	颗粒	5～7
>500	>33	0.4%			0.6%		0.8%	4.0%	1.0%		0.7%	2	颗粒	7～8

成鱼饲养池中可混养少量鲤、鲫鱼，以清除残饵，保持水质清洁。

四、日常管理

1. 水的管理与控制

养鳟用水要求清洁无污染，注水率在 10%～15%，养成鱼最佳生长温度是 12～18℃，常年水温最好不低于 10℃，最高不超过 22℃，水中溶解氧要在 9mg/L 以上为好，池水最低溶解氧量不应低于 5mg/L。

2. 增氧

在有限水量下要获得尽可能大的产量，就需进行增氧。增氧措施有两种，一种是根据水的自然落差，跌水增氧；另一种方法是用增氧机来增氧，目前使用的增氧机有桨叶式、YL 叶轮式、涡轮式、喷水式、水车式等。

3. 筛选

同一池鱼，在成长中出现明显差异，这是一种普遍现象，如能通过及时筛选将够商品规格的鱼及时出售或单独放养，则有利于小规格鱼的生长。

4. 投饵

可采用手撒或自动投饵机等方式投喂。投饵要坚持"四定"原则。投饵次数一般为每天两次。投饵要定量，防止鱼吃得过饱，一般达到八成饱即可，观察鱼抢食减弱，部分鱼离群游走时，即可停止投饵。投饵要均匀，尽量使鱼都能吃到足够的饲料，要注意减少饲料的浪费。

5. 鱼病防治

鱼病应以预防为主，如果在鱼感染疾病前采取了有效的预防措施，即可杜绝或减少鱼病发生，降低损失，当发现了鱼病后，就难免造成一定的损失，所以对鱼病应及早发现，及时治疗。鱼种放养前用 3‰食盐水浸洗，每半月泼洒生石灰一次，每次用量 300kg/hm^2，并在饲料中添加适量食用盐，对病害防治具有一定的作用。在整个饲养过程中，虹鳟鱼病害不多，常规药物均可治疗。

【思考题】

1. 在虹鳟人工繁殖过程中应注意什么问题？
2. 池塘培育虹鳟苗、虹鳟鱼种的关键技术有哪些？
3. 如何进行虹鳟池塘养殖？

第十五章　香鱼养殖

【技能要求】

1. 能鉴别生殖季节的雌鱼雄鱼。
2. 能开展亲鱼催情诱导操作。
3. 能进行卵球成熟度的鉴定与人工授精操作。
4. 能进行香鱼苗种的培育。
5. 能开展香鱼成鱼养殖生产。

第一节　养殖现状与前景

香鱼是我国一种名贵小型经济鱼类，因它脊背上有一条满是香脂的腔道，能散发出诱人的香味，因而得名。香鱼是食、药兼得的美味滋补佳肴。它在世界上并不多见，原产于中国、朝鲜和日本，但目前朝鲜和日本数量大减，许多地方已绝迹。我国的香鱼也为数不多，主要分布在辽宁、浙江、福建和台湾等省沿海河川，尤以浙江南、北雁荡山和楠溪江以及闽南九龙江水域数量居多。香鱼不仅在我国是久负盛名的珍贵鱼种，而且在当今的国际市场上更是抢手货。在亚洲被誉为"鱼中珍品"，美国鱼类专家丹尔誉香鱼为"世界上最美味的鱼类"。尤其是在中国及日本、东南亚被称为"河鱼之王"而备受青睐。香鱼现已被国家列为二级保护动物，市场售价日益攀升。由于野生香鱼资源有限，故市场价格较高，国内鲜活香鱼收购价达 100～140 元/kg，日本市场售价为 1000～1500 日元/kg，加工成香鱼干，价格可达 1000 元/kg 以上。在日本市场香鱼已成为大众化的消费，每年市场需要量大约为 3 万～5 万吨。但香鱼市场消费有其特点，香鱼消费的黄金季节为 5～8 月份，在日本市场 7 月份价格升至顶峰，8 月份开始跌落，9 月份以后跌至最低点。上市规格一般条重在 65～150g，个体超过此规格或达不到的，价格均有所下降。而且市场上对"大肚子鱼"即性腺成熟鱼也较为排斥，价格只及正常鱼的 3～5 成。为此，香鱼的养殖时间一定要符合其消费市场的需求。

香鱼人工繁殖早在 20 世纪 70 年代就已成功，90 年代后期，工厂化人工育苗技术成熟，香鱼的规模化人工养殖已经开展。香鱼具有适应性强、食物链短、生长快、周期短、经济价值高等特点。近年来，香鱼良好的养殖效益，也吸引着越来越多的养殖业者投资。特别以浙江和福建香鱼养殖最多，广东和广西的一些地方也在尝试。养殖方式有利用养鳗场进行水泥池流水养殖、水库养殖以及溪流养殖等。特别是在停产的养鳗场发展香鱼养殖，可以充分利用鳗场养殖池、水循环系统、加热设备以及拌饵机械、增氧设备等原有设施，无需投入固定设施，可取得良好的社会经济效益，一举两得。

第二节　认识香鱼

香鱼（*Plecoglossus altivelis*）属鲑亚目、香鱼科、香鱼属。香鱼又名海胎鱼、秋生子。香鱼体细长而侧高，头小而吻尖，牙宽。成鱼个体一般体长约 20cm，重 80～100g。因地域差异，各地的自然个体亦有差异。大型个体可达 30cm，400～500g。香鱼全身被小而圆滑的鳞覆盖，鳃盖后方有一卵形橙色的斑纹，眼中等大，侧上面无脂眼睑，鼻孔每侧 2 个，近于眼缘，前孔较小而后孔稍大，口大且狭长，上颌骨后缘延至眼下方，下颌骨前端左右各有一突起，背鳍无硬棘，尾鳍叉状，胸鳍较短（图15-1）。

图 15-1　香鱼

　　香鱼的体色随环境而略有变化，通常为黑色或黄褐色，腹部两侧银白色，各鳍末端淡黄色，胸鳍上方有一黄色斑状。生殖季节雄鱼臀鳍呈橙黄色，背部和各鳍上有"追星"出现。香鱼养殖最适水温为 15～25℃，而以 22～24℃时池鱼最活泼，摄饵、成长最好，最高勿超过 30℃，最低勿低于 10℃，pH 值宜介于 6.8～7.2。

第三节　香鱼的人工繁育技术

一、人工繁殖

> **人工繁殖技术目标**：受精率达到 90％以上；孵化率达到 85％以上。

1. 亲鱼池

亲鱼采用专用池培育，培育池正方形，面积 30～50m²，池深 1～1.5m，排水孔在池中间，由阀门控制水位。

2. 亲鱼培育

培育用的香鱼苗种，选用人工培育的苗种或采用野生苗种，放养规格 6～7cm，放养密度 20～40 尾/m²。饲料投喂、养殖管理和病害防治等技术措施，参照香鱼商品鱼的养殖。

3. 催情诱导

一般在 10 月上旬，雌亲鱼选择腹部较膨大、松软、生殖孔微红，卵径在 0.60mm 以上者。雄鱼选择轻压腹部有部分精液流出者，进行人工催情诱导。雌鱼注射 HCG，剂量为 10IU/g；或注射 LRH-A，剂量为 1μg/g。雄鱼减半。亲鱼的催情数约占总亲鱼的 1/10，以促进全池亲鱼的性成熟。

4. 人工授精

轻压鱼腹流卵畅通，卵呈淡橙黄色，晶莹半透明，卵球圆且大小均匀，油球小而多分布均匀，此卵已成熟，可以进行人工干法授精。人工授精后用羽毛将受精卵均匀附着于平铺于水面的洁净棕片上，附卵密度控制在 10～15 粒/cm²。人工授精时避免太阳光直射。

5. 人工孵化

采用大池孵化，将附卵棕片均匀吊在每隔 50cm 扎在两头池壁上的绳子上。充气呈沸腾状。适当换水，每隔 3 天用 5％食盐水药浴附卵棕片 2h，以防止水霉危害鱼卵或初孵仔鱼。孵化环境控制在水温 15～22℃，pH7.0～8.2，盐度 0～9，溶解氧 5mg/L。待受精卵发眼后，出膜前一天逐渐提升盐度，每天海水盐度的提升幅度为 6～8，3 天后盐度稳定在 18～24。

二、苗种培育

> **苗种培育技术目标**：鱼苗成活率达到 80％以上。

1. 育苗设施

育苗可以利用对虾育苗厂的沉淀池、育苗池、卤虫孵化池、鼓风机、电热棒、锅炉、发电机组等设施，也可以利用河鳗、白仔鳗池改建育苗。

2. 准备工作

香鱼养殖池在鱼苗放养前需先用福马尔林消毒；检查排水口有无漏水；检查进水管道有无杂物或杂鱼混入；在放苗前 15 天左右预先进水，待池壁长满硅藻后再放苗。

3. 日常管理

(1) 培养密度　培养密度一般为 2.5 万尾/m^3。

(2) 换水及吸污　鱼苗入池后，每天加水 5～10cm，加水时微微流入。6～8 天内加至 100cm 后开始换水。仔鱼后期，换水量从 1/10 逐渐增至 1/2。稚鱼期，换水量从 1/2 增至 4/5。幼鱼期，换水量为 80%～150%。日换水量应根据水质等实际情况具体确定。

苗入池后 10 天内不吸污；第 11～35 天，隔天吸污一次；35 天后每天 1 次；60 天后每天 2 次。吸污要仔细轻快，以防惊吓鱼苗。

(3) 饵料投喂　鱼苗开口时间一般在第 3 天早上。鱼苗开口，投喂蛋黄 1.5～3g/m^3 和蜇卵 2～4g/m^3。投喂频次每天 4 次，根据鱼苗密度及饱食程度适当增减投饵量，随着鱼苗生长发育投饵量逐渐增加。开口后 15～20 天即可投喂卤虫无节幼体，并添加桡足类浮游动物，逐渐增加，直至全部用桡足类浮游动物投喂，每天投喂 3 次，水体中维持无节幼体密度为 6～8 只/L。鱼苗体长 2.5～3cm 时，可添加鳗用配合饲料，并逐渐增加。在不同时期添加新饵料时，都应有一个更替适应的过程。

(4) 水温控制和光线调节　香鱼苗摄食与生长的最适水温为 18～25℃，13℃ 以下鱼苗摄食量减少。因此结合自然水温变化特点，初期宜控制在 15～25℃，11 月份宜控制在 14℃ 以上，12 月份、1 月份、2 月份不应低于 13℃。光照强度宜控制 5000lx 以下，光照太强，鱼苗易发生气泡病。

(5) 充气　育苗期间要及时调节充气量，鱼苗出膜后微充气，使水面呈微波状。随着鱼苗的生长发育，及时调整至近沸腾状。

(6) 防病　鱼苗出膜前一天，用土霉素泼洒一次，浓度为 0.05mg/L；待鱼苗出膜后 SMZ、土霉素、痢特灵交替使用，浓度分别为 0.02～0.05mg/L、0.05mg/L、0.02～1mg/L；鱼苗达 1.5～2cm 时改用呋喃西林兑水泼洒，浓度为 0.2～0.5mg/L。施药一般在每天换水后进行，每半月一次，3 天一个疗程。特殊情况适当增加药量和次数。

第四节　香鱼的养成模式与技术

香鱼养成技术目标：以池塘养殖为例，成活率达到 90% 以上。

一、养殖池准备

鱼池一般以 100～300m^2 较为适宜，圆形鱼池养殖效果最好，池底的周边向池中心通常应保持 1/10～1/15 的倾斜度。当鱼池面积为 100m^2 时，池壁厚度应为 15cm，水深 60～90cm，池底和池壁用石块或混凝土砌成，这样易于附生天然硅藻，增加香鱼特有的香味。

二、苗种选择

养殖用香鱼苗种宜选择无病无伤、健壮活泼、规格较整齐、全长 4.5～7cm、体重约

0.8g 左右的苗种为宜。鱼体 4.5cm 以上的鱼苗已基本完成了食性转换，开始或将进入刮食阶段，有利于进行人工养殖调控。养殖密度一般为 30～70 尾/m²。

三、日常管理

1. 换水与增氧

香鱼养殖期间的水温宜控制在 28℃ 以内。换水量根据池中水质而定，一般前期每天换水 10%～20%，隔 5 天大换水一次；中期（7～8 月份）换水量逐渐增加，以溪流水为好。夏季高温季节采用水车式增氧机增氧，保持溶解氧量在 4mg/L 以上。

2. 饵料投喂

香鱼一般在日出前开始摄食，日落后停止摄食，在清晨与傍晚摄食较活泼，故在此期间应多投。约占日投饵量的 50%。养殖水温超过 26℃ 时，白天的投饵量宜酌减。香鱼饵料为鳗用配合饲料添加 10%～20% 松针粉等纤维素，然后制成团块状进行投喂。投饵量在溶解氧充足、水温为 17～22℃ 时，为鱼体重的 10%～20%；如果温度低于 17℃ 且溶解氧量低时，应减少投喂量。

3. 清污与换池

香鱼养殖池由于残饵和粪便的积累，需每天清污，一般在换水时进行。香鱼养殖池经过一个多月的养殖，池底和池壁青苔繁生，无法清除，需将香鱼移入另一干净的池中继续养殖，整个养殖过程需换池 3～4 次。原养殖池干池暴晒，清洗消毒后待用。

4. 病害防治

目前发现的香鱼病害主要是寄生虫病。有车轮虫、锚头蚤等寄生虫寄生于香鱼鱼体和鳃部时，用浓度为 0.2～0.5mg/L 晶体敌百虫（90%）遍洒，不久锚头蚤、车轮虫即死亡脱落。平时不定期地用鱼虾宁防治弧菌病和肠炎病的发生，使池水浓度呈 0.4mg/L。

四、捕捞、选别与出售

当苗种经过 4～7 个月的饲养，体重达到 80g 以上时，即可陆续起捕上市或出口。尤其是雄鱼成熟时体表会变黑，体型消瘦，降低商品价值，故应将雌雄分开，先将雄鱼捕捞出售。香鱼本性狡猾，捕捞比一般鱼类困难，且易被误踏而导致损伤，应多加注意。若少量出售可以网捕，若大量出售则需清池，将达上市体型者挑选出售。

出售前应予蓄养 1～2 天，以消除消化道内容物，减少运输途中排泄污染水质，减少损失，尤其在活鱼运输方面应特别注意。少量活鱼运输可以塑料袋装水灌氧气密封运输，量多时可以用运输车打氧气运输，运输途中为避免水温上升，应加冰块以降低水温。

第五节　香鱼的增殖放流

一、放流的环境条件

放流区域的河川的水质应清新、无污染，并符合《中华人民共和国渔业水质标准》GB 11607—89。水源要充足，确保枯水期、产卵期及溯河期有一定的流量。放流的地区应多丘陵山地、山峰连绵、林木葱郁。流经港、湾、江河的山涧溪流，落差大，水流湍急，且多石砾底，可成为香鱼良好的栖息场所。水库也可作为放流的场所。

二、放流的时间、苗种规格及数量

放流时间以春季放流为好。水温要求在 14℃ 以上。放流苗种的规格要求体长 5cm 以上，以大规格放流为好。人工繁殖或自然采捕的苗种均可作为人工放流种苗。放流的数量，根据水域面积，以放流密度 3.3 尾/m² 来计算该水域的放流量。

三、增殖放流期间管理

增殖期间的管理水平，直接关系到增殖放流效果。首先规定每年的 3 月 1 日至 8 月 15 日为香鱼的禁渔期；香鱼的产卵场，幼鱼的越冬场为香鱼的禁渔区；其次要严禁毒鱼、炸鱼、电鱼，禁止使用不符合标准的渔具或国家禁用的渔具；再次在香鱼产卵季节禁止在产卵场及附近挖沙、取石；最后要加强对整个区域的环境保护，杜绝一切污染源。

四、捕捞时间与方法

捕捞时间一般从 9 月份香鱼降河洄游开始捕捞至 12 月份结束。捕捞方法一般在产卵场上游用油丝刺网、手撒网等网具捕捞。捕捞时要控制捕捞量，留一部分香鱼作亲鱼，让其自然繁殖，以达到增殖的目的。

【思考题】

1. 如何进行香鱼的人工繁殖与苗种培育？
2. 提高香鱼苗种成活率，应采取哪些措施？
3. 养殖成香鱼的技术要点有哪些？

第十六章　白斑狗鱼养殖

【技能要求】

1. 能从众多特种鱼类中辨认出白斑狗鱼。
2. 能开展白斑狗鱼的雌雄辨别、人工授精和人工孵化操作。
3. 白斑狗鱼苗种培育时能开展各种饵料的投喂操作。
4. 能开展白斑狗鱼池塘单养时的降低水温和水质调节。

第一节　养殖现状与前景

白斑狗鱼属北冰洋水系鱼类，自然分布于亚洲、欧洲和北美，在我国仅分布于新疆北部额尔齐斯河流域，即布尔津河、哈巴河、乌龙古河等及附属水体。该鱼肉质坚韧少刺，肉味鲜美，营养价值高，可食部分大，且观赏性强，深受广大消费者的喜爱，是新疆著名的名优经济鱼类之一，市场需求量逐年大幅度上升。

2001 年前白斑狗鱼一直处于野生状态，一直依靠天然捕捞供应市场。近年来由于受水域生态环境改变和过度捕捞等因素的影响，白斑狗鱼自然资源量急剧减少。2001 年上海水产大学（今上海海洋大学）与新疆额尔齐斯河特种鱼类繁育场联合攻关，率先在国内实现了白斑狗鱼的人工繁殖和苗种培育，各地养殖单位陆续引入并开展了人工养殖。但目前养殖规模普遍较小，不能满足市场需求，造成市场价格较高且居高不下，在广东、上海等地可达 100～120 元/kg。

近年养殖实践证明白斑狗鱼完全可以在我国各地区进行规模化养殖，效益远高于其他经济鱼类，再加上该鱼具有生长快、易捕捞等特点，近年来已被列为新疆地区名优水产品重点开发的对象之一，并已成为全国各养殖单位开展池塘养殖名优鱼类的首选品种。因此，从满足市场需要、增加淡水名优品种及增加养殖户收入等方面出发，发展白斑狗鱼的养殖前景十分看好。

第二节　认识白斑狗鱼

白斑狗鱼（*Esox lucius*）又名巧尔泰，在分类学上属鲑形目、狗鱼科、狗鱼属。白斑狗鱼体长而稍侧扁，尾柄短。吻长而扁平，似鸭嘴状。口裂大，口长为头长的 1/2，上、下颌及犁骨具锥形锐齿。背鳍后移，与臀鳍相对，无脂鳍。背侧黄褐，有黑色细纵纹，体侧有许多淡蓝色斑或白色斑，腹部白色，奇鳍有黑斑（见图 16-1）。

白斑狗鱼属亚冷水性鱼类，在自然条件下生活于寒冷地区带河川、湖泊中，适温范围为 0～30℃，最适生长温度为 20～25℃。实验结果显示，该鱼在 35℃时也能存活，但温度超过 28℃活力极差。

白斑狗鱼幼鱼集群活动，成鱼分散觅食，行动迅速敏捷，常活动于水草丛中，但胆小怕惊，稍有动静即迅速钻入草丛中隐蔽。冬季在深水处越冬。白斑狗鱼喜清洁的水体，对溶解

图 16-1　白斑狗鱼

氧等水质条件要求较高。

第三节 白斑狗鱼的人工繁殖技术

> **人工繁殖技术目标**：受精率达到 90%以上，孵化率为 80%以上。

白斑狗鱼性成熟年龄雌性为 3～4 龄，一般雄性比雌性早一年。在水温 4～14℃时的 3 月底 4 月初，额尔齐斯河开春解冻后，白斑狗鱼游向支流河口及附属小湖浅水区域水草较多地方产卵，其中 6～8℃时为产卵高峰期，繁殖期持续 30 余天，但雄鱼发育较滞后。

雌鱼怀卵量约 2 万～3 万粒/kg 体重。卵黏性，呈金黄色，圆球形，直径为 1.9～2.2mm，吸水膨胀后可达 2.4～3.0mm。白斑狗鱼孵化期较长，鱼苗刚出膜时以卵黄为营养，4～5 天后，卵黄吸收完毕，进入平游期，此时体长 11～14mm，开口吃食。

一、亲鱼培育

1. 亲鱼选择

作为亲鱼的白斑狗鱼要 2 龄以上，体重 2kg 以上，要求体质健壮、体形丰满、无伤无病，雌雄性比 1∶1.5。目前主要采用来自额尔齐斯河的野生白斑狗鱼。一是越冬前夕，收集合格亲鱼，集中于池塘越冬。二是在每年的 3 月底至 4 月初即野生狗鱼产卵前期，采集野生白斑狗鱼。在南方地区也可采用人工养殖的白斑狗鱼成鱼再经过 1 年的强化培育后用作亲鱼。

2. 鉴别雌雄

非生殖季节雌鱼肛门与生殖孔之间稍隆起，雄鱼没有隆起。生殖季节雌鱼较雄鱼腹部膨大松软，雌鱼生殖孔凸出，而且颜色泛红，轻压腹部，生殖孔有金黄色卵粒流出；雄鱼生殖孔凹进，颜色正常，轻压腹部，有白色乳状精液流出。

3. 亲鱼越冬培育

亲鱼在冰封前水温 5～10℃时转入越冬池，越冬密度掌握在 1 亩水面放养 300kg 左右。越冬期间要保持水质清新，水深 5m，北方冰封期间要打冰眼，及时扫除积雪，以防越冬亲鱼缺氧死亡。越冬前需投喂小型低值鱼作为饵料，投喂量约为亲鱼总量的 2～3 倍，以促使亲鱼性腺发育。

二、人工催产

一般是待冰封结束后，选择成熟度好的亲鱼进行人工催产。在白斑狗鱼原产地额尔齐斯河流域，孵化期一般在 3 月底 4 月初，最佳人工繁殖期为 4 月 1～15 日。

1. 催产剂注射

催产剂可选用鲤鱼脑垂体（PG）或绒毛膜促性腺激素（HCG）与促黄体素释放激素类似物（LRH-A）合剂。剂量为每千克鱼体重 3～4mg PG，或每千克鱼体重 HCG 500IU＋LRH-A 5μg。雌雄剂量相等，雄鱼两次注射，两次注射之间相距 24h，第 1 次注射总剂量的 10%，剩余剂量第 2 次注射；雌鱼一次注射。

2. 人工授精

在水温 12～16℃条件下，效应时间为 36～48h。催产后亲鱼放入产卵池，注意观察鱼群活动情况，适时检查卵子发育状况，将雌鱼腹部向上，轻压腹部，卵能流出时立即进行人工授精。先用布擦干鱼体，将卵子挤入干燥的盆内，同时也将精液挤入，边挤边轻轻搅拌。然后再加入受精液（每升水加 15g 尿素和 7g 食盐）完成受精过程。一般每升卵子加几毫升精液即可受精。由于雄鱼白斑狗鱼性腺发育较雌鱼迟缓，在精液缺乏的情况下，可取精巢捣碎用来授精。受精卵可用滑石粉或泥浆进行脱黏，并在 30min 内吸水膨胀。

三、人工孵化

1. 孵化条件

可采用平列槽进行流水孵化，孵化槽内每平方米放卵 15 万～30 万粒。孵化期间要求水质清新、无污染，并经严格过滤。最适酸碱度在 7.5～8.5，溶解氧要求 7～9mg/L。适宜孵化水温为 8～12℃，可在 8～10 天出膜。在孵化过程中可以自然升温，但升温不可过快。南方地区孵化温度可控制在 14～16℃，出膜后的水温可逐渐提高至 18℃。

2. 孵化管理

最初 2 天内，受精卵很敏感，是精子与卵结合的不稳定期，要避免强光及振动。这段时间内水流要求微弱，过了此期水流逐渐增大，直到有少数鱼苗出膜时要缓慢减小水流。孵化 3 天后用羽毛每天搅动受精卵 3～4 次，洗刷孵化槽四面的纱窗及出水口处的拦鱼筛，保证水流通畅。

白斑狗鱼受精卵孵化期较长，容易发生水霉病，所以孵化 3 天后将卵用水冲洗到 60 网目的纱布上，在干净的水中来回晃动冲洗，同时除去未受精卵和死卵。然后再用 4% 食盐水消毒 5min，每两天进行一次。当鱼卵发育到原肠中期，用白瓷盘随机取鱼卵百余粒，统计受精卵数和混浊发白的未受精卵和死卵，求出受精率。

四、集苗暂养

刚孵出的白斑狗鱼鱼苗头部背面有黏附器，在槽底短暂停留后吸附在孵化槽四周，此时应及时将鱼苗移到集苗网箱中。集苗网箱暂养密度不能太大，而且必须是流水，保证溶解氧达到标准。鱼苗出膜 4～5 天内就能平游，即可出苗计数下塘。

第四节　白斑狗鱼的苗种培育技术

> **苗种培育的技术目标**：经过 20 天左右的水泥池或池塘培育，达到 60%～80% 的成活率，出池规格整齐，适应性强。

白斑狗鱼生长特别迅速，在饵料充足情况下，从鱼苗下塘到 50g 的个体，只需 30 天左右，当年鱼苗年底可达到 500～800g，在自然水体中最大个体体重可达 40kg。白斑狗鱼在冬季不停止摄食，在饵料充足的条件下保持缓慢生长。

白斑狗鱼是典型的掠食性凶猛鱼类。幼苗阶段以轮虫、小型枝角类、桡足类等浮游动物为食，稍大（5～7cm）即捕食其他鱼类。成鱼以各种小型鱼类为食。在自然条件下白斑狗鱼可食其体长 1/3～1/2 的其他鱼类，鲫鱼、鲤鱼等均为其喜食的鱼类。饵料不足时会自相残食，一般在 3.5cm 以上开始出现残食现象，4～10cm 最为严重，10cm 以后逐步减轻，15cm 以上残食现象减轻，但仍有咬伤现象。

白斑狗鱼鱼苗出膜 4～5 天后，卵黄吸收完毕，进入平游期，可以开口吃食，即转入苗种培育阶段。白斑狗鱼苗种培育方法主要有水泥池培育和池塘培育两种方式。

一、水泥池培育

1. 水泥池准备

面积 10～60m²，池深 0.5～0.6m。放养前要采用高锰酸钾进行彻底消毒，药液冲洗干净后用滤网过滤进水，防止敌害生物进入。水深保持 0.4～0.5m，水温保持在 15～20℃。培育池中要配备增氧设备。

2. 鱼苗放养

苗种要选择体质健壮、肥满度好、无病无伤、规格一致的水花，放养密度 300～500 尾/m^2，并在放入之前用 3‰～5‰的食盐水消毒 3～5min，预防水霉病。

3. 饵料投喂

轮虫和小型枝角类、桡足类等浮游动物是白斑狗鱼鱼苗早期喜食的饵料，可用专门的饵料池培养，也可以直接从其他水体中捞取来进行投喂。鱼苗下池后 1～3 天即可投喂小型的水蚤或桡足类幼体，也可投喂熟蛋黄。对捞取的水蚤，用 40 目滤布滤掉大型的水蚤，防止大型浮游动物进入鱼苗池，对鱼苗形成威胁，并根据吃食情况调整投喂量。从第 2 周起可投喂不经过滤的水蚤，再经过 5～7 天后即可投喂切碎的蚯蚓，每天 3～4 次，也可将碎蚯蚓或碎鱼肉与水蚤搅成团状投喂，以后逐渐增加其投喂量。

4. 防止残杀

白斑狗鱼鱼苗摄食量大，生长快，经 10～15 天培育可长到 3cm。3～5cm 后如饵料短缺，掩蔽物少，会发生残杀现象，所以必须保证饵料充足，并应及时移至有水草的大塘饲养，以减少自残现象。

二、池塘培育

1. 池塘准备

夏花培育池塘面积 700～2000m^2，水深 1.5m。放苗前 15 天，用 225g/m^2 的生石灰清塘消毒，并施发酵有机肥 400～450g/m^2，以便于培育充足的浮游动物作为开口饵料，做到肥水下塘。放苗前 3 天，每平方米用 3～4.5g 黄豆制成的豆浆泼塘，以保证有足够的动物饵料供鱼苗摄食所需。还可种植水生植物，作为鱼苗隐蔽场所。

2. 鱼苗放养

直接将网箱内的平游期鱼苗移至夏花培育池塘进行培育。最好在鱼苗下塘的前几天，即在水泥池内混合使用该鱼塘水，使鱼苗更容易适应新的水质环境。放养密度为 50～70 尾/m^2。在南方地区因气候炎热、水温偏高，故鱼苗下塘的时机要灵活把握，一般连续几天阴雨期乃为较佳的时机。

3. 饲养管理

鱼苗放养后继续用豆浆进行全池泼洒，每 2 天投喂一次。一般经过 2～3 周培育后，白斑狗鱼体长达 5～7cm。这时食性开始逐渐转化，由食浮游动物转食小杂鱼，夏花阶段培育结束。

第五节　白斑狗鱼的养成模式与技术

> **成鱼养殖技术目标：** 在饵料充足、水温适宜的情况下，当年鱼苗可达 600～1000g，成活率 80% 以上，产量 7000～9500kg/hm^2。

白斑狗鱼属典型的掠食性凶猛鱼类，其养殖方式与鳜鱼有很大的相似性，目前在生产上常见的有池塘单养和亲鱼池套养两种方式，其工厂化养殖方式目前仍在探索之中。

一、池塘单养

白斑狗鱼属亚冷水性鱼类，适温范围为 0～30℃，除可在原产地进行大面积池塘养殖推广外，还可在全国进行推广。只要掌握好生态养殖技术，即使是在广东也可收到比较理想的养殖效果。

1. 池塘条件

面积 $0.2\sim0.5hm^2$，面积过大会使分养操作困难，面积过小不易控制水温。北方地区池塘水深 2m 左右即可，而在我国南方地区要求 2.5m 以上。水源充足，水库底层水或山泉水等都很好，而且最好可自流排灌，或者在养殖池塘附近有深水井，这样可以保证在高温季节能有效调低水温和保持塘内水质清新。同时池塘水面引种水浮莲等作遮蔽物和隐蔽场所，防止出现自相残食现象。每 $0.2hm^2$ 池塘配备 1.5kW 的增氧机 1 台及动力设备 1 套。

2. 准备饵料鱼

白斑狗鱼以活饵料鱼为食，其适口、适量问题尤为重要，体长 5cm 可摄食 $2\sim3cm$ 的饵料鱼，所以白斑狗鱼养殖成功的关键是饵料鱼的供应。在白斑狗鱼苗入塘前要准备充足的适口饵料鱼。饵料鱼的供应可以采取一部分在养殖池中原塘培育，另外一部分在专门培育池中进行专塘培育。

(1) 原塘培育 在放入白斑狗鱼苗前 30 天左右用 $150kg/hm^2$ 漂白粉或 $1125\sim1500kg/hm^2$ 生石灰干法清塘。3 天后进水 $60\sim80cm$，并施经发酵的有机肥 $1500\sim3000kg/hm^2$ 培肥水质。$5\sim7$ 天后放入 600 万～1200 万尾 $/hm^2$ 的鲫鱼、鲤鱼等饵料鱼水花进行发塘，并泼洒投喂豆浆、麦粉、麸皮等供饵料鱼摄食。

(2) 专塘培育 主要用于在养殖过程中根据养殖池中饵料鱼的多少进行定期分捕投喂，饵料鱼池面积是养殖池面积的 $2\sim3$ 倍。在饵料鱼池放养饵料鱼的密度一般是常规养殖的 $5\sim6$ 倍，为 750 万尾 $/hm^2$。由于白斑狗鱼前期的生长速度远远快于饵料鱼，所以饵料鱼的引进要采取分期分批放养、多池不同密度饲养、分次起捕、逐步拉疏的养殖方法，以适应随着白斑狗鱼生长对不同规格饵料鱼的需要。

3. 鱼种放养

待原塘培育的饵料鱼长至 $2\sim3cm$ 时即可放入 5cm 的白斑狗鱼苗，每公顷放 15000～22000 尾，并在放养时用 $3\%\sim5\%$ 食盐水药浴 5min。鱼苗可以当地人工繁殖，也可以在每年 5 月份从新疆等地购进。购进的鱼种一般用尼龙袋装水充氧后进行空运，运到后一定要注意调节水温，使袋内水温和池塘的一致时，再把鱼种缓缓放入池塘中。

4. 投喂饵料鱼

在养殖前期，由于狗鱼较小，池塘中培育的饵料鱼可以满足其生长的需要。随着白斑狗鱼的生长，所需饵料鱼的适口规格及数量不断增加，需要及时向养殖池投喂大量的活饵料鱼，并在投喂前用 $3\%\sim4\%$ 食盐水药浴消毒。通过巡塘观察或者定期用撒网捕捞来确定白斑狗鱼的大小，从而决定投放饵料鱼的规格大小，狗鱼最喜食的饲料鱼规格约是其体长的 1/3。每天的摄食量可按每尾狗鱼每天约 5 尾的适口饲料鱼计，池塘中要一直存有狗鱼重量 $1\sim2$ 倍的饵料鱼。一般每 5 天投喂一次，少量多次。饵料鱼密度不宜太大，以免增加池塘耗氧，易引起浮头；也不宜太少，因白斑狗鱼掠食饵料鱼而消耗过多体力，达不到充分摄食的目的，从而影响白斑狗鱼生长，且易引起互相残食。

5. 养殖管理

在日常管理过程中，要求每天坚持早晚巡塘，检查饵料鱼的多少、有无鱼病及水质情况，并做好水质、水温调节工作。

(1) 水质调节 白斑狗鱼对溶解氧等水质条件要求较高，同时由于该鱼食量较大，排泄物较多，易造成池塘水质的败坏。因此，调节好水质是养殖好狗鱼的关键环节。调节池塘水质主要采用以下方法。

① 根据水色、水质变化情况，经常添加新水，每次加水 $20\sim30cm$，保持水质"肥、

活、嫩、爽"。水质恶化时还应及时更换新水，每次的换水量不超过原水位的 1/3。

② 每 20 天泼洒 1 次生石灰，用量 150～300kg/hm²，可保持水质具有适宜的碱度和硬度。

③ 合理使用增氧机，即根据天气、鱼的活动、池塘水色变化等情况适时开启增氧机，尤其是夏季高温季节每天后半夜至清晨及午后需开动增氧机，保证池塘中溶解氧丰富。

（2）水温调节 鱼种刚下塘时池水深 1.5m，以后每天加注地下水 20cm，逐步提高水位到 2.5m 以上。夏季水温高，需经常注入清水，使水温保持在 28℃ 以下。当水温达到 28℃ 以上时，应及时采用地下深井水进行降温，并把池水提高到最高水位，同时在水面上设置水草进行遮阳，防止水温过高影响其摄食生长。

6. 及时分养

白斑狗鱼在养殖过程中，生长较快，易出现大小分化，若饵料鱼不足，即可出现相互残杀现象。在养殖前期，最好 20 天后分养一次，以后每月拉网分养一次，但在南方夏季高温期应停止分养。分养最好使用分级筛，带水操作，动作要快，避免损伤。分养后用溴氯海因 0.3g/m³ 泼洒消毒。在饵料充足、水温适宜的情况下，当年鱼苗养殖至 12 月底，个体可达 600～1000g，达到上市规格。成活率达 90% 左右，产量可达 7000～9500kg/hm²。

二、亲鱼池套养

在主养草鱼、鲢鱼亲鱼的池塘内套养白斑狗鱼，产量虽不高，但在饵料资源和水体空间利用上可形成互利互补的关系，收到较好的效果。①白斑狗鱼可捕食亲鱼池的小型野杂鱼虾；②在不需专门投饵情况下，便可增加优质鱼（白斑狗鱼）产量；③白斑狗鱼冬季不停食，可利用冬季大捕捞其他池塘的野杂鱼。

1. 亲鱼池条件

以草鱼亲鱼池套养效果最好，亲鱼池面积 0.3～0.4hm²，池塘水深 2m 以上，池底淤泥少，水源充足，注排水方便，水质清新、无污染。亲鱼池在 5 月份以常规放养密度放入草鱼产后亲鱼。

2. 鱼种放养

6 月开始套养白斑狗鱼鱼种。为提高成活率，最好选用经过强化培育至 7～8cm 的人工繁殖鱼种。适宜的放养密度约为 225 尾/hm² 左右。

3. 饲养管理

亲鱼池的饲养管理同常规年份一样，不增加投饵、施肥量和特别的管理措施。另外，为充分利用白斑狗鱼冬季不停食习性，还可结合冬季大捕捞在亲鱼池内补充一些饵料野杂鱼，以促进白斑狗鱼生长。经过约 11 个月的养殖，第 2 年进行家鱼人工繁殖时白斑狗鱼即可陆续起捕上市。白斑狗鱼的成活率一般在 95% 以上，净增加优质鱼产量可达 120～180kg/hm²。

【思考题】

1. 白斑狗鱼苗种培育两种主要方式的优点和缺点是什么？
2. 白斑狗鱼从幼鱼到成鱼的食性变化过程是什么？
3. 池塘养殖白斑狗鱼的关键环节有哪些？
4. 白斑狗鱼人工催产时催产剂的配制方法有哪些？
5. 白斑狗鱼人工孵化过程中水流变化特点及洗卵消毒方法分别是什么？

第六篇

比目鱼类养殖

第十七章　牙鲆养殖

【技能要求】

1. 能通过外观辨别出牙鲆的雌雄。
2. 能开展牙鲆的人工繁殖操作。
3. 能进行牙鲆幼体培育。
4. 能开展牙鲆室内工厂化养殖。

第一节　养殖现状与前景

牙鲆俗称偏口鱼、高眼、平目、左口、牙鳎、比目鱼、牙片、地鱼、沙地、牙鲜等。牙鲆是东北亚沿岸的特有种，主要分布于渤海、黄海、东海、南海以及朝鲜、日本、俄罗斯远东沿岸海区，在中国以黄海、渤海产量居多。牙鲆为冷水性底栖鱼类，具有潜沙性，多栖息在靠近沿岸水深 20～50m、潮流畅通的海域，底质多为砂泥、砂石或岩礁地带。

牙鲆是名贵的海产鱼类，也是重要的海水增养殖鱼类之一。它的个体硕大，肉嫩味美，营养价值高，头、内脏较小，又适合制作生鱼片，深受消费者的喜爱，市场十分广阔，经济价值很高。牙鲆鱼不仅有美容润肤作用，还有消炎解毒、健脾益气等功效。中国北方人誉为名贵鱼类中"一鲆、二镜（银鲳）、三鳎（半滑舌鳎）"之首。

我国的牙鲆人工孵化育苗始于 20 世纪 50 年代末，首先由黄海水产研究所和中国科学院海洋研究所开始进行试验，起步虽不算晚，但中间停顿的时间较长，至 70 年代末才开始进入规模苗种生产研究。现在国内牙鲆苗种生产技术突飞猛进，育苗厂家遍布山东、河北、辽宁等省。

牙鲆在我国的渔业史上占有一定的地位，但是近二三十年来，由于过量捕捞和环境污染造成自然资源大幅度下降，出现了供需矛盾，促使人们走养殖的道路。从 20 世纪 90 年代开始，在国内外市场的激励下，牙鲆养殖发展迅速，山东的荣成、威海、烟台、青岛等地除开展少量网箱和池塘养殖外，正在大力发展工厂化养殖生产。目前，国内牙鲆人工养殖业方兴未艾，但尚有苗源紧缺、鱼病、饵料、水温等难题。牙鲆最适生长水温 16～22℃，北方沿海水温冬低夏高，故近年已逐步由海面网箱转向室内工厂化养殖。

第二节　认识牙鲆

牙鲆（*Paralichthys olivaceus*）属硬骨鱼纲，辐鳍亚纲，鲽形目，鲆科，牙鲆属。体侧扁，长卵圆形，两眼均位于左侧。口大，两颌齿为一列，犬齿状，背鳍从上眼窝前方的无眼侧开始，两侧腹鳍大致对称。有眼侧为栉鳞，无眼侧为圆鳞。有眼侧呈深褐色或灰褐色，散布有暗褐色和白色的圆斑点。无眼侧一般呈白色。侧线在胸鳍上方弯曲，无附属分支，无眼侧也有侧线。无眼侧胸鳍中央部鳍条有分支（图 17-1）。

图 17-1　牙鲆

牙鲆对生活环境的特殊要求见表 17-1。

表 17-1 牙鲆对环境的要求

环境条件	具体要求
水温	牙鲆耐低温而不耐高温。牙鲆仔、稚鱼培育生长的最适水温为 17~20℃,成鱼生长的适温为 8~24℃,最适水温为 16~21℃
盐度	牙鲆为广盐性鱼类,能在盐度低于 8 的河口地带生活,生长最适盐度 17~33
溶解氧	牙鲆耐低氧能力比较强,人工养殖牙鲆池水中的溶解氧要求保持在 4mg/L 以上
光照	牙鲆胚胎发育和孵化时光照强度应在 400~600lx

第三节 牙鲆的人工繁育技术

一、育苗设施准备

1. 产卵池

亲鱼产卵池多为水泥池,容积为 50~100m³,池深 1.5m 左右,池子的形状以圆形最好。池底向排水处有一定的坡度。进水管向池壁倾斜,以利形成旋转水流,将污物集中于水池中央,然后由排水口排出,同时便于卵的收集。

2. 孵化设备

从集约化和便于管理角度出发,通常建议采用流水孵化。人工孵化的容器多用玻璃钢水槽,强化玻璃钢(FRF)水槽和聚碳酸酯水槽,容积为 0.5~8m³,水深 0.8~1m,也可用 50~100m³ 的水泥池,池内安置网箱(0.5~1m³),还可直接投放于培育池中孵化,但用 0.5~1m³ 的圆形水槽,内置圆锥形孵化箱,在通气、流水条件下孵化效果较好,也便于使用管理。

3. 幼体培育池

因春季温度变动较大,育苗池最好建于室内。建在室外的也至少要有顶篷,且光线不要太强,以 500~1200lx 为宜。小型水池多采用高密度培育、变态时分苗的方法,生产中尽量用小型水池,便于操作和管理,提高生产效率。育苗池一般以 5~10m³ 水池较合适。池的形状以圆形为最好,水深 1m 足够,底面积大些为好,池底应有一定的坡度。

二、人工繁殖

> **人工繁殖技术目标**:通过控温、控光、饵料投喂等措施获得成熟的牙鲆亲鱼;创造适宜的条件,孵化率应达到 85% 以上。

1. 繁殖习性

我国黄海、渤海沿岸牙鲆的产卵期为 4~6 月份,盛期为 5 月份。每年春季随着水温的回升,牙鲆从 80~90m 的深海水域洄游到水深 10~15m 的浅海海域产卵,具体发育情况见表 17-2。

牙鲆属多次产卵型鱼类,繁殖力强。体长 45~70cm 的野生雌鱼每尾怀卵量为 36 万~40 万粒,养殖鱼类因年龄的不同而有所差异,一般为 90 万~100 万粒。卵子呈圆球形,卵径约 0.9mm 左右,浅黄、透明,大小均匀,端黄卵,浮性卵。牙鲆受精卵的孵化发育水温为 10～24℃，最适 15℃。受精卵一般经 2～3 天即可孵化成仔鱼。

表 17-2 牙鲆的繁殖习性

时　间	繁殖习性
3 月	种鱼性腺发育至 IV 期，摄食强度大，洄游路途中性腺逐渐发育
4 月	种鱼性腺达到 IV～V 期
5 月后	开始生殖，产卵的适宜水温范围为 10～21℃，最适水温为 15℃
9 月、10 月	一般移向 50m 以下的外海
11～12 月	向南移至水深 90m 或者更深的海底越冬

2. 鉴别雌雄

牙鲆雌雄异体，具体特征见表 17-3。

表 17-3 牙鲆雌雄个体区别

观察项目	雌　性	雄　性
初次性成熟时间	满 2 龄	略早
初次性成熟规格	体长 35cm 以上	体长 30cm
性腺数量	1 对卵集	精集 1 对
性腺形状	三角戟状，分为左右两叶，一般对称	长扁圆形
性腺颜色	橘黄色	乳白色
生殖孔	红色且圆形	细长且不发红

3. 亲鱼培育

目前用于牙鲆人工繁殖的亲鱼有两个来源，一是天然捕获经饲养后作为亲鱼；二是用人工苗种经饲养后用作亲鱼。

由于海捕亲鱼野性大，难以开口吃食，加上数量较少，所以除必要的保持种质等原因外，一般生产单位多使用人工养殖的亲鱼选优繁育，人工养殖亲鱼培育条件见表 17-4。

表 17-4 人工养殖牙鲆亲鱼培育条件

条　件	具 体 要 求
规格	培育 3 年以上
密度	2～3 尾/m²
水温	14～20℃，冬季水温要求 10℃ 以上，夏季水温要求 25℃ 以下
水深	1～1.2m
盐度	高于 17
饵料	苗种到幼鱼期投喂新鲜的鳀鱼幼鱼、玉筋鱼、虾虎鱼肉及牙鲆养殖用配合饲料；长到成鱼时，一般可投喂整条的饵料鱼

4. 采卵

（1）人工授精　具体操作方法如下。

① 从渔获物或池中捞起并区分雌雄个体。牙鲆亲鱼的挤卵、挤精液的方法与大多数鱼不同，多数鱼一般是从前向后挤压，而牙鲆鱼是从后向前挤压（生殖孔在胸鳍下方）。成熟卵只要轻轻挤压就能流出，流出的卵子不黏合成块。

② 把雄性个体的精液挤在事先准备好的干净烧杯中。

③ 挑选性腺发育已完全成熟的雌性个体，1人用1手抱住鱼体，另一手轻柔而有节奏地从鱼体后部向肛门、生殖孔的方向挤压；另1人用一手握住鱼尾，以稳定鱼体，另一手则拿着塑料盆或其他容器接住被挤压出来的卵流，当卵流中出现不透明卵或不好挤压时，应立即停止采卵。

④ 视卵子的数量把所采得的精液倒在卵子的表面，再用毛笔或手轻轻地混合均匀，进行干法授精。

⑤ 待1～2min后，即可添水。

⑥ 停滞约2～3min，便开始洗卵。通过多次换水的方法，洗去过剩的精子和血污等。

⑦ 将受精卵捞起、称重、计量。

⑧ 倒入孵化箱或孵化桶中孵化。

注意事项：在做人工授精时，一尾雄鱼的精液足够使几尾雌鱼的卵受精。但因牙鲆雄鱼成熟较早，排放精子也较早，因此雄鱼不宜过少，一般雌雄比为1：1或1：1.5。如果亲鱼在池中自然产卵、受精，则雄鱼比雌鱼要更多些，雌雄比为1：2或1：3为好。

（2）自然产卵　由于野生亲鱼人工挤卵的方法往往受资源量、成熟度、时间、地点等多种因素的限制，并且随机性很大，所以很难有计划、稳定地进行苗种生产。现在多采用收集自然产卵的方法来获得受精卵。

从海上捕获的天然野生亲鱼，经过驯养，再经过度夏和越冬，能存活下来的个体，一般都能在第2年春天的产卵季节自然产卵。而人工培育的苗种，经过2～3年的培育，达到性腺成熟后，在产卵季节也能够自然产卵、受精，同时还可以通过调节水温和光照时间，驯化营养培育等措施，可以有计划地提早自然产卵，从而满足生产的需要。

注意事项：亲鱼在产卵之前和产卵期间，不要移动或受到惊动，否则会影响其产卵，而且产出卵的质量差、不受精或受精率低。亲鱼有时会因人影、噪声、振动等影响停止摄食和产卵。所以亲鱼在产卵期间，要求周围环境光线暗淡，产卵池周围最好用黑色布遮光，保持安静。

牙鲆亲鱼初期产的卵，质量比较差并且产卵量少，产卵开始5～7天后进入产卵盛期，所以最好在自然产卵开始后5～7天的产卵盛期收集受精卵。

收集的方法：

① 对亲鱼产卵池采取溢流排水收集受精卵。亲鱼自然产出的卵，受精后漂浮于水面，在溢流排水的同时，池水连同上浮的卵被旋流到池中央，由中央排水管导入集卵池的集卵网箱中。

② 根据亲鱼产卵情况和集卵网箱中卵的数量，每天定时收集集卵网箱中的受精卵。一般在亲鱼产卵后2～3h，即在早晨7～8时收集受精卵1次，或在傍晚再收集1次。

在收集过程中，流入集卵网箱的水流不要过大，否则由于受精卵在集卵网箱中长时间被水冲击、搅动容易造成卵膜破裂。

③ 当集卵网箱中的卵达到一定数量后，可停止集卵，静置20～30min后，用80目筛绢网捞取集卵网箱中上浮的卵，用15～20目纱网滤去亲鱼粪便等杂质。用过滤海水冲洗干净后放到孵化槽中进行孵化。

5. 孵化

（1）孵化密度　在微流水、微通气、水面溅起微波的情况下，培育密度随容积不同而变化（表17-5）。

表17-5　牙鲆受精卵孵化密度

容积/m³	密度/(万粒/m³)	容积/m³	密度/(万粒/m³)
0.5～1	30～60	20～50	1.5～4
5～10	4～8	50	1

（2）孵化条件　见表 17-6。

表 17-6　牙鲆受精卵孵化条件

孵化条件	具体要求
水温	孵化水温必须控制在 10～24℃,孵化适温为 14～19℃,其最适孵化水温为 15℃左右,切忌温度大幅波动。水温 15℃,一般经 60h 左右即可孵化出仔鱼
盐度	孵化用水的盐度为 28～35
pH	要求在 7.8～8.6,以 8 左右最适
溶解氧	要求在 6mg/L 以上,可通过微流水、微充气,或静水微充气孵化
光照	孵化槽上方要遮光,避免太阳光直射

（3）日常管理

① 每天记录水温变化,要保持水温稳定。

② 孵化期间每天需虹吸清除下沉死卵,同时需将虹吸出的卵静置,将其中上浮捞出来放回孵化池。

③ 注意充气量不能过大,以水面有微波为度,进水以缓流为准,防止冲击形成畸形胚。

④ 静水孵化时,用等温新水换水一次。

⑤ 如果所用海水重金属离子含量偏高,可使用 2～5mg/L EDTA 配位,从而使水质净化。

三、幼体培育

幼体培育的技术目标:科学管理,育苗成活率应达 30% 以上;做好饵料投喂等管理工作,减少体色异常个体的出现。

因牙鲆鱼有变态营底层生活的习性,故其幼体培育分为前期幼体培育（从孵化到底层生活阶段的培育）和后期幼体培育（从营底层生活到全长 50mm 阶段的培育）。

1. 前期幼体培育

（1）放养密度　初孵仔鱼密度为 2 万～4 万尾/m³,待体长为 13～15mm 沉底期时密度为 1 万尾/m³。

（2）水质管理　见表 17-7。

表 17-7　牙鲆前期幼体培育水质条件

培育条件	具体要求
盐度	27.7～35.7
pH	7.8～8.2
氨态氮	<100μg/L
换水	静水或微流水培育 5～10 天,根据水质情况每天换水 1/5～5/6,换水量逐渐加大。后期开始流水培育,流水量从每天 1/3～1 个循环逐渐增加到每天 1～3 个循环
温度	培育初期水温为 15℃,与孵化水温相同,以后每天缓缓升温,至 5 日龄时升至最适宜水温 18℃
充气	要求在 5～8mg/L,采用微充气
光照	仔、稚鱼在变态以前及变态期间至少需要 500～1200lx 的光照(池底不低于 50lx)

（3）投饵　培育到完成变态（15mm）,所用饵料以轮虫、卤虫无节幼体、卤虫为主体,辅助使用糠虾浸汁,天然桡足类、枝角类浮游生物,微颗粒配合饵料等（表 17-8）,投饵宜早不宜迟。在适宜的环境中,一般经过 30 天左右的培育,仔鱼即可完成变态附底。

表 17-8　牙鲆前期幼体投饵要求

投饵时间	投饵要求
仔鱼孵化后 3～4 天	投放轮虫,投放密度 5～10 个/ml,每天投喂 3～4 次。轮虫投喂直至鱼苗全部附底
仔鱼长至 5.5mm 左右(约 10 日龄)	投喂卤虫无节幼体,每天投喂一次卤虫无节幼体,初始可按 0.5～2 个/ml。到 30 日龄时,每天每尾稚鱼需头尾 100～250 个无节幼体,并应持续到 45～47 天
仔鱼长至 6～8mm(约 17 日龄)	投喂微颗粒配合饲料,并加桡足类、枝角类等浮游动物。初期的适口粒径为仔鱼口径的 15%～30% 的饵料比较适宜。投喂配合饲料时开始应少投,确认摄食后再逐渐加大投喂量,日投喂率约 5%～7%,约每 6～12 天需加大一次饵料粒径
孵化后第 3～20 天	向培育水体中添加小球藻,小球藻在培育水体中的浓度为 50 万～100 万细胞/ml

（4）计数　一般在仔鱼全长 8mm 以前,可在夜间无光条件下仔鱼分布比较均匀时,用一根直径约 5cm 的塑料管,按不同区域垂直插入水中取样倒入量杯,读出量杯体积,并计数水样中的仔鱼尾数,求其各取样点的平均数,然后以体积比例法推算出全池仔稚鱼数量。在全长达 8mm 以后,较多采用清底时核查死亡的个体数;营底栖生活后靠观察鱼苗在池底的分布情况推算存活量;也可利用在分池或倒池时采取全量计算法得到真值。

2. 后期幼体培育

后期培育是从仔、稚鱼附底培育成全长 3～5cm 的鱼苗。稚鱼的生长一般从孵化后第 50 天左右开始加速,生长好的每天可增长 1mm 以上,65～70 天后每天可增长 2mm 以上。

（1）培育方式　在牙鲆幼体培育后期育苗中,因网箱培育具有便于鱼苗出池、换水较易、残饵不易积存、投饵量受限制少、成活率较高等优点,目前多数采用网箱进行培育。即在鱼苗将着底前或刚开始着底时移入网箱培育。网箱大小不限,网目最初为 2～3mm,随鱼苗长大要换网,并要常洗网。当然,后期培育也可继续使用与前期培育同样类型的育苗池。

（2）水质　水深 1m,后期培育的适宜水温为 18～25℃。随着体长的增加,稚鱼会增强对低盐度的耐受性,换水率取决于所投喂的饵料种类和数量。

（3）放养密度　具体放养密度和换水量要综合考虑,体全长 13～15mm 的底层生活期稚鱼放养密度为 1 万尾/m³,然后随着生长逐渐减少,体长 3cm 的稚鱼放养密度为 1000～2000 尾/m³,全长 3cm 时的稚鱼正处于残食阶段,密度过高会降低成活率。

（4）移苗方法　从早期育苗池移入网箱可用虹吸的办法将苗吸出,用桶或勺等工具将鱼苗带水一起舀入网箱。

（5）投饵　牙鲆从营底层生活开始,其生理上要发生变化,因此必须选定与之相适合的饵料种类。同时随着摄食量的增加,需大量投喂大型饵料,如用卤虫成体或其他个体较大的饵料,或者使用肉糜等。

稚鱼着底后,一般不再投喂轮虫,主要投喂卤虫无节幼体、成体、天然桡足类、枝角类等浮游动物、鱼类仔鱼、鱼虾肉糜及配合饲料等。随着稚鱼的生长,应及时更换饵料种类或配合饲料的粒径,并掌握好投饵的时间和投饵量,以缩小个体大小差异并减轻互残现象,提高成活率和生长速度。如果个体差异大,互残严重,就应用网箱进行分选和分养。

投喂死饵料如肉糜时,投喂量基本应当天吃完,天黑前应将残饵及污物吸掉。

（6）注意事项　在牙鲆人工育苗过程中同样有三个危险期:一是在卵黄囊将吸收完,仔鱼开始摄食以后的几天里最易死亡;二是鱼苗开始着底也是一个死亡高峰;三是完成变态后,开始出现相互残食现象,造成成活率降低。

防止残食的办法是:及时更换饵料,投喂充足,同时要适时分苗,将大小苗分养。可采用将鱼苗移到网箱,让小的游出来或漏出来的分苗方法;达到分苗目的。网箱须用粗网线制作,以防鱼苗挂在网上。

3. 苗种出池

牙鲆开始营底栖生活后，除摄食外，多栖息水底，出池比较困难。如用网箱培育时，则比较容易，通常只要提起网箱两角，将网箱倾斜，将苗种集中于网箱一角捞出即可。如是在池中直接培育，出池时可在排水沟里放一接苗网箱，将水池水位降低到 40～60cm，打开阀门，让苗种随水流入接苗网箱，当池水降到 10～15cm 时，可下池将苗种赶至排水口，从而顺流入网，也可用柔软的手抄网将苗种捞出，最重要的是动作要轻巧，以免鱼体受伤。

第四节　牙鲆的养成模式与技术

> **养成的技术目标**：牙鲆养殖成活率达 70%～80%；商品鱼规格为 500～750g/尾。

目前牙鲆的养殖方式主要有陆上工厂化养殖和海上网箱养殖等。

陆上工厂化养殖牙鲆，在良好的饲养环境条件下，放养全长 5～6cm、个体重 1.5～2.0g 的鱼苗，一般养殖 8～12 个月即可达到商品鱼规格，我国一般要求 500～750g/尾。

一、养成池准备

池子的形状结构和育苗池基本相同，一般规格为 30～40m²，池深 70～80cm，池底锅底式，排污口底在池底中间，并用直径 100mm 的带孔塑料管套在排污口，以防逃鱼和缓慢水流，池壁应比实际水深高出 30～50cm。

二、苗种选择

在选择苗种时应把握以下几个原则：

① 最好选用本场培育的苗种，尽量选择同批产卵孵化培育的苗种，另外要选择在稚鱼期摄食良好的苗种；

② 在入池前必须挑选规格整齐的苗种进行放养；

③ 苗种全长应在 4cm 以上；

④ 应选择在无眼侧为白色、在有眼侧为黑白花纹颜色清晰的个体，选择体型呈椭圆形、长宽适中的健康苗种。

一般购苗的时期受当地养殖水温的影响，应在水温为 13℃ 以上时才购进苗种。

三、苗种运输

可用专用充氧塑料袋装运。每袋装体长 5cm 鱼苗 300～500 尾。袋内放新鲜海水 1/2，充氧气 1/2，扎紧袋口，装进纸箱，每箱装两袋。高温季节还应在纸箱内放一小塑料袋冰块，起降温作用。在气温低于 26℃ 情况下可连续运输 25～30h，成活率可达 96%。

注意事项：在装运之前 12h，应停止投饵，运输过程中也不能投饵；运输过程中要定时检查水温并观察苗种的状态，尤其是塑料袋运输如果发现死亡个体，应立即更换新水充氧；运输时要避免剧烈摇晃，以免擦伤；为防止病原菌和鱼苗一起进入饲养池，在入池时要用 1～2mg/L 的抗生素药浴。

四、放养密度

放养密度一般为 5～15kg/m²。牙鲆鱼苗的商品规格必须在 5cm 以上。另外需要注意的是：养殖牙鲆白天有的会重叠在一起，到了夜间就会疏散开来。这时如果能使养殖牙鲆分布水池池底面积70％～80％是比较适宜的。在夏季高温季节，放养面积率最好掌握在40％～60％。

五、苗种的分选

一般在苗种入池之后，每月分选2～3次。全长在7cm之前，每10～14天分选1次；当全长达到7cm以上时，根据生长情况，每月分选1次。

分选的方法是将池中的稚幼鱼捞放到供分选用的铺有不宜擦伤鱼体、透水良好、白色软纱网的较浅水槽中，然后用小手抄网一尾一尾仔细地挑选，将畸形、瘦弱、无养殖价值的个体丢弃，其他按大中小进行分养。

注意事项：防止缺氧，随时注意鱼的活动状态；在分选作业之前要停食，使鱼呈空胃状态；对大个体的分选，在高温时要尽量使分选在低密度状态下迅速进行；分选操作要仔细、轻快，不能使鱼体受伤，不能擦伤鱼的体表和损伤鱼鳍，一般在分选后用1～2mg/L的抗生素进行药浴；在分选的同时测定鱼的全长和体重，按个体大小不同进行分选，并确定各池分养密度。

六、环境指标

牙鲆养殖过程中对环境的要求见表17-9。

表17-9　牙鲆养殖过程中对环境的要求

环境条件	具体要求
水温	饲养的适宜水温为10～27℃。越冬温度最好保持在10℃以上
盐度	5～35
pH	7.7～8.6,不能超过9
溶解氧	一般采用流水和充气相结合的方法来解决溶解氧含量,另外还要经常除去覆盖在水面上从饵料中析出来的脂肪形成的油膜
光照	一般要求光照强度为1000～5000lx,池水上方要遮光,四周窗户要用遮阳网遮住直射光

七、日常管理

牙鲆养殖过程中的日常管理见表17-10。

表17-10　牙鲆养殖过程中的日常管理

生产环节	具体操作
换水	一般水温在15℃以下时,日换水量在5～10个循环;水温在15℃以上时,尤其是超过20℃时,应加大流水量。在夏季高温时,更需要加大换水量,达到20个循环
清底	池底沉积的污物要进行虹吸、清扫,每月至少要清扫两次以上
投饵	目前应用的饵料种类主要有鲜活饵料、人工配合饵料和冰冻鲜鱼虾类。这3种饵料比较而言,以鲜活饵料为最好 投饵量是根据鱼的摄食量计算出来的。而鱼的摄食量与鱼的大小、水温、溶解氧及天气情况等因素有关 日投饵次数应随鱼体增长而调整,一般5～10cm时为5次;10～15cm为5次;15～20cm为3次;20cm以上一般早、晚各一次即可

【思考题】

1. 牙鲆的生殖习性是什么？
2. 如何进行牙鲆人工授精？
3. 牙鲆幼体培育阶段关键技术环节有哪些？
4. 牙鲆室内工厂化养殖技术要点有哪些？

第十八章　半滑舌鳎养殖

【技能要求】

1. 能开展半滑舌鳎的亲鱼驯化。
2. 能对亲鱼进行温、光调控操作。
3. 能开展半滑舌鳎的人工繁殖。
4. 能进行半滑舌鳎的苗种培育。
5. 能够开展半滑舌鳎的工厂化养殖。

第一节　养殖现状与前景

半滑舌鳎属暖温性的近海底层鱼类，主要分布于我国以及朝鲜半岛，日本近海和俄罗斯远东海域。我国黄海、渤海、东海、南海等沿海均有分布，以渤海、黄海为多，在辽宁、河北、山东、浙江等地沿海均可采集到。该鱼活动范围小，种群数量不多。喜栖息于水深 5～15m 的河口附近浅海区。平时匍匐于泥沙中，只露出头部或两只眼睛，不太集群，行动缓慢、活动量较小。

半滑舌鳎含有较高的不饱和脂肪酸，蛋白质容易消化吸收。其肌肉细嫩，口感爽滑，鱼肉久煮不老，无腥味和异味，属于高蛋白、低脂肪、富含维生素的优质比目鱼类。半滑舌鳎含有丰富的不饱和脂肪酸，鱼体肌肉组织中饱和脂肪酸的相对含量为 38.2%，不饱和脂肪酸的相对含量为 54.6%，二十二碳六烯酸（DHA）有助于人体脑细胞的生长发育和防治心脏病及多种疾病，在半滑舌鳎的肌肉中，这种不饱和脂肪酸的相对含量高达3.2%。半滑舌鳎体型大，内脏团小，出肉率高，味道鲜美，是海产鱼类中的珍贵品种，很受消费者喜爱。

半滑舌鳎作为目前我国新开发的优良鱼类养殖品种，从目前的市场需求看，不仅在价格上有优势，而且在消费者的消费习惯和消费心理方面也很有人气。从目前的研究进展看，半滑舌鳎养殖已具备进行产业化开发的基础。特别指出的是，半滑舌鳎是地方特有品种，长年来一直深受人们喜爱，由于资源量的减少，多年来未能形成消费市场，目前商品鱼在国内外市场需求量缺口很大，呈供不应求的局面。现在半滑舌鳎市场售价高达 300 元/kg，利润丰厚，养殖前景乐观，开发潜力很大，市场的刺激将使其迅速形成产业化。从养殖角度看，半滑舌鳎生长快、广温广盐、适应性强的特点适合于多种养殖方式，特别是开发池塘生态养殖模式对于我国沿海池塘的有效利用开辟了一条新途径。

第二节　认识半滑舌鳎

半滑舌鳎（*Cynoglossus semilaevis*）又称半滑三线舌鳎，地方名为龙利、舌头、牛舌、鳎板、鳎米鱼、鳎目和鞋底鱼等。半滑舌鳎在分类学上隶属硬骨鱼纲，鲈形总目，鲽形目，舌鳎科，舌鳎亚科，舌鳎属，三线舌鳎亚属。半滑舌鳎身体较长，呈舌形的扁片状，左右两侧不对称，两只小眼均在左侧。口小，下位，口裂弧形，左右不对称，无眼侧的弯度较大。

有眼侧上下颌无齿，无眼侧两颌具绒毛状细齿，呈带状排列。头部两侧各有一对鼻孔。鳃孔窄，鳃盖膜左右相连，鳃耙退化，仅为细小尖突。肛门在无眼侧。半滑舌鳎的鳞细小，有眼侧为栉鳞，无眼侧为圆鳞或间有弱栉鳞。有眼侧有 3 条侧线，侧线延伸至头部，在吻部彼此相连，无眼侧无侧线。背鳍及臀鳍均与尾鳍相连续，鳍条均无分支，无胸鳍，无眼侧无腹鳍，仅有眼侧有腹鳍，尾鳍尖形。有眼

图 18-1 半滑舌鳎

侧为褐色、暗褐色、古铜色或青灰色，鳍呈黑褐色，边缘淡色。无眼侧为白色（图 18-1）。半滑舌鳎对环境的要求见表 18-1。

表 18-1 半滑舌鳎对环境的要求

环境条件	具 体 要 求
底质	底质最好是沙底,利于其潜沙生活;也可为沙泥底和岩礁底
水温	对水温环境有较强的适应能力。在 4～32℃的水温中能够生存,生长适温为 14～28℃,随着温度上升,生长速度加快。水温高于 30℃时,才出现明显的不适应
盐度	能在盐度为 5～37 海水中存活,生长适宜盐度为 16～32。当盐度低于 26 时,受精卵开始下沉,盐度高于 26 时,有利于受精卵的漂浮和孵化
光照	对光照要求不高,喜欢在较暗的环境下生活,当光照太强时,表现为紧张、伏底聚群、不活泼。工厂化养殖光照要求在 600lx 以下,池塘养殖可以通过提高水位来降低池底光照强度
透明度	50cm 以上
pH	7.6～8.6
溶解氧	4mg/L 以上
氨态氮	低于 0.025mg/L

第三节 半滑舌鳎的人工繁育技术

一、繁殖习性

半滑舌鳎 2 龄开始性成熟，3 龄全部成熟。渤海海区雌鱼最小性成熟体长为 490mm，最大个体可达 735mm；雄鱼最小性成熟体长为 198mm，最大个体体长 420mm，其中以 210～310mm 的个体占绝对优势。

半滑舌鳎的卵巢极发达，怀卵量很高，体长 560～700mm 的个体，怀卵量 76 万～250 万粒，大多数个体在 150 万粒左右，卵子为分离的球形浮性卵。雄鱼的精巢极不发达，从而导致了其自然繁殖受精率低、种群繁殖力弱的现象。

自然产卵期，雌雄性比差异较大。生殖群体在产卵前的 7 月底至 8 月中旬，雌雄比为 4：1；8 月中旬至 8 月底，雄鱼数量明显增多，雌雄性比为 1：2；9 月初开始，雌雄个体的性腺已基本成熟，产卵期间雌鱼约占 55%，雄鱼占 45%，雌鱼略多于雄鱼。

半滑舌鳎性腺每年成熟 1 次，多次产卵。渤海海区的繁殖时间在 8～10 月份，9 月中旬为产卵盛期，10 月上旬产卵结束。

二、亲鱼的选择与培育

> **人工繁殖的技术目标**：在培育过程中，要求停止使用一切禁用渔药；若收购野生亲鱼，驯化培育成活率应在 20%～30%。受精率较低，应达 25%～30%，受精卵孵化率应达 85% 以上。

1. 亲鱼选择

（1）亲鱼的来源　一般有两种：自然海域成熟的亲鱼和人工培育的亲鱼。

① 自然海域成熟的亲鱼　直接利用海捕亲鱼进行繁殖的，可在黄海、渤海区，于每年的 8 月下旬至 10 月中旬的产卵季节捕捞。

② 人工培育的亲鱼　有全人工培育的亲鱼和野生成鱼经人工养殖驯化培育的"半人工亲鱼"。

（2）亲鱼的选择　选择性腺发育良好（性腺成熟度达 IV 期最好）、健康活泼、无外伤、鳞片完整的个体。清洗亲鱼体表附着的黏液和污物，运回育苗场后，即可催产、采卵。

2. 亲鱼的培育

（1）亲鱼的驯化培育　蓄养亲鱼的水泥池以 30～50m² 的圆形池较好。池子上方要遮光，周围环境要安静。放养密度为 1～2 尾/m²，雌雄比为 1∶3。培育采用充气常流水的方式，每天换水量 200%～400%。要求水温 20～26℃，海水盐度 26～32，pH 值 7.8～8.4，溶解氧 5mg/L 以上，其余指标要符合 NY 5052—2001 标准的要求。

驯化培育期间的饵料种类有沙蚕、双壳贝类、虾蛄和小鲜鱼。早、晚各投喂 1 次。投饵量为亲鱼体重的 3%～5%。初捕获的亲鱼，拒食时间长，甚至出现个别亲鱼饿死的现象，驯化时要有耐心。驯化摄食正常后，投喂也要有耐心，因为半滑舌鳎不集群摄食，寻找食物花费时间很长，摄食过程缓慢，池中要有一定量的剩余饵料，才能保证亲鱼吃饱。要求每天吸底 1 次，及时清除残饵、污物及死鱼。

（2）亲鱼温、光调控培育　全人工培育的亲鱼或"半人工亲鱼"，经过精心喂养和育肥，达到了理想状态后，可实施控温、控光措施，促进亲鱼性腺发育，实现不受季节限制全年育苗。其中以控温为主、控光为辅，当温度下降到 25℃ 左右时开始调节光照时间，使之每天不超过 16h，光照时间要逐步缩短。温度要逐渐降低，最终保持在 18℃ 左右。经过 2～3 个月的精心管理，雌鱼腹部明显隆起，用手轻轻抚摸腹部，可以明显感到性腺呈松软状态，此时表明性腺完全成熟，进入产卵期。

三、产卵、受精与孵化

培育良好的亲鱼可以自然产卵受精。对性腺已发育但成熟不太好的亲鱼（特别是捕获的野生亲鱼），可以采用注射激素进行催产的方法。当发现亲鱼已排卵而不能自行产卵时，应及时进行人工授精，否则，卵子退化吸收，无法进行苗种繁育。

半滑舌鳎产卵前，明显有雌雄聚集的现象，雄鱼聚集在要产卵的雌鱼周围。雌鱼产卵时尾部时常上下拍动，背鳍、腹鳍不停地抖动，当雌鱼出现一次大的抖动动作时，整个鱼体隆起，雄鱼迅速钻到雌鱼腹部下面，并被雌鱼掩盖，很快便出现产卵和排精现象。

性腺发育良好的亲鱼，轻压腹部可挤出卵子或精液。由于半滑舌鳎雌鱼的排卵量相当大，而雄鱼的精液量很少，进行人工授精时，为了保证较高的受精率，可用 1～3 尾雄鱼配 1 尾雌鱼。半滑舌鳎的成熟卵子呈浮性，采用湿法人工授精较好。挤出卵子后，加入海水，稍微搅拌，然后加入精液，不停地均匀搅动，静置 10min 左右，分离出未受精的死卵，将受精卵清洗干净，放入孵化器中孵化。

孵化器一般为 80 目的筛绢制成的网箱，放入水泥池中。水泥池和孵化箱内不间断充气，使孵化箱内水体缓慢波动。光照控制在 1000lx 以下，孵化水质要求同亲鱼培育水质一致。孵化水温最好低于产卵水温 0.5℃，保持水温稳定在 20～23℃，受精卵经过 30～40h，仔鱼便可破膜而出，完成孵化。

四、苗种培育

> **苗种培育的技术目标：**从孵出的仔鱼培育到 3cm 以上的苗种成活率应在 15％～20％；培育的苗种，要求体色、体形正常，体质健壮，无病害、无损伤，摄食良好，伏底、附壁能力强。

1. 培育条件

半滑舌鳎的苗种培育池以圆形为好。要求海水盐度 27～32，水温 22～23℃，pH 值7.8～8.2，溶解氧大于 5mg/L。池子的面积大小为 10～20m²，苗种培育水深 0.6～0.8m 即可，操作方便，易于管理。

2. 培育密度

由于受精卵上浮性好，容易收集，搬移操作容易，所以将马上孵化的受精卵计数后布池。苗种变态伏底后，不再上浮摄食，吸底、分池困难，所以培育密度不宜过高，孵化后仔鱼的密度以 0.5 万～1 万尾/m² 为宜，可根据育苗场的设施条件和技术管理水平而定。

3. 养殖管理

（1）水质管理　半滑舌鳎为秋季降温性产卵繁殖，苗种培育在秋季高水温期，适宜水温 20～24℃。随着苗种的生长逐渐降低培育水温，水温日变化不超过 1℃。培育要求水质清新、稳定，透明度要求能看到池底。海水适宜盐度 27～32，培育过程中要求盐度恒定。pH 值 7.8～8.2，日波动不宜过大。要求水中连续充气，池水保持缓慢波动状态，保持溶解氧量大于 5mg/L，氨态氮小于 0.02mg/L。

半滑舌鳎的苗种不喜强光，光照强度大时，仔、稚鱼多在底层活动，难以观察，苗种培育时光照应控制在 1000lx 以下，以 400～600lx 为宜。孵出后 2 天开始换水，每天换水 2 次，初期每天换水率为 10％～20％，以后逐渐增加换水量，每天吸底 1 次。

（2）投饵　半滑舌鳎食性较广泛，摄食的种类包括十足类、口足类、双壳类、鱼类、多毛类、棘皮动物类、腹足类、头足类及海葵类等 9 个生物类群的 50 多种动物，其中以十足类、口足类、双壳类和鱼类为主。半滑舌鳎的稚鱼摄食无脊椎动物的卵、轮虫、贝类幼虫、桡足类的无节幼体等，变态后摄食枝角类浮游动物、糠虾等。幼鱼开始摄食软体动物类、多毛类、小虾和小鱼的幼体等。成鱼多摄食十足类、口足类、双壳类和小型鱼类等。

仔鱼孵出后，可向池中加入小球藻，保持池水中小球藻浓度为 30 万个细胞/ml 左右。

孵出后 3 天，仔鱼活动能力较强，卵黄基本吸收，仅剩聚集油球的残余部分，口已完全张开，消化系统开通，肠道变粗，开口摄食。初期投喂经过小球藻和营养强化剂强化过的轮虫，保持池水中轮虫密度为 8～12 个/ml。每天吸底 1 次，每天换水 10％～30％。

孵出后 8 天，鱼腹部变宽，胃肠道开始回转，可以投喂经过营养强化后的卤虫无节幼体，保持池水中卤虫无节幼体密度为 3～5 个/ml，以后逐渐增加卤虫无节幼体投喂量，增至 8～10 个/ml 后保持密度，减少轮虫投喂量。每天吸底清污 1 次，每天换水 30％～50％。

孵出后 13 天，停止投喂轮虫，开始驯化投喂配合饲料，此时鱼体游动能力强，生长代谢旺盛，投喂饲料增加，尤其是投喂配合饲料后，水体污染情况逐渐加重，应适当增大充气量，增加换水量，日换水量50％～100％，每天吸底清污1次。

孵出后17～19天，鱼体处于变态发育阶段，摄食欲望不强，不喜欢摄食硬颗粒配合饲料。同时，伏底变态期间，鱼体质弱，吸底伤亡严重，为了保持水质，降低吸底强度，这期间应停止投喂配合饲料。加大换水量，日换水量100％～150％，每2天吸底1次。

孵出20天之后，鱼体营伏底或附壁生活，不再游到水中摄食。开始逐渐增加配合饲料的投喂驯化，逐渐减少卤虫幼体的投喂量。30天后卤虫幼体的投喂量减至每天1次，投喂时间在16：00～17：00。半滑舌鳎由于伏底摄食，将食物压在口下吸入吞食，觅食时间长，摄食缓慢，对配合饲料的水中稳定性要求比其他鲆、鲽类高。

4. 苗种出池

半滑舌鳎苗种培育至全长3cm以上，需要40天左右的时间。以后的苗种培育过程中，需进行分苗、并池、倒池等操作，卖苗时也需要将苗种移出培育池。半滑舌鳎苗种伏底和附壁能力强，不在水中游动，苗种难以用抄网捞出，可以通过排水或虹吸的方法出苗。

第四节　半滑舌鳎的养成模式与技术

养成技术目标：商品鱼要求体态完整、体色正常、无伤、无残，健壮活泼、大小均匀；目前国内活鱼上市规格每尾至少要达600g以上；池塘养殖成活率要求达50％左右，工厂化养殖成活率要求达80％以上；上市前要严格按照休药期规定的时间停药。

半滑舌鳎虽然也属于吞咽式摄食方式，但是其寻找到食物后，先将食物压在嘴下，然后吸入口中吞下，对大型食物没有撕咬吞食能力，只能摄食适口的小型食物。半滑舌鳎的特殊摄食方式决定了其不适宜于进行网箱养殖，只能进行池塘养殖和工厂化养殖。

一、池塘养殖

1. 池塘条件

（1）池塘的形状和大小　池塘的形状和大小可以根据地形灵活确定，因地制宜。原则上讲，池塘的形状最好为长方形，面积不超过2hm²。

（2）池塘的水源　池塘用水必须要求水质好、无污染。同时要选择潮流畅通，潮差大，注、排水方便的地方。若小潮汛期间不能保证换水的池塘，必须配备相应功率的抽水设备，防止小潮汛期间无法换水而引起的水质恶化。

（3）池塘的底质　以泥沙底、沙底、岩礁底较好。要求底形平坦，便于养成起捕收获。淤泥底的池塘不适宜半滑舌鳎的生长。

（4）池塘水深　池塘养殖半滑舌鳎，一般要求水深在0.5m以上即可。半滑舌鳎高温生长快，水浅有利于提高池塘水温。

（5）池塘的周边环境　要求在生活方便、交通便利的地方，便于生产操作和生活安排。养殖池附近海区无工业、生活污水污染及有害物质存在。池塘靠近外海，进、排水方便及时。

2. 放养前的准备工作

（1）养殖池的整理　每年冬季，应将池水放干，清除池底沉积的淤泥及其他污物，修复加固堤坝、水闸门及防逃网。春季放鱼前1个月左右，首先用200～300kg/hm²的漂白粉或1000～3000kg/hm²的生石灰进行全池泼洒，以杀灭有害细菌、寄生虫等病害生物，7天后开始进水。

(2) 池水培育　池塘放苗前通过培肥水质，培养池中的基础生物，如沙蚕、螺赢蜚、小型鱼类、甲壳类等。基础生物饵料丰富，放苗成活率高，苗种生长速度快，同时可以减少饲料投入，提高养殖效益。

3. 鱼种放养

(1) 苗种质量和规格　池塘养殖半滑舌鳎的苗种要求体色正常、体质健壮、无损伤、无病害、无畸形，摄食良好，伏底、附壁能力强。苗种全长、体重合格率应在90％以上，伤残率在5％以下。规格要求全长在15cm左右、体重在20g以上。

(2) 苗种运输　由于半滑舌鳎伏底、附壁能力强，运输容器要求形状固定、内壁光滑，不宜使用帆布桶等易变形或内壁粗糙的容器。采用泡沫箱内装塑料袋充氧运输的方法较好，一般每袋可装15cm的苗种80～100尾，可运输6～10h的路程。运输用水的水温、盐度可根据养殖池的水环境要求，提前进行调节。运输过程中根据路途的远近和气温的情况，可于泡沫箱内放一些碎冰，防止水温升高。注意保持平稳，防止剧烈颠簸，造成苗种受伤。

(3) 放苗　鱼苗放养时应尽量选择晴天上午或下午进行，避开中午强烈光照、大风和阴雨天气。在池塘周围多选择几个放苗点，使苗种能均匀分散于池中，有利于尽快摄食，适应环境。

放苗密度应视养殖条件而定，放苗密度以6000～7500尾/hm^{2}为宜。如果换水条件好、饵料生物丰富的池塘，可以相应地增大养殖密度；如果换水条件差、饵料生物贫乏的池塘，放养密度不宜过高。

4. 饲养管理

(1) 水质管理　半滑舌鳎的池塘养殖，主要是利用春季到秋季的高水温季节。水质调控以换水为主要手段，在条件允许的情况下，根据潮汐情况，尽量增大换水量，保持池塘水质清新、稳定。

(2) 投饵　在养成过程中，以投喂硬颗粒饲料为主，辅助投喂鲜杂鱼。鱼苗入池后，稳定2～3天即可投喂。投喂时要定时、定点，以便于检查吃食情况。但半滑舌鳎摄食分散，不集群争食，所以投喂点要适当多设。投饵量应根据摄食、天气及水质情况进行调整，以稍有不足为宜，一般为鱼体总量的1％～2％。每天投喂2次，早晨和傍晚各1次。

(3) 日常管理　日常要进行巡塘，注意观察水色、鱼的活动、吃食情况；检查进、排水口；发现病鱼时，及时将其捞出诊断，进行相应的治疗；每天要测量水温和气温，做好记录，以便及时了解气候环境的变化，以采取相应的管理措施。

5. 半滑舌鳎的生长

半滑舌鳎个体较大，寿命较长，渔获物群体中雌鱼的最高年龄为14龄，雄鱼为8龄。鱼体在3龄以前生长最快，尤其是在初次性成熟前，性成熟后生长速度减慢。半滑舌鳎的生长期，主要在水温较高的5～8月份和10～11月份。8～10月份进入成熟产卵期，摄食明显下降，生长缓慢。雌、雄鱼个体生长差异相当大，无论是体长还是体重，同龄的雌鱼比雄鱼生长得要快。

6. 捕捞

半滑舌鳎潜沙、伏底能力强，采用放水和拉网相结合的方法，是其起捕的理想方法。但起捕时要选择晴朗的天气进行，操作要仔细，尽量避免鱼体受伤。

二、工厂化养殖

半滑舌鳎的工厂化养殖，就是通过室内养殖设施，人工调控养殖环境条件，进行水泥池流水高密度养殖，实现高产、高效的目的。

工厂化养殖设施，主要包括养殖车间、供水系统及配套的辅助设施等。养殖设施要求达到有利于改善养殖环境、控制病害流行、实现健康养殖的目的。

1. 苗种的选择

选择半滑舌鳎的苗种应遵循以下几个原则：

① 购苗之前应预先了解苗种场生产情况和用药情况等，选择健康、规格整齐的苗种，以提高养殖成活率；

② 提前观察苗种摄食情况，摄食饱满的苗种摄食力强，胃部不饱满的苗种摄食力差。摄食力差的苗种，有可能是受到伤害或不健康的；

③ 半滑舌鳎雌、雄生长速度差别大，雌鱼生长速度快，个体大，买苗时尽量挑选大规格的苗种，养殖效果好；

④ 半滑舌鳎体形细长，车间养殖要求小规格苗种全长在 6cm 以上，大规格苗种全长在 10cm 以上。规格太小的苗种，养殖场日常吸底清污操作困难，不易管理。

2. 苗种运输

苗种采用泡沫箱内装塑料袋充氧运输，对颠簸路途适应性好，苗种受损伤轻，运苗成活率高。具体操作方法参见池塘养殖的苗种运输。每袋可装 6cm 的苗种 300～400 尾，10cm 的苗种 100～200 尾。

注意事项：根据路途、路况、水温、气温等条件，确定合理的运输密度；运输前要停食 1 天，使鱼处于空胃状态；运输过程中要注意遮阳和保温；运输途中，避免剧烈颠簸、晃动，防止鱼体互相擦伤。

3. 苗种放养

经过出池分苗、长途运输、饥饿及各种刺激，苗种体质下降。苗种入池前要逐渐调整水温和盐度，使其逐步适应养殖池的环境。苗种入池时应进行药浴，可以用 5～10mg/L 的土霉素药浴 2 次，每天 1 次，每次 1～2h。

4. 养殖密度、规格筛选

半滑舌鳎除了觅食活动外，很少游动，平时聚群伏在池底四周、中心管附近或充气管等有隐蔽物的地方，养殖密度要求比较低。半滑舌鳎的鱼体厚度较鲽类的薄，体重相对较轻，生产上的养殖密度常以单位养殖面积放养尾数来表示，具体放养密度见表18-2。

表 18-2 不同体长的放养密度

幼鱼体长/cm	放养密度/(尾/m²)	幼鱼体长/cm	放养密度/(尾/m²)
6	300～400	30	18～20
10	100～150	35	14～16
15	80～100	40	12～13
20	50～60	45	9～10
25	30～35		

在养殖过程中，雌、雄鱼生长快慢不同，出现个体大小悬殊的现象。鱼体大小规格的差别，影响养殖密度的确定。同时，大鱼与小鱼的摄食能力与摄食饲料的规格不同，影响养殖、投喂管理。因此，生产过程中，应及时进行鱼体规格筛选，保持同一池中养殖的鱼体大小规格一致，便于生产管理和提高养殖效率。

养殖 1～2 个月可进行 1 次规格筛选，筛选时要注意以下几个方面：①注意鱼的健康状态，鱼体有病时或有寄生虫感染时，不能入选，否则引起病情加重和病原扩散传播，应治疗后再筛选；②筛选前要停食 1 天，使鱼处于空胃状态，减少操作时对鱼体的伤害；③规格筛选操作要细心、轻快，尽量避免因操作使鱼体受伤；④做好筛选记录，记录每池鱼的数量及体长规格；⑤筛选后应对鱼进行药浴，防止发生病害，可以用 5～10mg/L 土霉素药浴1～2h。

5. 养殖管理

（1）水质管理　养殖水位不需要太深，一般保持 40～50cm 即可。

半滑舌鳎的工厂化养殖，以长流水方式较好。根据养殖条件和鱼体密度需要，池中保持一定的水位，进水管按一定流量不停地向池内进新水，高出水位的水自动从排水管口溢出。每天拔掉池底排水口塞子排水 1～2 次。常温养殖时日换水量为 300％～500％，夏季高温时日换水量为 500％～800％，冬季低温时日换水量可减少到 200％～300％。采用地下海水养殖时，日换水量可长年保持在 300％～500％。

养殖中要求每天清底 1 次，排水时用刷子轻推池底，将污物推向排水口，随着水流排出。

养殖一段时间后，池底和池壁上会沉积附着污物，容易繁殖细菌和寄生虫。需要将鱼进行倒池，清刷原池底和池壁，并进行消毒杀菌。

（2）投饵　经过生产对比试验，半滑舌鳎的工厂化养殖，投喂硬颗粒配合饲料较好。饲料的投喂次数可根据鱼的个体大小调整，投喂量需要根据鱼体的摄食情况、水质状况灵活掌握。一般 15cm 以下的苗种，每天投喂 3～4 次，日投喂量为鱼体重的 2％～3％；15cm 以上的苗种，每天投喂 2 次，日投喂量为鱼体重的 1％～2％。

半滑舌鳎摄食缓慢，觅食时间长，原则上每次要定量投喂，投喂时间稍长，池底需有少量剩余饲料颗粒，留给觅食慢的鱼摄食。摄食状况好的鱼，饱食后腹部明显凸起。

【思考题】

1. 如何进行半滑舌鳎亲鱼的驯化？
2. 半滑舌鳎亲鱼的温、光调控技术要点有哪些？
3. 半滑舌鳎的产卵、受精及孵化技术要点有哪些？
4. 半滑舌鳎苗种培育的技术要点有哪些？
5. 半滑舌鳎池塘养殖的技术要点有哪些？
6. 半滑舌鳎工厂化养殖的技术要点有哪些？

第十九章 大菱鲆养殖

【技能要求】

1. 能挑选符合标准的大菱鲆亲鱼。
2. 能开展大菱鲆的亲鱼培育。
3. 能挑选优质的大菱鲆卵子，并能够进行受精卵孵化。
4. 能开展大菱鲆的苗种培育。
5. 能开展大菱鲆大棚式工厂化流水养殖。

第一节 养殖现状与前景

大菱鲆英文名 Turbot，俗称欧洲比目鱼，在中国又称多宝鱼。大菱鲆为底栖海水比目鱼类，是欧洲特有种。自然分布于大西洋东北部，北起冰岛，南至摩洛哥附近的欧洲沿海，盛产于北海、波罗的海以及冰岛和斯堪的纳维亚半岛附近海域，在地中海西部沿海也有大菱鲆。

大菱鲆皮下和鳍边含有丰富的胶质，头部及尾鳍均较小，鳍条为软骨；体内无小骨乱刺，内脏团小、出肉率高，肌肉丰厚白嫩，胶质蛋白含量高，味道鲜美，营养丰富，具有很好的滋润皮肤和美容的作用，且能补肾健脑，助阳提神；经常食用，可以滋补健身，提高人的抗病能力。

我国的中国工程院院士、中国水产科学研究院黄海水产研究所研究员雷霁霖自 1992 年首次引进大菱鲆以来，在农业部 "948" 等项目的支持下，经过 7 年科技攻关，3 年推广，在驯化、养成、亲鱼培育、苗种生产、营养饲料、病害防治和基础研究等方面取得了系列的重要成果，尤其在大规模苗种生产关键技术上，取得了重大突破，并创建了工厂化养殖新模式，为大菱鲆在我国沿海迅速实现工厂化生产奠定了良好基础。

我国环渤海的山东半岛、辽东半岛和河北、天津沿海地区均适合于养殖大菱鲆，尤其能打出优质海水井的沿岸地区更具有开发优势。南方沿海亦可实施 "北鱼南养"、"南北接力"，即在秋季从北方进苗开展网箱或工厂化养殖，至第二年入夏前收获上市。

自 20 世纪 90 年代末至今，大菱鲆的工厂化养殖已经成为我国一项新兴养殖产业和海洋经济的新的增长点，有效地推动了我国海水养殖 "第四次浪潮" 的形成和发展。

大菱鲆生长迅速，从产卵孵化到养成商品鱼出售仅需 10～12 个月时间，当年投资，当年获利受益，而且其经济价值高、饵料转换率高、抗病力强、耗氧量低、适合高密度养殖，是个很有发展前途的优良养殖品种。由于大菱鲆养殖技术越来越成熟，业内人士现在已开始把目光放到跟踪欧美更先进的养殖模式、发展疫苗、改良种质、开发欧洲市场等方向。可以说，大菱鲆已经有了良好的发展基础，并有广阔和深远的发展前景。

第二节 认识大菱鲆

大菱鲆（*Scophthatmus maximus*）在分类学上隶属于硬骨鱼纲、鲽形目、鲽亚目、鲆科、菱鲆属。大菱鲆两眼位于头部左侧，身体呈扁平状，外形呈菱形又近似圆形。有眼侧

（背面）体色较深，呈棕褐色，具咖啡色和黑色点状色素，相间排列组成的花纹明显，而且随着环境或生理状况的变化而改变体色的深浅（图 19-1）。无眼侧（腹面）光滑无鳍，呈白色。口较大，吻短；口裂前上位，斜裂较大。上、下颌对称，较发达，上颌骨较短，下颌骨较长并向前伸，头长为颌长的 2～2.3 倍。颌齿细而弯曲，呈带状排列，左右侧同样发达，无犬齿，犁骨具齿。背鳍、臀鳍、尾鳍均很发达，并有软鳍膜相连，大部分鳍条末端分支。腹鳍小而不与臀鳍相连，鳍条软而弯曲，无眼侧的第 1 鳍条与有眼侧的第 2 鳍条或第 3 鳍条相对应。胸鳍不发达，有眼侧微长，中部的鳍条分支。大菱鲆整个鳍边和皮下含有丰富的胶质，尤其在腹鳍基部特别丰富。全身除中轴骨外无小刺，身体中部肉厚，内脏团小，出肉率高。体长与体高之比为 1：0.9，全长与全高之比为 1：0.82。大菱鲆生长速度快，个体较大，自然群体中最大的个体超过 1m，体重高达 40kg，通常个体为 0.4～0.5m，重 5～6kg。大菱鲆成鱼体态优美、色泽亮丽，稚鱼体色更加绚丽多姿，极具观赏价值。大菱鲆对环境的具体要求见表 19-1。

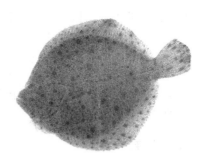

图 19-1　大菱鲆

表 19-1　大菱鲆对环境的要求

环境条件	具 体 要 求
水温	大菱鲆属于冷温性鱼种，耐低温是其突出特点。短期内能忍耐 0～30℃的极端水温。1 龄鱼的生活水温为 3～23℃，2 龄以上鱼对高温的适应性有逐年下降的趋势，最适水温 15～18℃
盐度	盐度在 12～40 均可，最适盐度为 25～35
溶解氧	4mg/L 以上
pH 值	7.6～8.2
光照	60～600lx

第三节　大菱鲆的人工繁殖技术

　　人工繁殖的技术目标：通过控温、控光、营养强化等措施获得成熟的大菱鲆亲鱼；通过科学地管理，孵化率应达到 50%～60%。

一、繁殖习性

　　大菱鲆属于分批产卵鱼类，个体繁殖力随体重的增加而增大，每次产卵的数量相差较大，平均每千克体重 100 万粒。

　　在自然界中，雌性大菱鲆 3 龄性成熟，体重在 2～3kg，体长 40cm 左右；雄鱼 2 龄性成熟，体重 1～2kg，体长 30～35cm。养殖亲鱼性成熟年龄一般可以提前 1 年。大自然繁殖季节为 5～8 月份。大菱鲆亲鱼对光照和温度很敏感，可以利用调控光、温等方法，诱导和控制亲鱼在一年内的任何一个月份产卵。

　　大菱鲆亲鱼在人工条件下一般不能自行排卵受精，繁殖盛期虽然有成熟卵自行排出体外，但绝大多数为未受精卵，所以人工繁殖培育鱼苗仍依赖于人工采卵受精。

二、亲鱼选择

　　大菱鲆的亲鱼有两种来源：一是从野生群体中挑选；二是从养殖群体中挑选。我国不是大菱鲆的原产地,因此多数依赖第二种途径获得亲鱼。

选择体形完整、色泽正常、健壮无伤、行动活泼、集群性强、摄食积极、年龄与规格适宜的优质鱼作为亲鱼。

养殖条件下,亲鱼的首次性成熟年龄一般比野生的亲鱼成熟早1年,即雌鱼2龄、雄鱼1龄。但初次性成熟的个体,特别是雌鱼,其产卵数量和质量都不太理想,所以最好选择3龄的雌鱼(每尾体重大于2kg)和2龄的雄鱼作为繁殖的亲鱼。雌雄比通常为1:1或2:1。

三、亲鱼培育

1. 培育设施

亲鱼培育设施包括控温、控光、充气、进排水和水处理等设施设备。亲鱼培育池可采用木槽(内衬橡胶内壁)、玻璃钢水槽和水泥池。池形有方形、长方形、圆形和八角形等。容积 $10 \sim 100 m^3$ 不等,通用型容积为 $20 \sim 60 m^3$,池深 $0.6 \sim 1.2 m$。进水口依切线或对角线方向设于池子顶部,中央排水口设于池子中央,池水环流过后通过中央排水柱排出池外。池外的排水柱由内、外套管组成,可与中央排水柱相匹配自由调节池内水位和流速。

2. 环境条件

水质清澈透明,符合国家渔业水质二级标准;光照 $60 \sim 600 lx$,池顶及周围遮光,以利于全人工光周期控制;水温 $8 \sim 15℃$,盐度 $28 \sim 35$,pH=7.8～8.2,溶解氧 $7mg/L$ 以上,氨态氮 $0.1mg/L$ 以下;流水的交换量至少为 $200\% \sim 600\%$;亲鱼培育车间要求保持安静,禁止噪声和人员活动干扰。

3. 光、温控制

在大菱鲆的亲鱼培育期,光照由短向长转变,水温由低温向较高温度转变,即可有效改变自然产卵周期,实现在人工条件下一年多次产卵育苗。

设置全人工光、温控制条件,照明灯可以安装在离水面1m处,使水面照度保持在200～600lx即可。光照时间由每天8h逐渐增至每天18h。水温由8℃逐步升至14℃,这样通过60～75天的调控,即可使亲鱼性腺发育成熟,达到产卵的要求。

4. 培育密度

亲鱼培育密度应小于 $5kg/m^2$,一般为 $1 \sim 1.5$ 尾 $/m^2$。

5. 饲料投喂

亲鱼培育饲料有软颗粒饲料、干颗粒饲料、经消毒的优质鲜杂鱼等。软颗粒饲料主要成分为粉状配合饲料、优质鲜杂鱼等经冷冻贮存备用。饲料颗粒应大小适口。颗粒饲料的日投饲量为鱼体重的 $1\% \sim 2\%$,鲜饲料的日投喂量为 $3\% \sim 5\%$,每天投喂 $1 \sim 2$ 次。建议最好完全选用亲鱼专用干颗粒饲料喂养亲鱼,以防病原生物的入侵。

6. 日常管理

注意观察亲鱼的摄食及活动情况。每天彻底清池1次,池底清扫后,尽量排掉底水,然后恢复水位和自流循环。采到首批成熟卵后,要连续跟踪,分期、分批采卵,直到该批亲鱼产卵结束为止。

四、采卵、人工授精与孵化

在人工繁殖的条件下,随机组合的亲鱼群体中,雄性成熟较早,腹部不突出;雌性成熟较晚,腹部隆起会随性腺的发育而不断膨大。达性成熟的亲鱼无明显的副性征和生殖行为,至今尚未发现在池中有追逐和自行排卵受精的行为,偶尔在池中发现自然排放的成熟卵,但绝大多数都是未受精卵或过熟卵。因此至今人工采卵授精仍然是大菱鲆人工繁殖育苗中普遍采用的主要手段。

1. 采卵与人工授精

大菱鲆的卵子分批成熟，分次产卵。因此，生产者要密切观察亲鱼的发育动态，及时采卵授精。采卵时要用力均匀、适中，将精液和成熟的卵子分别挤入干净的容器内，向精液中加入少量的过滤海水后，倒入成熟的卵中（也可采用干法授精），边注入精液边搅拌均匀，并不断加入过滤的海水，静置10～20min后，用过滤的海水冲洗受精卵，用80目筛绢过滤，加海水洗去多余的精液，滤出的受精卵放入盛有海水的容器中，静置20min后，取上浮卵即可进行孵化。对于大菱鲆卵的质量评定，可根据表19-2初步判定。

表 19-2　大菱鲆卵的质量评定标准

观察项目	具　体　标　准
卵子的浮性	卵子在水中迅速上浮是好卵;上浮速度缓慢或滞留在水体中层的是劣质卵
卵子的大小	鱼卵越大,仔鱼越大,卵黄囊指数越高,质量越好
卵子的清晰度	在低倍镜下,好卵一般具有清晰的卵膜和细胞质;凡是膜上有凹点或是细胞质上有凹陷的卵都是劣质卵
油球	卵中有一个较大油球的通常认为是好卵;油球小或有多个油球的是劣质卵
第一次卵裂的对称性	第一次卵裂的分裂球对称,分裂速度适中的认为是质量好的卵;卵裂不对称且同一批卵内,分裂速度快慢不一的是劣质卵
受精率	受精率高的卵,通常认为具有较好的卵质,是优质卵

2. 孵化

（1）孵化容器　大菱鲆的受精卵在海水中为浮性卵，所以一般采用常规浮性卵孵化方法。可采用孵化槽、孵化池或在孵化槽（或池）中安置孵化箱进行孵化。孵化槽（或池）中可安置一个至多个圆形或长方形的孵化箱（80～100目），使之呈漂浮状态，孵化箱上口露出水面10cm左右。

（2）孵化密度　孵化密度要视具体情况而定。孵化槽或孵化池中的孵化密度为1万～2万粒/m³，孵化箱中可达50万～100万粒/m³。受精卵入箱前可用浓度为20～30ml/L的聚维酮碘进行处理。

（3）孵化条件　大菱鲆的受精卵孵化时温度控制在12～15℃，盐度25～33，pH为7.8～8.2，溶解氧保持在6mg/L以上，保持微充气，使受精卵在水中呈均匀分布状态。光照强弱与孵化速度关系不大，200～2000lx均可，以500lx为好。光照时间以每天16h为宜。

在12～14℃条件下，7天内孵化结束，在13℃±0.2℃条件下116h（约5天）孵化完成。

3. 受精卵的运输

若要运输大菱鲆的受精卵，最好的时期是神经胚时期（大约在受精后72h，水温13℃），运输密度不应大于4万粒/L。双层塑料袋充氧运输，运输过程中应保持低温状态。

第四节　大菱鲆的苗种培育技术

苗种培育技术目标：从初孵仔鱼到商品苗阶段的育苗成活率应达20%；出售的苗种必须色泽正常，健康无损伤、无病害、无畸形、无白化，活动能力强，摄食良好；小规格苗种，要求全长达5.0～8.0cm，大规格苗种要大于8.0cm，全长合格率在95%以上，伤残率低于5%。

一、育苗设施准备

1. 场址选择

大菱鲆的育苗场应选择在临近自然海水、潮流畅通、临岸海水较深的区域，礁滩、沙滩和沙泥滩为佳。场区附近海面无污染，水质清澈，符合国家渔业一级水质标准。若用水井，则要求水质优良，不含任何沉淀物和污物，水质透明、清澈，重金属、硫化物和细菌指数均不超标，盐度在 20 以上。有充足的电力资源，为防止供电不足或断电，育苗场应设置备用发电机组，交通便利。

2. 育苗室与饵料室

大菱鲆的育苗室要求设有亲鱼池、孵化池（或槽）、前期培育池（或槽）、后期培育池（或槽）。饵料室要求能够培养单胞藻、轮虫，并配备卤虫孵化槽。

二、苗种培育

1. 放苗密度

不同体长大菱鲆鱼苗的培育密度见表 19-3。

表 19-3　不同体长大菱鲆鱼苗的培育密度

体长/cm	密度/(尾/m³)	体长/cm	密度/(尾/m³)
初孵仔鱼	1 万～2 万	2.0～3.0	2000～5000
1.5 以下	1 万左右	3.0～5.0	1000～2000
1.5～2.5	5000～8000		

2. 投饵

经过多年的实践与研究，大菱鲆人工育苗的饵料，基本上采用轮虫—卤虫无节幼体—颗粒配合饲料这一简单的模式。轮虫作为开口饵料，连续投喂 15～20 天，从第 12～15 天起投喂卤虫无节幼体，25 天以后投喂配合饲料。由于轮虫及卤虫幼体自身的营养不能满足鱼苗的需求，必须先经营养强化后方可投喂鱼苗。

活饵料的投饵量，轮虫以 5～10 个/ml 为标准；卤虫幼体由开始的 0.1～0.2 个/ml，逐步增加至 0.5～1 个/ml，并适当兼投微藻（小球藻、金藻或微粒球藻等），浓度达 10 万个细胞/ml 以上，形成绿水培育环境，以维持育苗水体中轮虫和卤虫幼体的营养水平，并通过微藻的光合作用，净化育苗池的水质。

微颗粒配合饵料的投喂一定要适口，25 天以前一般不投喂，若要投喂，其颗粒饵料的粒径应为 250～400μm；体重 100～150mg 的仔、稚鱼饵料粒径应为 400～600μm；体重500mg 以上的稚鱼饵料粒径应达 630～800μm。

投喂微颗粒饵料时应少投勤投，早期每天投喂 12 次，以后逐渐减至每天投喂 6 次。

3. 水质管理

育苗是否成功，很大程度上依赖于水质与水量的充分保证。育苗最好用自然海水经过过滤、消毒杀菌、调温后再进入育苗池。若用深井海水，则要全面分析其理化因子的含量及比例，只有符合要求才能使用。育苗废水净化后再排入大海。大菱鲆苗种对于水质的具体要求见表 19-4。

4. 分苗

随着鱼苗的生长，定期分苗十分重要。一般在孵化后第 15～20 天进行第 1 次分苗，第30～35 天进行第 2 次分苗，第 60 天进行第 3 次分苗。一般情况下，第 1 次和第 2 次分苗只是从密度上加以稀疏，第 3 次则需按大、中、小三个等级进行分拣、分级培育。

表 19-4　大菱鲆苗种对水质的具体要求

项　目	具　体　要　求
充气	初孵仔鱼具有较强的抗低氧能力,开始摄食后,对氧的依赖性便会逐渐增强,且表现愈来愈敏感,所以随着鱼苗的生长逐渐加大充气量。仔鱼比较喜欢中等强度的充气,5～10日龄仔鱼最佳充气量为每小时 30L/m³,逐渐加大直至 60L/m³
水温	整个育苗期的水温可由 13℃逐渐升至 18～19℃。大菱鲆仔鱼适应的最高水温是 24～25℃,但时间不宜太长
盐度	变态前的仔鱼自身不具备调节渗透压的功能,变态后才能具有与成鱼同样的盐度耐受力。养殖水体的盐度以维持在 28～32 范围较为适宜
氨态氮、pH 值	氨态氮不能超过 0.01mg/L;pH 值在 7.6～8.2
悬浮颗粒物	如果高于 15mg/L,就容易造成鱼苗窒息死亡
光照	延长光周期能使仔鱼的生长速度加快。初期鱼苗对光照要求不高,一般需维持在 200～400lx,从变态早期开始则需要较强的光照,当光照强度由 500lx 增至 2000～4000lx 时,摄食量便会增强
换水	1～5 日龄仔鱼可采用静水培育的方式,日换水量可由 1/5 逐步增至全部换水,日换水 1～2 次。从 6 日龄开始则应尽早建立流水培育程序,水交换量应随仔鱼的生长而逐步增加
去油膜和清底	育苗期间,根据水质情况,定时清底,使用专用的吸污器将池底污物清扫干净。为了保持水质良好,可适当投放光合细菌 50～100ml/m³

5. 中间培育

2 月龄的鱼苗平均体长达 3cm,绝大部分完成变态,开始底栖生活,但是对环境的适应能力差,成活率不稳定,为了提高养殖苗种的成活率及质量,需要转入中间培育阶段进一步强化饲养。中间培育约 1 个月,个体可达 5～6cm,这时,选留体质健壮的个体作为苗种进行养成。

放苗前用漂白液浸泡、消毒苗池,冲洗干净后,加入过滤海水备用。全长 3～5cm 的苗种,放苗密度为 1000～2000 尾/m²。培育期间饲料要求营养均衡,可使用优质的配合饲料,也可采用自制的软颗粒饲料。投喂早期每天投喂 8～10 次,随鱼体长大,渐减至 3～4 次。为防止残饵的污染,每次投饵后必须放净池水,排除沉淀的残饵和粪便,清除油膜,每天换水量为 8～10 个循环。一般情况下,从初孵仔鱼到商品苗阶段的育苗成活率为 10%～20%,较高可达到 30%左右。

6. 苗种运输

参见第一章第一节"三、苗种培育的相关内容"。

第五节　大菱鲆的养成模式与技术

> **养成技术目标**:商品鱼要求体态完整、体色正常、无伤、无残,健壮活泼、大小均匀;目前国内活鱼上市规格每尾至少要达 500g 以上,国际市场通常达到每尾 1kg 以上;上市前要严格按照休药期规定的时间停药。

综合国内外大菱鲆的养成模式,大致有室外开放式流水养殖、网箱养殖、室内开放式流水养殖、室内封闭式循环流水养殖四种。中国目前主要有大棚式工厂化流水养殖和网箱养殖两种方式。

一、大棚式工厂化流水养殖

温室大棚加深井海水工厂化流水的养殖模式,是黄海水产研究所大菱鲆课题组和蓬莱市鱼类养殖试验场根据大菱鲆的生态习性、生产工艺及节能降耗要求而专门设计的。这是一种紧密结合国情实际的养殖模式。

1. 养殖设施

（1）温室大棚　大棚的外形结构基本与暖冬式蔬菜大棚相似，但因海边风浪大，所以对选用的材质和结构设计要求更高、更结实。

（2）海水深井　海水深井是大棚式工厂化养殖最主要的配套设施之一，所以选择场址之前就应勘探和打出适宜的海水井。井水的水温、盐度、氨态氮、pH、化学耗氧量、重金属离子、无机氮、无机磷等水质理化指标均需符合养殖要求。对于不同地质结构的井水要做出不同的处理，以利于水体澄清。

（3）其他设施　除了温室大棚内养殖池及深海水井以外，还应包括充氧、调温、调光、进排水及水处理设施和分析化验室等。

2. 环境条件

菱鲆养成期对环境的具体要求见表19-5。

表 19-5　菱鲆养成期对环境的具体要求

项　目	具　体　要　求
水质	养殖区附近海面无污染源，不含泥，含沙量少，水质清澈，符合国家渔业二级水质标准；井水水质优良，不含任何沉淀物和污物，水质透明、清澈，不含有害重金属离子，硫化物不超过0.02mg/L，总大肠杆菌数小于5000个/L，盐度在20以上
光照	以500～1500lx为宜。光线应均匀、柔和、不刺眼，感觉舒适为度。光照节律与自然光相同
温度	养殖适宜温度为10～20℃，最佳养殖水温为15～18℃
盐度	耐受盐度范围为12～40，适宜盐度为20～32，最适宜盐度为25～30

3. 鱼苗的选购

应选购5cm以上的苗种，购买苗种前，应对育苗场的亲鱼种质、苗种质量和技术水平进行考察，一定要从国家级良种场或政府指定的育苗场购买。要求苗种体形完整，无伤、无残、无畸形和无白化。同批苗规格整齐，双眼位于身体左侧，有眼侧呈青褐色，有点状黑色素，无眼侧光滑呈白色。鱼苗体表鲜亮、光滑，无伤痕，无发暗、发红症状，活动能力强，鳃丝整齐，无炎症和寄生虫。

4. 鱼种放养

（1）入池条件　要求入池时的温差控制在1～2℃范围内，盐度差在5以内。以减轻鱼苗因环境改变而发生应激反应。

（2）放养密度　放养密度与饲育条件、水质、换水量等有密切关系，以单位养殖面积放养鱼苗的尾数来表示，一般放养密度可参考表19-6。

表 19-6　养成阶段大菱鲆的放养密度

平均全长/cm	平均体重/g	放养密度/(尾/m²)	平均全长/cm	平均体重/g	放养密度/(尾/m²)
5	3	200～300	30	320	20～25
10	10	100～150	35	460	15～20
20	85	50～60	40	800	10～15
25	140	40～50			

5. 饵料投喂

（1）饵料

① 营养要求　大菱鲆对饵料的基本要求是高蛋白、中脂肪，与其他肉食性的鱼类相比，

它对脂肪的需求量是比较低的。为了使大菱鲆健康生长，必须投喂适宜大菱鲆各阶段生长所需的饵料。苗种期（包括稚幼鱼期），要求饵料中蛋白质含量为50％以上，一般为56％；养成期，饵料中蛋白质含量为50％；出池前，饵料中蛋白质含量达48％即可。

大菱鲆对脂肪的需求较低。苗种期，脂肪的含量为7％；养成期为10％～13％；出池前达到14％左右即可。

大菱鲆所用的饵料要适合不同生长阶段的营养需求，其中包括有适量的多种维生素、矿物质、高度不饱和脂肪酸和诱食剂等。

② 饵料的种类　目前主要有生鲜（冷冻）饵料、湿性颗粒饵料、固体配合饵料（干颗粒饵料、膨化颗粒饵料）等。

（2）投喂技术　为杜绝病原生物从饲料中带入养鱼池内，建议工厂化养殖禁止使用湿性颗粒饲料和任何生鲜料。

一般情况下，体重3～1000g的鱼，投喂量为0.4％～6％。苗种期日投饵量为体重的4％～6％，长到100g约为2％，长到300g以上约为0.5％～1％。

在苗种期应尽量增加投喂次数，每天投喂6～10次，以后随着生长而逐渐减少投喂次数。长到100g左右，每天投喂4次；长到300g左右，每天投喂2～3次；长到500g，每天投喂2次；长到500g以上，每天投喂1～2次。

在夏季高水温期，每天投喂1次，或2～3天投喂1次，投饵量控制在饱食量的50％～60％。

6. 水质管理

大菱鲆养殖要求水质无污染。抽取自然海水和井水，根据水源水质的具体情况，进行必要的沉淀、过滤、消毒（紫外线或臭氧）、曝气等措施处理后再入池使用。

池内按3～4m²布气石1个，连续充气，使养鱼池内的溶解氧水平维持在6mg/L以上，出水口处的溶解氧仍能达到5mg/L。

自然海水和井水入池后，应根据大菱鲆对环境条件要求，调节养殖水体的水温、pH、盐度，并创造池内良好的流态环境。

养成水深一般控制在40～60cm；日换水量为养成水体的5～10倍，并根据养成密度及供水情况进行调整；日清底1～2次，及时清除养殖池底和池壁污物；养鱼池要定期或不定期倒池，当个体差异明显、需要分选或密度日渐增大、池子老化及发现池内外卫生隐患时应及时倒池，进行消毒、洗刷等操作，保持水体清洁、远离污染。

养成期间要配齐仪器设备定时检测水质，每天抽样检测养殖用水的温度、溶解氧、盐度、pH、硫化物含量、氨态氮浓度等，注意观察水质的色、味变化。

为了预防高温期疾病的发生，应采取降温措施。

7. 商品鱼出池与运输

商品鱼出池时将池水排放至15～20cm深度，用手抄网将鱼捞至桶中，然后计数、装袋、充氧、装箱发运。一般采用尼龙袋充氧运输，车运或空运上市。运输前要停食一天，进行降温处理，运输水温以7～8℃为宜。程序是首先在袋内加注1/5～2/5的砂滤海水，然后放鱼、充氧、打包，再封装入泡沫箱中，运输鱼体重和水质量比为1∶1左右。解包入池时，温差要求在2℃以内，盐度差在5以内。

二、网箱养殖

网箱养殖主要在欧洲较为流行。近年来，我国南方也以"南北接力"的方式进行大菱鲆的养殖，即每年10月底，当南方沿海自然海水下降到21℃以下时，从北方购进大规格的鱼种，进行网箱养殖，至翌年的5～6月，水温较高时，大菱鲆已达商品规格。

【思考题】

1. 大菱鲆的亲鱼培育技术要点有哪些？
2. 大菱鲆的孵化技术要点有哪些？
3. 大菱鲆的苗种培育技术要点有哪些？
4. 大菱鲆的大棚式工厂化流水养殖技术要点有哪些？

第七篇

无鳞鱼类养殖

第二十章　南方大口鲶养殖

【技能要求】

1. 能鉴别出南方大口鲶的雌雄个体。
2. 能进行南方大口鲶的人工催产与孵化操作。
3. 能进行南方大口鲶的鱼苗、鱼种培育操作。
4. 能开展南方大口鲶的池塘养殖生产。

第一节　养殖现状与前景

南方大口鲶又称大口鲶，俗称大河鲶、鲶郎、叉口鲶、大鲶鲐等。大口鲶适应性强，生长速度快，其肉质细嫩、味道鲜美、肌间刺少、不腻，不仅是席上佳肴，而且有滋补、益阴、利尿、通乳、消渴、治水肿等药用功效。消费市场广阔，受到欧美、澳洲地区人们的青睐。人工养殖经济效益高，是普遍受到消费者和生产者喜欢的一个优良养殖品种。

南方大口鲶主要分布于长江流域的大江河及通江湖泊之中。由于该鱼品质优良，四川省水产研究所最先于1985年进行大口鲶人工驯化养殖研究。在驯养过程中，能使其食性发生改变，即由原只吃活鱼虾等肉食转变为可吃人工配合饲料，能够适应规模化、集约化人工养殖，经济效益也较高。从1992年起，养殖区域逐步扩大到中南、华东、华南各省、市、自治区，其产量大幅度增加。

大口鲶属底层鱼，白天多成群地潜伏于水底弱光隐蔽处，夜晚分散到水层中活动觅食。其性温顺，不善跳跃，也不会钻泥。生存水温为0~38℃，生长适宜水温为12~31℃，最佳温度为25~28℃。

南方大口鲶为凶猛肉食性鱼类，捕食各种鱼虾和水生昆虫类。同类相残现象严重，甚至能吞下相当于自身体长2/3的同类。其生长较快，1龄鱼体重可达500g左右，在人工饲养条件下，当年的鱼苗到年底，体重可达600~1500g，第2年2250g，第3年4000克。最大个体可达40kg。在长江流域以南地区，一年四季都能较快生长，以夏秋季长势最旺，日增重达3~5g。目前体重小于1500g的市场批发价格在15元/kg左右。

第二节　认识南方大口鲶

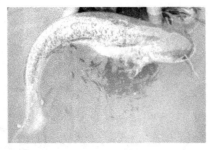

图20-1　南方大口鲶

南方大口鲶（*Silurus soldatovi meridionalis* Chen）（图20-1）属鲶形目、鲶科、鲶属。大口鲶头部扁宽，腹部粗短，尾长侧扁；眼小口大，口裂深，末端达眼球中部以后；上下颌密布细齿，成体有2对颌须，上颌须很长，仔、幼鱼阶段具有3对须，长大后消失一对；背鳍短小，无硬刺；胸鳍有一粗壮硬刺，外缘手摸有粗糙感；臀鳍特长，末端与尾鳍相连；体表无鳞，黏液丰富。刚孵出的仔鱼体色透明，随后变为淡黄色、灰黑色、纯黑色，幼鱼体色淡黄，成体体色有淡黄色、灰黄色、灰黑色、黄褐色，腹部灰白色，各鳍灰黑色。大口鲶的体色随体重、环境和食物的不同而变化。南方大口鲶与鲶体形有些相似，它们的区别见表20-1。

表 20-1　南方大口鲶与鲶的区别

特　　　征	鲶（土鲶）	南方大口鲶
口裂末端	不超过眼前缘	超过眼前缘,口大
胸鳍硬刺内侧	有锯齿	光滑
成熟卵	呈草绿色	呈油黄色

南方大口鲶属温水性鱼类，生存水温范围为0～38℃，适温范围为16～34℃，最适生长水温22～26℃。对水中溶解氧要求略高于家鱼，当水中溶解氧在5mg/L以上时，生长速度最快，饲料转化率最高；在3～4mg/L时生长正常；低于2mg/L时出现浮头现象，低于1mg/L时将导致泛池死亡。适应pH范围为6.0～9.0，最适pH为7.2～8.4。

南方大口鲶属底层鱼类，生活在水的中、下层，怕光，白天多潜伏在池底弱光处，夜间才分散到整个水域摄食。性情温顺，不会钻泥，易起捕。池塘中喜欢在池边、四角及深水处活动。

第三节　南方大口鲶的人工繁育技术

一、人工繁殖

人工繁殖的技术目标： 通过池塘培育获得成熟健康的亲鱼；采用合适的措施，获得质量优良的受精卵，受精卵的孵化率应在80％以上。

在天然水域中，雌鱼一般要4龄才能成熟，平均体重在6～8kg；雄鱼3龄可达性成熟，平均体重5～6kg。池塘条件下，一般雌鱼要3年多，雄鱼要2年多可达性成熟。繁殖季节长江流域在4～6月，繁殖水温18～28℃，最适水温22～24℃。成熟的卵呈油黄色，遇水后有弱黏性。每千克体重一般怀卵1万～2万粒。池塘条件下需经人工催产才能产卵，属一次产卵类型。

1. 亲鱼的选择

必须选择体质健壮、无病无伤、种质纯度高的优质鱼作为繁殖亲鱼。雌鱼3～4龄，雄鱼2～3龄，体重5kg以上；雌雄比例以2：1或3：2为好。

2. 亲鱼培育

选择水源充足、注排水方便、环境安静的鱼池作为亲鱼的培育池。面积一般为500～1000m²，水深1～1.5m。放养密度一般每公顷放养亲鱼225～300尾。可适当套养一些鲢鱼、鳙鱼及草鱼，以调节水质。饲料以鲜活鱼虾为主，由于南方大口鲶摄食量大，应安排专池囤养足量的小型下层鱼类，定期投喂。每次投喂量为亲鱼体重的20％～30％，高温季节日摄食率达5％以上。注意保持水质清新，经常加注或换新水，可刺激性腺的发育。

3. 人工催产

南方大口鲶对催产药物没有特殊要求，常用的催产药物均有效果。采用两次注射方法。催产池可与家鱼相似，以流水状态为宜。亲鱼发情前后，经常相互撕咬极易受伤，最好将每尾亲鱼单独隔离，采用人工干法授精，受精卵可黏附于人工鱼巢上或进行脱黏流水孵化。

4. 人工孵化

南方大口鲶受精卵的孵化多采用流水孵化的方法。要求孵化用水应水质清新，溶解氧充足，保持在 5mg/L 以上，pH 在 7.0～8.0，无毒无害。孵卵密度为 2 万～3 万粒/m³。水温控制在 18～22℃为宜。孵化期间避免阳光照射，防止水霉滋生，注意水质的变化。破膜 1～2 天后，卵黄囊消失，开始游泳时，应及时转入鱼苗培育池。

二、苗种培育

> **苗种培育的技术目标**：通过科学管理，经过 10～15 天的饲养，南方大口鲶苗长到 2.5～3.5cm，成活率应达 80%以上；采取合适的培育条件，经过 20～30 天的饲养，保证达到 10～15cm 大规格鱼种，成活率达 90%以上。

1. 鱼苗培育

培育池最好采用长方形水泥池或土底砖壁池。面积 5～100m²，水深 0.5～1.0m。密度为 500～1000 尾/m²。可用熟蛋黄作开口饵料，当鱼苗达到 1.5cm 时，加喂水蚯蚓、蝇蛆以及家鱼水花。日投饵量约为体重的 10%～20%。南方大口鲶鱼苗畏光，鱼池上方应搭设部分遮盖物。经过 10～15 天的精心培育，鱼苗可达 3cm 左右的夏花规格。

2. 鱼种培育

南方大口鲶从 3cm 培育成 10cm 以上大规格鱼种，一般需 20～30 天。这一阶段自相残杀是影响成活率的主要因素，控制措施为：投足适口饲料，水质肥度适中，适时分级饲养。

理想的鱼种池面积为 100～1000m²，水深 1.0～1.5m，注排水方便，底平无淤泥，以水泥池为佳。放养密度为 150～200 尾/m²。全长 3～5cm 的鱼苗最好的饲料是浮游动物和水蚯蚓，其次是家鱼苗和蝇蛆。达到 5cm 左右时应用配合饲料转食驯化，饲料的粗蛋白为 40%～45%，每天投喂 3 次，日投饵量为体重的 15%～20%，整个阶段约需 8～12 天。以后投喂粗蛋白为 35%～40%的饲料，日投饵量为体重的 5%～8%。除此之外，更要做好日常管理工作。鱼种培育阶段，一般每隔 10 天左右要彻底分池过筛，这是不同于常规鱼种培育的特殊要求。当鱼种达到 10cm 以上，即可进入成鱼饲养阶段。

第四节　南方大口鲶养成模式与技术

> **养成的技术目标**：通过科学管理，在池塘养殖的条件下，当年 4 月份繁殖的鱼苗到年底，成活率应在 80%以上，80%以上的个体应达 0.4～0.5kg，达到商品上市规格。

南方大口鲶既能在池塘中养殖，又适合于网箱、流水池集约化养殖，还可在稻田中饲养，是一个具有广阔发展前景的优良养殖品种。

南方大口鲶是以肉食性为主的凶猛鱼类。自然条件下，主要捕食各种野杂鱼、泥鳅、蚯蚓、蚌肉、家鱼苗种、水生昆虫及一切可捕捉的水生动物和动物尸体等。能吞下相当于自身体长 1/3～2/3 的个体。在池塘条件下，经驯养转食后，能很好地摄食人工配合饲料。在食物缺乏时，有严重自残现象。在天然水域中，1 龄大口鲶体重 0.39～0.51kg；2 龄大口鲶体重 1.18～1.53kg；3 龄大口鲶体重 2.27～2.90kg。在人工饲养条件下，由于饲料充足，其生长速度比天然水域快得多。当年繁殖的鱼苗到年底一般平均体重达 0.6～1kg；第 2 年能长到 2～3kg；第 3 年能长到 5～7kg。1～3 龄生长最快。

一、池塘养殖

1. 池塘主养

池塘面积 0.3hm² 以下，水深 1.5～2.0m 为宜，水源充足，注排水方便，最好配有增氧机。放鱼前应彻底清塘消毒，放养密度一般每公顷放 8～12cm 的鱼种 1.2 万～1.5 万尾，成活率可达 85%，起水规格平均达 500g，池中可搭配大规格的鲢、鳙鱼种。注意：大口鲇鱼苗种规格一定要整齐均匀，切忌配养鲤、鲫、鳊、草等植食性鱼类。为保证大口鲇摄食均匀，每池应设多个饲料点，坚持"四定"、"三看"的原则投饵，每天投喂两次，日投饵量为体重的 3%～8%。经常加注新水，每天清洁食台；每月泼洒生石灰一次，调节水质，做好防病工作。

2. 池塘套养

在小杂鱼较多的成鱼池、亲鱼池，可根据饵料鱼的多少，每公顷套养 10cm 以上规格的鱼种 150～450 尾，在不增加饲料投入、不需特殊管理、不影响主养鱼的前提下，起到增产、增效的作用。

二、网箱养殖

1. 水域的选择

网箱养殖大口鲇成鱼的水域选择与鲤鱼相似。放置的水域应相对更开阔、向阳；有一定风浪或微流水，水深 5m 以上，透明度 1m 左右，全年水温 18℃有 4～6 个月。同时，要避开航道、坝前、闸口、主河道。

2. 鱼种放养

常用的网箱规格有 4m×4m×3m、5m×5m×3m 等，网目为 2.5～3cm。放养规格以 50～100g 为宜，出箱平均体重可达 0.5～1.5kg，每平方米产量可达 62～70kg。要求进箱规格一定要整齐，以免大小不均自相残食。一般放养密度为 30～100 尾/m²。

3. 饲养管理

鱼种入箱后 2 天开始投喂，每天投喂 3～4 次，日投饵量为体重的 3%～5%。网箱养鲇的饲料和池塘养鲇的相同，有鲜活的动物性饲料包括各种野杂鱼、泥鳅、蚯蚓、蚌肉及动物内脏等和人工配合颗粒饲料两类。饲养期间经常检查网箱，防止逃鱼；定期清洁网箱，保证水流畅通；观察箱内鱼类的活动情况，做好防病工作。

三、稻田养殖

选适宜的田块，挖好鱼沟、鱼溜，在进水口设置好拦鱼设施。在稻田插秧返青时，每公顷放养 7～8cm 的大口鲇 600～750 尾，其他鱼类苗种 1500～3000 尾，在不投饵、完全利用天然饵料的情况下，经 4～5 个月的饲养，每公顷可收获尾重 0.2～0.4kg 的大口鲇 210～225kg。

【思考题】

1. 南方大口鲇的雌雄鉴别特征有哪些？
2. 南方大口鲇的苗种繁殖技术有哪些？
3. 南方大口鲇的池塘养殖技术要点有哪些？
4. 南方大口鲇的网箱养殖技术要点有哪些？

第二十一章　黄颡鱼养殖

【技能要求】

1. 能辨别各种黄颡鱼。
2. 能鉴别黄颡鱼的雌雄个体。
3. 能对黄颡鱼进行人工繁殖操作。
4. 能进行黄颡鱼的苗种培育。
5. 能开展池塘、网箱养殖黄颡鱼。

第一节　养殖现状与前景

黄颡鱼俗称黄腊丁、嘎牙子、黄鳍鱼等，广泛分布于我国各大水系，主要分布于长江水系和珠江水系。

该鱼具有肉质细嫩、无肌间刺、味鲜美、营养价值高等优点，可食部分较多为52%，蛋白质含量为17.8%，脂肪2.7%，还含有人体中必需的多种氨基酸，尤以谷氨酸、赖氨酸含量较高。黄颡鱼除具有较高的营养价值外还具有利小便、消水肿、消炎、镇痛、祛风、醒酒的药用功能。《本草纲目》记载："煮食消水肿，利小便"。姚可成的《食物本草》中也记载吃黄颡鱼"主益脾胃和五脏，发小儿痘疹"。

养殖黄颡鱼经济效益显著。黄颡鱼适合多种养殖模式，主养一般每公顷放苗75000尾左右，成活率70%～80%，养一年尾重可达50～75g，可获2250～3000kg。黄颡鱼是底层鱼类，特别适于套养，套养每公顷放苗7500～15000尾，可收商品黄颡鱼225～525kg。套养的黄颡鱼以吃残饵为主，基本不需专门投喂饵料，对于养殖户来说，是一笔额外的收入。黄颡鱼属于杂食性鱼类，人工饲养可投喂小鱼虾、螺蚌肉、畜禽加工厂下脚料、鱼粉等动物性饲料，也可投喂豆饼、花生饼、麦麸、豆渣等植物性饲料，还可投喂人工配合饲料，饲料来源十分广泛。此外，黄颡鱼对饲养技术要求不高，且病害较少，饲养成功率高。

黄颡鱼养殖适应性较强，适温范围广，人工配合饲料极易解决，生长较快，当年繁殖苗种当年能达到商品规格。病害少，不易死亡。黄颡鱼在我国各大城市市场需求量较大，市场价格已上升为40～60元/kg。黄颡鱼除在国内畅销外，在日本、韩国、东南亚等国家亦有巨大的市场，可出口创汇。黄颡鱼是一种具有广大前景的新型优良养殖品种。

第二节　认识黄颡鱼

黄颡鱼（*Pelteobagrus fulvidraco*）（图21-1）属鲶形目，鲿科，黄颡鱼属。黄颡鱼属于小型淡水经济鱼类，一般个体在150～300g。体较长，腹面平，体后段稍侧扁，尾柄粗短。头大扁平，吻圆钝，口亚下位，呈弧形。上颌稍长于下颌，有触须4对。头部两侧的眼小。身体裸露无鳞。有短脂鳍，背鳍不分支，鳍条为硬刺，尾鳍叉形。侧线平直。背部

图21-1　黄颡鱼

黑褐色至青黄色，体侧黄色，腹部淡黄色，各鳍灰黑色，尾鳍上有黑色条斑，整个体色随栖息环境而有所差异。

黄颡鱼种类较多，往往较难区别，常见的有黄颡鱼、中间黄颡鱼、瓦氏黄颡鱼三种，它们的区别见表21-1。

表21-1　几种黄颡鱼的形态特征比较

种类	胸鳍硬刺	胸鳍刺	头顶	背鳍前距	体侧斑块
黄颡鱼	前后缘均具有锯齿	长于背刺	裸露	大于体长的1/3	有暗色斑块
中间黄颡鱼	前后缘均具有锯齿	长于背刺	裸露	小于体长的1/3	2块暗色斑
瓦氏黄颡鱼	前缘光滑,后缘有强锯齿	短于背刺	覆盖薄皮	大于体长的1/3	无暗色斑块

黄颡鱼一般在静水或江河缓流的浅滩中，营底栖生活。白天栖息于水底层，夜间则游到水上层觅食。该鱼属温水性鱼类，生存温度0～38℃，最佳生长温度25～28℃。适应pH值范围6.0～9.0，最适pH值7.0～8.4。耐低氧能力一般，水中溶解氧在3mg/L以上时生长正常，低于2mg/L时出现浮头，低于1mg/L时会窒息死亡。

第三节　黄颡鱼的人工繁殖技术

人工繁殖的技术目标：亲鱼品种纯，个体大，体质健壮，鳍条完整、无病无伤，性腺成熟，2龄以上的个体；雌性亲鱼个体达100g以上，雄性亲鱼个体达200g以上；受精率要求在95％以上；孵化率达95％。

黄颡鱼2～3龄达性成熟，在南方4～5月产卵，在北方6月才开始产卵，产卵水温在20～30℃。产卵活动一般在晚上进行。产卵时亲鱼选择具有水草的沙泥质的浅滩，水深8～10cm，利用胸鳍刺在泥底上断断续续地摇动搬泥建巢。每个穴径约为15cm左右，深为10cm左右，产卵、受精于洞穴内。雄鱼在洞口保护鱼卵孵化，并经常拨动巨大的胸鳍，使穴中水流动，促进卵孵化，当其他鱼接近洞口时，雄鱼猛扑向入侵者，驱逐入侵之鱼；雄鱼守护到仔鱼能自行游动（若7～8天）为止，在此期间雄鱼几乎不摄食。雌鱼产完卵后离巢觅食。黄颡鱼怀卵量一般为1500～5500粒/尾，受精卵为黄色、黏性，沉于巢底或黏附在巢壁的水草须根等物体上发育。其产出的卵径约为2.5mm，两天内即可孵出。黄颡鱼为分批产卵的鱼类。

一、亲鱼选择与雌雄鉴别

黄颡鱼的亲鱼主要来源于江河、湖泊、水库中，少数来源于培育池培育。亲鱼要求纯种，个体大，体质健壮，鳍条完整、无病无伤，性腺成熟，2龄以上的个体。雌性个体要求最好在100g以上，体色艳丽；雄性个体一般要求在200g以上，黄颡鱼雌雄个体特征见表21-2。

表21-2　黄颡鱼雌雄个体特征

指标	雌黄颡鱼(♀)	雄黄颡鱼(♂)
体形	粗短而圆	狭长
个体	小	大
生殖突	无	较长而尖
腹部	膨大柔软且轮廓明显,生殖孔红润	平坦,生殖孔桃红色

二、亲鱼培育

亲鱼放养前用 3‰～4‰ 食盐水浸洗消毒 10min 后再入池。一般每公顷放 1500～2200kg，放养密度为每公顷 1800～2200 对，雌雄比为 1∶1.2。3 月上旬拉网，将雌、雄亲鱼分池培育。水温 15℃ 以上时开始投饵，投喂新鲜的小鱼、虾、螺蚌肉等饵料，可用绞肉机制成肉糜，也可用刀剁碎后定点投喂。一般日投饵量为亲鱼体重的 2%～6%。4 月下旬至 5 月上旬，每天投 2 次，投喂量为鱼体重的 2%～3%；5 月中旬以后，每天喂 3 次，投喂量为鱼体重的 4%～6%，投喂饲料不要过剩，一般以 1h 吃完为宜。做好水质管理，前期水深 0.8～1.2m，后期为 1.2～1.5m，每 7～10 天加注新水 1 次，每次 10～20cm，透明度控制在 30～40cm，溶解氧 4mg/L 以上，pH 值为 7.2～8.5。

三、人工繁殖

1. 催产剂

常用催产药物有脑垂体（PG）、绒毛膜促性腺激素（HCG）、马来酸地欧酮（DOM）、促排卵素 2 号（LRH-A$_2$）及催产灵等。这几种常用催产剂均可诱导黄颡鱼产卵，但单独使用一种药物其效果不十分稳定，两种以上催产药物混合使用效果好。雌鱼催产剂量为 20mg/kg DOM＋1500IU/kg HCG＋16μg/kg LRH-A$_2$；雄鱼所用催产药物一般与雌鱼相同，剂量为雌鱼的 2/3。

2. 催产剂的注射

进入 5 月中、下旬繁殖期，挑选性成熟良好的亲鱼按雌雄比例（3～4）∶1 配组称重，分开放进水泥池的催产网箱中，进行催产剂注射。雌鱼采用 2 次注射法，第 1 针注射总量的 1/10，第 2 次注射剩余剂量；雄鱼采用 1 次注射，于雌鱼第 2 次注射时一起注射，剂量减半，两次注射时间差为 8～12h。注射方法有两种：胸鳍基部注射或背部肌肉注射，通常采用胸鳍基部注射，注射时进针 2～3mm，注射方向与体轴腹面成 45°角。注射的药量应控制在 0.1～0.2ml/尾。注射第 2 针后，亲鱼放入事先准备好的水泥池中，进行曝气增氧，池水水温保持在 24℃ 左右，产卵池保持冲水刺激亲鱼。

3. 人工授精

效应时间随水温高低有所变化，一般在水温 20～24℃，效应时间为 13～20h。

人工授精的操作方法如下。

① 将达到效应时间的雌性亲本体表用干毛巾擦干，轻压腹部，使卵流入干燥容器内。

② 取精巢：将成熟雄性亲本体表擦干，剪开腹部，将腹部靠近生殖孔两侧的乳白色、树叉状精巢取下，置于小研钵中，用剪刀快速剪开呈糊状。

③ 同时用 0.7% 生理盐水将剪成糊状的精巢与卵子混合，并使之能充分混合接触。一般雌雄比例为 1.2∶1。

4. 人工孵化

受精卵自然孵化：将做好的附卵网片（板）平铺在附卵容器中，并放上 8cm 左右的清水，用滴管将受精卵均匀滴在网片上。要求粘在网片上的卵要尽量多，但不能堆叠起来，以防止缺氧死亡。网片附完后，在 10mg/L 亚甲基蓝溶液中浸泡 3～5min，再均匀倒入培育池中孵化。孵化时要求不断充氧，孵化温度控制在 23～28℃。受精卵一般 56～60h 开始脱膜，并沉到池底。

黄泥浆脱黏孵化法：用黄泥浆 4～5kg（黄泥∶水＝1∶5），放入盆内，用手不断搅动，同时将 20 万～30 万粒人工授精卵粒轻轻倒入黄泥浆中，经过 5～6min 后，将脱黏后的卵粒按每立方米水体可放入 40 万～60 万粒卵于孵化缸或孵化环道进行流水孵化，孵化池壁要保持光滑，水质清新，溶解氧达 5mg/L 以上，水流速度以保证受精卵能均匀翻动即可，经常洗刷过滤纱窗，受精卵经过 2～3 天的孵化就可脱膜形成 4mm 左右的仔鱼。

第四节 黄颡鱼的苗种培育技术

> **苗种培育的技术目标：**放养黄颡鱼苗要求选择健壮活泼；培育过程中黄颡鱼摄食力强，游动活泼，生长快，规格整齐，鱼苗出池率达 50%，鱼种达 75%。

一、鱼苗暂养

鱼苗暂养可以在原孵化容器中进行，也可以在水泥池中进行，还可以用 30～40 目网片编制成的小网箱中进行。

暂养的水泥池水深在 0.6～0.8m，要求底部光滑，有进出水口，用 40 目以上的网布和纱绢拦住进出水口以防敌害入池侵袭，将带卵黄囊的仔鱼放入水泥池中，每立方米水体放养 1.5 万～2 万尾。

孵化网箱为长方形，深度 0.3～0.8m。每平方米放 0.8 万～1.2 万尾。在鱼苗出膜 2 天后能自由游动时，把熟鸡蛋黄打浆投喂，每 1 万尾苗用 1 个蛋黄，投喂的方法是少量多次，在暂养池的四周均匀地泼洒。

二、鱼苗培育

黄颡鱼暂养 1 周后转入鱼苗池中进行培育，培育池以 350～1000m² 为宜，下塘时水深一般为 40～60cm，每平方米放养 25～30 尾。在鱼苗下塘前 10～15 天进行清塘、消毒，每平方米用 75～110g 生石灰进行全池泼洒，然后每平方米池塘施发酵的猪、牛粪 450～600g，培育大量的浮游动物，使鱼苗在下池时有足够的饵料满足其营养需要。黄颡鱼在 5cm 以下，可投喂人工配合饵料，但主要还是摄食浮游动物、摇蚊幼虫、无节幼体及昆虫等天然饵料。在投喂人工饵料时一般采用粉状优质的配合饲料，用水搅拌成团球状直接投喂到鱼池中的饵料台上即可。配合饵料可用鱼粉 1 份、菜饼 2 份、小麦粉 2 份加水成团状投喂，效果较好。当水温在 20～32℃时，每天投喂 3～4 次，以早晚为主。投饵量一般为鱼苗体重的 5%～7%，具体的投喂量应以鱼苗能够在 1h 内吃完为度，让鱼吃饱、吃好。每隔 3～5 天注水 1 次，每次加水 5～10cm，注水时要防止野杂鱼和敌害生物进入池中。

三、池塘培育大规格鱼种

黄颡鱼的大规格鱼种培育是指从 2.5～3cm 培育至 6～10cm 的阶段。

1. 鱼种池条件

培育鱼种池面积不宜过大，一般以 700～2000m² 为宜；池塘水深在 1.2～1.5m。在投放苗种前 10～15 天进行池塘清整消毒，每平方米（水深 5～10cm）用生石灰 75～110g 或漂白粉 7.5～15g 溶化全池泼洒消毒，消毒后 5～7 天注水 50cm，并且每平方米施发酵好的鸡粪或牛粪 150～450g 培育出浮游动物后进行鱼种放养。

2. 夏花放养

在 5～7 月放养 2～3cm 的小规格夏花苗种，一般每平方米放养 15 尾左右；如饲养到 7～8 月份进行分池饲养商品鱼的每平方米应放 7～8 尾，当鱼种长到 8cm 时进行分池饲养后，再放入成鱼池塘中饲养。

3. 饵料投喂

在塘角设置两个或两个以上面积 6～8m² 的饵料台，饵料台用竹桩固定在离池底约 10～20cm 处，台面上可用编织袋之类的柔软材料平辅上面。投喂时，将粉状饲料或颗粒饲料加水和成团状饲料投喂在食台上，让鱼自动上台吃食。当水温为 20℃ 以下时，日投喂量占鱼体体重的 1%～3%，当水温为 20℃ 以上时，日投喂量占鱼体重的 4%～6%。每天早、晚各喂一次，每次投饵量基本以吃完为宜。经过驯化的黄颡鱼可以逐渐转喂颗粒状配合饲料。黄颡鱼鱼种配合饲料的营养标准是：粗蛋白质 40%～45%、脂肪 8%～10%、碳水化合物 18%～23%、纤维素 3%～5%。饵料配制可用小杂鱼绞碎后拌部分植物性饲料、渔业专用添加剂等揉成团状饲料投喂，也可以将鱼绞碎成浆后用三等面粉黏合一下直接投喂，或将粉状原料混合均匀后加一定量的水揉成团状投喂。

4. 日常管理

在鱼种培育过程中，坚持每天早晚巡塘；每天投饵要遵循"四定"和"四看"原则；定期清理食台，每 10 天用漂白粉消毒一次；一般 10～15 天换水 1 次，鱼池每半个月用 15～20g/m² 的生石灰全池泼洒，以调节水质；经常清除池边杂草和池中腐败污物，及时清理池中的蝌蚪、水蛇、水蜈蚣、水蚤、龟鳖、水鸟等敌害。

5. 并塘越冬

当水温降到 6～10℃ 时，黄颡鱼鱼种应进行并池或在原池越冬。并塘越冬的池塘应选择在背风向阳处，面积 2000m² 左右，水深 1.5～2m，进水和排水都要很方便。黄颡鱼鱼种越冬密度为 0.3～0.5kg/m³。每平方米越冬池，可以堆放人畜粪 225～300g，以保持池水肥度，越冬期做好水质监测，及时补水、增氧，当气温降低、水面封冻时，应及时破冰增氧。

四、苗种的运输

1. 鱼苗运输

黄颡鱼在 3cm 以前，胸鳍、背鳍上的硬刺还不太硬，鱼体规格较小，采用尼龙袋充氧运输。

2. 鱼种运输

① 一龄鱼种运输　体长 3cm 以上的一龄鱼种，可以采取不易破损、难刺破的橡胶袋代替塑料袋进行装运。规格为 1.1m×0.7m，每袋加水 30～40kg，装 15～20kg 鱼种。

② 二龄鱼种运输　二龄鱼种的胸鳍和背鳍上具有带锯齿的硬刺，选择带孔的塑料鱼筐或泡沫箱，清洗消毒后用充分浸湿的稻草、水草或海绵均匀铺在筐底或箱底 5cm，然后从网箱或围箱中捞出黄颡鱼鱼种平铺于稻草或水草上。

第五节　黄颡鱼的养成模式与技术

一、池塘主养

池塘养殖的技术目标：池塘主养商品黄颡鱼的产量应达到每公顷 4500～7500kg，起捕率达 95% 以上；池塘套养商品黄颡鱼的产量每公顷应达到 225～300kg，起捕率达 90%；商品鱼出池规格要整齐，规格应全部在 100g 以上，150g 以上个体应占 60%，黄颡鱼商品率达到 90% 以上。

1. 养殖池准备

主养黄颡鱼应选择水源充足，水质清新、无污染的池塘。面积 0.2～0.7hm²，水深

1.5～2m 为宜。

在鱼种并塘或成鱼出池后,进行清整消毒。在鱼种下池前 10～15 天每公顷用生石灰 1050～1350kg 或漂白粉 60～90kg 进行消毒。消毒后第 2 天加水到 0.8～1.0m,第 3～4 天每公顷施入发酵腐熟的畜禽粪 5250kg 左右以繁殖天然饵料,经试水鱼试水确认毒性完全消失后,放入鱼种。

2. 鱼种放养

鱼种来源:一是从天然水域捕捞野生鱼种;二是人工繁育的鱼种。在每年的 3～4 月选择无病无伤,体质健壮,规格整齐一致的个体放养。一般每公顷放养尾重 10～20g 的鱼种为 1.5 万～4.5 万尾;在鱼种下池 5～7 天后,为充分利用池塘的水体饵料和空间,可以套养一些与黄颡鱼在生态和食性上没有冲突的鱼类,如搭配尾重 100g 左右团头鲂 1500～2250 尾;尾重 50g 的鳙鱼 750～1200 尾;鲢鱼 3000 尾。鱼种放养时用 3%～4% 的食盐水浸洗消毒,以杀灭鱼体表的细菌和寄生虫。放养时应注意调节装运容器水温与池塘水温一致,二者的温差不能超过 3℃。鱼种在放养、捕捞、计数、运输时的操作要轻,使用的工具要光滑,避免碰伤鱼体。

3. 投饵饲喂

由于黄颡鱼是以动物性饵料为主的杂食性鱼类,可人工投喂小鱼、小虾、螺蚌肉、畜禽加工厂下脚料、鱼粉等动物性饲料,也可投喂豆饼、花生饼、玉米、麦皮、豆渣等植物性饲料,还可投喂人工配合饲料。配合饲料用 30%～40% 的鲜小杂鱼虾等动物性饲料绞碎成浆后,拌和 60%～70% 用豆饼 5 份、小麦 3 份、玉米 2 份调和的植物性粉状饵料,再添加 1% 维生素和无机盐配制而成。为了便于鱼类摄食和不造成浪费,所制配合饲料一般以团状为好。根据黄颡鱼集群摄食的习性,在池塘中设置固定的食台,一般每公顷鱼塘设食台 15～30 个。每天投饵量占鱼体重的 3%～8%,每天上午 7～8 点、下午 5～6 点各投喂 1 次,考虑黄颡鱼晚间摄食的生活习性,下午投喂量占全天投喂量的 2/3。条件容许可适当增加水蚤、丝蚯蚓、蝇蛆等一些鲜活饵料。鱼类生长旺盛时期,可投喂一些水、陆草,以供搭配的草食性鱼类的摄食。

4. 日常管理

在养殖过程中每天巡塘 3～4 次,认真观察鱼的活动、摄食与生长情况,发现问题及时处理。保持水质肥、活、嫩、爽,透明度在 30～40cm。经常加注新水,4～6 月每隔 10～15 天注水一次,每次注入 15～30cm;7～9 月每 5～10 天注水 1 次,每次注入 10～15cm。有条件的开增氧机,以保持水质清新,溶解氧充足。黄颡鱼生长适宜的 pH 值范围在 6.8～8.5,由于长期投饵,池塘水质会使 pH 值呈弱酸性,生长季节(4～9 月)一般每半个月左右使用生石灰 1 次,每公顷每次用量为 225～375kg,以改良水质呈弱碱性,防止鱼体发病。

二、池塘套养

1. 套养池及放养

套养池塘面积 0.2～1hm²,水深 1.5～2.0m,套养密度应根据池塘主养鱼类和混养其他鱼类及饵料情况而定。套养主要有两种方式:一是池塘中放养了部分鲤鱼、鲫鱼、罗非鱼等杂食性鱼类的,则少放黄颡鱼,每亩套养体长 3～5cm 以上的夏花鱼种 150～300 尾或 40 尾/kg 的冬片 300 尾为宜,不单独投喂饲料,经过一个生长季节,每公顷产量可达 300～600kg;二是在没放养罗非鱼、鲤鱼、鲫鱼等杂食性鱼类的池塘中,每公顷套养体长 5cm 左右的黄颡鱼鱼种 6000～9000 尾,年底可收获 50～80kg。

2. 套养管理

池塘套养黄颡鱼的饲养管理除按池塘主养鱼的饲养管理外,应特别要注意水质管理,在

7~9月份高温季节，要注意加换水，一般每10~15天加换水一次，每次加换水不少于20~30cm深，池水透明度保持在30~35cm，pH值7.5~8.0，同时每天开动增氧机2~3h，以确保溶解氧充足，保持水质肥、活、嫩、爽。

三、网箱养殖

网箱养殖的技术目标：网箱养殖黄颡鱼成活率达80%以上，网箱每平方米产量应在10~15kg；网箱养殖黄颡鱼大部分规格在150g以上。

1. 网箱设置

（1）水域选择　网箱设置一般选择在水流平缓（流速0.1~0.2m/s），水面宽阔，水质清新，水的透明度在30cm以上，溶解氧量在5mg/L以上，pH值7~8；无"三废"污染，环境安静，底部平坦无杂物，离岸相对较近，常年水深在3m以上；交通方便，便于饲料、鱼种和其他物质的运输。

（2）网箱设置　网箱由聚乙烯制作而成，网目设置一般为1~2cm，以黄颡鱼投入后不能逃逸为宜。网箱的规格为20m²左右，箱深要求2.0m。网箱为敞口浮动式较好。设置时用楠竹或木板、钢筋制作框架，将网箱安置于框架内，用圆柱体的泡沫或油过漆的废油桶作浮子，网箱底部四周以网兜装一些鹅卵石作沉子。网箱没入水中部分为1.5m，露出水面部分为0.5m，为防止黄颡鱼逃跑，再在网箱口顶端四周缝上宽0.5m的罩网作防逃网。箱与箱之间的距离一般要求在2~3m。

2. 鱼种放养

在鱼种进箱前7~10天将网箱放入水中，使箱壁黏附藻类保持光滑，减少鱼种入箱后摩擦受伤。网箱养殖黄颡鱼一般在春节前后开始投放鱼种，鱼种下箱前需用3%~5%食盐水浸洗鱼体以预防疾病的发生。鱼种放养密度以黄颡鱼的规格大小而定，一般规格为4~5cm或重20g左右的鱼种每平方米放100~150尾；除主养黄颡鱼以外，可适当搭配一些团头鲂或细鳞斜颌鲴，以充分利用饵料，净化网箱水质。

3. 饲料投喂

网箱养殖最好采用自制配合饵料和市场上的全价饲料投喂。饵料要求蛋白质含量鱼种达到35%~38%，成鱼达32%左右，满足其不同阶段的营养需要。

鱼种下箱后就进行投饵驯化。开始投喂黄颡鱼喜食的小鱼、小虾和蚯蚓于食台上，加少量的配合饵料，从第2天开始逐渐地增加配合饵料量，减少小鱼、小虾和蚯蚓的投喂量，每天投饵要按时进行，每次投料前，吹哨声或轻敲料桶，使鱼种形成条件反射。经过5~7天的驯化，当黄颡鱼可以完全摄食配合饵料时，可以转入正常的网箱饲喂阶段。一般在5~9月份每天投饵3次，上午9~10点一次，下午4~6点一次，晚上8~9点再投一次，日投饵率在4%~7%；在3~4月份和10月份以后每天投饵2次，上午、下午各一次，投饵率2%~3%。具体投喂量以黄颡鱼在2h内吃完不剩为宜。

4. 日常管理

经常检查网箱看是否有破损，如有应及时修补。每天观察鱼的活动和摄食情况，以便合理调整投饵量。每周清洗一次网箱周围的附着物，保持箱内外水体对流。注意水位的变化，灵活调整箱体位置，特别是在大风、暴雨季节要加固网箱或及时升降网箱。做好网箱养殖日志，记录每天水温、摄食、投喂、死鱼及病害等情况为以后黄颡鱼的人工养殖提供依据。

四、捕捞与运输

一般在当年12月至翌年1月黄颡鱼养殖达到商品规格时需进行干塘起捕，将池塘水排干后徒手捕捞上市，也可以采用先进的机械捕捞方法进行起捕。常用的捕捞黄颡鱼的机械有黄颡鱼诱捕机、魔力捕黄颡鱼机等。

成鱼运输可采用无毒塑料桶、鱼篓或帆布桶等不易破损的容器充氧运输，也可以干法运输，若有条件多采取活鱼车运输最理想，因为活鱼车上有增氧设备、水箱。装鱼的密度为1kg水装1kg黄颡鱼，可运输3～4h。不管采用什么工具运输，都要求水质清新、无污染。操作过程要轻柔、快捷，尽量减少刺激，不要损伤鱼体。

【思考题】

1. 如何区分3种黄颡鱼？
2. 如何鉴别黄颡鱼的雌雄个体？
3. 怎样进行黄颡鱼亲鱼培育？
4. 池塘主养黄颡鱼的技术要点有哪些？
5. 网箱养殖黄颡鱼如何进行饲养管理？

第二十二章 黄鳝养殖

【技能要求】

1. 能识别黄鳝的雌雄个体。
2. 能进行黄鳝人工繁殖操作。
3. 能培育黄鳝的苗种。
4. 能在池塘、网箱中养殖黄鳝。

第一节 养殖现状与前景

黄鳝是深受国内外消费者喜爱的美味佳肴和保健滋补品。黄鳝肉质细嫩，营养丰富，可食部分一般在70%以上，蛋白质含量比一般养殖鱼类高，达到17.99%～19.18%，钙（38mg）和铁（1.6mg）的含量具首位。同时鳝鱼体内富含DHA、EPA和其他药用成分，因而在深加工和保健品开发上具有极大的发展潜力。据调查了解，目前国内市场年需求量近300多万吨，在冬季上海、杭州、宁波一带每天需求量达100t，据统计，2008年全国各地黄鳝批发价格为：规格150g左右的个体，价格在80～100元/kg，50～150g的64～80元/kg，40g以下的40～60元/kg。国外市场也比较紧俏，日本、韩国每年需进口20万吨，美国市场则对我国规格为150g/尾的黄鳝需求量很大。

因人工养殖黄鳝具有面积小、饲源广、周期短、效益高等特点，近些年来养殖发展很快。20世纪90年代中期以后，湖南、湖北、四川、江西、安徽、江苏、浙江等地先后开展人工养殖黄鳝，并取得了较好的效果。并在养殖实践中探索出许多成功的养殖方法，从空间上分，如土池养殖、水泥池养殖、稻田养殖、网箱养殖等方法；从养殖方式上分，如流水无土养殖法、静水有土养殖法；从养殖时间上分，如长年性精养、有季节性暂养；从养殖类别上分，如单养、鱼鳝混养等方法。目前国内黄鳝的养殖比较典型的是湖北等地的池塘、网箱养殖和安徽淮南等地的工厂化养鳝等，产量较高。

由于国内外市场需求量大，再加上黄鳝自身适应能力强、耐低氧、耐饥饿、便于运输，养殖方法灵活，经济效益高，人工养殖黄鳝具有广阔的发展空间。

第二节 认识黄鳝

黄鳝（*Monopterus albus*）俗称鳝鱼、长鱼、线鱼、罗鳝、田鳗、无鳞公主，属合鳃目，合鳃科，黄鳝亚科，黄鳝属。在我国广泛分布于各地的湖泊、水库、河流、池塘、沟渠、稻田、湿地等淡水水域，多见于长江流域和珠江流域。黄鳝体呈蛇形或鳗形，前端管状，尾部侧扁，尾端尖细。黄鳝体表无鳞，没有胸鳍和腹鳍，背鳍和臀鳍退化成低皮褶状且与尾鳍相连接。口较大，鳃孔较小，左右鳃孔在头的腹面连接为一，构成"V"字

图22-1 黄鳝

形的鳃裂，鳃明显退化，无鳃耙。在水中不能靠鳃完成呼吸，要借助口咽腔内壁黏膜作辅助呼吸，因而黄鳝时常把头伸出水面进行呼吸。黄鳝体长一般为 30～50cm，最大为 80cm，重 1.5kg 以上（图 22-1）。

黄鳝为底栖生活鱼类，在各种淡水水域中几乎都能生存，尤喜在稻田、沟渠、池塘等静止水体的埂边钻洞穴居，喜栖于腐殖质多的水底淤泥中（表 22-1）。

表 22-1　黄鳝对环境的要求

环境条件	具　体　要　求
pH 值	黄鳝适宜的水体 pH 值为 6.0～7.5，最适为 6.5～7.5。在 pH 值过高(大于 8.0)和过低(小于 6.0)的水体中会死亡
水温	黄鳝是变温动物，生活适温为 15～30℃，最适宜的温度为 24～28℃，当水温降到 10℃ 以下时，开始穴居冬眠
溶解氧	黄鳝可以通过口咽腔和皮肤直接呼吸空气中的氧或泄殖腔进行微呼吸，故黄鳝耐氧能力强，当水中溶解氧在 3mg/L 以上时活动正常，低于 2mg/L 时有异常的表现，最低溶解氧为 0.17mg/L
光照	对光照要求不高，黄鳝的主要活动规律是春出冬眠，昼伏夜出，白天很少活动，静伏于洞内，温暖季节夜间频繁出穴觅食

第三节　黄鳝的人工繁殖技术

一、繁殖习性

黄鳝每年繁殖 1 次，繁殖期随气温的高低而提前或推迟，在长江流域通常水温稳定在 20～22℃ 以上，即每年 5～9 月为繁殖期，6～7 月是盛期。繁殖季节到来之前，亲鳝先在埂边打洞，称为繁殖洞。产卵前，雌雄亲鳝吐泡沫筑巢，然后将卵产于巢上，雄亲鳝有护卵的习性。全长 20cm 的雌鳝怀卵量为 200～400 粒；全长 40cm 的雌鳝怀卵量为 400～800 粒。在自然水体中，黄鳝的雌雄比例接近 1∶1。

黄鳝受精卵孵化时间的长短与水温有密切关系，当水温在 30℃ 左右时，从卵子受精至仔鳝孵出需 5～7 天；25℃ 左右时，需 9～10 天。刚孵出的仔鳝全长 10～20mm，身体弯曲，卵黄囊较大，孵出后 11 天左右，仔鳝全长达 28mm，卵黄囊已接近完全消失，胸鳍差不多完全退化，仔鳝全身青黑色，可钻泥营穴居生活，仔鳝孵出 10 天左右，卵黄囊消失前后，亲鳝停止护幼，生殖活动结束。

二、黄鳝的雌雄鉴别

黄鳝终生出现两个性别，即前半生为雌性，后半生为雄性，其中间转变阶段叫雌雄间体，这种由雌到雄的转变叫作性逆转现象（表 22-2）。

表 22-2　雌雄黄鳝性别特征

指　标	雌鳝（♀）	雄鳝（♂）
体长	35cm 以下为雌鳝	40cm 以上多为雄鳝
头部	细小，无隆起	较大，隆起明显
体背色斑	青褐色，色带不明显	褐色素斑点组成明显的 3 条平行色带
腹部	膨胀透明，淡橘红色，一条紫红色横条纹	无明显膨胀，有血状斑纹

三、亲鳝的选择与培育

> **种鳝培育的技术目标：**应选择种系纯正、身体细长而圆、深黄大斑鳝来饲养；饲养的雌鳝要求体长 30cm 以上，个体重 100g 以上；种鳝饲养应达到体质健康、无病无伤、体形肥大、色泽鲜亮、体色呈深黄色。

亲鳝来源一是靠捕捞、购买野生鳝种，二是采取人工专门培育的鳝种。要求体质健康、无病无伤、体形肥大、色泽鲜亮、体色呈深黄色。一般雌鳝要求体长 30cm 以上，个体重 100g 左右。

选择已达到或接近性成熟、体质健壮的黄鳝放入池中，亲鳝池最好是水泥池，也可以用土池，池子面积应根据繁殖规模来确定，一般面积为 10～20m²，深约 1.0m。若自然受精，雌雄比例为 1∶2，雄多雌少；若人工授精，则为（2～3）∶1，雄少雌多。每平方米放 8～10 尾。培育亲鳝的放养密度一般为雄鳝 2～3 条/m²，雌鳝 7～8 条/m²。另外，可在亲鳝池中放养部分小泥鳅，以清除池中过多的有机质，改善水质，并在饵料供应不足时，为亲鳝提供活饵。饲料以投喂优质活饵料为宜，如小鱼、小虾、蝌蚪、幼蛙、蜻蜓幼虫、蚯蚓、蝇蛆等。黄鳝对陆生昆虫也喜欢摄食，因此晚上在亲鳝池上装上电灯，引诱飞虫，供黄鳝摄食，效果也很好。喂食时间最好是晚上，晚上黄鳝摄食量大，觅食主动。投喂量以第 2 天池底没有或仅有少量饵料为宜，一定要投喂鲜活的饵料。亲鳝培育的关键是适口鲜活饵料的足量供给。另外注意经常加注新水，保持良好水质，在池中放些水生植物，如水浮莲、凤眼莲等，起遮阳和保护作用。水泥围墙高出水面 60～70cm 以防逃逸。

四、人工繁殖

> **人工繁殖的技术目标：**要求选择质量好的催产药物，正确地保存和配制；人工授精，受精率要求在 80% 以上；通过科学的管理，孵化率达 80%。

人工养殖条件下，当水温稳定在 20℃ 以上时，通常是 5 月底或 6 月上旬（南方地区要更早一些），亲鳝池中就会有少数黄鳝开始打繁殖洞配对，此时，可进行人工繁殖。

1. 催产剂选用及配备

催产剂选择促黄体生成素释放激素类似物（LRH-A）或绒毛膜促性腺激素（HCG），以使用 LRH-A 为主，其用量依据黄鳝个体大小而有增减，在生产上多采用 1 次注射。一般情况下，体重 15～50g 的雌鳝，每尾注射 LRH-A 5～10μg；50～250g 的雌鳝，每尾注射 LRH-A 10～30μg。雄鳝不论大小，每尾注射 10～20μg 即可。用蒸馏水或生理盐水配备催产剂，每尾亲鳝注射的催产剂液量为 1ml。

2. 亲鳝的捕捉

常用的捕鳝方法有用鳝笼诱捕或用手电筒照明用手抓捕，最好的捕鳝方法是清池，但由于底泥多，工作量较大。对捕捉到的亲鳝应认真选择，成熟较好的（雌鳝腹部大，雄鳝能挤出精液）放进暂养箱中备用，成熟差的则放入培育池继续培育。

3. 催产剂的注射

将黄鳝捕起由一人将选好的亲鳝用干毛巾包住鳝体，使腹部朝上，另一个进行腹部注射，进针方向大致与亲鳝前腹成 45°锐角，针尖刺进深度不超过 0.5cm。由于雌雄亲鳝的效应时间不同，雌鳝产生药效比雄鳝慢。因此在实际操作时，雄鳝的注射时间须比雌鳝推迟 24h 左右。注射好的雌雄亲鳝放入网箱中暂养，水深保持 30～40cm，注意经常冲注新水，暂养 40～50h 后，即可观察亲鳝的成熟及发情情况。

4. 人工授精

人工授精要备有干净的搪瓷脸盆 3～5 只。另外，无论哪种受精方式，都要备有大水缸数只或小型网箱数只，做暂养黄鳝之用。水缸内径 1m，高约 1m；网箱为 1m×1m×0.5m 左右。

将开始排卵的雌鳝取出，一手垫干毛巾握住前部，另一手由前向后挤压腹部，部分亲鳝即可顺利挤出卵，但多数亲鳝会出现泄殖腔堵塞现象，此时可用小剪刀在泄殖腔处向里剪开 0.5～1cm，然后再将卵挤出，连续 3～5 次，挤空为止。放卵容器可用玻璃缸或瓷盆，将卵挤入容器后，立即把雄鳝杀死，取出精巢，取一小部分放在 400 倍以上的显微镜下观察，如精子活动正常，即可用剪刀把精巢剪碎，放入挤出的卵中，充分搅拌［人工授精时的雌雄配比视卵量而定，一般为（3～5）：1］，然后加入任氏溶液 200ml，放置 5min，再加清水洗去精巢碎片和血污，放入孵化器中静水孵化。

5. 孵化

目前常用的孵化容器有孵化缸、孵化桶、孵化环道、水族箱、小网箱和瓷盆等，具体选择哪一种容器应根据卵的数量和设备条件而定。不管选择哪种容器，在孵化过程中都一定要做好水质、水温、溶解氧和疾病敌害的管理。

在孵化过程中要保持水质清新，无污染，水的 pH 值以中性为好。水深以 10cm 为宜。

黄鳝孵化的适宜水温是 22～32℃，最适水温是 25～30℃，在孵化过程中，一定要注意保持水中的溶解氧要充足，水中溶解氧过低会引起胚胎发育迟缓、停滞，甚至窒息死亡。

第四节　黄鳝的苗种培育技术

　　苗种培育的技术目标：放养鳝苗要求健壮、活泼；培育过程中，鳝苗摄食力强，游动活泼，生长快，规格整齐，成活率达 50％。

一、培育池准备

鳝苗培育池适宜选用小型水泥池，面积一般为 10m²，池深 30～40cm，培育池上沿高出地面 20～30cm 以防雨水漫池造成鳝苗逃逸。池底铺厚 5cm 左右的土层，土层中每平方米加牛粪或猪粪 0.5～1kg，最好引植丝蚯蚓，在池面上种植根须丰富的水葫芦或水浮莲。水池设进排水口并用筛绢或聚乙烯网罩住。

二、鳝苗放养

鳝苗放养密度与其生长速度和成活率有很大关系。一般出膜 5～7 天的鳝苗可入池培育，每平方米可放 150～300 尾。

放养鳝苗注意事项：转池前，应在卵黄囊消失后在原池用煮熟的蛋黄喂 2～3 天。鳝苗下池的时间以施肥一周后水域中培育了大量的水蚯蚓和水蚤等活饵料高峰时期为宜。鳝苗下池时，盛苗容器里的水温与苗种池中的水温温差不能超过 3℃，一般在晴天的上午 8～9 点或下午的 4～5 点下池。下池时，应该将质量差的鳝苗剔除，经挑选分级、计数后入池。

三、苗种培育

黄鳝从鱼苗开始就表现出肉食性的习性特点。鳝苗放入培育池中，开始散喂水蚯蚓碎片使黄鳝吃到充足的开口料；或以浮游动物（枝角类、桡足类和部分大型轮虫）和生蚯蚓打成浆投喂；以后用熟蛋黄、豆粉调成糊状投喂；也可用蚌肉、蚯蚓、各种动物血及下脚料加工成糊状饵料均匀撒入池中，辅以少量的瓜果、蔬菜、米饭等饵料。每天投喂 4～6 次，日投饵量占鱼体重的 2%～5%，如果每平方米放养 450～500 尾，到冬季就可收获 20～40 尾/kg 的标准鳝种。

第五节　黄鳝的养成模式与技术

黄鳝成鱼养殖普遍采用的养成模式有网箱、池塘两种方式，具体采用哪一种养殖方式可根据当地及养殖者自身的具体条件而定。

一、池塘养殖

> **池塘养殖的技术目标**：池塘养殖商品黄鳝的产量应达到每平方米 6～9kg，幼鳝的成活率达到 50% 以上；商品鳝出池规格要整齐，规格应全部在 80g 以上，其中 100g 以上雌鳝个体和 150g 以上雄鳝个体占 60%，鳝的商品率达到 90% 以上。

养殖鳝池一般选在地势较高、向阳背风、冬暖夏凉、水源充足、水质良好无污染、进排水方便、交通便利的地方，常年有微流水更好。鳝池的大小可根据养殖规模而定，小池 2～3m²，大池达 100m² 以上。一般以 15～30m² 为宜，池深 0.7～1m。池子的结构为水泥池或土池均可。

1. 水泥池养殖

（1）水泥池建设及要求　先在平地上下挖 40～50cm，挖成土池。水泥池池壁用砖或石块砂浆砌，用水泥抹面，池壁高出地面 30～40cm，池边墙顶做成"T"或"厂"字形出檐，池底铺 20～30cm 深的河泥或不铺，池水保持 5～20cm。离池底 50cm 处设一进水口，在其对面池壁离池底 30cm 处设一排水口，进出水口均用铁丝拦住。为了保护幼鳝，还可在池中建 1～1.5m² 的圆形幼鳝池。幼鳝池壁留 2～4 个大小不一的窗孔，窗孔用铁纱罩好，不让成鳝入内，只让幼鳝通行。

（2）苗种的选择　选苗方法：①将鳝苗倒入装有半箱水的箱内，加水至箱体的八成高，体质差的鳝苗会不断上浮或干脆将头伸出水面，头不下沉，鳃部膨大发红，应该淘汰，换部分水，加少量威力碘黄鳝浸泡液，体质差的苗种向一边"跑峰"，也应该淘汰，反之则选留；②肉眼观察，发现腹部有明显红斑、头部尾部发白、肛门红肿充血、手抓无力挣扎、口腔有血的鳝苗，应淘汰，反之则选留。

（3）苗种放养　放养时间一般在冬季和早春，以早春头批捕捉的黄鳝苗种放养为佳。长江流域以南以 4 月初至 4 月中旬开始放养，长江流域以北从 4 月下旬开始放养，放养水温以 14℃ 以上为宜。

黄鳝放养量应根据鳝池大小、饵料来源、苗种规格以及饲养水平等不同而异。每平方米放养体重 25g 的幼鳝 50～100 尾，即每平方米放养幼鳝 1.5～3kg。家庭养殖一般每平方米放养量以 2.5kg 为好。同一养殖池中切忌大小混养。

（4）投饵管理

① 饵料来源　黄鳝是偏动物性的杂食性鱼类，主要饵料有蚯蚓、蝌蚪、蝇蛆、小鱼虾、蚕蛹、螺蛳、河蚌肉等，其中以蚯蚓黄鳝最喜好。在动物性饵料不足的情况下，也摄食一些植物性食物，如麸皮、米饭和瓜果皮之类的甜酸食物。若人工饲养黄鳝，其饵料要因地制

宜，多渠道筹集。

② 驯食　鳝种入池后的第 3 天，开始进行投饵驯化。根据当地资源，选用鳝鱼喜食的蚯蚓、淡水虾、蚌肉或鱼等鲜活饵料，定时、定点诱食驯化鳝苗集中摄食。正常情况下投喂鲜料一周后，黄鳝对鲜料的日摄取量达到体重的 5%，这时可使用全价饲料和鲜料混合投喂，进行转食驯化。为提高鳝苗的驯化效果，要遵循"循序渐进、持之以恒"的原则，一旦选好鲜料和黄鳝全价料后，不要随意变更饵料的种类。

③ 投饵方法　黄鳝驯食成功后，进入正常饲养管理阶段。每天可投喂两次，根据黄鳝喜夜间外出觅食的特点，以下午投喂为主，下午投食量占全天投食量的 80%。早上投喂量占 20%。投饵量以第 2 天清晨基本没有剩余为原则。在黄鳝的饲养过程中，投饵一定要遵循"四定"原则，并根据"四看"情况适时增减投饵量。一般前期日投饵量为黄鳝总质量的 3%～4%，中期为 5%～7%，后期降为 3%～4%。黄鳝适宜生长的温度是 15～30℃，当水温低于 15℃ 或高于 30℃ 时应停止投喂，饵料要新鲜、清洁。

（5）日常管理　黄鳝在高密度集约化养殖中，水质容易恶化，要注意调节水质，每 5～7 天注水或换水一次，每次换水占总池水的 1/3，盛夏季节可在育苗池中栽种茭白、水花生或浮萍等，起遮阳降温作用。池中还可投放少量的鳅苗，密度为 30～50 尾/m²，可以有效地清除残食，起到控制水质肥瘦的作用，还可以改善鳝池通气条件和鳝体鱼之间相互缠绕现象。幼鳝放养前用 3%～4% 的食盐水或 20mg/L 的高锰酸钾或用 80 万～100 万单位的青霉素浸泡 5～10min，减少疾病发生，以提高黄鳝成活率。

2. 土池养殖

土池要选择土质坚硬的地方建池，从地面向下挖 30～40cm。用挖出的土作埂，埂高 40～60cm，埂宽 60～80cm。埂要层层夯实，池底也要夯实。池底铺一层油毡，再在池底及四周铺设塑料薄膜，池底上面堆 20～30cm 厚的淤泥或有机质土层，可防止池水渗漏和黄鳝打洞逃逸。土池也如水泥池一样，要注意进、排水设施。进水口要高于水面，排水口设在水底泥层上面，进、排水口在池中呈对角排列，管口缚聚乙烯网或铁丝网。池子建成后可在池内种植一些水生植物如水葫芦、慈姑、浮萍等，在池四周种些攀缘植物如苦瓜、扁豆等搭棚遮阳。有条件的可在室内建冬季保温池，以缩短养殖周期，达到全年饲养的目的。其具体饲养管理方法可参考水泥池养成模式的饲养管理方法。

二、网箱养殖

> **网箱养殖的技术目标**：网箱平均每口产量应达到 60～120kg，即每平方米产量应在 6～12kg；黄鳝个体规格要整齐，大部分规格应在 80g 以上。

1. 网箱制作与设置

一般选用优质聚乙烯无结节网片，将网片编制成规格大小以 (4～6)m×(2～3)m×(1.2～1.5)m 为宜的长方形或正方形网箱，一般每个网箱面积 6～30m²。上下纲绳直径 0.5～0.6cm，网眼大小按放养鱼种的规格大小选择。

设置网箱的面积一般以养殖总水面的 30%～50% 为宜。用木桩与铁丝或毛竹竿将网箱固定在进水口附近，箱底离池底 40cm，箱顶高出水面 50cm，箱体入水深 0.8～1m，网箱一般单排或多排，网箱间隔为 2m 以上，行距 3～4m，以利于水体交换、水质调控、投饵管理和渔船行使。

网箱应在放养鳝种前 10～15 天下水安装，使箱衣着生藻类并软化，以免擦伤鳝体。新制网箱用 40mg/L 的高锰酸钾溶液浸泡 20min 后再将其投入水中。然后将水花生、水葫芦等水草洗净，并用3%～5%食盐水浸泡后移植于箱中。每只网箱设2～3个食台。

2. 苗种选择与放养

适合网箱养殖的应是体表颜色呈淡黄色或深黄色且带有点、线状明显大黑花斑，体形细长而圆，头较小，体态均匀的鳝种。不适应网箱养殖的劣质鳝种特征为背色青灰、灰白、乌黑，体形纤细，头大尾小，尾常卷曲。

4～5月放养，每平方米放养25～30g/尾的鳝种2～3kg，每只网箱放养约30kg鳝种。要求每只网箱放养的鳝种规格一致，以免差异太大而相互残杀。放养前用3%～5%的食盐水浸泡消毒5～10min，减少疾病发生。另外，每只网箱放养泥鳅1kg，用于清除网箱中的剩饵和防止鳝体相互缠绕。

3. 饲养管理

鳝种入箱后3天不投喂，让黄鳝体内食物全部消化处于饥饿状态，第4天开始投喂蚯蚓、螺蛳肉、小杂鱼等，蚯蚓50%，螺蛳肉30%，小杂鱼20%。将蚯蚓或敲碎的螺肉等饵料放置于食台上，每天傍晚5～6时进行，日投喂量为鳝体重的1%～3%，随着时间的推移，逐渐减少蚯蚓和螺蛳肉投喂量，增加小杂鱼、配合饲料的投喂量，最终为小杂鱼占60%，螺蛳肉占10%，配合饲料占30%。经过7～10天的驯化投喂后，每天上午7～8时和下午4～5时各一次。日投喂量可逐渐增加到鳝鱼体重的7%～8%，具体日投喂量主要是根据天气、水温、水质、黄鳝的活动情况灵活掌握，原则上一般以投喂后2h左右吃完为宜。每天吃剩的饵料要及时捞出以免污染水质。经常检查网箱是否完好，发现破漏及时修补以免黄鳝逃逸。

网箱要定期消毒，养殖期间5～10月份每半月用漂白粉或二氧化氯挂袋一次，每只网箱挂2～3袋，每袋放药150g，或用漂白粉10mg/L全池泼洒。每半月投喂磺胺噻唑，用量为每50kg黄鳝用药0.5g，拌饵投喂，每天1次，连用3～5d。

【思考题】

1. 如何鉴别黄鳝的雌雄？
2. 如何进行黄鳝人工授精操作？
3. 黄鳝人工养殖时如何选择鳝种？
4. 水泥池养鳝的关键技术有哪些？
5. 网箱养鳝的主要技术要点有哪些？

第二十三章　泥鳅养殖

【技能要求】

1. 能鉴别雌雄亲鳅个体。
2. 能开展亲鳅的选择及培育。
3. 能熟练进行泥鳅的人工繁殖生产。
4. 会判别鳅苗的优劣。
5. 能开展泥鳅的稻田养殖。

第一节　养殖现状与前景

泥鳅又名鳅、鳗尾泥鳅、真泥鳅、鳛鱼等，是一种广泛分布于中国、日本、朝鲜和东南亚国家的常见小型淡水鱼类。在我国除青藏高原外，全国各地的河川、沟渠、稻田、堰塘、湖泊、水库均有天然分布。泥鳅具有分布广、繁殖能力强、抗逆性强、易养殖等特点。

泥鳅体肥肉多，肉质细嫩、鲜美，有相当高的营养价值，有"天上的斑鸠，地下的泥鳅"的誉称。据分析，泥鳅的可食部分占80％左右，其中泥鳅肉蛋白质含量丰富，磷、钙、铁的含量也较高，并含有一定量的维生素。泥鳅还有多种药用功能。《本草纲目》中记载有：鳅有暖中益气的功效，对治疗肝炎、小儿盗汗、皮肤瘙痒、跌打损伤、手指疔、乳痈等都有一定的疗效。现代医学认为，经常吃泥鳅还可美容、防治眼病、感冒和枯夏等。因此，泥鳅既是营养品，又是保健食品。

最近几年由于出口需求旺盛，我国江苏、湖北、河南、安徽等省在捕捞野生泥鳅苗种的基础上，积极发展人工养殖。人们利用天然或人工建的坑、塘、沟、池等水体，采取各种技术措施，开展泥鳅人工生产试验，大都获得成功，效益显著。

另外，全国许多水产科研院校也结合生产实际，开展了泥鳅的人工繁殖、培育苗种、优良品种选育、泥鳅高产养殖以及其他方面的研究，取得了可喜的研究成果及经验。

据国内外泥鳅市场调查显示，从1995年至今，泥鳅连续10年走俏市场。国内市场年需求量为10万～15万吨，但市场只能供应5万～6万吨，缺口很大，拉动价格连年攀升，1995年为5元/kg，2002年上涨至15～18元/kg，近年又上升至18～20元/kg。国际市场对我国泥鳅需求量逐年升温，订单连年增加，尤其是日本、韩国需求量较大，年需十万余吨，我国已无大货可供。中国香港、澳门、台湾市场也频频向内地要货，且数量较大。

泥鳅生命力很强，对环境的适应性高，食料易得，养殖占地面积少，用水量不大，易于饲养，便于运输，成本低，收益大，见效快。目前我国各地泥鳅养殖业开始向集约化、商品化、规模化、无公害的方向发展。养殖泥鳅已经成为农民脱贫致富奔小康的一条重要途径。许多专家预测未来几年最有前途的水产品时，都将泥鳅作为热销对象之一。

第二节　认识泥鳅

泥鳅（*Misgurnus anguillicaudatus* Cantor）隶属硬骨鱼纲、鲤形目、鳅科、泥鳅属。各种

泥鳅的特征基本相似。躯干长，前部呈圆筒形，后部侧扁，腹部较圆，头小，无鳞，钝锥状。吻端向前突出，唇软，口须数对，眼小，正圆形，侧上位，为皮肤覆盖。胸鳍侧下位，远离腹鳍，背鳍较宽大，腹鳍小，尾鳍宽大，其基部有 1～2 个黑色斑点，奇鳍密布斑点，偶鳍少斑点或无斑点。肛门靠近臀鳍处的鳞片细小，圆形，隐于皮下，侧线鳞基本完全，体表黏液丰富，体滑，徒手很难捕捉，鳔小，呈双球形，前部包于骨囊内，后部细小，游离。鳃退化，但仍具有呼吸功能，鳃裂止于胸鳍基部。咽齿 1 行。胃壁厚，左侧卷曲。肠短，直线状。

鳅科的鱼类相当多，仅我国就有 100 多种，它们的生活习性和生长速度相近却又各不相同。常见养殖的泥鳅种类有真泥鳅、大鳞副泥鳅、中华花鳅、花斑副沙鳅和北方条鳅等（见图 23-1～图 23-5），在养殖选种时应注意区别。

真泥鳅，一般称为泥鳅，是最常见个体较大的泥鳅，一般成熟体长 10～15cm，最大个体可达 30cm 左右。真泥鳅在我国分布很广，除青藏高原外，北至辽河、南至澜沧江的我国东部地区的河川、湖泊、沟渠、稻田、池塘和水库等各种淡水水域均有自然分布，尤其是长江和珠江流域中下游分布最广、产量最大。在国外，真泥鳅主要分布于东南亚一带，如日本、朝鲜、韩国和越南等国家。

图 23-1 真泥鳅

图 23-2 大鳞副泥鳅

图 23-3 中华花鳅

图 23-4 花斑副沙鳅

图 23-5 北方条鳅

泥鳅喜栖息于静水或缓流水下有机质丰富的软泥表层，常出现于湖泊、河、池塘、稻田、水沟等浅水水域，喜欢生活于中性或弱酸性（pH 为 6.5～7.2）的土壤中。

对泥鳅的个体而言，其生长适宜水温为 15～30℃；而对于群体饲养，其生长适宜水温为 14～28℃，最适宜水温为 23～26℃。水温低于 5℃时泥鳅进入冬眠；水温高于 30℃时则进入夏眠状态，不食不动，代谢率降低。

泥鳅的呼吸方法与常见的淡水鱼类有很大区别。泥鳅有鳃呼吸、皮肤呼吸、肠呼吸三种形式。当水中溶解氧缺乏时，皮肤参与呼吸，极度缺氧时，它可以用肠呼吸，即蹿到上层水面呼吸空气，通过肠壁毛细血管中的血液输送和交换氧气和二氧化碳来完成呼吸，废气从肛门排出。因而泥鳅对缺氧环境的抵抗力较其他养殖鱼类强。

第三节 泥鳅的人工繁殖技术

人工繁殖的技术目标：通过科学的培育管理，亲鳅培育后的可用率应在 70％以上；人工繁殖的受精率应在 80％左右，孵化率在 90％以上。

一、繁殖习性

泥鳅一般 2 年成熟，性成熟后 1 年可产卵 2～3 次。产卵期 4～8 月份，其中 5～6 月份是产卵盛期，但也有秋后产卵的。产卵最适温度为 25～26℃。泥鳅产卵量因个体大小差别很大。卵黄色，半透明，直径 1mm 左右，有黏性，但黏附力不强，易从鱼巢上脱落。泥鳅精子头部圆形，直径约 1.6μm，精子尾部长 20μm 左右。

二、泥鳅的雌雄鉴别

雌雄泥鳅的鉴别特征见表 23-1、图 23-6、图 23-7。

表 23-1　雌雄泥鳅鉴别特征

指标	出现时期	雌鳅（♀）	雄鳅（♂）
个体	成鱼期	较大	较小
体形		略带圆筒状、纺锤形	稍带圆锥形、纺锤形
胸鳍		较小，末端圆；第二鳍条的基部无骨质薄片	较大，末端尖；第二鳍条的基部有一骨质薄片，生殖期鳍条上有追星
腹部	生殖期	明显膨大	不明显膨大
背鳍下方体侧		无小肉瘤	有小肉瘤
腹鳍上方体侧	产卵期	有一白色圆斑	无圆斑

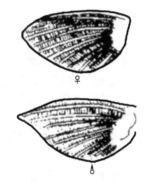

图 23-6　雌（♀）雄（♂）泥鳅的胸鳍

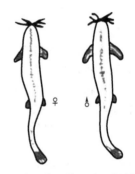

图 23-7　雌（♀）雄（♂）泥鳅的外形

三、亲鳅选择

亲鳅必须选择体质健壮、体型端正、体色正常、无伤无病的雌雄泥鳅。亲鳅的个体要大些为好，雌鳅体长 15cm 以上，体重 20g 以上，腹部膨大，富有弹性；雄鳅体长在 10cm 以上，体重 15g 以上，行动活泼，胸鳍上有追星。

四、亲鳅培育

1. 亲鱼培育池

水泥池或土池都可用作培育亲鳅，培育池大小不限，要求池底有 20cm 左右肥泥，水深 40～50cm。

2. 放养前的准备

培育前 10～15 天，用 150～200g/m² 生石灰清塘消毒，进水时用 40 目筛绢网过滤，严防敌害和野杂鱼、虾进入培育池，在进、排水口设置防逃网。

3. 日常管理

经常补充新水调节水质，保持透明度在 20cm 左右。平时每天投喂 2 次，投饲量为鱼体重 3%～5%。春季繁殖前要进行强化培育，投饲量增加到 5%～8%，多投蛋白质含量高的饲料，并加强水质管理，促使亲鱼性腺发育。

五、人工繁殖

1. 催产时间

催产一般要求水温稳定在 20～22℃时进行为佳。一旦发现泥鳅的食量降低，雌鳅所怀卵粒呈橘黄色半透明状，且略带黏性，便可以进行人工催产了。雌雄亲鳅催产比例一般为 1∶1 或 1∶1.5。

2. 催产药剂与其使用剂量

(1) 催产剂的种类　常用的催产剂有人工合成促黄体生成素释放激素 (LRH) 及其类似物 (LRH-A)、绒毛膜促性腺激素 (HCG)、鱼类脑垂体 (PG) 以及马来酸地欧酮 (DOM) 等。

(2) 催产剂的用量　每尾重 15g 左右的雌鳅，催产剂用量为 HCG400～500IU＋LRH-A 3μg，雄鳅减半，每尾亲鳅注射量为 0.1～0.2ml。如果采用 PG，雌鳅用量为 0.3mg（相当于鲫鱼脑垂体 1 个，蛙垂体 2 个）；如果与 HCG 配合使用，其用量为脑垂体 0.2mg＋HCG200IU，雄鳅减半。

3. 注射

一般选在较温暖的中午进行注射。采用背部肌肉注射或体腔注射两种方法。

4. 人工授精

人工授精的关键是要适时授精，授精时间可根据不同水温下的效应时间进行推算。一般约 12～14h；水温在 20℃左右时效应时间约需 18h。在临近效应时间时，要及时检查箱内的泥鳅，若发现雌雄泥鳅追逐厉害，尤其是雌鳅呼吸急促，说明发情高潮来临了，如挤压雌鳅腹部，有金黄色的卵子流出并游离，说明授精时间到了，应迅速做好准备，进行授精。

泥鳅的精液很难挤出，只能剖腹取出精巢。泥鳅的精巢贴在脊椎两侧，解剖后用镊子轻轻将 2 条乳白色的精巢取出。精巢取出后放在研钵内加入少量林格溶液，用钵棒轻轻研磨。1 尾雄鳅的精巢可加入 10～20ml 的林格溶液，让精子在其中活动。配好精液后，可立即进行干法授精。

5. 孵化

(1) 孵化密度　采用孵化缸孵化的，密度一般为 2～3 粒卵/ml；采用孵化环道的，因鱼卵在环道中的分布不如孵化缸均匀，一般内侧多，外侧少，故放卵密度仅及孵化缸的 1/3～1/2。采用孵化槽的，一般为 0.5～1 粒卵/ml。

(2) 水质管理　孵化用水要清新、无污染，溶解氧在 6～7mg/L，不得低于 2mg/L，pH 值为 7～8。孵化最适水温为 25℃。及时清除过滤网上的空卵膜及污物。

(3) 鳅苗出膜后的管理　在孵化后第 3 天，要投喂煮熟的鸡蛋黄（每 10 万尾 1 个鸡蛋黄），每天 2 次。随着个体的增长，可逐渐投喂豆浆、水蚤、小轮虫等，连喂 3 天，待鱼体由黑变淡黄色时，即可下池转入苗种培育阶段。孵化期间，还应注意敌害侵入和天气变化。

第四节　泥鳅的苗种培育技术

> **苗种培育的技术目标**：培育的泥鳅苗种要求体态完整、体色正常、无伤残，健壮活泼、大小均匀；经过合理的培育，鳅苗的成活率应在 30%以上，鳅种培育的成活率应在 40%以上。

一、鳅苗培育

1. 培育池的准备

培育池为水泥池或土池，面积 30～50m²，池深 70cm 左右。如用水泥池，池底要铺 20cm 肥泥，水深 20～30cm。培育池在使用前 7～10 天用生石灰消毒，池底铺 10cm 左右的腐熟粪肥作基肥，注入新水 20～30cm，待水色变绿色，透明度 20cm 左右，放入鳅苗进行培育。

也可利用孵化池、孵化槽、产卵池及家用苗种池作为泥鳅苗培育池。

2. 鳅苗优劣的判别

好的鳅苗体色鲜嫩，体形匀称、肥满，大小一致，游动活泼有精神；将少量苗放于盆中，用手顺时针搅水，其中逆水游动者多数则优；将盛苗盆中的水沥去，鱼体剧烈挣扎，头尾弯曲厉害，说明鳅苗体质好。

3. 鳅苗的放养

一般静水池放养密度为 800～1000 尾/m²，半流水池为 1500～2000 尾/m²。放养时，同一个池中要放同一天孵出的鳅苗，否则因鱼苗规格相差太大，出现大苗吞小苗现象，影响成活率。放苗时，可先在池中放 1 个网箱，然后在网箱上风处轻轻放入规格一致的鱼苗，放入鱼苗时勿将水弄混浊，投喂 1～2 个蛋黄。在网箱中暂养半天后即可移入池塘。

4. 饲养管理

泥鳅属杂食性鱼类，天然水域中，体长 5cm 以内的鳅苗对蛋白质和能量的依赖性及转化速度强，主要摄食动物性饵料，如轮虫、枝角类、桡足类和原生动物等浮游动物。

在实际生产过程中，通常采用豆浆培育和施肥培育两种方法。

（1）豆浆培育　豆浆不仅是鳅苗的饲料，还可以培育水体中的浮游动物。一般鳅苗下塘后5～6h 开始投喂，每天泼洒 2 次。投喂时，要全池泼洒，力求细而均匀，落水后呈雾状。投喂量应视池塘肥瘦、施肥情况而定。一般每万尾鳅苗用豆浆 5～6kg。为提高投喂质量，黄豆磨浆前需用 25～30℃水浸泡 6～7h。磨好的豆浆要及时投喂，以防变质。

（2）施肥培育　施用经发酵腐熟的畜禽类粪便、绿肥等有机肥或无机肥培育水质，以培育鳅苗喜食的饵料生物。一般水温在 25℃时，施入有机肥后 7 天轮虫生长达到高峰，并能维持 3～5 天，随鳅苗摄食，其数量会迅速降低，这时要适当追施肥料。除施肥之外，还应投喂一些熟蛋黄、豆饼粉和鱼粉等。投喂量占鳅苗体重的 5%～10%，上、下午各喂 1 次。

上述两种方法还可以混合使用。经 20 天左右培育，苗体长可达 1.5cm 以上，此时可投喂动物性鲜活饵料、动物性饲料及一些植物性饲料。每天上午、下午各投喂 1 次，日投喂量占泥鳅体重的 2%～5%，随着泥鳅的生长，日投喂量可增加到 10%。投喂量不宜过多，否则鳅苗大量摄食，会引起消化不良，尤其是投喂高蛋白或单一饲料时，易使鳅苗腹部膨胀而浮于水面，造成大批死亡。

（3）日常管理　饲养期间除每天巡塘、清除敌害外，特别要防止池水缺氧。因为鳅苗在孵化后半个月左右才开始进行肠道呼吸，在这之前池水溶解氧一定要充足，否则会导致全池鳅苗死亡。另外，放养初期水位应保持在 30cm，每 5 天添加一部分水量。通过控制施肥、投饵保持水色。生长到后期，逐步加深水位达 50cm。

（4）分养　鳅苗经 1 个多月的培育，当大部分长至 3～4cm 的夏花苗时，要及时进行分养，避免密度过大和生长差异，影响生长。分塘起捕时发现鳅苗体质较差时，应立即放回强化饲养2～3 天后再起捕。

二、鳅种培育

经 1 个多月培育，长至 3～4cm 的夏花鳅苗已有钻泥习性，这时可以转入鳅种池中饲养。目前，鳅种培育一般有池塘培育和稻田培育两种方法。

1. 池塘培育

鳅种池面积一般为 50～100m²，水深 40～50cm。池壁用砖石砌成，无漏洞，池壁高出水面 40cm，设进、排水口和防逃设备。池底铺 20～30cm 肥泥，在排水口附近开挖 3～5m² 的鱼溜，深 30cm，以便捕鳅种。鳅苗下池前也要清池消毒，并施足基肥，培养浮游生物。

放养密度为 500～600 尾/m²，要将规格相同的鳅苗放入同一鳅种池中。鳅苗下池后，除施肥培养浮游生物外，也可投喂人工配合饲料，人工配合饲料中的动物和植物性饲料的比例为 6∶4，若水温升至 25℃，饲料中动物性饲料比例可提高到 80% 以上。日投喂量占鳅种总重的 3%～5%，而且要根据天气、水质、水温、饲料质量和摄食情况灵活掌握，每天上、下午各投喂 1 次，一般以 1～2h 内吃完为宜。

饲养期间要注意水质变化，经常加注新水，保持池水黄绿色，池水呈黑褐色时应立即换水。其他日常管理工作可参照鳅苗培育中的日常管理进行。

经 3 个月左右的饲养，可培育出体长 8cm、体重 5～6g 的大规格泥鳅种。

2. 稻田培育

一般培育鳅种的稻田不宜太大，100m² 以内，须设鱼窝、鱼沟。放养前 3 天，先施基肥 75g/m²。放养鳅种 50～100 尾/m²。

饲养期间应及时追肥，一般追肥量为 150g/m²。并投喂人工配合饲料，饲料应投在食台上，使泥鳅习惯集中摄食，否则到秋季难以集中捕捞。

饲养期间还应注意清除杂草，调节水质。到 7 月份稻田除草时，稻田隔行敷入干草或烂稻草，用以培育鳅种的天然饵料生物。当鳅苗长成全长 6cm 以上、体重 5～6g 时，便成为大规格鳅种，可转入成鳅池饲养。

第五节　泥鳅的养成模式与技术

> **养成的技术目标：**商品泥鳅要求体态完整、体色正常、无伤残，健壮活泼、大小均匀，规格在 10g/尾以上；通过合理的养殖，成活率应在 40% 以上。

成鳅养殖的方法很多，归纳起来主要有池塘养殖、水泥池养殖、稻田养殖及网箱养殖等主要的养成模式。

一、池塘养殖

1. 养殖池塘的条件

养殖成鳅的池塘面积以 700～2000m² 为宜，东西走向为好。春天池水深控制在 60～80cm，夏天为 50～60cm，秋天为 60～80cm，冬天为 100～120cm。四周高出水面 40cm，池埂坡度 60°～70°，并用砖、石护坡，池底必须夯实。池土以保水性强的中性或微酸性的黏土或壤土为好。同时，在排水口附近挖一面积数平方米、深 30cm 左右的集鱼坑，以便回捕。进、排水要方便，进、排水口及溢水口须设防逃栅。

2. 放养前的准备

放养前 10～15 天，清整池塘，填塞漏洞，疏通进、排水管道，翻耕池底淤泥，然后再用生石灰清塘，生石灰用量为 100～150g/m²，然后在日光下暴晒 3～4 天。7 天后加注新水，进水深 20～30cm。苗种放养前 7～8 天，在鳅池向阳一侧堆放禽畜有机肥，用量为 300～500g/m²，并将池水加深至 40～50cm。肥堆浸入水中，数天后即腐烂，可培育出水蚤等水生动物。

下种前，池水透明度应保持在 15～25cm。

3. 放养密度

放养量视鳅种规格、鳅池条件、饲养技术水平而定。规格 3～4cm 的鳅种，放养密度为 50～60 尾/m²，有流水条件的养殖池可适量增加。鳅种放养前用 8～10mg/L 的漂白粉溶液浸泡 3～5min 消毒，或用 3％的食盐水浸泡 5～10min。

4. 天然苗种驯化

天然水域的泥鳅，长期栖息在水田、河湖、沼泽及溪坑等淡水中，白天极少游到水面活动，夜间到岸边分散觅食。因此，利用天然鳅苗种在池塘里进行养殖，必须经过驯养，其目的：一是使泥鳅苗种由分散摄食变为集中于食台摄食；二是由夜间吃食变为白天定时摄食；三是由摄食天然饵料变为摄食人工配合饲料。

具体做法：在下塘后的第 2 天晚上 8 点开始，投少量人工配合饲料，分几个食台放，吃完后再投，以后每天逐步推迟 2h 投喂，并且逐渐减少食台个数，这样经过 10 天左右，泥鳅苗种适应了池塘的生活环境，便由夜间分散觅食转到白天集中食场摄取配合饲料。由人工培育的鳅苗种，从小进行人工投喂饲养，放养后不必过驯化关。

5. 饲养管理

在天然水域中，体长 5～8cm 的鳅苗由摄食动物性饵料转变为杂食性饵料，主要摄食甲壳类，摇蚊幼虫、丝蚯蚓，水、陆生昆虫及其幼体，蚬子、幼螺、蚯蚓等底栖无脊椎动物，同时摄食丝状藻、硅藻、水陆生植物的碎片及种子。

在养殖过程中，除施肥培养天然饵料外，还应投喂人工配合饲料。鳅种下池后，要根据水质肥瘦适时追肥，一般每月追肥一次，每次 80～100g/m²，池水透明度为 20～25cm。

泥鳅的食欲与水温有关，水温 24～27℃时，食欲最旺盛，摄食量最大，生长速度最快；水温低于 15℃或超过 29℃时，食欲剧减，生长缓慢。水温 20℃以下的，泥鳅喜食植物性饲料占 60％～70％的混合性饲料；水温 20～23℃时，动植物性饲料各占 50％；水温 23～28℃时，动物性饲料应占 60％～70％。

饲料的投喂量根据季节、水温情况进行调整。水温 20℃以下时，投喂量占池塘存鱼量的 2％左右。随着水温的升高，日投饲量增加到 5％～10％；水温高于 30℃或低于 10℃时，可少喂或不喂。一般每天投喂 2 次，早上 7～8 时投喂全天饲料的 30％，下午 4～5 时投喂 70％。在泥鳅摄食旺季，不要让泥鳅吃得太多，因为泥鳅贪食，吃得太多会引起肠道过度充塞，影响肠的呼吸。投喂时应遵循"四定"原则。多设食台，并将其均匀分布，高温季节时，要在食台上搭遮阳棚。每天投喂量视鱼的生长情况、天气等因素酌情增减。投饲量以 2h 内吃完为宜。

6. 日常管理

水质要求"肥、活、爽"，透明度控制在 30cm 左右，溶解氧保持在 3mg/L 以上，pH值7.6～8.8。养殖前期以加水为主，养殖中后期每 7 天左右换一次水，每次换水量为 1/4～1/3。此外，还应经常检查食台，了解泥鳅吃食情况，以便控制投喂量。及时捞出残余饵料。定期使用生石灰消毒，高温期间使用光合细菌、EM 菌等生物制剂调节水质。

饲养期间要经常巡塘，做好防逃、防病工作。发现漏洞要及时堵塞，定期清扫和消毒食台。

一般规格 5cm（体重 2g 左右）的鳅种，经 1 年养殖可达 10g 以上的商品泥鳅。

二、水泥池养殖

水泥池养殖可以分为有土饲养和无土饲养两种方式。

1. 水泥池建造

水泥池一般面积为 $100\sim200m^2$，可建成地下式、地上式或半地上式。池壁多用砖、石砌成，水泥光面，壁顶设约 10cm 的防逃倒檐。水泥池池底必要时应先打一层"三合土"，其上铺垫一层油毛毡或加厚的塑料膜，以防渗漏，然后再在上面浇一层厚 5cm 的混凝土。应设独立的进排水口、溢水口。池底应有 2%～3% 的坡度，进水口高于池水水面，排水口设在池底集鱼坑的底面。养殖一些水生植物（如水葫芦等），为泥鳅提供遮阳避暑的场所。

（1）有土饲养 回填到池底的泥土最好用壤土而不能用黏土，厚度为 20～30cm。在集鱼坑四周应设挡泥壁，并在泥面水平处设 1 个排水口，以便换水。池深 1.0～1.4m，养殖水深60～80cm。

（2）无土饲养 池水深为 0.5m。池中放置长约 2m、直径 16cm 的多孔管，亦可用竹管代替。每 6 根为一排，每两排扎成一层，每三层垒成一堆，每平方米放置 2～3 堆。鳅池建成后，可在池内种植一些水生植物（如水浮莲、浮萍等）。

2. 放养前的准备

放养前 10～15 天，用 100～150g/m² 的生石灰清池消毒，7 天后灌入新水。有土饲养时，放养前 7～10 天，在池中堆放畜禽有机肥 300～500g/m²，施肥后 3～5 天即下鳅种。

3. 放养密度

有土饲养时，一般放养体长 3～4cm 的鳅种 100～150 尾/m²；体长 5cm 以上的可放养 50～80 尾/m²。无土饲养时，一般放养量较大些，放养 3～4cm 的鳅种 300～400 尾/m²；体长 5cm 以上的则可放养 150～200 尾/m²。

4. 饲养管理

在水泥池养殖过程中，饲料最好以人工配合饲料为主，动物性饲料为辅。

辅助的动物性饲料要新鲜、适口，可选择当地数量充足、较便宜的饵料，这样不致使饲料经常变化，而造成泥鳅阶段性摄食量降低。

投饲量与池塘养殖相同。

水泥池养殖一般每天投喂 3 次（8:00，14:00 和 18:00），一次投喂全天量的 1/3。要抓紧开春后的水温上升阶段的投饵及秋后水温下降时期的投饵，做到早开食，晚停食。

5. 日常管理

要坚持巡池检查，主要检查水质，看水色，观察泥鳅活动及摄食情况等。

在有土饲养中，要经常观察水体透明度及水色，如果透明度有降低的趋势，则说明浮游植物繁殖过盛，可稍加抑制或换注新水。要防止浮头和泛池，特别是在气压低、久雨不停或天气闷热时，若池水过肥极易浮头、泛池，应及时更换新水。清晨若发现大量泥鳅浮头、蹿跳时不要轻易增氧。可以拍掌惊扰，如果泥鳅顷刻入水则属正常，如果无动于衷，则须立即增氧。

在无土饲养中，由于水体透明度较大，水中溶解氧较高，一般不会缺氧。

定期检查泥鳅的生长状况，如果放养的泥鳅生长差异显著时，应及时按规格分养，避免生长差异过大。

每天巡池时还应注意防范泥鳅的逃逸，水泥池还要定期消毒，以防病菌滋生。

三、稻田养殖

稻田养鳅成本低、收效快、经济效益高，适合分散经营，是发展农村商品经济的一条有效途径，是较稻田养鱼更有前途的养殖方法。稻田养鳅还具有保肥、增肥、提高肥效、除虫等作用，对促进水稻优质高产有较大作用，因而很适合推广。

1. 稻田选择

选择水质良好、排灌方便、日照充足、温暖通风和交通方便的稻田进行养鳅最为适宜。土质要求微酸性、黏土、腐殖质丰富为好。在黏质土水体中生长的泥鳅，体色黄、脂肪多、骨骼软、味道鲜。相反，在沙质土水体中生长的泥鳅，体乌黑、脂肪少、骨骼硬、肉质差。因此，养鳅稻田的土质以黏质土为佳。若在土质中混加腐殖土，则更有利于泥鳅的天然饵料繁殖，促进泥鳅生长。田块不宜过大，一般 $700 \sim 2000 m^2$ 即可。

2. 稻田改造

放养前，要加高、加固田埂。田埂的高度和宽度应根据需要而定，一般埂高 50cm，宽 30cm。田埂至少要高出水面 30cm，且斜面要陡，堤埂要夯实，以防裂缝渗水倒塌。进、出水口也要用聚乙烯网片拦好，起防逃作用。

稻田要开挖围沟和田间沟。围沟一般宽 $2 \sim 3m$，深 50cm，田间沟宽 $1 \sim 1.5m$，深 30cm，沟的面积占整个稻田面积的 10%左右。另外，田角留出 2m 以上的机耕道，便于拖拉机进田耕耘。田埂内壁衬一层聚乙烯网片（20 目）或尼龙薄膜，底部埋入土中 $20 \sim 30cm$，上端可覆盖在埂面上。田埂要求整齐平直、坚实，高出埂面 $50 \sim 60cm$。

开挖鱼沟、鱼窝是稻田养鱼的一项重要措施，鱼沟与鱼窝相连，可开挖成"十"字沟、"田"字沟等。当水稻浅灌、追肥、治虫时，泥鳅有栖息场所。盛夏时，泥鳅可入沟窝避暑；秋冬季，便于捕鱼操作。一般鱼沟宽 $30 \sim 50cm$，深 $30 \sim 50cm$。每个鱼窝 $4 \sim 6m^2$，深 $30 \sim 50cm$。形状为方形、圆形、长方形。鱼窝最好选择在便于投喂管理的位置，如田块的横埂边或进出水口处。鱼沟和鱼窝的面积占稻田面积的 5%~7%。

3. 苗种放养

放养前 $2 \sim 3$ 周，用 $150 g/m^2$ 的生石灰消毒，1 周后，注入 $30 \sim 40cm$ 新水。同时，每平方米施入经腐熟发酵的有机肥 $300 \sim 450g$，并在肥料上覆盖少量稻草和泥土，培肥水质。放养规格要求全长在 3cm 以上，最好是 5cm 以上，这样可当年养成商品鳅。

放养时间可根据本地的气候特点，一般在 5 月上旬至 6 月中旬放养为宜，此时水温已达到 20℃以上，泥鳅放养后可正常摄食。

放养密度要根据养殖户的管理水平、稻田条件及苗种规格确定。一般 $3 \sim 5cm$ 的鳅种，每平方米放养 $45 \sim 75$ 尾。鳅种放养前，要用 3%~4%食盐水或 $20 \sim 30mg/L$ 的高锰酸钾浸泡 $10 \sim 15min$。

4. 饲养管理

根据泥鳅食性，要投喂充足的适口饲料。夏花阶段（$3 \sim 5cm$），主要是施肥培养浮游动物，另外，还需投喂蛋黄和一些动物性饲料。鳅种阶段（5cm 以上），可投喂人工配合饲料，投喂时要注意动植物性饵料的合理搭配。

日投饲量一般夏花阶段 5%~8%，鳅种阶段 5%左右。每天投饲频次同池塘养殖相同。食台距水底 $20 \sim 30cm$，每公顷稻田可设 $45 \sim 75$ 个食台。

5. 日常管理

稻田水质要求"肥、活、嫩、爽"，透明度一般控制在 $15 \sim 20cm$。定期施有机肥，培育水质，另外须定期加注新水，每次 $10 \sim 15cm$。如发现水质变坏，泥鳅上下蹿动频繁，应马上换水或打跑马水。田埂边可种植茭白、莲藕等挺水植物，或在田埂上搭设丝瓜棚等，以利泥鳅在高温季节避暑降温。

稻田饲养泥鳅，一般很少发现病虫害。在预防稻田病虫害时，要选用高效、低毒，降解快、残留少的农药，绝对禁止使用久效磷、敌百虫等含磷类有机剧毒农药。防治病害时必须按规定的浓度和用量用药。用药具体方法为：一是先喷施总量的 1/2，剩余的 1/2 隔天再喷施，这样可以让泥鳅有可躲避的场所；二是喷雾时，其喷嘴必须朝上，让药液尽量喷在稻叶上，千万不要泼洒和撒施。施药时间选择在阴天或晴天的下午，这样效果较好。施药后要勤观察、勤巡田，发现泥鳅出现昏迷、迟钝的现象，要立即加注新水或将其及时捕起，集中放入活水中，待其恢复正常后再放入稻田。

平时要做好泥鳅的防逃工作，下大雨时特别注意不能让水漫过田埂，以免泥鳅随水逃出；检查是否有河蟹等钻洞漏水，及时堵塞。另外，对稻田中的老鼠、黄鼠狼、水蜈蚣、蛇等敌害生物要及时清除、驱捕。每天检查吃食情况及水质状况。

四、网箱养殖

网箱养鳅具有放养密度大、网箱设置水域选择灵活、单产高、管理方便和捕捞容易等优点，是一种集约化养殖方式。

1. 网箱设置

网箱由聚乙烯制作而成，网目大小以泥鳅不能逃出为准。网箱规格为 6m×4m×1.8m。网箱框架为竹竿搭制，每口箱需竹竿 6 根，每条长边 3 根，直接固定于水中，网箱水下部分为 1.5m，水上 0.3m，箱底距底约 0.5m。

泥鳅苗种放养前 15 天安置网箱，使网箱壁附着藻类，并移植水花生，占网箱面积的 1/3。箱体底部铺垫 10～15cm 的泥土。网箱适于设置在池塘、湖泊、河边等浅水处。

网箱养殖泥鳅，应加盖网，可以防逃、防敌害。泥鳅能进行肠呼吸，因而泥鳅在网箱中经常上下蹿动，吞食空气，实际养殖生产中易被水鸟啄食。

2. 放养密度

一般放养 5cm 以上的鳅种 1000～1200 尾/m²，并根据养殖水体条件适当增减。水质肥、水体交换条件好的水域可多放，反之则少放。泥鳅在投放网箱前应严格筛选，确保无病无伤，游动活泼，体格肥壮，鱼种规格尽量保持一致，并用 3％的食盐溶液浸洗 5～10min，再投放网箱中。

3. 饲养投喂

投饲应以人工配合饲料为主，动物性饲料为辅。投饲量及频次与池塘养殖相同。鱼种入网箱时停食 1 天。

4. 日常管理

每天早晚巡塘，检查网箱有否破损，泥鳅活动是否正常；7～8 月高温季节，水花生占网箱面积维持在 1/2；平时清除过多水花生，使水花生占网箱面积维持在 1/3 左右。还要勤刷网衣，保持箱体内外流通。经常检查网衣，有洞立即补上。网箱养殖密度大，要注意病害防治。平时要定期用生石灰泼洒，或用漂白粉挂袋，方法是每次用 2 层纱布包裹 100g 漂白粉挂于食台周围，一次挂 2～3 只袋。

【思考题】

1. 如何鉴别亲鳅的雌雄个体？
2. 亲鳅的选择标准有哪些？
3. 培育鳅苗的技术要点有哪些？
4. 稻田培育鳅种的技术要点有哪些？
5. 泥鳅池塘养殖的技术要点有哪些？
6. 泥鳅稻田养殖的技术要点有哪些？

第八篇

滤食性鱼类养殖

第二十四章　鲥鱼养殖

【技能要求】

1. 能通过外观辨别出美洲鲥、欧洲劳塔鲥和印度鲥。
2. 能开展埋植"鲥Ⅰ号"进行性腺催熟操作。
3. 能熟练开展鲥的人工催产与人工授精。

第一节　养殖现状与前景

鲥鱼被称为"鱼中之王"，肉质细腻、味道鲜美，为"长江三鲜"之一，是我国特有的名贵经济鱼类。其营养价值极高，但由于生存环境的变化，鲥鱼的野生资源非常稀少。早在明朝时候，鲥鱼就被列为皇宫贡品，每到阳春，官府都要派快马日夜兼程地送鲥鱼进京，可谓一鱼难求。鲥鱼的与众不同，在于剖杀清洗时并不去鳞，因为鲥鱼皮鳞交汇处脂肪腴美、营养丰厚。鲥鱼除了肉质鲜嫩之外，还有乳猪羊羔那样的肥美、爽滑，让人垂涎欲滴。

鲥鱼分布很广，我国的渤海、黄海、东海、南海四大海区均有分布。一生大部分时间生活于海里，每年4～5月份，性成熟的鱼便集群进入江河进行溯河生殖，形成各江河的鲥鱼生产汛期。早在20世纪70年代以前，鲥鱼在长江、珠江和钱塘江渔业中占有重要地位。近30年来，鲥鱼资源日趋枯竭，现已濒临灭绝。现每千克市场价格已达到上千元，为满足市场需求，鲥鱼的人工养殖也正在兴起，具有巨大的生产潜力。

第二节　认识鲥鱼

鲥鱼（*Tenualosa reevesii*）地方名有三黎鱼、三来鱼等，隶属于鲱形目、鲱科、鲥属。我国黄海、东海、南海和长江及其支流、钱塘江、珠江等水系均有分布。

鲥鱼，体侧扁，长圆形。吻尖，口大端位。上颌正中具一缺刻。腹部有大型、锐利、排列呈锯齿状的棱鳞。尾鳍深叉形，体部和头部灰黑色，上侧略带蓝绿色光泽，下侧和腹部银白色。鱼体无侧线。鳞片较小。一般个体1～1.5kg，最大个体3.5～4kg，属中型鱼类。池塘（鱼塘）养殖，放养10～12个月，可达0.5～0.6kg（图24-1）。

世界上的鲥类，最著名的还有美洲鲥（*Alosa sapidissima*）（图24-2）、欧洲劳塔鲥（*Alosa. finta*）（图24-3）和印度鲥（*Tenua losa. ilisha*）（图24-4）。

鲥鱼属滤食性、温水性鱼类，对温度适应范围较广，适宜温度为2～38℃，生长最适水温为22～30℃。鲥鱼对水质要求较高，养殖水体的溶解氧应保持在5mg/L以上，有离水即

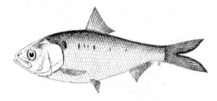

图24-1　鲥

图24-2　美洲鲥

图 24-3　欧洲劳塔鲥

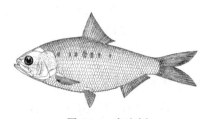

图 24-4　印度鲥

死的说法，活体不易运输。鲥鱼常生活在水的中层，集群沿池塘（鱼塘）边做往返游动，游速较快。可在中等肥度的池塘（鱼塘）养殖。

第三节　鲥鱼的人工繁育技术

> **人工繁殖技术目标**：通过埋植"鲥 I 号"诱导卵巢发育最终达生理成熟，催熟率达到 85％以上；人工孵化率达到 90％以上。

鲥鱼是著名的暖水性溯河鱼类，每年到繁殖季节，由海进入珠江、钱塘江、长江等江河作生殖洄游。入长江的鲥鱼，最远可达宜昌，但数量极少，主要分布在江苏、安徽和江西赣江一带。入江的鲥鱼，常活动在水的中下层，游泳能力强。亲鱼产卵后，鱼群分散，随即离河入海索饵和越冬。幼鱼则在通江湖泊和江河干流的某些江段、生长发育。秋后 9～10 月，水温下降，江湖水位开始下降，幼鲥鱼随江水顺流而下，降河入海，在海洋中生长到性成熟，再进行溯河生殖洄游。

一、亲鱼培育

1. 培育池

亲鱼培育用面积约为 700m² 的土质池塘，密度为每池 25 尾左右；越冬池为 200m² 左右的长形水泥池，密度为每池 20～30 尾，覆盖塑料薄膜保温。水深均为 1.2～1.5m。水源为河口咸淡水，池水盐度 0.5～15。

2. 饲养管理

尽可能模拟鲥鱼自然繁殖生态条件，重点搞好春季强化培育与越冬管理。春季要加强营养与流水刺激。11 月将亲鱼转入越冬池，投喂鱼体重 2％的成鳗配合饲料。池养鲥鱼经生态和激素调控，大多数在 4、5 龄性腺发育成熟。

3. 性腺催熟

繁殖前 4 个月，在卵巢（Ⅱ期）发育启动前和启动初期，有人（王汉平等，1998）采用在肌肉中埋植"鲥 I 号"（长效软颗粒激素）的慢性处理方式，促进机体脂肪积累和脑垂体促性腺激素（GtH）的合成与积累，启动卵巢发育。后期，采用注射"鲥 II 号"慢急性处理方式，促进 GtH 的维持与释放，诱导卵巢发育最终达生理成熟，催熟率可达 85％～100％。采用鲤科鱼类人工繁殖常规催熟药物与方法，难以诱导鲥卵巢发育成熟（一般只达Ⅲ期初）。对于雄体，一般 4 龄鱼经 6～8 次常规催熟处理，部分精集可发育至第Ⅴ期，5 龄鱼经 3 次"鲥 I 号"处理可全部成熟。

二、人工催产与授精

采用 LRH-A＋HCG 能诱导池养鲥卵母细胞最终成熟至排卵。在催产药物中添加儿茶酚胺抑制剂和可的松（鱼类紧张素）对抗剂，克服池养鲥排卵机制障碍。催产一般在 7 月中旬至 8 月中旬进行。催产后亲鱼放入网箱中。采用二次注射法，水温在 30～31℃时，效应时间约 30h 左右。人工催熟的亲本可采用干法、半干法或湿法授精均可。

三、人工孵化

将受精卵放入孵化环道或其他孵化器内进行流水孵化。放卵密度一般为 43～130 粒/L。孵化用水要求溶解氧保持在 4mg/L 以上，pH 值约 7.0 左右，水温 27～33℃，流速约为 0.3m/s。水温 27～33℃情况下，经 14～17h 可孵出鱼苗。

四、天然成熟鲥鱼的采捕与人工授精

1. 亲鱼捕捞

目前人工繁殖所用亲本多来自天然的成熟鲥鱼，在产卵季节即将到来之时捕获。捕捞的渔具常用锦纶丝三层刺网，网长 60m，高 2m。网线直径 0.25mm，内网高而松弛，作业时形成囊袋。选择鲥鱼汛期下网，下网后要注意观察巡视，当风平浪静时，有鱼上网，可见上纲抖动，浮子拉沉，应立即取鱼。取鱼时要特别小心，动作轻而快，取鱼不离水，尽量少碰鱼体。捕获的鱼立即养于船舱内，并不断换水或充气，以防缺氧或受伤。

2. 授精

人工授精常在江边进行，将捕获的亲鲥栓养于江水中或放养在船舱内备用。如先捕到雄亲鱼，可先取其精液保存在冰瓶内，待捕到有流卵的雌鱼时，立即进行干法人工授精，或将精液用 0.5％生理盐水稀释后进行半干法人工授精。获得的受精卵，用尼龙袋充氧运往环道或其他孵化器内孵化。

五、苗种培育

苗种培育的技术目标：成活率达到 50％以上。

1. 鱼苗培育

人工孵化的鱼苗，体质弱，在集苗、运输的过程中易受伤。为了提高鱼苗的成活率，可创造与天然环境相似的生活条件，即鱼苗到稚鱼阶段的培育仍在孵化环道中进行。密度为 0.6 万～1.2 万尾/m³。环道的水保持早期流速与孵化时相同，后期逐渐减缓。溶解氧要保持在 4mg/L 以上。鱼苗在孵出后第 3 天就开口摄食。此时要用 50 目筛绢制成的浮游生物网捞取浮游生物投喂。投喂量掌握在水中浮游动物（不计原生动物）的密度为 200 个/L 以上，每天分早、中、晚三次投喂。当鱼苗长到 1.5cm 时，用 1mm 孔距的窗纱过滤饵料，投饵量约为鱼体重的 1.5 倍。为了保持池水清新，每隔 2～3h 就要用皮管吸除环道底部的污物。皮管的入水端要用适当密度的纱窗包裹，以防鱼苗被吸出。仔鱼培养阶段鱼体易感染车轮虫病而引起大批死亡，可用食盐水泼洒，使池水保持盐度 1 即可起防治作用。

鱼苗经过 30h 的培育，长到 2.6cm 以上时即可进行人工放流，或转入池塘培育大鱼种。

2. 鱼种培育

一般采用面积 700～2000m²、水深 2～3m 的池塘，放养密度为 4～5 尾/m²。放养前一周，要彻底清塘消毒，然后下基肥。放养前 3 天，每天按 3g/m² 泼洒黄豆磨的豆浆，用以繁殖池塘中的浮游生物。以后每天按 1.5～2.5g/m² 投喂黄豆浆，使水质显深油绿色或淡褐色，保持浮游动物有较大的密度，以保证鲥鱼有充足的饲料。

鲥鱼种也可以用水泥池培育，放养密度 40 尾/m²，每天早、晚投喂浮游动物。

入秋后当水温降至 15℃以前，可把鲥鱼种移入室内越冬。越冬时的放养密度约 10 尾/m²，水温控制在 20℃以上，每天投喂一至二次大中型浮游动物，投喂量为体重的 10％。待第 2 年春天室外水温上升到 17℃ 以上时，再移到池塘中养殖。在越冬期间，在室内水温适宜、饵料充足的情况下，鲥鱼种的体重可比越冬前增重近 2 倍。

第四节 鲥鱼的养成模式与技术

> **养殖的技术目标**：食用鲥培育成活率达到 90% 以上，精养池塘产量达到 200g/m²。

鲥鱼为滤食性鱼类，主要以浮游生物如剑水蚤、基合蚤、轮虫、桡足类等浮游动物为食，有时还摄食大量硅藻和其他有机碎屑。在人工养殖的条件下，大量摄食含粗蛋白 35% 以上的颗粒饲料。嗅觉灵敏。喜集群摄食，甚至晚上也摄食投喂的颗粒饲料。

一、池塘养殖食用

池塘养殖食用鲥，以 2~3 龄生长最快。生长适宜水温为 25~32℃，最适 28~30℃。小塘精养两年可达商品规格。大塘套养生长更快，故池塘养殖商品鲥以 3 龄前上市为宜。

在池塘中主要养殖 2 龄和 3 龄鲥，养殖方式多为混养，也可主养。一般 2 龄鲥鱼的体重可达每尾 200g 左右，3 龄鲥鱼个体质量可达 600g 左右，即为较好的商品规格。

1. 池塘混养

即在养殖家鱼的池塘中搭配放养规格为 200g 左右的鲥鱼 450 尾/hm²，养殖方法可参照鳙的养殖方法。饲养到 10 月底，平均体重可达到 600g 左右，成活率可达 100%。

广东有在低盐度 5 池塘中套养鲥鱼种的做法。主养鱼为淡水白鲳和中国对虾苗，另还放养罗非鱼和鲻鱼苗。经 8 个月饲养，平均尾重可以达到 500g 左右。

2. 池塘主养

在咸淡水池塘中，以鲥为主体鱼，另搭配 10%~15% 的罗非鱼，淡水白鲳和锯缘青蟹。采用以施肥为主、投饲为辅的饲养方式。

也可采用全部投喂人工饲料（粗蛋白质含量为 44% 左右）加杂鱼鱼糜的方法喂养。投饲量为体重的 4%~8%。精养池塘产量可达 200g/m²，经济效益是相当可观的。

二、大水面养殖

大面积池塘、水库和湖泊都可以放养鲥鱼，放养规格宜稍大，放养数量较少。

【思考题】

1. 应采取什么措施启动鲥鱼的卵巢发育？
2. 鲥鱼苗种培育过程中的关键技术有哪些？
3. 如何在池塘中混养食用鲥？

第九篇

凶猛肉食性鱼类养殖

第二十五章 鳜鱼养殖

【技能要求】

1. 能鉴别鳜雌雄个体。
2. 能熟练进行鳜人工催产与孵化操作。
3. 能开展鳜鱼苗、鱼种培育。
4. 能开展鳜池塘养殖生产。

第一节 养殖现状与前景

鳜自古就是一种名贵的经济鱼类，广泛分布于我国的几大水系中，也见于朝鲜、日本和俄罗斯的黑龙江流域。它无肌间刺，肉质细嫩，味道鲜美，蛋白质含量高，营养丰富，深受广大消费者的喜爱，是一种高档食用鱼类。

我国鳜鱼池塘人工养殖试验始于 20 世纪 50 年代，1958 年就有不少地区的养殖单位采捕天然鳜苗进行试养。70 年代江苏、浙江、湖北等省在鳜鱼人工繁殖技术上取得了重大突破，使人工养殖得到了推广和发展。至 80 年代末，已基本上完善了从人工繁殖、苗种培育到商品鱼饲养的全人工养殖工艺技术。90 年代以来，池塘养鳜迅速发展，且形成了一定规模。涌现了不少高产地区，如广东的鳜鱼池塘单养技术居国内领先地位，单产可达 6000～15000kg/hm²，江苏的池塘养鳜单产超过了 7500kg/hm²。我国的商品鳜鱼销售主要是从广东空运销往香港、澳门、台湾地区，每千克售价 60～80 元，是名特优水产品养殖中最有前途的品种之一。

第二节 认 识 鳜

鳜 [*Siniperca chuatsi* (Basilewsky)] 俗称翘嘴鳜、桂鱼、桂花鱼、季花鱼等。隶属于鲈形目、鮨科、鳜亚科、鳜属。该属常见种类还有斑鳜和大眼鳜等。鳜体呈纺锤形，略侧扁，背部隆起，腹缘浅弧形。体色为黄褐或黄绿色，腹部灰白色。体侧分布有许多不规则的斑块或斑点。自吻端穿过眼眶至背鳍基前下方有 1 条棕黑色条纹。第 6～7 背鳍棘下方通常有一暗棕色的纵带。背鳍、臀鳍和尾鳍上有棕色斑点连成带状。头长而尖，口上位，下颌显著突出，口裂大，略倾斜。上下颌生有大小不等的尖齿。眼侧上位，较大。前鳃盖骨后缘锯齿状，有 4～5 个大棘。鳃盖骨后缘有 2 个扁平硬棘。肛门紧位于臀鳍起点；尾鳍圆形。除吻部及头背部外，体被细小圆鳞。侧线完全，呈上凸的浅弧形（图 25-1）。

鳜是淡水定居型鱼类，喜栖息于静水或缓流水中，尤其喜欢生活在水草繁茂、水质清新的湖泊、河流以及水库的岩缝中。冬季水温低于 7℃时，开始栖息于水较深的洞穴或水库的岩石缝中，不大活动，一般不完全停止摄食。春季天气转暖

图 25-1 鳜

时，则游到沿岸浅水区，白天一般潜伏于凹坑或泥穴中，夜间常在水草丛中觅食。在夏季和秋季，鳜活动频繁，摄食旺盛，没有钻卧洞穴的习性。在生殖季节亲鱼群集到湖泊、水库的岸边浅水处或水草丛中等产卵场进行产卵。

第三节 鳜的人工繁育技术

一、人工繁殖

> **人工繁殖的技术目标**：通过池塘培育获得成熟健康的亲鳜；采用自然产卵的方法获得质量优良的受精卵；保证鳜受精卵的孵化率在70%～90%。

1. 繁殖习性

鳜可在江河、湖泊和水库中自然产卵繁殖。在人工养殖的条件下，可进行人工催产繁殖。在天然水域中，鳜性成熟年龄见表25-1。鳜的繁殖季节见表25-2。鳜自然繁殖习性见表25-3。

表25-1 鳜自然性成熟年龄

成熟年龄	雌性	雄性
最小成熟年龄/龄	2～3	1～2
最小成熟个体(g)	100	几十
绝对怀卵量/粒	3万～60万	

表25-2 鳜自然繁殖季节

时 间	产卵季节
4～8月	产卵期
6～7月	产卵盛期

表25-3 鳜自然繁殖习性

产卵条件	具体要求	产卵条件	具体要求
适宜水温	20～32℃	产卵类型	分批产卵
最适水温	25～28℃	受精卵类型	漂浮性卵
产卵环境	有平缓流水，底质为沙质或草滩的场所	受精卵孵化温度	20～32℃
产卵时间	没有月光的夜晚	受精卵孵化最适温度	25～30℃
产卵持续时间	3～6h		

2. 雌雄鉴别

雌雄鳜鱼在幼体时较难辨别。性成熟的鳜，可以通过其头部以及生殖孔等部位进行性别鉴定（表25-4）。

表25-4 鳜的雌雄鉴别特征

部位	雌 鳜	雄 鳜
下颌	圆弧形，超过上颌不多	较尖长，超过上颌很多
生殖孔	生殖孔与泌尿孔分开，呈"一"字形，由前向后依次排列为肛门、生殖孔和泌尿孔	生殖孔与泌尿孔合并为一个，称为泄殖孔，位于肛门后方，外表看生殖区有两个孔
腹部	膨大，柔软，轻压有卵粒流出	不膨大，轻压有乳白色精液流出

3. 亲鱼的来源与选择标准

目前亲鳜来源有两种途径：一是在冬、春季节从天然水域中捕获；二是购自原良种场。繁殖季节来临前，从天然水域捕获直接用于生产的，其催产成功率很低，但卵质较好。生产上应尽可能在鳜越冬前捕捉，延长其强化培育时间，以利提高繁殖效果。用作人工繁殖的亲鳜应逐尾进行选择，要求体质健壮、体形标准、无病无伤，尽量选用个体大、3～5龄、体重1～2.5kg的为好，以确保繁殖效果。

4. 池塘培育亲鱼

培育亲鱼的池塘一般要求面积为 $2000\sim5500m^2$，水深 $1.5\sim2m$，塘底淤泥要少。将采运来的种鳜经消毒处理后，放入四大家鱼成鱼池或亲鱼池混养，放养密度视池塘里小鱼、小虾的数量而定，一般每 $500m^2$ 放养 $10\sim15$ 尾，雌雄比例 $1:(1.2\sim1.5)$。至繁殖前集中进行专池强化培育，加强管理。具体管理措施见表 25-5。

表 25-5　亲鳜池塘培育管理

管理措施	具体方法
投饵	饲料要求鲜活、适口，饵料鱼品种多种多样，比如主投鲢、鳙鱼种，兼投鲤、鲫、罗非鱼、麦穗鱼等鱼种，保证亲鳜有足够的饵料，营养全面
增氧	培育池应配有增氧机，遇到阴雨天、闷热天、雷雨天时，应及时开动增氧机，严防亲鱼缺氧浮头
冲换水	从 3 月份起，每 $5\sim7$ 天定时冲换水一次，以保证水质清新、溶解氧充足。临近繁殖季节每 $2\sim3$ 天冲水一次。催产前 $10\sim15$ 天，改为每天冲水一次，每次冲水量为 $15\sim20cm$ 水深

如果条件允许，结合亲鱼池降水增温、注水保温、流水刺激等生态催熟法，或利用热水资源培育亲鱼，能使其性腺发育更趋理想。

5. 人工催产

（1）催产季节　在人工培育条件下，由于环境条件适宜，饵料充足，长江流域在 4 月底鳜卵巢即已发育成熟。因此，在 5 月初就可以催产。若等到 5 月下旬，家鱼人工繁殖基本结束后催产，由于鳜经常受到拉网惊扰，性腺容易退化，此时催产，往往会失败。

（2）催产剂的使用　目前常用的催产剂有绒毛膜促性腺激素（HCG）、促黄体生成素释放激素类似物（LRH-A）和马来酸地欧酮（DOM）等。注射次数及使用剂量见表 25-6。在温度较低或亲鱼成熟度稍差时，剂量可适当增高，反之可适当降低。第 1 次注射与第 2 次注射相隔时间一般为 $8\sim12h$。水温较低时，相隔时间可适当延长，两次注射的效果一般好于一次注射。为胸腔注射，方法同家鱼人工繁殖。

表 25-6　鳜催产剂注射次数及剂量

注射次数	注射剂量		二次间隔时间
	雌性	雄性	
一次注射	LRH-A $50\mu g$ + HCG 500 IU	LRH-A $25\mu g$ + HCG 250 IU	
二次注射	DOM 5mg + LRH-A $100\mu g$	DOM 2.5mg + LRH-A $50\mu g$	$8\sim12h$

注射时间应根据鳜的效应时间控制亲鱼在半夜至早晨这段时间产卵受精；若采用人工授精宜选在上午进行。

（3）效应时间　在生产上主要是根据注射次数和水温推算亲鱼发情、产卵的时间。鳜催产剂注射后的效应时间见表 25-7。效应时间与水流也有一定的关系，水流在 $15\sim20cm/s$ 时效果较好。

表 25-7　鳜催产剂注射后的效应时间

水温/℃	效应时间/h	
	一次注射	二次注射
$18\sim19$	$38\sim40$	
$24\sim27$	$23\sim28$	
$22\sim26$		$16\sim20$
$27\sim31$		$9\sim11$

（4）发情与产卵　成熟的亲鱼注射催产剂后，可将雌雄鳜鱼配组放入产卵池中，让其自然产卵，雄鱼可略多于雌鱼，一般雌雄比例为 $1:(1\sim1.2)$，亲鱼密度为 $2\sim4kg/m^2$。亲鱼

在催产剂的作用下，加上定时冲水刺激，经过一段时间，就会出现兴奋发情的现象。初期，几尾鱼集聚紧靠在一起，并溯水游动，而后，雄鱼追逐雌鱼，并用身体剧烈摩擦雌鱼腹部，到了发情高潮时，雌鱼产卵，雄鱼射精，卵精结合成受精卵。此时，可进行集卵，即一面排水，一面不断冲水，使卵流入集卵箱内，分批收集取出鱼卵，并经漂洗处理，除去破卵、空卵、杂物后，随即移放到孵化容器内孵化。收卵工作要及时而快速，以免大量鱼卵积压池底（或集卵箱底）时间过长而窒息死亡。鱼卵收集完毕后，可捕出亲鱼回塘。鳜属分批产卵类型，自然产卵可减少产卵亲鱼的损伤和工作程序。在缺少雄鱼时，可采用人工授精方法，但需把握适宜的授精时间，否则会降低受精率。

6. 人工孵化

（1）孵化条件　鳜受精卵可利用家鱼人工繁殖设施进行，还可用密眼网箱孵化。鳜受精卵与家鱼卵比较，体积小、相对密度大，容易沉入水底而造成窒息死亡。因此，溶解氧、水流和水温是决定孵化率高低的主要因素。孵化用水最好选择水质清新，无污染、无敌害、无不良因子的江河水、湖泊水或水库水等作为水源，并用 80～120 目的筛绢布过滤。若用自来水孵卵，则要经过至少一昼夜曝气后方能使用。鳜胚胎正常发育要求水中溶解氧在 6mg/L 以上，流速达到 25～30cm/s，以保持鱼卵不下沉堆积，尤其是在鱼苗即将孵出前后，要掌握好流速、流量，必要时可以采取人工搅动的方法，可有效防止鱼卵沉积或鱼苗聚集，从而提高孵化率。水质清新、酸碱度适宜也是孵化用水的必要条件。

（2）孵化密度　见表 25-8。

表 25-8　鳜受精卵孵化密度	
孵化方式	孵化密度
孵化环道	5 万～10 万粒/m³
孵化缸或孵化桶	10 万～20 万粒/m³
孵化网箱	3 万～5 万粒/m³

表 25-9　鳜受精卵孵化时间	
温度/℃	孵化时间/h
23.5～25.5	40～52
26～28	32～38
28～30	30

（3）孵化时间　胚胎发育的快慢与孵化水温和溶解氧量都有着密切的关系，其中水温对孵化时间的影响最为显著（见表 25-9）。孵化的最适水温为 22～28℃。水温如始终保持在最佳范围，则可缩短孵化时间和提高孵化率。另外，水质对孵化出膜时间也有很大影响。水质良好，溶解氧丰富，孵化时间较短；反之，则长。一般在良好的水质条件下，孵化率约为70%～90%。

（4）孵化管理　鳜鱼卵孵化过程中应加强日常管理，保持水温稳定，控制水流速度，及时清洗滤水纱窗，防止鱼卵患水霉病。一般水流速度不应低于 20cm/s。刚孵出的仔鱼嫩弱，还没有游泳能力，易下沉，因此，水流应略微加大。当仔鱼出现鳔能进行平游时，应适当减慢水流，以免消耗仔鱼的体能。

鳜卵膜较厚，孵化时间较长，在水温低于 20℃ 或有坏卵出现时，受精卵极易患水霉病，因此，在鱼卵入孵前，应用药物消毒鱼卵。可用亚甲基蓝或高锰酸钾 10mg/L 浸泡鱼卵10～15min，或 0.3% 福尔马林溶液浸洗 20min，或用 0.5%～0.7% 食盐水浸洗 5min。孵化过程中，每天用亚甲基蓝或高锰酸钾 10mg/L 浸洗一次。

二、苗种培育

苗种培育的技术目标：通过科学的管理，经过 13～20 天的饲养，鳜苗长到 2.5～3.5cm。鳜苗成活率达 80% 以上；采取合适的培育条件，经过 4～5 个月的饲养，保证达到 10～15cm 大规格鳜种，鳜种成活率达 90% 以上。

1. 鳜苗培育

由刚孵化出膜的仔鳜，经过 20～30 天的专池培育，长成体长 3cm 左右的鱼苗，这一阶段称为鳜苗培育。

（1）培育方式　培育方式有流水培育和静水培育两种方式。流水育苗成活率比静水高，但生长速度比静水稍慢，生产上往往将两种或两种以上形式相结合进行。

① 流水培育　利用孵化鱼苗的原孵化环道（缸）培育鳜苗，是目前生产单位采用的主要方法。育苗初期，鳜苗放养密度一般为 5000～10000 尾/m³，随着个体长大而逐渐稀释。一般每 5 天应分养稀释 1 次，宜选择在晴好天气的上午 10 时左右进行。鳜苗贪食，最好在转环道（缸）前数小时停止投喂，以避免鳜苗暴食而造成不必要的损失。

② 静水培育　培育鳜苗的水池一般以水泥池为好，面积 30～50m²，水深保持在 0.8～1m，有进、排水装置。在池底可设置一些模拟自然水域的人工礁，为鳜苗创造一个良好的捕食环境。底部应有一定的倾斜度，排水口处设集苗坑。排水流量由排水管的闸阀和出水口高低控制。鱼苗放养前，培育池必须彻底清理消毒，放养密度一般为 5000 尾/m³ 左右，当鳜苗长至 1.5cm 左右时，移入池塘或网箱中继续培育。

（2）饵料投喂　鳜是典型的肉食性凶猛鱼类，终生以活的鱼虾为食，一般在夜间以偷袭方式捕食活鱼虾。在鱼苗出膜不久，从混合性营养期即开口摄食阶段起，就必须摄食其他活鱼苗，即便是饿死也拒食浮游生物或其他人工饲料。适口饵料是体高小于口裂张开幅度的各类鱼苗，而与饵料鱼的体长关系不密切。它不但能吞食相当于自身体长 80% 的鲢、鳙、青、草、鲂、鲴类等鱼苗，有时甚至能吞食超过自身体长 25% 的鱼苗。通常选择体型细长、鳍条柔软的鱼为食。随着鳜鱼苗的长大，除食活鱼外，还兼食虾类和极少量的蝌蚪等。成鱼主要摄食适口的鱼虾类。饵料缺乏时会出现同类相残现象。

在鱼苗培育生产中，一般把鳜开口摄食到体长为 0.7cm 这个阶段称为鳜苗开口期，时间为 3～5 天，宜选择体型扁长、游泳能力较弱的鲂、鳊、鲴、鲮等鱼苗作为开口饵料，尤以刚脱膜 8～16h 的活鱼苗为最佳，此时的饵料鱼易被鳜整尾吞食。如果投喂老口鱼苗，鳜苗只能利用饵料鱼尾部一小部分，剩余部分常挂在鳜苗口边，不仅影响运动，而且容易在水中腐烂、分解，恶化水质，甚至暴发鱼病。随着鳜苗的发育生长，饵料鱼的规格要相应增大。不同日龄的鳜苗其饵料鱼种类和规格均不同，见表 25-10。

表 25-10　开口期鳜苗的适口饵料及日摄食量

日　龄	全长/mm	饵料鱼种类	每尾鱼的日摄食量/尾
3	4.90～5.50	团头鲂	2
4	5.00～5.15	团头鲂	3～4
5	5.20～6.00	团头鲂或草鱼	4～6
6	6.10～6.80	草鱼	4～7

注：引自王武，《鱼类增养殖学》，中国农业出版社。

（3）日常管理　鳜苗培育期间，必须实行精细管理，彻底消毒水体，杜绝病原体带入育苗池；严格控制水质，及时排污清污；适时繁殖饵料鱼，注意与鳜苗培育需求相衔接。一般情况下，向水中充气增氧可刺激鳜苗摄食。培育期间，随着鱼体的长大，经常分池，稀释密度，控制水流，减少鳜苗顶水游动的体力消耗。同时，根据生产实际安排好鳜苗后期饵料鱼的生产，随时在池塘中培育好不同规格的饵料鱼，以保证不同规格的鳜苗摄食。并定期向培育池泼洒药物，做好鱼病防治工作。

经过 13～20 天的饲养，鳜苗长到 2.5～3.5cm，这时的鳜苗鳞片已长出，形态与成鱼类似，即可转入大规格鱼种培育阶段。

2. 鳜种培育

（1）专池培育

① 池塘条件与放养　池塘面积不宜过大，以 0.1～0.2hm² 为宜，水深 1.0m 以上，灌排水方便，能经常保持微流水为最佳。采用人工投饵的方法饲养，放养密度一般为 3 万～4.5 万尾/hm²。放养鳜苗前须彻底清塘，严格消毒。由于鳜种以活饵为主，残饵和大量粪便对池塘水质影响较大，在放养的同时应搭养适量的大规格花鲢、白鲢，以控制池水的肥度。

② 饵料　鳜种每日饵料鱼摄入量与其体重、水温、溶解氧等有密切关系。鳜种放养后，应定期抽样测定池塘中鳜种的生长速度、成活率及存塘量，并以此为依据，同时参考气温变化等因素，按池养鳜总量的 5%～10% 投放饵料鱼。在投喂饵料鱼时，要注意大小规格不同的饵料鱼配比，以供大小不同的鳜种选择适口饵料。一般采取 5 天投一次的方法，因为投放饵料鱼后 2～3 天内，饵料鱼的活动比较迟钝，有利于鳜种捕食，时间间隔太长易造成鳜种捕食困难和增加体能消耗，还因投放的饵料鱼过多，增大池中溶解氧消耗，一方面增加了鱼池的实际承载力，另一方面池水中的溶解氧消耗过快，对鳜种生长不利。

③ 日常管理　见表 25-11。

表 25-11　鳜种专池培育日常管理

日常管理	具体措施
巡塘	坚持每天早、中、晚各巡塘 1 次，即早晨观察鱼类活动，是否有浮头情况发生；午后查看水色、水质变化情况；傍晚观察、巡查鳜种摄食等情况是否正常。并定时测定水温、pH 值等，做好记录
注水	饲养鳜种的池塘，初期水位宜浅一些，以 50～70cm 为好。之后采取分期注水的方法，逐步提高池塘水位，以增加水中溶解氧量和鱼的活动空间。一般每周注水 2 次，保持水质清新，透明度控制在 40cm 左右，具体注水次数和每次注水量应根据实际情况确定
增氧	鳜不耐低氧，塘中最好配备增氧机。天气闷热时，坚持中午开机 1～2h，凌晨 2:00～5:00 开机 3h 左右，如遇雷暴雨天气或连续阴雨天气，应延长开机时间。保证溶解氧充足是提高鳜种生长速度和成活率的重要措施
调水	鳜对酸性水质十分敏感，所以应每隔一段时间施放生石灰水以调节 pH 值
防病	还必须遵循无病早防、有病早治的原则，定期泼洒微生物制剂或药物，做好水质调控和灭菌杀虫工作。

秋末冬初，水温降至 10℃ 左右时，即可开始并塘。规格 10～15cm 的鳜种囤养密度为 4.5 万～7.5 万尾/hm²。鳜种并塘后仍应加强管理，使水质保持一定的肥度，并在塘中投放一定数量的饵料鱼供其摄食。

（2）网箱培育　网箱大小以 6～20m² 为宜，小网箱用 PE 或其他材料做成，网目规格应根据鳜种规格和饵料鱼大小而定。设置地点要求避风、向阳、水面宽阔、有一定微流水的水域，水深 2.5m 以上，网箱箱底距水底至少在 0.5m 以上，放养密度为 200～400 尾/m³，具体放养密度视养殖水平、环境条件、饵料鱼来源等情况确定。利用网箱培育鳜种与池塘培育方式相比较，具有成活率高、易起捕、投饵量易控制、管理方便等特点。

① 饵料投喂　饲养期间投喂的饵料鱼以鲢、鳙为主，收购野杂鱼为辅。每 2 天投喂 1 次，日投饵量掌握在鳜总重的 4%～6% 范围内。适口饵料鱼体长为鳜体长的 30%～60%，规格过大往往会造成鳜吞食不下、咬不断而被卡死，影响养殖成活率；饵料鱼过小，鳜鱼每天吞食数量太多，又会提高饵料成本。投喂前应对饵料鱼进行消毒处理。

② 日常管理　鳜种下箱后，摄食量日渐增加，残饵和粪便等排泄物也随之增多，加之网箱网目较小，容易造成网箱网目堵塞较为严重，每 2 天刷洗箱体 1 次，使网箱内外水体交换通畅，以保持网箱内水质清新。洗刷时，仔细观察网衣是否有破损，一旦发现网箱有破洞应立即补好，避免逃鱼损失。每 15～20 天进行一次药物消毒，预防病害发生。

第四节　鳜的池塘养殖技术

> **池塘养殖的技术目标：**通过科学管理，鳜种经 1 年养殖，保证有 70％以上的个体达到 400～500g 的上市规格。

一、池塘条件准备

主养鳜的池塘要求靠近水源，水质符合渔业用水标准，灌排方便，无污水流入。每口池塘面积不宜过大，以 0.4～0.6hm² 为宜，便于管理。水深 1.5～2m，池底平坦，淤泥少，沙质底为好。放养鱼种前必须进行清整、消毒，同时应在池塘四周种植一些水生植物，如金鱼藻、轮叶黑藻、马来眼子菜等，也可在塘中放置少量柳树根须、浸泡过的网片等，供鲤、鲫产卵用。

二、放养方法

利用鳜夏花直接养成商品鱼或先培育成大规格鱼种再放养的分步放养法，是目前普遍采用的两种养殖形式。

1. 直接放养法

直接放养法是将 3cm 左右的鳜种直接下塘，直至养成商品鱼上市。此法适宜于小规模养殖。池塘按常规清塘消毒后，施放基肥培育浮游生物，然后每公顷放养 1500 万～2250 万尾刚孵化的鲮等水花培育成饵料鱼。培育 10～15 天，饵料鱼苗长到 1.5～2.0cm，先将池水排去一半，再灌进新水，使池水清爽，就可以放养约 3cm 规格的鳜苗。一般放养 1.4 万～1.8 万尾/hm²。该法的优点是放养初期饵料鱼苗丰富，鳜苗生长快，操作简便，可充分利用水体。缺点是放养的鳜种规格小，成活率偏低，一般为 70％～80％，对池中存鱼的准确数量难以把握。

2. 分步放养法

即先将规格约 3cm 的鳜夏花培育成体长 10～15cm 的大规格鱼种，再转入成鱼饲养阶段。用池塘培育大规格鳜种的具体做法与上述直接放养法相似，先培育饵料鱼，然后放养鳜种。但鳜种放养密度要比直接放养法大得多，每公顷放养规格 3cm 的鳜种 4 万～6 万尾，培育 40 天左右，大多数鳜种可长成体重约 50g 的大规格鱼种，成活率可达 85％以上，此法适宜规模养殖。

三、饵料投喂

凡是没有硬棘的小鱼虾均可作为鳜饵料。以选择体型细长、鳍条无棘、成本低廉、繁殖容易的品种为好，如鲢、鳙、鲫、鲮、罗非鱼为常用品种，麦穗鱼、鲦鲅、虾虎鱼等野杂鱼也都是鳜的好饵料。

池塘主养鳜，密度较高，其不同生长阶段对饵料鱼的摄入量有一定差异，同时随着个体生长，饵料需求量更大。在实际生产中，应采用养成池培育、配套池培育、自然水域捕捞、购买等方法，以确保饵料鱼总量能较好地满足鳜生长之需。

根据鳜各个不同的生长阶段，投喂相应规格的饵料鱼，所投饵料鱼规格以鳜体长的 30％～60％最为适口。

体重 0.5g 左右的鳜夏花养至 500g 的商品鱼，每日投饵量由占鳜体重的 70％开始，逐步减少到 10％～8％。夏秋季节鳜生长旺盛，应适当增加投喂量；冬季水温低，鳜活动减弱，投饵量相应减少。

投喂次数一般应根据水温、鳜池饵料鱼密度、生长速度、天气等灵活掌握。

四、日常管理

由于专养池放养密度高，投饵量较多，残饵和大量粪便对池塘水质影响较大。在放养初期，由于池塘中饵料鱼苗密度大，应控制好水质，避免缺氧，使鳜种能够尽快适应和不出现浮头。在整个饲养过程中，水体溶解氧量应保持在 5mg/L 以上，有利于鳜摄食、生长。因此，要注意适时加注新水，保持水质清新。一般春秋季节每 10～20 天加水一次，每次加水30～40cm，夏季勤换水，5～7 天换水 1 次，如能保持微流水，则养殖效果更佳。每口池塘还需配备增氧机，春末和夏季每天中午 12～15 时开机增氧，开机时间视具体情况而定。如遇特殊天气，下半夜开机至太阳出。在养殖期间，水体透明度要求保持在 40cm 左右，透明度太低会影响鳜觅食，也容易引起水质恶化。鳜对酸性水特别敏感，水质偏酸往往会出现多种疾病。因此，应定期全池泼洒石灰水、硫酸铜、微生物制剂等调控水质和预防鱼病，同时应做好巡塘、防盗等工作。

【思考题】

1. 在鳜的人工繁殖过程中应注意什么问题？
2. 池塘培育鳜苗、鳜种的关键技术有哪些？
3. 如何进行池塘单养食用鳜？

第二十六章 乌鳢养殖

【技能要求】

1. 能鉴别乌鳢的雌雄个体。
2. 能进行乌鳢卵子检查、催产剂配制、催产剂注射、受精卵收集与人工孵化操作。
3. 能进行乌鳢拉网分养操作。

第一节 养殖现状与前景

我国的鳢科鱼类共有 7 个种，包括乌鳢、斑鳢、月鳢、宽额鳢、纹鳢、线鳢和长身鳢。其中只有乌鳢是一个广布种，分布于全国各大水系，产量也最大。乌鳢分布极广，包括亚洲、非洲淡水水域，在我国，除西部高原地区外，北起黑龙江省南至海南省的河流、湖泊、水库、池塘等各种类型的水体皆有分布。人们习惯于将鳢科鱼类通称为黑鱼或乌鱼（东北和华东地区）、才鱼（湖南和湖北）、乌棒（西南地区）、生鱼（两广和港澳地区）。

乌鳢肉味鲜美、营养价值高，具有除癣生新、滋补调养的功效，被视为"鱼中珍品"，是人们餐桌上的佳肴，一直受到广大消费者的青睐。乌鳢具有适应能力强、疾病少、苗种易解决、便于活体运输等优点使其在国际和国内市场上日益紧俏，是经济价值较高的名贵淡水鱼类。此外，与其他鱼类相比，乌鳢离水后不易死亡，也不易腐败变质，所以更便于长途运输与加工。在东南亚及我国两广、港澳台地区一向被视作佳肴兼补品，故而供不应求。

在我国，近几十年来由于诸多原因使乌鳢的天然资源大幅度减少，乌鳢成了水产类中的稀有鱼类。目前市场上所见到的乌鳢主要是野生种，或者是采集的野生乌鳢苗种搭配在家鱼池内混养出来的。由于数量有限，各地的售价也始终居高不下。近几年，为顺应国内外贸易市场的需求同时保护乌鳢自然资源，许多省市开展了人工养殖乌鳢的探索与实践，尤其是苗种繁育技术与人工配合专用饲料方面的突破，为乌鳢养殖业走向商品化、规模化生产奠定了基础。在湖南、湖北、江苏、安徽、四川、广东、广西、福建等省份已陆续建起了一些养殖场并已取得了较高的经济回报。

第二节 认识乌鳢

乌鳢（*Ophicephalus argus*）隶属于鳢形目、鳢科、鳢属，又名乌鱼、黑鱼、黑鳢头、才鱼、生鱼，为底栖肉食凶猛性鱼类。乌鳢身体细长，前部圆筒状，后部侧扁。头尖而扁平且较长，颅顶、颊部及鳃盖上均覆盖着鳞片。口大且为端位，下颌稍突出。上下颌、犁骨、口盖骨均生有尖锐的利齿。鳃腔上具有鳃上器，能进行空气呼吸。背鳍和臀鳍基部都很大且长，胸鳍和腹鳍呈浅黄色，胸鳍基部具黑斑点，尾鳍圆形，体色暗黑。对于同龄乌鳢，雌性个体一般小于雄性个体（图 26-1）。

乌鳢平时喜生活在河流、湖泊、沼泽、水库、沟渠等沿岸泥底水草丛生的浅水区，潜伏在水草中等待时机追捕食物，夜间有时在水的上层游动。平时游动缓慢，在缺氧的水体中能借助鳃上腔的辅助呼吸器，不时将头斜露出水面进行呼吸，而且在喉部上方凹陷处贮藏着一定量的气体。当离开水体后还能存活相当长的时间，具有非常强的耐缺氧能力。在高密度集约化养殖时，乌鳢能够在溶解氧低于 3mg/L的水体中正常生长，夏季汛期来临，乌鳢便逆流游动，在人工养殖的池塘中，乌鳢喜欢集群

图 26-1　乌鳢

在进水处，甚至会跳出水面越过池塘障碍。冬季乌鳢喜欢在深水处，把身体埋在淤泥中越冬，一般很少摄食。春、秋季为摄食旺季，产卵期亲鱼基本不摄食。

第三节　乌鳢的人工繁育技术

人工繁殖的技术目标：乌鳢的人工催熟率、受精率与孵化率均达到 80% 以上。

　　乌鳢繁殖时间为每年的 5～6 月。水温在 22～28℃为宜。乌鳢长至 2 龄可达性成熟，怀卵量约为 2 万粒。亲鱼于夏季在长有茂盛水草的静水浅滩处繁殖。成对的雌雄亲鱼活动于产卵场所附近，不时地还跃出水面，非常活跃。雄鱼将水草筑成直径约 1m 的"鱼巢"。产卵一般在日出之前，先是雌鱼进入鱼巢，腹部向上成仰卧姿势，身体缓缓摇动而产卵；随后雄鱼以同样方式射精。产卵后，雌雄鱼一同守在巢的底下，保护鱼卵以防敌害侵袭。2～3 天后，仔鱼孵出。仔鱼集群生活于近岸的水草丛中，雄鱼随群保护，待幼鱼长至 4～5cm 时，亲鱼不再进行保护，幼鱼分散营独立生活。

一、亲鱼培育

1. 亲鱼选择

　　选择从江河、湖泊、天然池沼中用曳网或罩网捕获收集的野生乌鳢，或购买持有国家发放的水产苗种生产许可证的场家生产的苗种，经专门培育成的亲鱼。年龄 3～4 龄；体长30～40cm；体重 1～2kg；全身无伤无病，鳍条完整无缺，体色乌黑鲜亮，体表黏液丰富；行动活泼，游泳快捷，体质健壮。手捧亲鱼时，鱼尾巴甩动有力。雌鱼体呈圆筒状，粗短，腹部膨大柔软，卵巢轮廓明显；生殖孔圆形，大而突出，张开，孔外周无鳞，孔口充血，呈红色。雄鱼个体比雌鱼略大，体形较雌鱼略显细长，腹部不膨大；生殖孔狭小而微凹，呈三角形，孔口呈淡红色；背鳍、臀鳍上灰白色斑点较多。

2. 鉴别亲鱼的雌雄

　　乌鳢的雌雄个体在非生殖季节有时很难区分。在生殖季节凭其体表特征差异进行性别鉴定（表 26-1、图 26-2）。

表 26-1　乌鳢的性别特征

特征	雌　鱼	雄　鱼
体形	稍短而圆,腹部稍膨大突出,胸部丰满,身体圆滑松软	稍长而瘦,腹部较小
体色	胸部鳞片白嫩,少数个体呈微黄色。腹部无黑斑,体色稍淡	胸、腹部有较多灰黑色或蓝黑色花斑,体色较深
鳍条	背鳍上斑点较大,模糊,排列不规则,呈现半透明的淡黄色,腹鳍灰白色,尾鳍上有 2 个黑色斑纹	背鳍上白色圆点较多,自下而上排列较整齐,腹鳍蓝黑色,尾鳍上有 3 条以上的黑斑纹
生殖孔	圆形,大而突出,粉红色	呈三角形,狭小而微凹,微红

3. 亲鱼放养

　　亲鱼放养时间宜在 9 月底或 3～4 月间，放入培育池中进行培育。放养密度一般为225～

$300g/m^2$，最多不要超过 $450g$。雌雄比例为 $1:1$。

二、人工催产

1. 卵子检查

将取卵器慢慢地、轻轻地插入雌性乌鳢的生殖孔内，向右或向左偏少许，向一侧的卵巢内伸入 5cm 左右，再旋转 2～3 下抽出，挖出少量卵子，置于解剖镜下观察。若卵粒分散，大小匀称，黄色晶亮，饱满圆整，卵核已大部分偏离中心，即可进行催产。

2. 催产剂配制

每千克雌性乌鳢注射 PG（鲤鱼脑垂体）2 颗＋HCG（人绒毛膜促性腺激素）500IU＋LRH-A（促黄体素释放激素类似物）$5\mu g$。雄性乌鳢催产剂量为雌性乌鳢的一半。

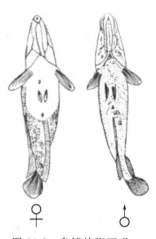

图 26-2　乌鳢的腹面观

3. 催产剂注射

用 6 号针头注射，注射部位选择在乌鳢胸鳍基部无鳞处，每次注入催产液 2ml，拨出针头后用手指压住插针孔片刻，防止催产剂药液流出。将注射催产剂的雌雄亲鱼按 $1:1$ 的比例配对放入产卵池进行繁殖。

三、人工孵化

1. 卵子收集

亲鱼自行交配产卵，卵子收集于产后 12h 左右进行，用内壁光滑的鱼盆或面盆带水收集，并立即送到孵化器中进行孵化。人工授精采用半干法授精。授精时先将精巢取出研碎，边研边加入生理盐水 20～30ml，搅拌均匀后吸入注射针筒，并立即注入挤出的卵子中，用玻璃棒连续不断搅拌 3min，加入清水洗去残液，放入孵化器孵化。

2. 孵化

用孵化缸或网箱孵化。每立方米水体投放受精卵 5 万～6 万粒。孵化用水要先用筛绢网滤去剑水蚤等有害生物。采用微流水孵化，在孵化过程中要及时捞除白卵、死卵和垃圾，确保孵化用水的清新，直至乌鳢鱼苗孵出，再隔 2～3 天待其卵黄囊吸收完毕时即可移入鱼苗池培育。

四、苗种培育

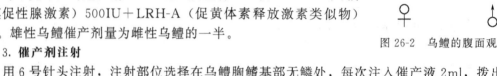

> **苗种培育的技术目标：** 鱼种培育成活率达到 50% 以上。

鱼苗期主要以桡足类、枝角类浮游动物和摇蚊幼虫为食，当体长达 3cm 以上时，转向以水生昆虫为主，也吃一些小型鱼虾，当体长达 8cm 以上时，则以鱼虾为主要摄食对象。随着鱼体的长大，当食物不足或规格大小相差悬殊时，乌鳢有自相残杀的习性，应根据大小实行多级分养。

1. 育前准备

包括池塘修整、池塘消毒、培育水质和种植水草。

2. 鱼苗放养

乌鳢鱼苗放养有以下两种密度：早、中期繁殖的鱼苗，放养量为 100～150 尾/m^2，培育 20 天左右，待鱼苗长至 3cm 左右时分养一次，放养量 50～60 尾/m^2。后期（6 月下旬）繁殖的鱼苗，放养量 60～80 尾/m^2。

3. 饲养管理

乌鳢全长 1.5cm 以前，主要摄食小型浮游动物，视水质情况适量施肥或泼浆。对于人工投饵应视乌鳢鱼苗的大小而定。全长 1.5~2.5cm 时，每天每万尾鱼苗投喂 0.5kg 大型浮游动物——各种活水蚤；全长 2.5~5.0cm 时，每天每万尾鱼苗投喂 1~1.5kg 的活水蚤和 1.5~2.0kg 的鱼糜浆；全长 5cm 以上时，投喂草鱼、白鲢等的活鱼苗或小鱼块。日投喂量为池内乌鳢总重量的 20％左右，日投 2 次，上午、下午各一次。

4. 调节水质

鱼苗放养入池后，每隔一星期加注新水一次，每次加水量以池内水位上升 10cm 左右为宜。

5. 巡塘管理

乌鳢鱼苗培育期间，每天应早、中、晚三次巡塘，发现异常情况，应立即采取相应的措施。池面呈现条状或带状绿皮（水华），应及时更换 1/3 左右池水；乌鳢鱼苗大量聚集池边洄游、觅食，表明上次投饵不足，下次投饵时可增加 10％~20％的投饵量；乌鳢鱼苗受惊吓不下沉，分散于池边缓慢游动，应及时增氧直至浮头消失；乌鳢鱼苗离群独游和死鱼飘浮池面，应立即捞除，并准确诊断病症，对症下药。

6. 拉网分养

乌鳢鱼苗长至 3~4cm 时应进行拉网分养。拉网分养前一天停喂饲料，选择天气晴朗的上午 8~9 时进行，分养时乌鳢鱼苗的扦捕、过筛、计数、运输、消毒都要带水操作，分养后鱼苗的放养密度为 50~60 尾/m²。

第四节　乌鳢的养成模式与技术

> **养殖的技术目标：**池塘单养成活率达到 70％，产量达到 7500kg/hm² 以上。

乌鳢生长速度比较快，符合"头年鱼种、二年成鱼"的生产要求。因鱼体大小和栖息环境的不同，其摄食的食物种类也不同。在自然条件下，2 龄前为乌鳢体长加速生长阶段，生长旺盛，2 龄后进入性成熟阶段，鱼体增长速度减慢。在人工饲养条件下，使用膨化饲料投喂，夏季高温时节养殖 4 个月后，乌鳢可达 0.5~0.7kg，杂交种养殖 3 个月可达 1kg，最大个体长可达 70cm 以上，重达 5kg 左右。

一、池塘混养

1. 与鲢、鳙、草等家鱼混养

乌鳢规格要比其他鱼小一半以上。放养时间比主体鱼晚一些。放养量不宜过大，4~4.5cm 的乌鳢放养量 450 尾/hm² 为宜，放养量过大，易出现咬食主体鱼的现象。日常管理以主养鱼为主，无需为乌鳢投饵，秋季出池，每公顷可获体重约 0.5kg 的乌鳢 300kg 左右。

2. 与罗非鱼混养

池水深 1.5m，水中种植水浮莲等水生植物。每公顷放 10cm 的乌鳢鱼种 9000 尾，饲养过程中分选两次，保持规格一致。池中的罗非鱼，用网圈养在一起，其幼鱼可穿出网外，供乌鳢食用，最终放养密度 2200 尾/hm² 左右，产乌鳢 100kg 以上。

二、池塘单养

1. 池塘要求

面积 300~1000m²，水深 1~1.5m，最好是半流水式。池底为泥质，池堤要高出水面 80cm，以防乌鳢跳跃逃跑。放养前要晒底，用生石灰彻底清塘消毒，投施有机肥培育水质。

2. 放养规格及密度

投放 3~5cm 的鱼种每公顷 22500 尾，成活率 70％，成鱼规格 0.5kg 以上，每公顷产量可达 7500kg 以上。

3. 水质要求

水源水量要充足，pH 值为中性或微碱性，最好微流水。

4. 饲养管理

投饵以投喂鲜活小鱼虾、蝌蚪效果最好，投喂数量根据季节和天气情况而定。如投喂人工配合饵料，应从夏花驯化开始；人工饵料要求粗蛋白在 40% 以上，制成颗粒状。投喂人工饵料可置于竹箩里；吊于水中，日投喂 2 次，投喂量为鱼体重的 5%。要大小分档饲养，池中要适当养殖一些水生植物，注意调节水质；及时防治鱼病。

【思考题】

1. 如何鉴别乌鳢的雌雄？
2. 如何开展乌鳢人工催产与人工孵化？
3. 乌鳢人工养殖的关键环节有哪些？

第二十七章　石斑鱼养殖

【技能要求】

1. 能通过外观辨别出石斑鱼主要养殖品种。
2. 能进行诱导石斑鱼提早性转变的操作。
3. 能进行石斑鱼的催产、授精与孵化操作。
4. 能有效地进行石斑鱼摄食驯化操作。

第一节　养殖现状与前景

石斑鱼是广泛分布于太平洋和印度洋的暖水性鱼类，种类繁多，全世界约有 100 种，我国近海有 50 种之多，主要分布于东海、南海，黄海渤海也有分布。

石斑鱼肉味鲜美、营养价值丰富，属于高档优质鱼类。随着人们生活水平的日益提高，其需求量越来越大。石斑鱼的养殖主要集中在亚洲国家和地区，有印度尼西亚、马来西亚、菲律宾、泰国、中国大陆沿海和台湾省、日本等。养殖方式有池塘养殖、海区增殖放流和网箱养殖等。养殖的主要品种有青石斑鱼、斜带石斑鱼、点带石斑鱼、赤点石斑鱼、云纹石斑鱼、宝石斑鱼、巨石斑鱼、宽额鲈（龙趸）、驼背鲈（老鼠斑）等。我国南方沿海网箱养殖石斑鱼的平均产量可达 65kg/m³ 水体。近年来台湾省已经开始对养殖对虾的池塘进行改造，开展青石斑鱼养殖，产量高达 30t/hm²。日本于 20 世纪 60 年代把赤点石斑鱼作为增殖放流的主要品种，此外，进行人工种苗生产的品种有点带石斑鱼、云纹石斑鱼、鳃棘鲈等，并且进行苗种生产开发研究，技术较成熟，但近几年来由于受到 VNN 疾病（神经性病毒）的影响，产量受到很大影响。

石斑鱼的生产方式主要以室内水泥池为主。一般育苗水体可培育 2.5～3cm 的鱼苗 500～800 尾/m³，最多可达 2400 尾。台湾省目前培育最成功的为点带石斑鱼，许多水产公司或个体可以出售受精卵、2.5～3cm 鱼苗、2.5～8cm 鱼苗标粗、养成及生物饵料、配合饲料等。苗种生产方式主要以池塘培育为主，生产成本低，具有可观的经济效益。目前 1hm² 可培育 2.5～3cm 的鱼苗 150 万～180 万尾。近年来，还培育出驼背鲈和宽额鲈，为石斑鱼养殖增添了新品种。我国南方沿海于 20 世纪 80 年代开始对石斑鱼进行人工种苗生产研究，但大多停留在实验室阶段水平。近年来，广东省大亚湾水产试验中心对斜带石斑鱼和赤点石斑鱼的人工苗种生产研究取得重大突破，已经进入批量生产。此外，海南省利用池塘培育青石斑鱼苗种也取得了成功。

近期，国内石斑鱼养殖主要集中在广东、福建、浙江、海南四省的沿海。其中广东占了养殖产量的很大部分，现在有 10 多种石斑鱼养殖品种，养殖最多的品种是青斑和鲑点石斑鱼，价格较高的品种是驼背鲈、宽额鲈和赤点石斑鱼。目前广东石斑鱼养殖的主要方式是浅海网箱养殖，也有一些在养虾池中养殖。养殖的苗种 60% 来自国内天然捕捞，其余的 40% 种苗来自进口东南亚的和来自台湾的人工繁殖种苗。养殖石斑鱼的饵料多使用小杂鱼，少量为配合饲料。广东石斑鱼养殖主要以个体的小规模经营为主，集约型的大规模养殖石斑鱼还没有发展起来，因此，在我国发展大规模石斑鱼养殖具有非常广阔的市场前景。

第二节 认识石斑鱼

石斑鱼（*Epinephlus*）属于鲈形目、鮨科、石斑鱼属，俗称过鱼、会鱼、石斑，因身上长有特殊的条纹和斑纹而得名。石斑鱼身体粗壮，呈纺锤形，一般体长 20cm 左右，体呈棕色。体被细小栉鳞，但常隐埋于皮下。口大，有发达的辅上颌骨，前端有为数不多的犬牙，两侧牙尖细。前鳃盖骨后缘有锯齿，无明显倒棘。背鳍 1 个；尾鳍圆扇形。背鳍鳍棘 10～12 根，鳍条 10～20 根；臀鳍鳍棘 3 根，鳍条 7～12 根；胸鳍无鳍棘；腹鳍鳍棘 1 根，鳍条 5 根。体色随环境不同而变化（图 27-1、图 27-2）。

图 27-1 赤点石斑鱼　　　　　　　　　　　图 27-2 青石斑鱼

石斑鱼属暖水性中下层鱼类，主要栖息在海底洞穴、岩礁地带以及珊瑚礁空隙中。一般不结成大群，性凶猛，是肉食性鱼类，有互相残食现象，在稚幼鱼阶段尤为严重。食物以虾、蟹等甲壳类为主，兼食软体动物和其他鱼类。石斑鱼是雌雄同体，随着个体的成长，可发生性转变，一般先雌后雄，在性腺成熟之前，很难区分雌雄个体。产卵从每年 3 月初开始，能多次产卵。青石斑鱼一年有两个摄食周期的高峰，第一个高峰在 5 月份左右，第二个高峰出现于 8 月份以后。

第三节 石斑鱼的人工繁殖技术

人工繁殖的技术目标：通过采用强化培育石斑鱼亲鱼的方法，促进亲鱼分泌激素，不用注射催产剂而能自然产卵受精，获得优质受精卵。通过各种措施使性转变的雄性亲鱼产精率达到 90% 以上，受精率达到 80% 以上，孵化率高达 90% 以上。

一、亲鱼的选择与培育

下面以点带石斑鱼为例，介绍育苗方法。

自然海区捕捞的成鱼或人工养殖的成鱼均可作为亲鱼。雄鱼选择标准为：体重 8kg 以上，轻轻挤压腹部能流出精液者。雌鱼选择标准为：体重 5～8kg，腹部柔软而膨大者。雌雄亲鱼搭配比例一般为 2∶1 或 1∶1。

点带石斑鱼是雌雄同体，雌性先熟，到 6 龄左右转化为雄鱼。所以，亲鱼选择中的难题是性腺成熟的雄鱼不易获得，养殖条件下培育高龄雄性亲鱼的周期长且费用也高，为了解决这个难题，可采用如下两种方法。

① 可用外源性激素 17-α 来抑制卵黄生成并影响卵原细胞增殖和分化。对 3 龄左右的鱼投喂 50 天药饵，每次剂量约 5mg/kg 体重（累积量约 241mg/kg 体重），可使性转变的雄性亲鱼产精率达 90% 以上，受精率达 80% 以上。

② 将激素 17-α 植入鱼体的雄性激素埋植法来诱导石斑鱼提早性转变，可一次性埋植到 3～7 龄成熟的点带石斑鱼雌鱼体内，此法可以解决雄性激素药饵投喂法每天投饲费工费时

和因摄饵量不均产生的性转变效果不稳定的问题，40～50 天后雌鱼就转变为雄鱼。用其精液得到的受精卵的受精率达 70％以上，孵化率高达 90％以上。此外，还可应用超低温冷冻法保存精液，在液氮罐中冷冻保存 5 个月后的精液与新鲜精液的活力差别不大，对人工繁殖的效果无影响。

二、催情诱导

对雌性亲鱼，用挖卵器自产卵孔插入约 5cm 左右深吸出卵粒，在显微镜下观察其成熟度，卵粒若易分离、卵浅黄色、饱满均匀、卵径 0.5mm 左右、加透明固定液后核已偏向动物极，表明熟度较好。雄性亲鱼选择轻轻压腹部有少许精液流出者。石斑鱼精液量少，检查雄鱼成熟度时切勿挤压太重。催产剂有鲤鱼脑垂体、绒毛膜促性腺激素、促黄体激素释放激素类似物等。雌鱼用 PG 为 10～12mg/kg。以上剂量分两次胸腔或背肌注射均可，第 1 次注射量占总量的 2/3，两次间的间隔时间在水温 25℃左右时为一天左右。雌鱼注射剂量是雄性亲鱼的 2 倍，均在雌鱼第 2 次注射的同时进行。注射用水为 0.6％氯化钠溶液，将催产剂溶解或制成悬浊液，注射液量一般为每尾亲鱼一次注射 1～2ml。

三、人工授精

点带石斑鱼人工授精一般采用干法授精。亲鱼注射第二针催产剂后 10～13h 即可产卵，由上而下轻压雌鱼腹部即可获得成熟鱼卵，反复 5～6 次后即可将亲鱼轻轻放回鱼池中。随即再用同样方法获得雄鱼精液。石斑鱼精液很少，挤 5～6 次总计大约 1～2ml。待最后一次挤精完成后，即可将卵子和精液搅拌均匀，约 1～2min 后加入少量消毒海水，继续搅拌 5min 后倾倒另一个稍大的容器内，再加消毒的海水继续轻轻搅匀，静置片刻。受精卵一般都漂浮在水的中上层，死卵或未受精卵沉淀于底部。用消毒过的海水对受精卵进行清洗以除去剩余的精子，以避免多精受精，然后将受精卵移入孵化器中孵化。人工授精时，应避免阳光直射而杀死精子。

也可为亲鱼创造在产卵池中自然产卵受精的环境条件，一般采用强化培育石斑鱼亲鱼的方法，促进亲鱼分泌激素，不用注射催产剂而能自然产卵受精，而即可获得优质受精卵，提高了仔鱼成活率，降低了畸形率。自然产卵方式优于人工催产授精。产卵时适宜水温 25～27℃，海水盐度 32～35，pH 值 7.8～8.5，产卵池面积 50m²，水深约 1.5m，池上方用遮光幕遮光，水流量 50L/min。

四、人工孵化

石斑鱼产浮性卵。收集到的卵无需洗净即放入分离槽进行分离。将卵放入分离槽充气后再沉淀，将下沉卵从槽的底部排出或是虹吸排出。取上浮卵经消毒、计数后放入孵化池的吊卵袋中孵化。孵化时鱼卵密度为 50～100 粒/L，水流速度以能使鱼卵或仔鱼漂浮为宜。孵化用水需经过砂滤和紫外光杀菌。水温保持在盐度 30～33，稳定 25℃左右，注意保持稳定。孵化过程中需适度充气，使海水溶解氧量保持在 5mg/L 以上，充气量不可太大或太小，孵化中尽量将死卵清除，防水质变坏。对于点带石斑鱼和青石斑鱼卵，自产卵受精后经过 1 天左右可以孵出鱼苗。

第四节　青石斑鱼的苗种培育技术

一、培育条件准备

常用玻璃钢水槽、水泥池或网箱培育鱼苗。容积 5～50m³，水深 1～2m，容器呈圆形或长方形，避免阳光直射，用遮光帘控制光照强度在 20000～30000 lx。适宜水温为 24～28℃，应防止日夜水温的剧变。培育环境安静，水质清新，微流水，最好是持续供应经过滤的海水，pH 值 7.8～8.4，溶解氧量 5mg/L 以上。前期培育鱼苗，小水体放苗 2 万～10 万尾/m³，大水体 1 万～3 万尾/m³，后期培育密度应适当减小。鱼苗全长 10mm 时培育密度不大于 1 万尾/m³，超过 10mm 后为 500～1000 尾/m³。

二、饵料投喂

仔鱼孵出后第 4 天起开口摄食，但卵黄囊尚未消失，处于内源性营养与外源性营养并存的混合型营养阶段。卵黄囊消失后就出现仔鱼危险期。如不能及时提供足量的适口饵料，仔鱼就会大量死亡。

青石斑鱼卵黄囊期仔鱼到幼鱼的发育过程有 3 个饵料转换期：卵黄囊期仔鱼到晚期仔鱼，由内源性营养到外源性营养的转换期；晚期仔鱼到稚鱼期，由食小型浮游动物到食大型浮游动物的转换期；稚鱼后期和幼鱼期，是以底栖饵料为食的转换期。与其相对应的饵料系列是：牡蛎受精卵和幼体－轮虫－卤虫幼体－桡足类、卤虫成体－糠虾和鱼、虾、贝肉糜。

由于牡蛎受精卵及担轮幼体大批量供应有困难而限制了石斑鱼苗培育的规模，现已用 S 型和 SS 型超小型轮虫取代，作为石斑鱼苗的初期饵料。可在仔鱼开口前数小时，投放 S 型轮虫 10 个/L。赤点石斑鱼孵出后第 4～8 天的仔鱼，对轮虫的摄食量在日出后随光照强度的增强而增大。但摄食高峰出现在 13：00～15：00 时，光照强度为 1200～2100 lx，这个阶段的日平均饱食量为 19.6～44.2 个轮虫，日平均摄食量为 109.6～247.8 个轮虫。饲育 100 万尾仔鱼，从开口到 8 日龄，每天至少要供应 1×10^8～25×10^8 个轮虫。在上述投喂浮游动物期间，应采用"绿水"技术，在水体中加单胞藻，密度维持在 10×10^4～25×10^4 个细胞/ml，以强化培育、改善水质和水体生态环境。

三、日常管理

前期培育的前 7～10 天最好采用静水微充气培育。加"绿水"时，添加量不宜过大，否则会因藻类繁殖过剩而导致仔鱼发生气泡病。

静水培育期间，每天都应定时换水，换水量为苗种培育器容量的 1/4 并逐步增至 1/2。平时注意清底，每天定时进行。

全长 7mm 以上的仔鱼会发生互相残食现象，从而大大降低苗种培育成活率。为了避免互相残食现象的发生，应采取一系列培育措施：一是按仔鱼大小进行分池培育，每隔 5～7 天分选一次；二是提高投饵的频度，每天投饵 4～5 次；三是合理培育密度，全长约 10mm 时仔鱼培育密度小于 10000 尾/m³，仔鱼全长超过 10mm 时培育密度为 500～1000 尾/m³；四是在水体中设置掩蔽物，如底部投放塑料管等可减少互相残食。此外，在石斑鱼苗种培育管理中还应根据它们的早期生活史、分布水层、生长和食性等特点合理安排，妥善处理。幼鱼期转为底栖生活，有时会出现群体过度集中的现象，应保持流水培育，调节水温，可以防止上述现象的发生。

第五节　青石斑鱼的养成模式与技术

养成的技术目标：网箱养殖时，放养密度为 60 尾/m³ 左右，产量应达到 60kg/m³，成活率达到 95% 以上。

青石斑鱼在水温 22～30℃时，行动活跃，摄食量大，生长速度快；当水温下降到 19～22℃时摄食开始减少；水温低于 19℃时，摄食明显减少，生长速度减慢，活动情况随着水温的下降而呈减弱趋势；在室内养殖越冬时，水温低于 10℃以下不再捕食死饵，但仍能选食活的甲壳类；当水温低于 7.5℃以下时，摄食停止，处于静止不动状态；水温下降到 5.5℃时，开始出现死亡。最适盐度在 20～32，但对盐度的适应范围较广，在 11～41 都能正常生存。青石斑鱼生长期在不同地区略有差别，在浙江、福建沿海是 5～11 月，广东、广西、台湾省沿海是 4～11 月，海南省是 3～12 月。从体长 10cm 左右生长到体重 500～750g 的商品鱼需要 16～24 个月。石斑鱼的养殖周期可采用两种方式：一种是从第 1 年 3～5 月份投放体长 10cm 的鱼种，入冬后，体重可达 150～200g，然后在网箱内越冬，一直到第 2 年入冬前即可上市。另一种是 3～5 月份投放体重 200g 的大规格鱼种，到入冬前可养到 500～700g 时上市，或者养到第 2 年入冬前体重达 1500g 左右时上市。点带石斑鱼和青石斑鱼的生长速度要快于鲑点石斑鱼和赤点石斑鱼，所以点带石斑鱼和青石斑鱼的上市规格要大些。

石斑鱼成鱼养殖的方式主要有两种，池塘养殖和网箱养殖，但以网箱养殖较为普遍。本章以网箱养殖介绍成鱼养殖技术，池塘养殖和室内水泥池养殖可参考网箱养殖。

一、鱼苗的选择

选择鱼体健壮、活力强、肤色光泽好、无病、无鳞片损伤的个体进行养殖。

二、养殖场址的选择

养殖场址的环境应具备如下条件：交通条件好、饲料供应方便、保证活鱼运输。海区避风条件好，波浪不大；礁石质底、砾质或沙质底，低潮时水深不低于 4m；潮流畅通且流速适中，网箱内流速保持在 0.20～0.75m/s 较适宜；水质清新，石斑鱼为广盐性的鱼类，盐度在 11～41 都能生存，最适盐度 25～32，溶解氧量在 5mg/L 以上，pH 值中性偏碱（7～9）；冬季要保证水温不低于 15℃，并且 22～28℃水温 200 天以上；不受废水、城镇污水的污染，暴雨季节无大量淡水流入，盐度保持在 16 以上，透明度在 1.5m 以上为宜。

三、放养规格与密度

放养密度取决于养殖海区的流速，流速通畅的海区可大些，反之要少些。一般一只 3m×3m×3m 的网箱，放养鱼种规格为 150g/尾左右的，每箱 1000 尾左右；规格为 50g/尾左右的，每箱可投放约 2500 尾。实践表明成鱼放养密度为 60 尾/m³ 的是比较适宜的。

四、饵料投喂

石斑鱼属肉食性鱼类，投喂用的主要饲料是鲜杂鱼。一般根据石斑鱼的大小，将小杂鱼切成适宜的大小后投喂。因饲料鱼的种类不同，投喂系数波动在 5～12。石斑鱼对饲料适口性要求较高，喜食软颗粒、色浅且明亮的饲料，颗粒过硬则有吐食现象，其对软颗粒饲料的适应性明显优于硬颗粒饲料。从投喂小杂鱼到改喂人工配合饲料有一个较长的适应过程，投喂配合饲料前要进行摄食驯化。

投饲技术对石斑鱼养殖的效果影响较大。在水温 25℃的环境条件下，石斑鱼的消化速度约为 20h 左右。一般在南海海域 5～10 月每天投喂一次，一般在上午 9～11 时进行。3～4 月、11～12 月每两天投喂一次，冬季海水温度降至 20℃以下时，3～4 天投喂一次。网箱养殖需要经常调整日投饵率。每次的投喂量约占体重的 3%～5%，水温适宜时投饲量大些，水温较低或过高时投饲量减小。石斑鱼不吃沉底的食物，所以每次投喂时，应先投入少许，分批缓缓遍撒，等抢食完前批饲料后再撒下一批，直至喂饱不抢食为止，决不可将饲料一次倾倒入网箱，以免造成饲料浪费和污染环境。饵料的大小要小于鱼的口径，保证石斑鱼及时吃到饵料。投饲遵循"四定"原则。池塘养殖中还应注意搭设饲料台，进行定点投饲，以提高饲料的利用率，便于清理残料，保持水质的良好。

五、日常管理

养殖过程中除投饵外，要经常观察检查鱼的生长、摄食、活动和体色等情况，还要经常检查网箱是否有破损，附着生物的多少，定期清除网箱上附着的污损生物，以保持网箱内外水流畅通，可以采用高压水泵冲洗的机械清理方式，也可用化学方法处理，如用硫酸铜溶液（硫酸铜 3~4kg，甲酸 10~15L，水 400L）浸泡 2~3 天。鱼种放养时要根据鱼体的大小分档次进行饲养，保持同一网箱内石斑鱼鱼体规格的一致。混养少量杂食性鱼类，如一些鲷科鱼类，因鲷科鱼类抢食性强，可激发石斑鱼食欲，而且杂食性鱼类可清除底部残食和网箱上污损生物。定期监测水质，按国家颁布的第一类海水水质标准来监测养殖用水，保护养殖环境，保证石斑鱼健康生长。加固铁锚和缆绳，特别是防范台风的到来，更应加强防御和抗风浪措施，保证生产安全。

【思考题】

1. 如何进行石斑鱼亲鱼选择与培育？
2. 如何开展石斑鱼的人工催产与人工孵化？
3. 石斑鱼网箱养殖的技术要点有哪些？

第二十八章 大黄鱼养殖

【技能要求】

1. 能鉴别大黄鱼与小黄鱼。
2. 能熟练进行亲鱼的选择。
3. 能熟练进行大黄鱼的人工授精操作。
4. 能熟练进行大黄鱼训食操作。
5. 能熟练进行换洗网箱操作。

第一节 养殖现状与前景

大黄鱼是我国特有的地方性种类，是主要的海洋经济鱼类之一。20 世纪 70 年代以后，由于过度的捕捞，大黄鱼资源严重衰退，生物学群体结构日趋低龄化、小型化，许多渔场已无法形成渔业，到了 90 年代，大黄鱼自然资源已近枯竭。

大黄鱼营养丰富，肉质细微鲜美，富含蛋白质以及钙、磷、铁和维生素等，而且富含谷氨酸、天冬氨酸及甘氨酸等具有鲜味的氨基酸，深受人们的喜爱。鱼鳔可制成名贵食品"鱼肚"，经济价值高。大黄鱼全身都是宝，进行综合利用，可大大提高大黄鱼的身价。

为了保护大黄鱼资源，发展大黄鱼的养殖业，同时满足市场的迫切需求，从 1985 年始，福建省的有关水产科技人员就对大黄鱼的人工繁殖及育苗技术进行了研究。他们通过捕获自然海区已达性成熟的大黄鱼亲鱼进行人工采卵、催产、人工授精、孵化，成功培育出人工大黄鱼苗 7343 尾，当年人工育苗初试成功。将所获得的鱼苗经过 3 年的人工养殖，在海区网箱中培育出性成熟的亲鱼，1987 年利用人工培育的亲鱼进行人工繁殖及育苗，首次获得成功。1990 年解决了人工培育亲鱼与人工催产技术，突破百万尾全人工批量育苗大关，解决了大黄鱼的苗种来源。

1990～1994 年，科技人员在大黄鱼网箱养殖、池塘养殖及配合饲料等方面做了大量的试验，取得初步成果；1994～1995 年，福建省组织科技力量进行"福建沿海大黄鱼养殖技术开发与研究"，经过两年的探索，大黄鱼的人工养殖取得了突破性的发展，向产业行为过渡。1996 年开始，大黄鱼的人工育苗与人工养殖已进入产业化开发的初级阶段。1997 年人工育苗场发展到 64 家，育苗 1 亿多尾，全省养殖大黄鱼网箱达 30000 个，养殖池塘 50 多公顷。2001～2004 年处在平稳期，商品鱼价格下滑。2002 年大黄鱼被农业部列为全国六大优势出口水产品之一。

目前我国大黄鱼养殖方式主要有海上网箱养殖、土池养殖、陆上工厂化养殖。网箱养殖从传统的小网箱养殖发展到深水抗风浪大网箱养殖。大黄鱼人工养殖已经形成了一个新兴的产业，从福建闽东、闽南开始，逐渐向浙江、广东发展，现已波及我国沿海大部分省份。

第二节 认识大黄鱼

大黄鱼 [*Pseudosciaena crocea* (Richardson)] 属硬骨鱼纲，辐鳍亚纲，鲈形目，石首鱼科，黄鱼属。野生大黄鱼属于亚热带、暖温性中下层集群洄游鱼类，主要分布在我国近海，北起黄海南部，经东海、台湾海峡，南到雷州半岛以东均有分布。由北向南分别称为岱衢族大黄鱼、闽粤东族大黄鱼和硇洲族大黄鱼。主要渔场有江苏的吕泗、浙江的舟山和温州、福建的三都澳、广东的汕头和硇洲岛等。

大黄鱼体呈长椭圆形、侧扁，尾柄细长，其长为高的 3 倍多。背面和背侧面为黄褐色，腹侧和腹面为金黄色，胸鳍和腹鳍为黄色，唇为橘红色。

大黄鱼为暖温性近海集群洄游鱼类，主要栖息于 80m 以内的沿岸和近海水域的中下层。产卵鱼群怕强光，喜逆流，好透明度较小的混浊水域。黎明、黄昏或大潮时多上浮，白昼或小潮时下沉。成鱼主要摄食各种小型鱼类及甲壳动物（虾、蟹、虾蛄类）。生殖盛期摄食强度显著降低；生殖结束后摄食强度增加。幼鱼主食桡足类、糠虾、磷虾等浮游动物。

大黄鱼（图 28-1）与小黄鱼 [*Pseudosciaena polyactis* (Bleeker)]（图 28-2）的主要区别：大黄鱼外形与小黄鱼相似，小黄鱼成鱼个体一般比较小，通常为 15～25cm；大黄鱼成鱼个体一般可以达到 40cm 以上。大黄鱼的鳞较小，背鳍起点与侧线间有 8～9 个鳞片；小黄鱼的鳞较大，在背鳍起点与侧线间有 5～6 个鳞片。大黄鱼的尾柄较长，其长度为高度的 3 倍多，而小黄鱼仅 2 倍左右。

图 28-1 大黄鱼　　　　　　　　　　　图 28-2 小黄鱼

第三节　大黄鱼的人工繁殖技术

> **人工繁殖的技术目标：** 受精率达到 90％以上；人工孵化率达到 80％以上。

一、亲鱼培育

1. 亲鱼来源与选择标准

大黄鱼亲鱼一般有两种方式获得：一是从自然海区捕获性成熟亲鱼；二是挑选人工培育达到性成熟的亲鱼。

亲鱼选择标准：选择的野生亲鱼应在 2 冬龄以上、体型匀称、颜色鲜艳、鳞片完整、活动好，体质健壮无损伤、性成熟好没有产过卵的。若从养殖鱼中选择，宜选用雌鱼体重在 800g 以上，雄鱼体重在 400g 以上的 2 龄亲鱼，或雌鱼体重在 1200g 以上，雄鱼体重在 600g 以上的 3 龄亲鱼。选择的亲鱼雌雄比以 2∶1 为宜。

特别提示：在选择野生大黄鱼亲鱼时要注意因水体压强降低引起亲鱼鳔的膨胀破裂，将胃囊压出口外而引起死亡，针对这种情况，一般是用注射针头刺入鳔内，使鳔内气体安全排出体外；在选用人工培育的亲鱼时，严禁近亲繁殖的后代留作亲鱼；6 龄以上亲鱼不宜使用；经挑选的亲鱼，如不马上催产，则需要进行暂养，暂养密度一般为 5～10 尾/m³。暂养期间，要充分注意水质的变化，尽量加大换水量，同时还可兼投少量新鲜饵料。

2. 亲鱼培育

一般有网箱培育和室内水泥池培育两种方式。

（1）网箱培育　网箱规格：(3～6)m×(3～6)m×(3～6)m，网目长 15～30mm。投放

密度：4～6尾/m³。

饲养管理：3～4月份进行强化培育，投喂新鲜的小杂鱼、牡蛎、沙蚕等高营养的优质鲜活饵料，并交叉投喂添加渔用多维、鱼肝油的配合饲料，也可用冰鲜鲐、鲹及贝肉或配合饲料。为减轻水质的污染，冰冻鱼解冻后，要洗净、沥干水分后投喂。水温14℃以下，每1～2天投饵1次，鲜活鱼日投饵量在亲鱼体重的1%以下。水温14℃以上，每天投饵1次，每天的投喂量为亲鱼体重的2%～4%。

特别提示：网箱培育亲鱼宜在水流较缓的海区进行；培育期间，尽量少洗、换网箱，也不要经常提箱，避免因惊动而影响其性腺发育。

（2）室内水泥池培育

① 培育池　面积40m²左右，方形或圆形，水深在1.5m以上。同时配套增温设备和预热池设施。

② 投放密度　在人工催产前40天左右，海区水温大约10℃时，把亲鱼移入室内水泥池，放养密度为1.5～3kg/m³。

③ 环境条件　水质应符合 NY 5052 的规定；光照度为 500～1000 lx；水温在 15～25℃，以 20～22℃为宜；盐度在 17～32，以 23～30 为宜。

④ 饲料投喂　所用饵料同网箱培育。从亲鱼入池的第2天开始，不管亲鱼是否主动摄食都要投喂，但数量尽量少些，待亲鱼能主动摄食时再逐渐增加。每天上、下午各投饵1次，日投饵量可掌握在亲鱼体重的3%～5%。

⑤ 日常管理　每天投饵10h后必须及时进行吸污清底，并根据水质状况，每天换水2次（凌晨和傍晚投饵前），换水量50%～100%，以保证水质清新。同时要经常观察亲鱼的摄食与活动情况，防止病害发生。特别要注意观察性腺的发育程度，定期检查。

特别提示：大黄鱼具有易受惊吓、体表鳞片较松等特点，稍有响声、震动或光照突变的应激反应，引起狂游或乱撞，甚至碰到池壁上或跳出池外，造成损伤。因此，在进行上述操作时，动作要轻缓，应尽量保持安静。

二、人工催产

1. 催产亲鱼的选择

（1）雌鱼　体形较宽，吻部圆钝，腹部膨大，生殖孔微红，催产用的亲鱼应卵巢轮廓明显，腹部朝上时，腹中线凹陷，用手轻摸，有柔软和弹性感，用挖卵器或吸管插入泄殖孔，吸出的卵粒，呈橘黄色，大小均匀，容易分离。其卵径在 1.19～1.38mm；反之，如果腹部过于膨大，而且无弹性，用吸管吸出的卵粒扁塌，或者把卵粒放在水中，犹如油粒，则说明卵子已经过熟，不能用于催产。

（2）雄鱼　体形瘦长，吻部相对较尖锐，轻压腹部，有乳白色浓稠的精液流出，呈粗线状，在水中能很快散开。

二龄鱼，雌鱼应达 800g，雄鱼应达 400g；三龄鱼，雌鱼应达 1200g，雄鱼在 600g 以上，六龄以上的亲鱼不再使用。雌雄比例应控制在 2:1，总数要达到 50 尾以上。

2. 催产药物与剂量

用于大黄鱼亲鱼的催产剂种类主要有：促黄体素释放激素及其类似物（LRH、LRH-A、LRH-A₃、LRH-A₂）、绒毛膜促性腺激素（HCG）、马来酸地欧酮（DOM）、鲤鱼脑垂体（PG）等。催产剂可单一使用，也可混合使用，混合使用效果较佳。

3. 催产方法

在进行大黄鱼亲鱼催产时，为简化操作过程，避免亲鱼损伤，人工催产应与亲鱼选择同时进行。其程序如下。

① 以肉眼挑选的亲鱼放入浓度为 30mg/L 的丁香酚溶液中，待亲鱼麻醉侧卧时，轻摸腹部，断定雌雄及成熟情况。此外也可直接注射规定量的专用麻醉剂，如日本产的 MS-222 等。

② 经检查适用的亲鱼放在铺有毛巾的大塑料盆中，按要求注射催产剂。注射器一般采用 16～20 号针头，从胸鳍基部或背鳍基部注射激素。激素种类及剂量视水温与亲鱼性腺成熟度而定，雄鱼的剂量为雌鱼的一半。

③ 将注射后的亲鱼，雌雄鱼以 1 :（1～2）配对放入产卵池中。产卵池的环境条件，应尽量与亲鱼培育时相一致。同时要停止投饵，加大充气量及换水量，条件许可时可在产卵前进行流水刺激，保证水质的清新。注射后第 2 天傍晚开始发情追逐，并发出"咯、咯、咯"的连续叫声，即为产卵的前兆。发情持续 2～3h 进入高潮，至午夜后，则进入产卵阶段，产卵时雌鱼产出雾状淡黄细粒的卵子，雄鱼体侧卧，排出精液。

4. 催产的效应时间

一般情况下，水温为 20℃ 时效应时间为 36～40h，水温为 22～24℃ 时效应时间为 30～34h。在催产季节的后期，亲鱼成熟度好，效应时间为 16～18h。

三、人工授精

人工授精的具体操作方法是：将成熟好的雌鱼（轻压腹部，即有橘黄色、晶莹透明的卵流出）提出水面，用毛巾擦去身体表面水分及黏液，由前向后轻挤腹部，将卵挤入干燥的容器中；同时用同样的方法把雄鱼的精液挤入另一干净容器中，加入适量的生理盐水或直接用孵化鱼卵的自然海水，将精子激活后倒入盛卵的容器中，与刚挤出的卵子混合，轻轻搅拌 1～2min，用海水反复冲洗，最后移入孵化容器中孵化。

大黄鱼产浮性卵，在水泥池内产的受精卵可以采用流水的方法收集。即不断地向池中注入新水，使浮在水面上的受精卵从溢水口一端流入集卵网箱中收集起来。进入网箱的水流不宜过急，否则易造成卵膜破裂。另外，也可用捞网收集，用手捞网在池水的上层 20～30cm 处，缓慢地移动，每间隔 3～5min 收集 1 次，该法节约用水，但采卵不彻底，费时费工。在网箱内产的受精卵可采用捞网收集的方法。

将收集到的受精卵，去除亲鱼的粪便和杂物，在容器中静置数分钟，虹吸出容器底部的沉卵及污物，收集浮卵，经冲洗干净后，放入孵化容器中进行孵化。

四、人工孵化

1. 孵化环境条件

进行人工孵化的水温，应控制在 18～24℃，要求盐度在 20～32，pH 值 7.8～8.2，溶解氧 5mg/L 以上，光照应暗一些，控制在 500 lx 左右。

2. 孵化方法

大黄鱼受精卵的人工孵化，一是将受精卵直接放入育苗池中孵化，密度控制在 3 万～5 万粒/m³ 的，连续微充气，定时换水；二是将受精卵放入孵化箱中孵化，放卵密度为 50 万粒/m³，微流水充气孵化，调节气量，保证卵在水中悬浮滚动，孵出仔鱼后再移入水泥池中培育。

第四节　大黄鱼的苗种培育技术

苗种培育的技术目标： 鱼种培育成活率达到 80% 以上。

一、室内水泥池培育

1. 环境条件

苗种培育所需的环境条件见表28-1。

表 28-1　苗种培育所需的环境条件

pH 值	氨态氮	水 温	水 质	盐 度	光 照	溶解氧量
7.8～8.5	0.3mg/L	18～26℃	符合 NY 5052 的规定	23～30	500～1500 lx	5mg/L

特别提示：①避免光照度剧变和阳光直射，可根据天气变化以遮阳帘进行调节；②海水必须经沉淀、砂滤，并用250目网袋过滤入池；③温度、盐度避免剧变，保持恒定；④要准备充足的开口饵料，仔鱼孵化后3天，可往培育池中添加小球藻，添加密度为20万～50万细胞/ml。

2. 培育池的准备

水泥池的面积一般为10～60m² 较为适宜。仔鱼阶段选用20m² 左右的水体，要求池子深度不超过1.5m；稚鱼培育池的面积宜在20～50m²，水深1.5m；随着幼鱼的长成，面积与深度都可适当增大。

池底每平方米布置气石1.5～2个，仔、稚鱼期使用120～150号、幼鱼期可用80～100号的气石。尽可能使气泡均匀，无死角。连续充气培育，充气量以水面呈微波状为宜。

3. 培育密度

仔鱼期2万～5万尾/m³；稚鱼期0.8万～1.5万尾/m³；幼鱼期0.3万～0.6万尾/m³。

4. 日常管理

（1）水质调控　小水体高密度培育，一般采用换水与排污相结合，初期不排污时，采用静水培育，每天换水量20%～30%；后期采用微流水，每天换水排污1次，到稚鱼期换水量增加为50%～60%，幼鱼期换水量为100%。

大水体低密度培育，也是采用换水与排污相结合，初期可不换水，7～10天后，开始排污换水，每天换水1次，仔鱼期换水量占总水量的40%；进入稚鱼期后，可酌情进行流水培育，换水量达到50%～60%，每天换水2次以上；幼鱼期换水量占总水量的100%，每天换水2～3次。

（2）添加小球藻液　每天定时添加小球藻液，使池水保持在10万～30万个细胞/ml的浓度，呈微绿色，以增加池水中的溶解氧量，降低氨态氮总值，并作为残留轮虫的饵料，增加轮虫的营养价值。

（3）池底排污　5～10日龄后，每天用虹吸管吸去池底残饵、粪便、死苗及其他杂质。排污管出口处放置网袋，收集被吸出的仔、稚鱼和死鱼，检查排污的内含物。

（4）常规监测　早、中、晚定时对池内水温、盐度、pH、溶解氧量、氨态氮、光照强度等，进行检查记录，检查池中活饵料、水温变化情况，镜检仔、稚鱼摄食及胃肠饱满度。对仔、稚、幼鱼的生态习性进行观察、记录。统计死鱼数，并找出死亡的原因，及时采取对应措施。

5. 饵料系列

根据大黄鱼仔、稚、幼鱼的不同发育阶段，对营养和饵料适口性的不同要求，采用不同的饵料种类，形成人工培育仔、稚、幼鱼的饵料系列。

目前较为成熟的大黄鱼种苗生产饵料系列有：轮虫—卤虫无节幼体—桡足类及其幼体—鱼、虾、贝肉糜；轮虫—桡足类及其幼体—鱼、虾、贝肉糜；轮虫—卤虫无节幼体—配合饲料或鱼、虾、贝肉糜。可见，无论哪一种模式，其开口饵料都需要轮虫，最后皆转换成配合饲料或鱼、虾、贝肉糜，完成大黄鱼的苗种培育。

二、池塘培育

1. 池塘设置

池塘应选择进排水方便、防涝、底质好、不漏水、常年无工业污水或生活污水排入，且交通、电源方便的地方。土池面积 0.2hm² 左右，平均水深 1.5m 左右，池底为泥沙质，平坦，无淤泥，并稍向排水口倾斜，便于排水；进、排水系统分设。

2. 培育密度

在放养前，先用网箱将少量仔鱼饲养于池内 2～3 天进行试水，若无异常现象发生，便可进行放养。一般放养开口 3 天的仔鱼 300～500 尾/m²，随仔鱼日龄的增加，放养密度随之减少。仔、稚鱼放养时间依池水中饵料生物的种类、数量、适口性是否与所放入的仔、稚鱼所要摄食的饵料相吻合，这是土池培育大黄鱼苗成功与否的关键技术之一。

3. 培育与管理

(1) 仔鱼 仔鱼放入土池后的 1～3 天，池内的轮虫非常丰富，不用投喂饲料。从第 4 天起，视池中天然饵料的情况，可投喂鱼浆或煮熟的豆浆，投入的鱼浆或豆浆主要用于肥水。10～15 天后，可投喂鱼浆颗粒。在此期间要注意仔鱼活动情况、水质的变化，随时调整投饵量和换水量。还要做好病害的防治工作。

(2) 稚鱼 进入稚鱼发育阶段，在天然饵料不足的情况下，主要以投喂鱼浆为主，每公顷 120kg/天，分 4 次投喂。全池均匀泼洒。随个体长大，鱼肉糜的投喂量可增加到每公顷 150kg/天。鱼肉糜要求适口，根据稚鱼摄食情况，要酌情增减。

培育期间的主要饲养管理工作是早、中、晚各巡塘一次，观察仔鱼的活动及生长情况，测量水温、盐度、透明度、pH、溶解氧、氨态氮等因素，并做好记录，发现问题及时采取措施。同时要注意鱼苗的密度，适当进行稀疏。

(3) 幼鱼 随着幼鱼个体的长大，水体中幼鱼的密度越来越大，重点应做好池水的管理工作。为此，可加大池水的换水量，每天换水量应达到 1/2 以上。

大黄鱼的幼鱼，摄食能力明显强于稚鱼。幼鱼饲料主要种类有鲜杂鱼、人工配合饲料等。每公顷每天投喂鲜杂鱼 200kg 左右。或软性配合饲料 30～40kg。采用早、中、晚三次主餐用鲜杂鱼肉糜。上午 8 时、10 时和下午 2 时、4 时，用软性饲料混合投喂的方式，效果更佳。

三、网箱培育

一般情况下，仔、稚鱼经 35 天左右的室内或池塘培育，全长达 2.5～3.0cm 的幼鱼期时，即可移入海区进行网箱中间培育。

1. 海区选择

海区应选在港湾内，周围有山或大礁阻挡，以防风浪袭击。潮流要畅通，又不太急。水流速度在 1m/s 以内。尽量避免设在有回旋流的海区。网箱内的流速在 0.2m/s 以内，水深5m 以上。保证在最低潮时，箱底距离海底 1.5m 以上。溶解氧量 5ml/L 以上。海区表层水温在 8～29℃。盐度 13～32，透明度 1m 左右。在面积较大、换水条件好的深水池塘或半堤式池塘中架设网箱，也可收到良好效果。

2. 网箱

目前采用培育大黄鱼鱼种的网箱均为浮动式网箱，即把网箱悬挂在 9 或 12 个 3.5m×3.5m（或 3.3m×3.3m）框位的木质框架上。网目大小视放养鱼种规格而定，放养全长

15～30mm 的鱼苗，网箱一般使用 40～12 目尼龙筛网；40～50mm 鱼苗，一般使用网目 5～8mm 的无结节网片；50mm 以上的鱼苗，使用网目 10mm 的无结节网片。网箱规格通常为 3.2m×3.2m×2.0m（或 3m×3m×2m），无结节网箱通常为 3.2m×3.2m×(2.5～3.0)m 或 3.0m×3.0m×(2.5～3.0)m。

3. 鱼苗的放养

放养幼鱼尽量在小潮汛期间及平潮流时进行，低温季节选择晴天、无风的中午前后投放，高温季节则应选择早晚天气凉爽的时刻或阴天时进行。放养时要注意运输水温、盐度与放养海区的水温和盐度的差异，一般日温差不超过 1～2℃，盐度差不能超过 0.5～1。同一网箱内放养的鱼苗规格要整齐，大小一致。放养密度因鱼苗规格大小而异（表 28-2）。

表 28-2　鱼苗不同规格的放养密度

鱼苗规格/mm	网　　　目	密度/(尾/m³)
20	40 目尼龙筛绢	1800 左右
25	网目 0.3cm 的无结节网片	1500 左右
30	网目 0.3～0.4cm 的无结节网片	1000～1200
40～50	网目 0.4～0.5cm 的无结节网片	800～1000
50	网目 0.5～0.8cm 的无结节网片	600～800

4. 日常管理

（1）饲料及投喂　大黄鱼的鱼苗刚入箱时，可投喂适口的鱼贝肉糜、配合饲料、糠虾、大型冷冻桡足类等。养至 25g 以上的鱼种，可直接投喂经切碎的鱼肉块或颗粒配合饲料。

大黄鱼摄食具有速度较慢且量少等特点，一般原则是少量多次，缓慢投喂。全长 30mm 的鱼苗刚入箱时，每天可以投饵 8～10 次，以后可逐渐减少投饵次数。至越冬前的 12 月底，投饵次数可减少至每天 2 次，阴天每天一次。鱼苗在早晨及傍晚摄食较好，可在这段时间内多投，投喂的时间也可缩短；相反，中午阳光较强时，鱼苗一般下沉，不上浮抢食，此时投饵可少些，投喂时间适当延长。

为驯化鱼苗集中上浮抢食，在每次投饵前，可通过声响训练，使其产生条件反射。投饵时，先在鱼群处快投，待大批鱼苗下沉时，再在四周继续少量投喂，让体弱及小个体吃食。有时因气候因素，鱼苗仅在水的中下层活动，遇到这种情况，应根据往日的投饵量坚持照常投喂。由于鱼种阶段的鱼，在摄食时会发生"咯咯"的声音，因此，也可以根据声响来掌握投喂时间。当网箱内的水流速较急时，暂时不宜投饵，否则饵料会随水流流失，造成很大浪费。

投饵率因鱼的生长阶段及季节不同而异，全长 30mm 左右的鱼苗阶段，在水温 20℃ 以上时，日投饵率可达 100%；随着鱼苗的生长，日投饵率逐渐降低到 12%～15%。

（2）换洗网箱　在鱼苗阶段，由于网箱下水时间长，必有许多附着物，堵塞网目，影响水流的畅通，妨碍了网箱内外的水体交换，时间一长会造成缺氧。因此，应经常洗网，以确保网箱内外的水交换。通常在夏季高温季节，40 目的网箱 3～5 天；20 目的网箱 5～7 天；网目 0.3～0.4cm 的网箱 8～10 天就需换洗一次；网目 0.5～0.8cm 的无结节网箱，一般 15 天左右清洗一次；网目 1cm 以上的网箱视水温在 15～30 天进行换洗。

（3）其他管理　每天定时观测水温、盐度、透明度、溶解氧、水流等环境理化因子，以及鱼苗集群、摄食、病害与死亡情况，发现问题及时采取措施，并做好详细记录。

四、苗种运输

大黄鱼在运输中应激反应大，黏液分泌多，易掉鳞片，易碰伤造成死亡。因此，要求运输工作更加细致，操作更要小心谨慎。

目前运输大黄鱼苗的方法有三种：一是放在活水舱中运输，鱼苗规格要求在 30mm 以上；二是用塑料袋充氧运输，要求鱼苗规格在 2.5mm 以下，且要保持低温状态；三是使用封闭的水箱、水桶或普通船舱进行连续充气运输。三种方法都要求鱼苗活力强、无外伤、无病态或畸形，并经密集锻炼，去除过多黏液。前两者可用于长途运输。运输前须停止投喂，不然将造成运输过程中鱼苗的严重死亡。利用活水舱进行 24h 以上长途运输的，中途要适当投喂，以防鱼苗自相残杀或活力下降。

五、鱼种越冬

鱼种越冬的技术目标：越冬成活率应达 90% 以上。

由于南北气候差异较大，大黄鱼在南北地区的越冬管理技术也不完全相同。不论是在何地越冬，保证大黄鱼生活所需的最低水温都是其主要目的。因此越冬的方式有虾池大棚、室内育苗池和海区自然越冬三种，在此分别加以介绍。

1. 海区自然越冬

这种方式非常适宜于福建省的东、南部以南海域，由于冬季时间短，最低水温都在 9℃以上，因此越冬较为简单。

越冬前对所有网箱中的鱼种进行全面清点和选别，并按不同规格与相应的密度，进行拼箱或分箱，一般按 5~10kg/m³ 的密度布箱。为了增强鱼种的体质，保证顺利越冬，要提前 1 个月左右进行强化饲养，投喂优质且富含脂肪的饵料。要认真检查网箱设施的安全性，发现移位、破损等问题应及时修补。同时，根据拼箱、分箱过程中所发现的鱼病情况，在越冬前做好治疗工作。

随着水温的下降，大黄鱼的食量逐渐减少。当下降至 14℃ 时，仍可少量进食。因此，为保证其体质，要坚持每天投饵一次，即使阴雨天也要隔天投饵一次。投饵工作在每天下午进行，投喂量为鱼体重的 1% 左右。越冬期间，应每日定时观测水温，观察鱼的活动情况，检查网箱设施，发现问题及时解决。若无特殊情况，一般应避免网箱操作。

在越冬后期，仍不能放松管理。随着水温回升，鱼种的摄食强度会明显加大。但投饵时应注意不能一次性增量太大，应逐步增加，使其胃肠功能日渐恢复和加强，以防引起疾病。

2. 池塘大棚越冬

福建以北及浙江沿海地区可以利用池塘大棚越冬的方式。利用冬季闲置的大小适中的海水养虾池等，在池上搭设塑料大棚。池内局部挖深至水深 3m 左右，在该位置设网箱，网箱内放养越冬鱼种。池塘灌水之前，最好先用生石灰进行清塘消毒。当海区水温下降到 14℃左右（约 11 月中下旬）时开始入池，每天可适量换水，以保证水质清新。当海区水温与池内水温差异较大时（约 4℃ 左右），应停止换水，改用增氧机增氧，每天开机 2h 左右。后期，随水温升高开始换水。整个越冬期的换水，要视外部的水温情况而定，保证越冬池内的水温不低于 8~9℃。

3. 室内越冬

当外界水温下降到 14℃ 左右时，即可将鱼种移入室内。水池应在使用前用高锰酸钾进行消毒，待药效消失后再放养。在越冬期间，要使水温稳定在 10℃ 以上，每天投饵一次，投饵量控制在鱼体质量的 0.5%~1%，并注意换水、吸污，保持水体清洁及充足的溶解氧。

第五节　大黄鱼的养成模式与技术

成鱼养殖的技术目标：培育成活率达到 90％以上。

大黄鱼的成鱼养殖方式主要为网箱养殖和池塘养殖两种。目前还出现了大面积拦网和围塘生态养殖。

一、网箱养殖

网箱养殖水域的环境条件和网箱的设置同网箱培育苗种，这里不再重述。

1. 鱼种放养规格及密度

（1）鱼种的选择　用于养成的鱼种一般以 50g 左右的较好，最小不能低于 25g。应选择体形匀称、大小整齐、体质健壮、无病、无伤、鳞片完整、无畸形、摄食旺盛的个体。

（2）鱼种放养　鱼种入箱前要进行消毒，每立方米水体用漂白粉和硫酸铜各 1g 溶解后，浸洗 5min。若条件许可，用淡水对鱼种进行消毒，也是一种较为理想的方法。然后将鱼种捞出，放入网箱。鱼种的放养应选择在小潮汛期间或上午 10 点以前、下午 4 点以后进行，避免中午高温、强光。入箱时，还要注意运输时的水温、盐度与放养海区水温、盐度之间的差异，尽可能不要有大的差异；若相差较大时，应予以调节后方可放养。

放养密度与鱼种的放养规格关系密切。一般规格为 50g 的鱼种，每立方米放养 30 尾左右为宜。可少量混养鲷科鱼类、蓝子鱼等苗种。

2. 饲料与投喂

使用的饲料有配合饲料、鲜活鱼等，饲料应符合 NY 5072 的规定。新鲜的或冷冻的杂鱼，日投喂饲料量占鱼体重的 3％～6％。当水温为 18～28℃时，日投喂 2 次，早、晚各投喂 1 次，晚上投喂饲料量约占日投喂饲料总量的 2/3。但必须要随着水温的变化、鱼的摄食情况，随时调整。

固体配合饲料对养殖水体的污染少，投喂作业简单，容易保管，养殖鱼发病率也低。但大黄鱼对人工配合的硬颗粒饲料要求较为苛刻，直接投喂有吐食现象，时间长了可造成厌食。所以，从目前的情况看，还不能完全替代杂鱼。因此，最好的方法是二者结合，制成软性配合饲料投喂。加工方法是将杂鱼加工成肉糜，加入固体粉状配合饲料，搅拌均匀后，用软性饲料机加工成适合鱼口径大小的颗粒状，然后投喂。加工好的饲料，不能隔天投喂，高温时不能超过 12h，或置于 0℃ 以下保存。这种饲料其特点是柔软适中，符合大黄鱼的摄食要求；能够保证饲料的鲜度，还可定期或不定期加入鱼油、维生素等营养物质，保证摄食营养全面；定期加入抗生素等药物，增强体质，减少病害的感染。

关于投喂量的确定，一般要依水温的高低、鱼的规格大小、摄食情况以及天气等情况确定。正常情况下，可每天投喂 2 次，日投喂量占鱼总质量的 1％～3％。若直接使用硬颗粒饲料，应在投喂前用淡水将其泡软再投喂。

特别提示：大黄鱼刚入箱时，要用适当的声响，如鼓动船舷、划动水面等方法，使鱼群形成条件反射，上浮摄食；投喂时要掌握"四看"（季节、天气、水色、摄食情况）和"五定"（定人、定位、定质、定量、定时）的原则。采用"慢、快、慢"的投喂方法，确保鱼既能吃饱，又不浪费饵料。

3. 日常管理

日常管理主要包括几方面：①水质监控，要严加防范如重金属、有毒农药及其他挥发性酚和油类等有毒有害物质的废水排入，赤潮的发生等；②及时分级，稀疏养殖，采取"去大小、留中间"的方法；③及时清除网箱上的附着物及换网，网目 0.5cm 的网箱 7～10 天要更换 1 次，网目 1cm 的网箱 10～15 天更换 1 次，网目 3.5cm 以上的网箱 30～40 天更换 1 次；④安全检查；⑤做好病害预防工作；⑥观察与记录。

4. 深水抗风浪大网箱养殖大黄鱼

深水抗风浪大网箱养殖大黄鱼，由于所处海域水质好，鱼的活动面积大，接近于自然状态，所以具有体型好、品质高的优点，接近于野生的大黄鱼，售价比一般传统网箱养殖大黄鱼的价格高出 2.5～3 倍，深受消费者的欢迎。

二、池塘养成

池塘养殖的大黄鱼由于放养的密度较低，鱼的活动范围大，且有较为丰富的天然饵料，因此，具有生长快、体色好、肉质嫩、饲料系数低等优点。

1. 池塘条件

池塘大小应以 1hm² 左右为宜，平均水深 2m 以上，池底以一定的坡度向排水口方向倾斜，以沙、石质为佳。水质应符合 NY 5052 标准规定的要求，如有淡水供应则更为理想。要求在每个大潮汛间的 15 天里，有 12 天可以换水。否则要配备足够功率的抽水设备，以保证换水、补充水的需要。

池塘在放养前要进行严格的清塘消毒。老塘要彻底去淤清污，并进水对池塘进行浸泡冲刷，连续进行 2 次。在鱼种放养之前的 7～10 天，池塘要先用 30g/m² 的漂白粉消毒，再用 300g/m² 生石灰均匀撒在池底，以改善底质。

2. 鱼种规格与放养密度

（1）鱼种消毒　鱼种在投放之前应进行消毒，一般采用浓度为 20mg/L 的高锰酸钾溶液浸浴，或 50mg/L 的福尔马林浸泡 10～15min。

（2）鱼种规格　投放的鱼种应以大规格鱼种为好。一般 60g/尾的鱼种，当年可长到 400g；100g 左右的鱼种当年能长到 600g 以上。

（3）放养时间　一般池塘水温回升至 14℃ 以上时，即可放养。放养时应选择晴天无风阴凉的早、晚，先用渔网把鱼种围在一个比较小的范围内进行驯化，以适应饲料，并养成定时、定点、定量摄食的习惯。

（4）放养密度　大黄鱼池塘养殖的密度，与鱼种的规格、池塘的深浅及换水条件等有关。换水条件好，水深 3m 左右的池塘，1hm² 的水面可放养放养 100g/尾左右的鱼种 7500～12000 尾。可适当混养鲷科鱼类、青蟹等苗种。

3. 饲料与投喂

大黄鱼养殖的饲料和投喂量的确定，与网箱养殖基本相似。由于池塘面积大，放养密度低等原因，投饵技术也有别于网箱养殖。在放养初期，一定要养成定时、定点的投喂习惯，然后根据鱼的摄食、生长情况，逐步做到定量投喂。日投饵量根据大黄鱼生长的不同阶段、气候的变化，酌情调整，一般控制在鱼体重的 5%～10%。在日出之前和日落之后分 2 次投喂。根据池塘的大小，均匀设点，其中最好在排水闸门的附近设一主要点，以便把残饵及时排出池外。

4. 日常管理

每天定时观测水温、溶解氧、盐度、pH 值和透明度等理化因子，察看鱼的摄食、活动情况，发现问题，立即采取措施。在夏季高温时，每天换水 2 次，每次换水 1/3～2/3。在下午 6 时至上午 10 时进行换水，最好能采取边排、边进的方式。定期向池中泼洒生石灰，用量为 15～20g/m³。

【思考题】

1. 如何辨别大黄鱼与小黄鱼？
2. 选择大黄鱼亲鱼的标准是什么？
3. 如何开展大黄鱼的人工催产？
4. 大黄鱼苗种培育的方法有哪些？
5. 大黄鱼成鱼养殖的关键环节有哪些？

第二十九章　翘嘴红鲌养殖

【技能要求】

1. 能开展翘嘴红鲌的亲鱼培育工作。
2. 能熟练进行翘嘴红鲌受精卵的人工孵化。
3. 能进行翘嘴红鲌的仔鱼培育。
4. 能够开展翘嘴红鲌的池塘养殖生产。

第一节　养殖现状与前景

翘嘴红鲌为名贵鱼类，在太湖为"三宝"之一，其可食部分占58%。每100g鱼肉中，水分78.8g，蛋白质17.3g，脂肪1.7g，灰分1.2g，碳水化合物1.0g，钙51mg，磷218mg，铁1.0mg，热量376.7kJ，营养成分优于其他一些淡水水产品种和鸭、鹅、猪肉。翘嘴红鲌营养丰富，肉质细嫩鲜美，市场价格较高，在20元/kg以上。

翘嘴红鲌有一定天然产量，如在太湖，3种鲌属鱼类2003年平均产量为160t，占全湖年均总产量的0.69%；而1952～1958年平均年产量则为406t。由此可知，翘嘴红鲌天然资源量有所下降，而且呈现低龄化、小型化。如太湖3龄以上高龄鱼比例明显下降，从1964年的32.4%下降至1981年的17%；而0～2龄低龄鱼比例上升，从1964年的67.6%升至1981年的83%。由于捕捞强度增大等因素，翘嘴红鲌的天然资源日趋减少，远不能满足市场的需求，从20世纪90年代中期起，国内许多学者对该鱼进行了驯化及人工繁殖技术研究，取得了成功之后又进行了大批量的育苗和规模养殖（池塘养殖、网箱养殖）及大水面湖泊放流增殖，取得了明显的社会和经济效益，促进了农村养殖结构的调整和水产养殖品种优化及产业化的发展。如池塘养殖，当年繁育鱼苗培育到100mm左右，放养该规格鱼种当年可生长到0.5kg/尾，每公顷产量可达4500kg。再经1年养殖后上市，可长至1.5kg/尾左右，每公顷产量可达9000kg以上。比养殖其他鱼类品种有较大的优势。

第二节　认识翘嘴红鲌

翘嘴红鲌（*Erythroculter ilishaeformis*）属鲤形目，鲤亚目，鲤科，鲌亚科，红鲌属（红鳍鲌属）。一般体高随身体的增长而相对增大，而头长、眼径则相对减小，体延长而侧扁。头背面几乎平直，头后背部微隆起。腹棱不完全，自腹鳍基部至肛门。口上位，口裂伸至鼻孔前缘的垂直线下方；下颌肥厚，突出于上颌前缘。眼大。背部及体例上部为灰褐色，腹部为银白色，各鳍灰色乃至灰黑色。翘嘴红鲌（图29-1）与蒙古红鲌（*Erythroculter mongolicus*）（图29-2）、红鳍鲌（*Culter erythropterus Basilewsl*）（图29-3）最大的区别在于腹棱不完全，各鳍颜色为灰色乃至灰黑色，相应地蒙古红鲌胸腹鳍和臀鳍为浅黄色，尾鳍下叶鲜红色；红鳍鲌背鳍为灰白色，腹鳍、臀鳍和尾鳍下叶均呈橘黄色，尤以臀鳍色

图29-1　翘嘴红鲌

最深。

　　翘嘴红鲌是生活在流水及大型水体的鱼类。一般生活在水体中、上层，游动迅速，善于跳跃。成鱼是以小型鱼类为食的凶猛性鱼类，产卵后大多进入湖泊摄食或在江湾缓流区肥育。幼鱼喜栖息于湖泊近岸水域和江河水流较缓的沿岸以及支流、河道、港湾里。冬季，大小鱼群皆在河床或湖槽中越冬。翘嘴红鲌为肉食性鱼类，随着生长和活动能力的增强，其食物组成也随之变化，幼鱼时期主要以昆虫、枝角类和桡足类浮游动物为食，体长达 15cm 即开始捕食鱼类，体长在 25cm 左右则以小型鱼类为主

图 29-2　蒙古红鲌

图 29-3　红鳍鲌

要食物。其食物鱼中，常见的有鲌类和鲌类小鱼，其次是鲫鱼和鲷鱼，在放养湖泊中的小规格鱼种也常遭受其害，甚至成为主要敌害之一。

第三节　翘嘴红鲌的人工繁育技术

一、繁殖习性

　　翘嘴红鲌雄鱼 2 冬龄性成熟，雌鱼 3 冬龄性成熟，受精卵淡黄色，圆形，属黏性卵，当水温 24～26℃时，受精卵经过多次分裂后经囊胚期、原肠期、神经胚期、胚孔封闭期、体节出现期、眼囊期、尾芽期、肌肉效应期、心跳期、出膜期、脱膜而成为鱼苗，脱膜盛期约持续 18～24h，破膜 3 天后体鳔形成。在人工条件下，经过 8～10 个月的饲养，7cm 左右的鱼苗能长成 0.5kg 以上。1～2 龄鱼处于生长旺盛期，3 龄以上进入生长缓慢期。雌鱼性成熟后，生长速度无明显下降，雌鱼比雄鱼生长快。

二、亲鱼收集

　　收集时间以秋季为宜，为使亲鱼保持良好性状，要从江河、湖泊、水库中挑选 2～3 冬龄的野生翘嘴红鲌。因亲鱼性腺发育往往与个体体重有很大关系，个体过小即使是 3 龄，性腺仍然不发育、不成熟，所以应挑选体重在 1～1.5kg 的健壮个体作为亲本。

三、亲鱼培育

　　亲鱼培育的技术目标：亲鱼饲养应达到健康无病，无虫害寄生，活力旺盛；亲鱼越冬后的成活率达到 80% 以上。

　　选择靠近水源、水质良好、池底平坦的硬底塘作亲鱼池，面积 1000m² 左右，水深 1.5～1.8m。放养量 150～180g/m²。秋季是亲鱼积累脂肪和性腺发育的重要时期，秋季亲鱼池应在培肥水质的同时，使池水透明度保持在 20～30cm 以上，在气温突变时应慎防缺氧和泛池。投喂以适口的饵料鱼为主，日投喂亲鱼体重的 5%～7%，同时投喂 1%～2% 动物蛋白含量高的膨化饲料。冬季亲鱼随着水温的下降，摄食量也随之减少，投饵也相应减少，但不能没有饲料。春季是亲鱼培育的关键时期，首先要早开食，为性腺的早发育、早成熟创造条件。在水温回升到 8℃ 以上时，将池水控制在 1～1.2m 以提高水温；春季亲鱼的饲料以投饵料鱼为主，促使性腺发育；随着水温的升高要相应地增加饵料鱼的投喂量。

定期冲水促进性腺发育是亲鱼培育中的重要环节。在秋、冬季一般视水质状况每15～20天冲水一次，每次加水15cm。春季降低水位促进水温回升，4月上旬开始，每周换水一次，增加流水刺激，促进性腺发育；在催产前20天，要每天加注新水，每次1～2h，以提高池水含氧量，使亲鱼尽快达到临产期。

四、人工催产与孵化

孵化的技术目标： 受精卵的孵化率应达到90%以上。

催产池可利用四大家鱼产卵池，面积50～100m²。翘嘴红鲌的人工繁殖时间比较长，生产实践证明，催产时间一般在5月下旬至8月上旬，以水温26～29℃最为适宜。催产药物有鱼类脑垂体、DOM、LRH-A和HCG等，每千克雌亲鱼用催产剂LRH-A 5μg＋HCG 2000IU或LRH-A 10μg＋HCG 1000IU，用生理盐水配制2～3ml药液，在胸鳍基部一次注射，雄鱼剂量减半。催产效应时间与水温关系密切。在一定水温范围内水温越高效应时间越短；水温越低效应时间越长。产卵池中放入已消毒的鱼巢，注射激素催产后的亲鱼按雌雄1∶1的比例配组，再放入产卵池，并不断冲水，流速控制在0.8m/s，让其自然产卵。鱼巢可用一般的白色包装绳，剪成50cm一段从中间系好，再用梳子打毛，供附卵用，也可用水草、棕片等作鱼巢。水温26～29℃经8～10h即开始自然产卵受精。受精卵要在黏性产生前的10～20s内快速而均匀地泼洒于筛网上黏附，转入孵化池中孵化。若局部堆积，会缺氧死胚，降低孵化率。产后亲鱼经消毒，注射康复剂后再放入亲鱼培育池。

孵化池用土池或水泥池均可，面积50～300m²，要求池顶盖棚遮阳，最好能控制水温在27～28℃，保持流水，水交换量为1.5～2m³/h。

产卵后取出鱼巢，放入孵化池中孵化。为了收集仔鱼方便，每池可套一面积略小于该池的网箱1个，鱼巢就用绳子固定在网箱中于水面下10～15cm处，从网箱底部充气增氧，孵化水深80cm，注意水温变化和及时捞去池中的杂质。受精卵的胚胎发育过程历时25～30h，一般54h左右孵出仔鱼基本结束。

刚出膜的仔鱼全长约6mm，白色透明，外观呈细棒状，悬浮在水体中作上下垂游。在孵化池中暂养2天卵黄囊被逐步吸收后，仔鱼应能在水体中自由游动，眼点黑亮，消化道发育完整的为健康苗种，此时可将仔鱼转到鱼苗池培育。

五、苗种培育

苗种池面积一般为667m²左右，水深1.2m。放养前15天，排干池水，平整池塘，用生石灰150g/m²全池均匀泼洒消毒。药物毒性消失后注入过滤新水，池塘水深控制在0.8m左右，培肥水质，透明度25～30cm。放养时间可在受精卵孵化出膜后的第3天进行，仔鱼的放养密度为150～225尾/m²。仔鱼入池后的第2天即可使用豆浆沿池边四周均匀泼洒，每天2次，时间在上午9时和下午2时前后，每平方米水面每天黄豆用量0.8～1.5g，具体投喂情况视天气、鱼苗长势及摄食情况而定。20天后增投优质蚕蛹粉，使蛋白质含量达42%～43%。该饲料因粒径细小，悬浮性好，营养丰富，诱食性强，极利于翘嘴红鲌鱼苗生长，且能避免因使用活饵带来病虫害的威胁。此外，每周加注新水一次，每次加水深10cm左右。经30天左右的培育，鱼苗体长可达3cm以上，即可分池进入成体鱼种培育阶段。

第四节　翘嘴红鲌的池塘养殖技术

> **养成的技术目标：** 池塘养殖成品鱼的产量平均每 1000m^2 应达到 800～1000kg；幼鱼的成活率达到 70％以上。

一、池塘条件准备

养殖池塘要求采光良好，通风，四周无遮蔽物，进、排水方便，土质以黑色壤土为好，pH 值 7～8，面积以 2000m^2 以上为宜，塘底平坦、无污泥，塘埂坚固、不漏水，塘深不低于 2.5m。

二、鱼种选择

养殖翘嘴红鲌应投放大规格的优质鱼种，规格为 10～13cm/尾或 9～10cm/尾，每公顷可投放 1.5 万余尾。鱼苗最好是隔冬投放，最迟不能超过 3 月底，年前放苗温度较低，可提高鱼种成活率。翘嘴红鲌的最大弱点是鳞片比较松软，操作时稍有不慎容易造成鳞片脱落而伤亡。

三、饵料投喂

科学合理投饵是翘嘴红鲌养殖丰收的主要环节。鱼种入塘后，对新水体有一个适应过程，即有半个月的适应期，过后可投入少量开口饵料，随后即可进行正常的投饵。投喂时间应根据鱼摄食的具体情况、气候、水质等因素灵活掌握。一般投饵方法：3～5 月为每天 4 次，早上 6 时至下午 6 时，每次间隔 3h 投喂；6～7 月为每天 3 次，早上 6 时至下午 6 时，间隔时间灵活掌握；8～9 月为每天 2 次，早上 8 时至下午 5 时，早晚各一次；10～11 月为每天 2 次，早上 8 时至下午 4 时，进行等时距投喂；12 月后基本停食。

四、水质管理

水质管理应根据翘嘴红鲌的生长阶段和气温而定。放苗时，适宜水深 1m，高温天气适宜水深 1.5m。因深水区与水表温差较大，翘嘴红鲌不适应水表层的强光高温，懒于上浮摄食，故要尽量缩小水体上下温差，为吃食鱼提供近距离摄食条件。秋季水深 2m，上下温差接近，有利于吃食鱼上浮自如摄食，正常情况下，鱼塘不需经常换水，一旦发现剩饵过多或水质老化，可注入新水，排放老水。进、出水口应装有坚固的拦鱼栅，换水量通常为 1/2，池水透明度应控制在 35cm，如池水肥度不够，可增施水产专用肥料，用量可参照使用说明或池水肥瘦而定。

【思考题】

1. 翘嘴红鲌的亲鱼培育技术要点有哪些？
2. 翘嘴红鲌催产与孵化的关键技术有哪些？
3. 翘嘴红鲌苗种培育的技术要点有哪些？
4. 翘嘴红鲌池塘养殖的关键技术有哪些？

第三十章　红鳍东方鲀养殖

【技能要求】
1. 能开展红鳍东方鲀人工采卵操作。
2. 能开展红鳍东方鲀苗种培育。
3. 能开展红鳍东方鲀的网箱养殖生产。

第一节　养殖现状与前景

我国有河鲀约 15 种，其中养殖较广、经济价值较大的有暗纹东方鲀、弓斑东方鲀、红鳍东方鲀、假睛东方鲀等。其中暗纹东方鲀为溯河性种类，弓斑东方鲀为淡水品种，红鳍东方鲀和假睛东方鲀为海水品种。在中国、朝鲜、日本以及其他东南亚各国沿海有分布，黄海、渤海和东海是世界上东方鲀种类和数量最多的海区之一。

河鲀含河鲀毒素，尤以卵巢、肝脏和血液含毒为高，肌肉经适当处理后无毒，河鲀肉营养价值高，有降血压和恢复精力的功效，且味道极鲜美，历来有"鱼中之王"的美誉。民间有"拼死吃河鲀"之说。从河鲀中提取的河鲀毒素（Tetrodotexin，TTX）是高级镇痛药物，在医疗上具有重要的用途。随着科技和医药的发展，河鲀的使用和药用价值日益扩大。

我国从 20 世纪 80 年代初开始进行河鲀的工厂化育苗研究。黄海水产研究所连续进行了铅点东方鲀、假睛东方鲀等种的工厂化育苗试验，均获成功，并且形成了大批量生产鲀类苗种的工艺。

日本市场上活河鲀十分畅销，主要用于制作生鱼片，或鱼供不应求，每年需从国外大量进口，因此有力地推动了我国、韩国等周边国家的河鲀养殖。我国的河鲀养殖于 20 世纪 80 年代中期工厂化育苗取得成功，90 年代初发展起来。主要养殖品种有红鳍东方鲀、假睛东方鲀和暗纹东方鲀三种。

目前国内河鲀的养殖多采用网箱养殖方式，也可采用围网养殖、港湾筑堤拦网养殖和土池养殖等。

第二节　认识河鲀

红鳍东方鲀（*Fugu rubripes*）：身体背面黑色，腹面白色，胸鳍后上方有一大椭圆形黑斑，大黑斑之后体侧分散有小黑斑及云状黑斑，臀鳍通常白色。背鳍前方及腹面从鼻孔下方至肛门的前方密布小棘，其他处光滑。背臀鳍三角状，鳍尖略圆（图 30-1）。

假睛东方鲀：胸鳍后方无横跨北部的鞍状斑，背侧无弧形条纹，臀鳍端部黑色。

弓斑东方鲀：体背侧具有 1 条暗色条纹，与胸鳍后上方的黑斑相连，横纹和黑斑均具有橙红色的细带镶边。

暗纹东方鲀（*Fugu obscurus*）：体背侧具有 5～6 条暗色条纹（图 30-2）。

东方鲀大多数种类生活于温、热带海洋，少数生活在淡水中，为底层肉食性鱼类。红鳍东方鲀、假睛东方鲀为生活于海洋的大型种，自然种群数量少，但生长速度快，东方鲀生性凶

图 30-1 红鳍东方鲀

图 30-2 暗纹东方鲀

猛，从稚鱼的长牙期一直到成鱼均会出现互相残咬现象。遇敌时由于气囊迅速充气而使腹部膨胀成球，浮于水面以逃避敌害，离水后也能膨腹而发出"咕咕"声，所以民间称为"气鼓鱼"。

第三节　红鳍东方鲀的人工繁育技术

一、人工繁殖

> **人工繁殖的技术目标**：受精率、孵化率均应达到 70% 以上。

红鳍东方鲀繁殖季节自然亲鱼雌雄比约为 1：5，成熟雌鱼体长一般在 30～50cm，体重 1.0～4.5kg，雄鱼体长范围 25～45cm，体重 0.9～3.5kg。雌鱼最小成熟年龄 3 龄，一般 4～5 龄，雄鱼最小 2 龄，一般 3～4 龄。

红鳍东方鲀、假睛东方鲀在黄海、渤海区的产卵期为 5～6 月，盛期是 5 月中旬至 6 月初。东方鲀属一次性产卵鱼类。产卵季节集中，盛产期很短。繁殖季节产卵场水温 17℃ 左右，盐度 3.3% 左右，繁殖季节雌雄亲鱼游近沿岸海湾进行繁殖，产卵后亲鱼很快游离产卵场。

东方鲀的卵子为多油球的沉性卵，卵粒大（卵径一般 1.2～1.4mm），淡黄色或珍珠白色，卵膜厚、不透明。红鳍东方鲀的卵不透明，故连续观察较困难。

1. 亲鱼的采捕与暂养

目前，除暗纹东方鲀人工繁殖采用一部分人工培育的亲鱼外，东方鲀苗种生产仍依赖于产卵期自产卵场直接捕捞临产亲鱼。每年 5～6 月份捕捞洄游至沿岸的产卵河鲀作亲鱼。

亲鱼的大小和性比因捕捞方法不同而异。钓捕的亲鱼一般 1.5～4kg，雌雄比 1：9；定置网捕获的多为 3～7kg 体重的大型鱼，雌雄比为 1：3。最好在捕后 2h 内进行人工授精以获得高受精率。

若亲鱼性腺成熟良好，即用手轻压腹部可挤出成熟卵粒及精液，则可现场采集精、卵进行人工授精，受精卵用塑料袋充氧运回育苗场。受精卵的运输可用塑料袋装卵并充氧的方法，装卵密度视时间长短而定。

若亲鱼性腺成熟不好，捕获后的亲鱼立即移入室内水泥池暂养，24h 后注射激素催产。海区捕捞的亲鱼，一般经注射 1～2 次催产激素后，可在产卵池中自然产卵受精。激素剂型与剂量：单独使用，每千克鱼体重注射绒毛膜促性腺激素（HCG）2000～3000IU 或促黄体素释放激素类似物（LRH-A$_2$）3～10μg，混合使用，每千克鱼体重注射 HCG500～1500IU 加 LRH-A$_2$2～3μg。

产卵池面积以 15～25m^2 为宜，水深 1.0～1.5m；亲鱼放养密度 1～2kg/m^3。雌雄比为 1：（1～2）。视亲鱼摄食情况，适量投饵，每天换水吸污 1 次。

2. 亲鱼的选择

亲鱼要选择体表无伤、体质健壮的个体。红鳍东方鲀要求全长 40～55cm、体重 1.5～4kg。雌鱼以腹部膨胀、生殖孔微红并向外略凸为佳，雄鱼以轻压腹部有乳白色精液流出为宜。

3. 人工授精

因卵子为黏性卵，故采卵时应使用不易使卵子附着的塑料容器。目前，多用人工授精法获得受精卵，一般采用湿法授精。具体操作步骤如下：

① 在桶内加入 5～10L 过滤海水，将鱼卵挤入水中；

② 随后加入 1～2 尾雄鱼的精液，使海水呈乳白色；

③ 搅拌后静置 5～10min，使卵受精；

④ 连续使用清水洗卵 3～5 次，直至海水完全澄清为止。

4. 孵化

刚受精的卵柔软，数小时后变硬。通常 1～2 天后，未受精卵或坏死的卵逐渐变成黄色，表面粗糙，易被捏碎，而受精卵则为乳白色或淡黄色，卵膜光滑。

东方鲀的孵化时间较长，死卵容易滋生水霉等病菌，故受精卵需先用浓度为 $2ml/m^3$ 的二氧化氯溶液浸泡消毒。

孵化采用容积 $0.3～0.5m^3$ 的玻璃钢桶，底部呈漏斗状，连续充气和流水，每桶放卵 10 万～30 万粒；或用 60～80 目的筛绢做成的直径 60cm、高 60cm 的圆锥形网箱，吊挂在水泥池内，保持连续充气和微流水，每只网箱放卵 10 万粒。从底部充气，使卵在容器内上下滚动，不致沉底。

光照以 500 lx 为宜，控温在 15～18℃，约经 10 天孵出仔鱼。

分离仔鱼与卵子时，先停止充气，卵子沉于底部，仔鱼上浮至中上层，即可用勺舀出全部初孵仔鱼；然后轻轻搅动海水，相对密度小的死卵集于表层中央，即可轻易除去。

二、苗种培育

> **苗种培育的技术目标**：前期培育成活率一般在 50％～60％；后期培育期成活率 35％～50％。

鱼苗的整个培育过程分前期培育（约 10～15 天，自孵出至全长 5～6mm）和后期培育（全长 5～30mm）两个阶段，各阶段对环境条件、培育密度、饵料种类及数量的要求各不相同，特别是由活饵料向鲜活饵料转换期应相对拉长。

1. 前期培育

红鳍东方鲀苗种前期培育条件和培育管理分别见表 30-1 和表 30-2。

表 30-1　红鳍东方鲀苗种前期培育条件

项　目	具　体　条　件	项目	具　体　条　件
设施	20～60m³ 水泥池或 1～2m³ 水体的玻璃钢水槽均可	pH	7.8～8.2
密度	2 万～3 万尾/m³	溶解氧	4mg/L 以上
温度	15～20℃	氨态氮	≤1.0mg/L
盐度	28～30	光照	500～1000 lx

表 30-2　红鳍东方鲀苗种前期培育管理

管理环节	具　体　要　求
换水	日换水 2～3 次，换水量为总水体的 1/3～1/2，每天吸污 1 次
投饵	采用轮虫—卤虫无节幼体/桡足类浮游动物。仔鱼开口后，投喂强化轮虫，密度为 10～20 个/ml，每天投喂 3～6 次。定期添加小球藻，使水体中浓度达到 10 万个细胞/ml。当仔鱼全长接近 5mm 时，可补充卤虫幼体或桡足类浮游动物
分选	培育 10～15 天后，仔鱼全长达 5～6mm，此时齿已长成，个体大小也产生差异，开始出现相互残食现象，同时因密度过大而影响生长速度，因此应及时进行分选、疏养，减少密度扩大水体进行后期培育

2. 后期培育

（1）培育条件　见表30-3。

表 30-3　红鳍东方鲀苗种后期培育条件

项　目	具体条件	项　目	具体条件
设施	$20\sim60m^3$ 的水泥池	pH	$7.8\sim8.2$
密度	$1500\sim2000$ 尾/m^3	溶解氧	4mg/L 以上
温度	$20\sim28℃$	氨态氮	$\leqslant1.0mg/L$
盐度	$28\sim30$	光照	$10000\sim30000$ lx

（2）饵料投喂　见表30-4。

表 30-4　红鳍东方鲀苗种后期培育饵料投喂

发育阶段	具体方法
过渡阶段	继续投喂轮虫，并增加卤虫无节幼体和桡足类浮游动物，投喂密度为 $0.3\sim1$ 个/ml，投喂量随鱼体增长而增加
全长达 1.0cm 以上	全部投喂卤虫和桡足类浮游动物，饵料密度为 1 个/ml，同时开始投鱼肉糜，初始日投喂 2 次，逐渐增加至每天 $5\sim6$ 次
鱼苗全长 1.5cm 时	改为全部投喂鱼肉糜。投喂鱼肉糜后，加大换水量或采用流水方式，日换水量 $200\%\sim400\%$

（3）生长与生态特征　见表30-5。

表 30-5　红鳍东方鲀苗种生长与生态特征

全长/mm	特征
5	仔鱼体色会随着阳光的强弱变化而变化，并出现"鼓气"和相互攻击现象，但残食现象不明显
$7\sim8$	牙齿开始形成，开始出现相互残食并随着生长残食加剧，被攻击者鼓气自卫，被咬致死。这时鱼苗死亡率增高
12	各部器官基本发育完善，转入中下层活动和摄食
18	鱼苗变态为幼鱼，外形基本同成鱼

（4）日常管理　见表30-6。

表 30-6　红鳍东方鲀苗种后期培育管理

管理环节	具体要求
换水	开始时换水量 1/2 至全部。8mm 时换水量加大 2 倍。投喂冰鲜饵料水质易污染，应进行流水培育，换水量每天 $2\sim4$ 倍
投饵	投喂饵料时应逐步增加量和次数，尤其凌晨要及时投喂。后期培育期间，视鱼苗存活和大小差异情况，可再进行一次分选、疏养，确保鱼苗健康、快速生长 通常苗种规格达到 $20\sim30mm$ 时出池。此时鱼苗完全进入幼鱼期，适应力强，易培育。可及时出池供养殖用
出池	出池方法：先将池水放掉一大半，然后用手抄网捞取或用两人小拉网拖取，集中于容器中计数，$20\sim30mm$ 的苗种，个体重量差异小，可用重量法计数，大规格鱼苗出池时应单尾计数

3. 运输

目前，苗种运输的主要工具有活水船、充氧袋、帆布桶等。近年来，国内已开始使用封闭式活鱼运输车，充氧袋密封包装，空运鱼苗已在远距离运输中普遍使用。

运输鱼苗时应注意，鱼苗规格要一致，提前一天停止投喂，保证溶解氧充足。

第四节 红鳍东方鲀的养成模式与技术

> **养成技术目标**：红鳍东方鲀经过一年半的养殖，体重达 1kg 商品规格；成活率一般 20％～30％，好的可达 40％～50％。

红鳍东方鲀幼鱼主要摄食小鱼，其次为虾蟹类和乌鱼类等，成鱼捕食虾蟹类及鱼类。水温 15℃ 以下时基本不摄食，10℃ 以下时潜埋于水底的泥砂中。

红鳍东方鲀人工养殖一般有池塘养殖、网箱养殖两种方式，现以网箱养殖为例，介绍红鳍东方鲀的养成技术。

红鳍东方鲀的最适生长温度为 16～23℃，因此，水温能长期保持在此温度范围的海区最为适宜。水温低于 6℃ 或高于 28℃ 时对其生长不利。

1. 网箱准备

稚鱼期多用小型网箱饲育，100g 以上时移入 6～8m 见方的网箱中饲育。至 300g 时，为了安全起见，多移入网目 4cm 的金属网箱。为了防止互相咬伤和咬坏网箱，一般在体长 10cm 时进行第一次剪牙或拔牙，在体长 20cm 时再进行第 2 次剪牙或拔牙。

与其他鱼养殖一样，也要进行刷网和换网。

2. 放养密度

红鳍东方鲀放养密度见表 30-7。

表 30-7 红鳍东方鲀放养密度

规格	稚鱼期	100～300g	300～500g	500g 以上
放养密度/(尾/m³)	9～14	6～9	4～6	2.5～4

3. 饵料投喂

饵料是主要使用糠虾类、杂鱼和粉末配合饵料各 1/3，再添加适量的维生素加工而成的湿颗粒饲料。投饵量以饱食为准。在稚鱼期，每天第一次投饵的时间越早，残食现象越少。因此，第一次投饵应在 8 点以前结束。因东方鲀夜间不摄食，所以最后一次投饵必须在日落前投喂。

在收获前可投喂乌鱼、虾和牡蛎等以提高养殖鱼的肉质。为防止互残，必须确保投饵次数和投饵量。

红鳍东方鲀生长较快，6～7 月份海中网箱放养体重 3～4g 的苗种，至 12 月底体重可达 300～400g，至次年年底可达 1000g。因体重高于和低于 1000g 价格相差很大，因此以鱼体重 1000g 收获为宜。为此，越冬前鱼体体重最少应在 350g 以上。

在秋季水温较高的时候，应投喂充足的饵料，以加快鱼的生长。越冬期间鱼能摄食时，亦应投喂少量饵料，此时虽不能增加体重，但有利于提高成活率。生长最迅速的时期是在水温最为适宜的 9～10 月份。体长 2～3cm 的苗种，经一年半人工养殖，成活率一般达 20％～30％，好的可达 40％～50％。

【思考题】

1. 怎样鉴别红鳍东方鲀、暗纹东方鲀？
2. 怎样进行红鳍东方鲀人工采卵？
3. 红鳍东方鲀苗种前期培育与后期培育的区别是什么？
4. 红鳍东方鲀网箱养殖技术包括哪些方面？

第三十一章　笋壳鱼养殖

【技能要求】

1. 学会辨认笋壳鱼，能区分泰国笋壳鱼与澳洲笋壳鱼。
2. 能设计养殖泰国笋壳鱼的池塘、水泥池。
3. 能调控好泰国笋壳鱼的养殖用水。
4. 能正确选择优良的泰国笋壳鱼亲鱼，并能进行笋壳鱼人工催产与孵化。
5. 能开展笋壳鱼的常规养殖。
6. 能进行笋壳鱼的越冬管理。

第一节　养殖现状与前景

笋壳鱼是尖塘鳢属（*Oxyeleotris*）鱼类的俗称。笋壳鱼主要分布在东南亚诸国及澳洲大陆，我国没有尖塘鳢属鱼类的记载。云斑尖塘鳢（*Oxyeleotris marmoratus*）（1986年）（图31-1）和线纹尖塘鳢（*Oxyeleotris lineolatus*）（1996年）（图31-2）先后引进我国珠三角地区。前者在泰国，俗称泰国笋壳鱼，后者俗称澳洲笋壳鱼。泰国笋壳鱼自然分布于东南亚湄公河水系，包括柬埔寨、老挝、缅甸、泰国和越南。澳洲笋壳鱼主要分布在澳大利亚北昆士兰。华南地区常见养殖的有泰国笋壳鱼、澳洲笋壳鱼、本地（杂交）笋壳鱼，其中，泰国笋壳鱼体色和肉质较好，价格较高。

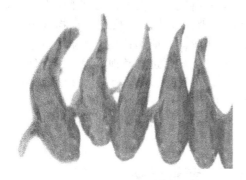

图31-1　云斑尖塘鳢

图31-2　线纹尖塘鳢

泰国笋壳鱼是淡水经济类名优养殖品种，其个体肥硕，肉质细嫩、刺少而味美，胜过海水青斑鱼，是国家农业部"引进国际先进农业技术"项目及科技部国家级"星火计划"项目所确定的淡水鱼类最新引进、推广品种。作为淡水鱼品种产业化结构调整的优良品种，笋壳鱼在国际上享有较高的知名度，在泰国等东南亚国家享有"国鱼"之称，是日本、韩国、新加坡、马来西亚等国及中国香港、澳门、台湾地区进口的主要淡水鱼品种。在上海、浙江、广西、海南等地，笋壳鱼在食客心目中也一直都是淡水鱼类中的首选。

经过多年的驯化，2004年海南突破了大量人工繁育苗种和养殖技术，使得种苗的价格大幅度下降，有力地推进了笋壳鱼养殖业的快速增长。尤其是越冬大规格鱼种的出现，将笋壳鱼的经济养殖期从两年缩短为一年，实现了当年放种、当年收获，提高了养殖效益。目前广东省已有多个县市建立了笋壳鱼种苗繁育场，一些养殖户也利用简易方法自繁自养，为进一步推广养殖奠定了基础。商品鱼的养殖技术也日益改进，由于珠三角地区普及的简易越冬大棚为笋壳鱼的养殖提供了条件，养殖面积逐年扩大，发展潜力巨大。

笋壳鱼是一种低耗氧、高产量、高密殖的品种，每平方米可放养 5～8 尾，而鱼塘只需备有一台增氧机便已足够。目前市面上规格在 400g 以上的商品笋壳鱼市场批发价格稳定在 130 元/kg 左右，而现在养殖规格 400g 的笋壳鱼成本却不到 20 元，其利润之高，是其他任何淡水鱼无法相比的。

目前国内的泰国笋壳鱼市场消费量大部分依靠进口，年需求量为 8000～10000t，并逐年上升。而国际市场需求量约为 5 万吨/年，泰国笋壳鱼由于供不应求，目前每千克活鱼价为 120～180 元，是具有保温越冬条件农民致富的首选品种。目前平均每天进入广东市场的该品种商品鱼近 1t 左右，因此，发展笋壳鱼养殖，将面临国内、国际两个广阔的市场空间。

第二节　认识笋壳鱼

笋壳鱼形似笋壳，前段粗壮呈圆柱状，向后渐缩延长。背鳍表面有对称的图案，胸鳍圆形并向两侧伸展。头扁平、较大，体宽约为体长的 2/7，口上位，口宽，口角下斜，与眼同宽。眼睛凸出，位于唇上方。上颌两侧为齿带，下颚长于上颚，有一排小尖牙。身上的鳞片呈梳齿状，倒齿性明显。有 4 圈黑色斑纹，腹部的颜色较浅，表皮含有丰富变色细胞，体表的颜色会随着周围水质和环境颜色而变化形成保护色特征，在清水盆中体表呈黄褐色，离开水后体色逐渐变深，斑纹清晰。背鳍 2 个，分离；胸鳍大，呈扇形；腹鳍胸位；尾鳍圆形。

泰国笋壳鱼与澳洲笋壳鱼形态相似，但泰国笋壳鱼体侧具云状斑块，纵列鳞 60～102，而澳洲笋壳鱼体侧不具云状斑块，纵列鳞 62～65。

笋壳鱼为暖水性经济鱼类，最大个体可达 5～6kg，肉质细嫩，味道鲜美。笋壳鱼生活在有微流水的沙泥底层和草丛中，喜穴居，性温顺，不善跳，耐低氧。与其他肉食性鱼类如乌鱼、桂花鱼相比，它生性并不凶猛。平时只是静静地待在水中，只有当食物（小鱼、小虾）游近它的时候才变得凶猛，捕鱼的时候，会变得很灵活，能迅速地追逐猎物。常昼伏夜出，夜间活动较频繁，占地性不强，但又群集性定居，不随意进入其他领地，稚、幼鱼有相残现象。适温 15～35℃，最适温度 25～30℃，10℃ 以下死亡。喜欢生活在较低盐的水域，幼、成鱼可饲养在盐度 10 以下的咸水或纯淡水水域中，适宜在池塘、水库、山塘网箱及温室养殖。体表的颜色会随着周围水质和环境而变化，幼鱼以水中微生物为饵，成鱼捕食小鱼、虾，耐饥能力强。人工养殖可驯化投喂杂鱼及合成饲料。

第三节　笋壳鱼的人工繁育技术

一、人工繁殖

> **人工繁殖的技术目标：** 催产成功率达到 70% 以上；孵化率达到 80% 以上。

笋壳鱼的种苗生产在泰国已获得成功，但我国种苗的规模化生产技术工艺还没有完善，所以国内养殖笋壳鱼的种苗主要靠进口。

1. 亲鱼的选择
亲鱼应选择 2 龄，性腺成熟的笋壳鱼，雌雄亲鱼按 1：1 的比例放入产卵池。

成熟的雌鱼体色较浅淡，体表较少黏液，手摸有明显粗糙感；腹部丰满有明显的卵巢轮廓；外生殖突稍膨大，呈淡红色，基部较宽，外观呈扇形；泄殖孔较大，位于生殖突的次末端，两侧稍隆起，无黑色素点。

成熟的雄鱼体色较深，斑纹更加明显，体表黏液多、手摸感觉较光滑；腹部不明显丰满；外生殖突比雌鱼小得多，呈白色的三角形；泄殖孔开口于最末端，孔周有少许黑色素点。

2. 催产与产卵

雌鱼（体重 750～1000g），每尾注射鲤鱼脑垂体（PG）1 颗＋绒毛膜促性腺激素（HCG）700IU，催产注射为一次注射。注射后的亲鱼按雌雄比 1∶1 的比例，放入设置有可供穴居和产卵巢穴的产卵池中。供穴居和产卵的巢穴用瓦片或木板叠成。巢穴宽约 30cm，高约 20cm。产卵池水深 40cm。产卵池的池水用经净化的自来水。注射后的亲鱼入池后会自行选择巢穴并自行配对，大约 24～48h 后便会在巢穴中自行产卵，产出的卵成片附着于巢穴壁上。催产成功率均在 70% 左右。

3. 人工孵化

产卵后，可将附有鱼卵的木板或瓦片（卵的附着器）移至有清水的水池中孵化。池顶、池边设遮光网遮盖，室内池以弱光为主，避免阳光直射和保持水温稳定，设微孔增氧、微流水装置，维持较高的溶解氧。卵块的放置密度约为 1 块/m²。在水温为 27～32℃时，受精卵孵化历经约 84～108h，孵化率 80% 左右。

二、苗种培育

1. 苗种放养

当池塘水温在 22℃以上，容易培育生物饵料时，可投放鱼苗。池塘水深 1m，用塑料布分隔出 1/3 的水面，根据塘底的肥力，在这 1/3 的水面施放 250～500kg 经发酵的粪肥或有机肥，施肥同时用 5g/m³ 的强氯精消毒水体，经 5～7 天培养出大量水蚤等浮游生物后，可投放苗种，放苗时苗种袋与池塘水温相差不应超过 2℃。

由于泰国笋壳鱼苗种体表鳞片的特殊性，规格 3cm 以上的苗种在运输过程中容易擦伤，下塘消毒处理不当会降低成活率，因此选购经消毒包装、规格为 2～2.5cm 的苗种为宜。按全塘养成面积计算，每亩投放 3500～4000 尾，集中在这 1/3 的水面进行第一阶段的培育。

2. 苗种标粗

在饵料充足的情况下，一周后鱼苗可长至 3cm，1 个月可达 4～5cm 以上，这时可撤去分隔池塘的塑料布，让鱼种进入大塘进行第二阶段培育。

在此之前，在池塘另外的 2/3 的水面放养培育活饵料，活饵料最好是放养繁殖力较强的卵胎生的小剑尾鱼，也可以放养鲮鱼水花和青虾苗。标粗塘的鱼种捕食虾苗、鱼苗，3～4个月长至 10cm，20～30g 体重后，逐渐改投冰鲜鱼肉块或人工合成饲料，这时可转入成鱼养殖。鱼种培育要注意饵料充足，避免其相互残食，经过标粗培育的苗种，成活率一般在80% 以上。

第四节　笋壳鱼的养成模式与技术

技术目标：选择优质笋壳鱼苗种，规格不超过 2cm；笋壳鱼幼鱼成活率达到 70%以上，笋壳鱼成鱼成活率达到 90% 以上。

泰国笋壳鱼原产于东南亚的江河、水库和湖泊中，喜栖于水底的洞穴或石缝中。人工建造笋壳鱼养殖池最好应仿照其在自然界的生活状况等来进行。

泰国笋壳鱼的人工养殖方式除池塘养殖外，也可采用池塘加网箱养殖，山塘、水库养殖，网箱养殖，池塘混养方式及工厂化养殖等。由于从稚苗生长至幼鱼需活饵料的特殊性，所以在养殖中进行鱼种标粗培育，解决好该鱼的各生长阶段食物链，才能有效地提高养成率，现以池塘养殖方式介绍。

一、水质与鱼塘准备

笋壳鱼养殖要求水体的透明度不能太高，保持在 25～30cm 即可；透明度高，生长较慢，还会造成相互之间的残杀。pH 值在 6～7 较为理想，略酸性水有利于提高笋壳鱼的成活率和促进生长；pH 值过高会引起体表黏液脱落而造成死亡。

养殖笋壳鱼的池塘要求并不严格，养殖四大家鱼的普通鱼塘都可开展笋壳鱼的养殖。一般要求鱼塘能够保持 1.5～1.8m 的水深，面积 2000～3000m² 较为理想，淤泥少、水源良好。在养殖前期，鱼种相对较小，鱼塘水深保持在 1.2m 左右生长较为良好，随着鱼种的生长和水温的升高，逐渐增加水深至 1.5～1.8m，这样有利于促进鱼种的生长。从方便日常管理和越冬覆盖大棚出发，池塘不宜过大，此外视养殖密度可设置增氧机。

二、放养前准备

放苗前要进行清塘消毒，除去凶猛鱼类，水面可适当放养些水仙或浮萍遮光。过去通常要求塘底布设人工鱼巢，以适应笋壳鱼易受惊吓和洞居避光的习性，但是随着种质的驯化可省去这些设置，生产实践证明，驯化养殖的笋壳鱼不再藏匿鱼巢，并形成闻响声而集群抢食的习惯，设置鱼巢反而会因积聚鱼粪腐土影响鱼的健康生长，也影响鱼的投喂和摄食。

三、成鱼的养殖

1. 驯化摄食

当大部分笋壳鱼苗长到 10cm 时，在驯食前 10 天投喂最后一批虾苗。之后，在池塘里设置食台，食台用 40～60cm 的塑料框做成，下面悬挂重物，上面用泡沫或浮球支撑，使食台离池底 20～30cm，每公顷 90～120 个。然后，逐步投放少量的待投饵料（小杂鱼、配合饲料），准备投喂配合饲料前期用些小杂鱼剁碎掺和在饲料里，引诱笋壳鱼来摄食，以后逐步减少小杂鱼，直到没有。驯食要有耐性，一般经过 10～15 天即可驯食成功。个别鱼苗会很长时间不吃料，饿久了，加上诱食成分的作用就可驯食成功。

2. 饵料投喂

笋壳鱼游动少，耐饥能力强，一次饱餐可以多天不食，但要定时定量投饲，以加快生长速度。经驯化摄食后，可投喂全人工配合饲料。人工配合饲料的成分是：鱼粉 30%，碎米、玉米等 55%～60%，鱼油 7%～10%。日投饵量为鱼体重的 5%～10%，投喂时间为下午 5:00 后，因为笋壳鱼白天不摄食，次日上午清洗饵料筐，检查吃食情况及时调整饲料量。定期添加药物及维生素以防病。

3. 调节水质

笋壳鱼耐低氧，并能在 pH 值 6.5 的酸性水体和盐度为 10 的水中正常生长，不易因水质变坏而死亡。通常情况下，养殖水体以偏肥和褐绿色、pH 值在 7～8.5 为好。成鱼养殖保持水深 1.5m，每月每公顷用 150kg 生石灰全塘泼洒，在夏季视水质状况，可间隔使用含氯制剂全塘泼洒消毒。投放鱼种 3 个月后，每公顷水面可套养 900 尾白鲢，有利于水质的稳定。

4. 疾病防治

笋壳鱼极少发病，最主要的病害是皮肤擦伤和体表寄生虫，最严重的是锚头蚤。如发现锚头蚤可用 1.5～2.0mg/L 敌百虫溶液全池泼洒，间隔 7 天再用 1 次，连续 3～4 次，并且在养殖的前期、中期和后期各用一个疗程。收获前 30 天停止用药以免产生药物残留问题。

5. 越冬养殖

笋壳鱼在水温低于 15℃时有冻死的危险，因此越冬养殖是一个很重要的环节，在珠三角地区利用现有的越冬虾大棚便可安全过冬。越冬棚以杉、竹和钢丝绳搭建成框架，覆盖塑料膜而成，构筑要求牢固、不透风漏雨，注意池塘四周开有导流沟，不让外面的雨水流入，以保证越冬棚内的水温不致骤然下降。

鱼塘覆盖后，鱼塘内湿度较大，空气不流通，容易滋生真菌，引起水霉或烂鳃而造成死亡，也有可能亚硝酸盐过高引起中毒死亡。基于上述情况，可用光合细菌、EM 菌等微生物制剂调节鱼塘水质，保持透明度在 20～30cm。此外，冬天笋壳鱼处于相对静止状态，食饵少，应减少投饲量，避免水质变差和浪费饲料。越冬期过后不宜太早拆除越冬棚，防止"倒春寒"，或温度较低的雨水直接入塘，导致鱼塘水温急降而冻伤，发生这种情况没有药物可控制，笋壳鱼会长时间慢慢死亡，一般到 4 月下旬拆除越冬棚才会比较安全。

【思考题】

1. 如何区分泰国笋壳鱼与澳洲笋壳鱼？
2. 笋壳鱼池塘、水泥池养殖场的设计要点有哪些？
3. 怎样判断笋壳鱼亲鱼的性成熟度？
4. 如何进行笋壳鱼的诱导产卵与人工孵化？
5. 笋壳鱼人工养殖的关键技术有哪些？

参 考 文 献

[1] 鲍淑丽. 红鳍东方鲀人工孵化技术. 内陆水产, 2003, (9).

[2] 卞伟, 王冬武. 淡水龟类的养殖. 北京: 农村读物出版社, 1999.

[3] 卞伟. 大鲵的生物学及养殖技术 (四)、(五). 科学养鱼, 1997, (1): 14-15, (2): 19-20.

[4] 邝旭文. 我国淡水特种水产养殖业的现状及对策. 科学养鱼, 2000, (2): 5-6.

[5] 薄治礼, 周婉霞. 青石斑鱼仔、稚、幼鱼的饵料系列: 人工繁殖技术研究. 浙江水产学院学报, 1993, 12 (3): 165-173.

[6] 蔡焰值, 蔡烨强等. 瓦氏黄颡鱼生物学的初步研究. 北京水产, 2003, (6): 24-29.

[7] 蔡焰值, 黄永涛. 黄颡鱼的人工繁殖技术 (之二). 渔业致富指南, 2002, (12): 43-44.

[8] 曹杰英, 刘希泰. 利用工厂余热水饲养商品鳖技术研究. 淡水渔业, 1994, 24 (1): 41-44.

[9] 曹克驹, 李明云. 凫溪香鱼繁殖生物学的研究. 水产学报, 1982, 6 (2): 107-118.

[10] 曹克驹. 名特水产动物养殖学. 北京: 中国农业出版社, 2004.

[11] 曹克驹. 乌鳢养殖. 北京: 科学技术文献出版社, 1995.

[12] 曹学彬, 常亚青. 我国主要经济海胆的工厂化育苗技术. 渔业现代化, 2007, 34 (4): 30-33.

[13] 常亚青, 高绪生. 中间球海胆的人工育苗及增养殖技术 (一). 水产科学, 2004, 23 (4): 45-46.

[14] 常亚青等. 虾夷马粪海胆筏式人工养殖研究. 大连水产学院学报, 1997, 12 (2): 7-14.

[15] 常亚青等. 温度和藻类饵料对虾夷马粪海胆摄食及生长的影响. 水产学报, 1999, 23 (1): 69-76.

[16] 常亚青等. 海参、海胆生物学研究与养殖. 北京: 海洋出版社, 2004.

[17] 陈飞. 赤点石斑鱼围塘养殖技术. 中国水产, 2006, (10): 49-50.

[18] 陈国华, 张本. 点带石斑鱼亲鱼培育、产卵和孵化的试验研究. 海洋与湖沼, 2001, 32 (4): 428-435.

[19] 陈国华, 张本. 点带石斑鱼人工育苗技术. 海洋科学, 2001, 25 (1): 1-4.

[20] 陈华. 网箱深水驯养史氏鲟技术. 淡水渔业, 2002, 32 (6): 28-30.

[21] 陈慧. 黄鳝的年龄鉴定和生长. 水产学报, 1998, 99 (4): 296-302.

[22] 陈瑞明. 鳜鱼的生物学与开口期培育技术. 淡水渔业, 1999, 29 (10): 28-30.

[23] 陈四清等. 鲆鲽鱼类养殖技术. 北京: 金盾出版社, 2004.

[24] 陈云祥. 大鲵高效养殖技术. 北京: 化学工业出版社, 2008.

[25] 陈云祥, 吴仲春, 白洪清. 无公害商品大鲵工厂化流水养殖关键技术. 中国水产, 2006, (11): 44-45.

[26] 崔青曼等. 中华鳖高效养殖技术. 石家庄: 河北科学技术出版社, 1999.

[27] 戴永利. 牙鲆的养殖技术. 现代渔业信息, 2007, 22 (5): 28-29.

[28] 戴泽贵. 美国匙吻鲟苗种池塘培育技术. 水利渔业, 1998, 96 (2): 30-32.

[29] 单怀亚, 马华武. 黄颡鱼不同品种的鉴别技术. 渔业致富指南, 2002, (15): 35.

[30] 单士龙, 李智. 大规格翘嘴红鲌鱼种培育及成鱼养殖技术. 科学养鱼, 2007, (4): 30-31.

[31] 丁耕芜, 陈介康. 海蜇的生活史. 水产学报, 1981, 5 (2): 93-104.

[32] 窦海鸽, 刘彦等. 大鲵的生物学特性及养殖技术. 齐鲁渔业, 2004, 21 (11): 19-20.

[33] 杜金瑞. 梁子湖黄颡鱼的繁殖和食性的研究. 动物学杂志, 1963, (2): 74-77.

[34] 范志刚, 周端章等. 食用蛙高产养殖实用新技术. 长沙: 湖南科学技术出版社, 1994.

[35] 方静. 沱江产大口鲇食性和生长的初步研究. 四川动物, 1996, 15 (2): 55-58.

[36] 冯金荣, 曹克驹. 金沙河水库乌鳢卵巢发育的研究. 华中农业大学学报, 1997, 25 (增刊): 16-20.

[37] 冯晓宇. 泰国笋壳鱼养殖技术. 杭州农业科技, 2007, (4): 12-14.

[38] 冯永勤, 许志坚, 覃锐. 紫海胆人工育苗技术研究. 海洋科学, 2006, 30 (1): 5-9.

[39] 傅洪拓. 青虾无公害养殖技术. 科学养鱼, 2007, (1): 12-13.

[40] 傅文栋. 石斑鱼土池养殖技术. 科学养鱼, 2003, (4): 27.

[41] 高绪生等. 温度对光棘球海胆不同发育阶段的影响. 海洋与湖沼, 1993, 24 (6): 634-640.

[42] 戈贤平. 淡水优质鱼类养殖大全. 北京: 中国农业出版社, 2006.

[43] 戈贤平, 顾树信, 戴玉红. 无公害鳜鱼标准化生产. 北京: 中国农业出版社.

[44] 耿宝荣, 蔡明章. 虎纹蛙的食性与繁殖习性的研究. 福建师范大学学报: 自然科学版, 1994, 10 (3): 92-96.

[45] 宫春光. 牙鲆养殖技术及发展. 科学养鱼, 2002, (2): 26-27.

[46] 龚琪本. 刺参人工育苗技术. 水产养殖, 1997, (4): 15.

[47] 龚世园, 吕建林, 孙瑞杰等. 克氏原螯虾繁殖生物学研究. 淡水渔业, 2008, 38 (6): 23-25.

[48] 龚世园. 鳜鱼养殖与增殖技术. 第 2 版. 北京：科学技术文献出版社，2000.

[49] 顾树信，戴玉红，费忠智. 无公害鳜鱼标准化生产技术（上）. 科学养鱼，2006，(4)：14-15.

[50] 关玉英等. 虹鳟养殖现状和发展前景. 科学养鱼，2000，(10)：22-23.

[51] 何林，曹克驹等. 乌鳢人工繁殖的初步研究. 水利渔业，1993，(5)：32-34.

[52] 洪万树，张其永. 赤点石斑鱼繁殖生物学和种苗培育研究概况. 海洋科学，1994，(5)：17-19.

[53] 华鼎可，张永嘉. 石斑鱼膨胀病、溃疡病、烂尾病的防治研究. 鱼类病害研究，1990，12 (4)：26-28.

[54] 黄斌，陈世锋，罗传新. 黄缘闭壳龟的生活习性与驯养. 信阳师范学院学报：自然科学版，2002，15 (3)：309-402.

[55] 黄斌，赵万鹏，李红敬. 黄缘闭壳龟的孵化生态及胚胎发育过程中死亡因子的研究. 信阳师范学院学报：自然科学版，2004，17 (2)：194-197.

[56] 黄斌. 黄缘闭壳龟稚龟的人工养殖技术. 淡水渔业，2002，34 (3)：47-50.

[57] 黄德祥. 淡水名优鱼类实用养殖技术. 重庆：重庆出版社，1999.

[58] 黄家庆，王东杰，李永法. 青虾池塘养殖高产高效技术. 科学养鱼，2001，(11)：30.

[59] 黄晓平，毛东山. 湖泊网箱养鳜试验. 水产科技情报，2001，28 (11)：5-6.

[60] 黄志斌，吴淑勤等. 珠江三角洲地区鳜鱼病害状况及综合防治对策. 淡水渔业，1999，29 (7)：12-14.

[61] 黄祝坚等. 蛙与鳖的养殖法. 北京：农村读物出版社，1986.

[62] 江河，汪留全. 克氏螯虾生物学和人工养殖技术. 齐鲁渔业，2002，19 (12)：13-16.

[63] 江惠珍. 泰国笋壳鱼池塘养殖技术总结. 科学养鱼，2009，(3)：30-31.

[64] 姜连新，叶昌臣，谭克非等. 海蜇的研究. 北京：海洋出版社，2007.

[65] 焦思权，丁玉芳. 三角帆蚌人工繁殖技术简介. 淡水渔业，1995，(1)：44-45.

[66] 金秀琴等. 海胆人工繁殖和养殖技术. 水产养殖，1997，(6)：3-4.

[67] 孔祥会. 大鲵的生物学特性及人工养殖综合技术. 内陆水产，2000，(2)：28-29.

[68] 雷霁霖，马志珍，王清印等. 海珍品养殖技术. 哈尔滨：黑龙江科学技术出版社，1997.

[69] 雷霁霖. 大菱鲆养殖技术. 上海：上海科学技术出版社. 2005.

[70] 李果. 黄颡鱼常见疾病及防治. 内陆水产，2001，(10)：34.

[71] 李明云，赵志东等. 香鱼全海水工厂化人工育苗. 海洋渔业，1995，8 (1)：18-20.

[72] 李明云，周福荣等. 池养香鱼人工繁殖与苗种培育的研究. 淡水渔业，1986，16 (6)：13-17.

[73] 李明云，竺俊全. 香鱼苗种繁育与养成技术的研究. 淡水渔业，2000，3 (7)：3-6.

[74] 李世英等. 大连近海光棘球海胆生殖周期的初步研究. 大连水产学院学报，2000，15 (1)：60-64.

[75] 李思忠. 香鱼的名称、习性、分布及渔业前景. 动物学杂志，1988，(6). 33-34.

[76] 李太武，徐善良等. 虾夷马粪海胆黑嘴病的初步研究. 海洋科学，2000，24 (3)：41-43.

[77] 李文杰. 世界淡水螯虾养殖概况. 水产养殖，1992，(4)：18-21.

[78] 李文龙，朱传军. 史氏鲟池塘养殖技术. 淡水渔业，2000，30 (4)：16-17.

[79] 李新民. 全人工条件下大鲵繁殖生物学初报. 河北渔业，2007，(2)：43-45.

[80] 李元山等. 马粪海胆的生态研究. 海洋湖沼通报，1995，2；37-42.

[81] 李志成，潘嘉佳等. 鳜鱼规模化繁育及提高苗种成活率的技术. 淡水渔业，2002，32 (5)：15-16.

[82] 李志成. 鳜鱼养殖技术要点. 淡水渔业，2002，32 (4)：20-21.

[83] 连常平，梁振昌. 大鲵人工养殖试验初报. 中国水产，2000，(4)：22-24.

[84] 梁健文. 笋壳鱼的养殖现状和发展前景. 海洋与渔业，2009，(6)：29-30.

[85] 梁旭方. 鳜鱼人工饲料的研究. 水产科技情报，2002，29 (2)：64-67.

[86] 梁银铨，胡小建. 长薄鳅的人工繁殖技术的研究. 水生生物学报，2001，25 (4)：422-424.

[87] 梁银铨，梁旭方. 鳜鱼养殖实用新技术. 武汉：湖北科学技术出版社，2006.

[88] 梁保东，潘宏唐. 温、湿度对扬子鳄卵孵化的影响. 四川动物，1990，9 (3)：27-28.

[89] 林超辉. 斜带石斑鱼的生物学特性及养殖技术. 河北渔业，2007，(9)：24-25.

[90] 刘楚吾，徐贺伦等. 环境因素对虎纹蛙胚胎发育的影响. 湛江海洋大学学报，2001，21 (2)：11-12.

[91] 刘楚吾. 蛙无公害养殖综合技术. 北京：中国农业出版社，2003.

[92] 刘恒顺，陈曾龙. 国外鲟鱼养殖技术研究概述. 淡水渔业，1999，29 (11)：40-43.

[93] 刘焕亮等. 鲇人工繁殖关键技术的研究. 大连水产学院学报，1998，13 (2)：1-8.

[94] 刘惠飞. 马粪海胆的养殖技术. 海洋水产科技，1994，(2)：40-42.

[95] 刘佳丽，姚维志等. 笋壳鱼的生物学特征与人工养殖. 水产养殖，2009，(5)：7-8.

[96] 刘家寿等. 美国的匙吻鲟及其渔业. 水生生物学报, 1990, 14 (1): 75-82.

[97] 刘鉴毅, 肖汉兵等. 中国大鲵养殖繁育技术的探讨. 经济动物学报, 1999, 3 (3): 38-42.

[98] 刘筠, 刘楚吾. 鳖和牛蛙的人工养殖. 北京: 中国农业出版社, 1990.

[99] 刘筠, 刘楚吾等. 鳖性腺发育的研究. 水生生物学集刊, 1984, 8 (2): 145-150.

[100] 刘丽, 刘勇波, 刘楚吾. 虎纹蛙的孵化条件及蝌蚪培育技术. 内陆水产, 2001, (3): 12-13.

[101] 刘丽, 缪立平等. 加温条件下乌龟精巢发育的研究. 湛江海洋大学学报, 2000, 20 (4): 1-4.

[102] 刘奇飞. 小体积网箱养殖鳜鱼技术. 淡水渔业, 2000, 30 (8): 25-26.

[103] 刘世禄. 水产养殖苗种培育技术手册. 北京: 中国农业出版社, 2000.

[104] 刘松祥. 青虾苗繁育技术. 科学养鱼, 2001, (1): 41.

[105] 刘涛等. 虹鳟养殖. 北京: 科学技术出版社, 1994.

[106] 刘文生. 名优水产养殖实用技术问答. 广州: 广东经济出版社, 1999.

[107] 刘兴旺, 张海涛. 无公害乌鳢池塘标准化养殖技术. 齐鲁渔业, 2007, 24 (8): 18-20.

[108] 刘修业, 崔同昆等. 黄鳝性逆转时生殖腺的组织学与超微结构变化. 水生生物学报, 1990, 14 (2): 166-169.

[109] 刘永忠, 王云新, 黄国光等. 斜带石斑鱼亲鱼强化培育及自然产卵研究. 中山大学学报: 自然科学版, 2000, 39 (6): 81-83.

[110] 柳富荣. 泥鳅的集约化养殖技术. 淡水渔业, 2000, 30 (6): 23-25.

[111] 龙连玉. 棘胸蛙的人工生态养殖技术. 淡水渔业, 2002, (1): 41-42.

[112] 陆国琦等. 棘胸蛙 (石蛤) 养殖技术. 广州: 广东科技出版社, 2001.

[113] 陆清儿, 李忠全等. 笋壳鱼人工繁殖试验. 水产科技情报, 2005, 32: 68-70.

[114] 路广计. 杨秀女. 特种水产养殖手册. 北京: 中国农业大学出版社, 2000.

[115] 罗琛等. 食用蛙的人工养殖技术. 北京: 中国农业出版社, 1999.

[116] 马达文. 稻田养殖牛蛙、美国青蛙. 北京: 科学技术文献出版社, 2000.

[117] 马怀忠. 泰国笋壳鱼的池塘养殖技术. 福建农业, 2007, (6): 28-29.

[118] 马金刚, 何晏开等. 池塘套养鳜鱼技术. 淡水渔业, 2000, 30 (4): 18-20.

[119] 梅景良, 黄一帆等. 影响牛蛙药效因素的研究. 湖南农业大学学报: 自然科学版, 2004, (5): 57-61.

[120] 聂国兴, 张浩等. 乌鳢营养需要量的初步研究. 水利渔业, 2002, 22 (1): 8-11.

[121] 牛翠娟. 中华鳖幼鳖的能量代谢 (1)——水中呼吸及其与温度、体重的关系. 北京师范大学学报, 1994, 30 (4): 536-539.

[122] 牛明宽等. 大连紫海胆人工苗种越冬的初步研究. 水产科学, 1991, 10 (1): 1-5.

[123] 潘伟志等. 鲇的人工繁殖. 水产学报, 1992, 16 (3): 278-281.

[124] 钱伯圻. 正确把握名特优水产养殖业发展的方向. 浙江渔业, 1997, (6): 25-27.

[125] 钱龙, 艾涛等. 乌鳢苗种培育技术. 淡水渔业, 2000, 39 (1): 11-13.

[126] 钱勇等. 鳜鱼人工繁殖. 水产科技情报, 2001, 28 (2): 73-75.

[127] 乔德亮, 凌去非, 姚化章等. 白斑狗鱼人工繁育技术的初步研究. 科学养鱼, 2002, (5): 15-16.

[128] 乔德亮. 亲鱼培育池套养白斑狗鱼试验. 水利渔业, 2007, 27 (6): 43-44.

[129] 邱东, 孔泳滔, 王琦等. 饵料对中间球海胆品质的影响. 水产科学, 2005, 24 (7): 32-34.

[130] 邱顺林. 长江鲥鱼种群生长和繁殖特性的研究. 动物学报, 1990, 35 (4): 399-408.

[131] 曲景青. 泥鳅养殖. 北京: 科学技术文献出版社, 2000.

[132] 曲秋艺, 孙大江等. 史氏鲟取卵技术的研究. 中国水产科学, 1995, 2 (4): 94-95.

[133] 任东明, 赵国富等. 大鲵的人工养殖实验. 淡水渔业, 1996, 26 (1): 42-44.

[134] 沈俊宝, 张显良. 引进水产优良品种及养殖技术. 北京: 金盾出版社, 2002.

[135] 沈希顺等. 虹鳟实用养殖技术. 北京: 台海出版社, 2000.

[136] 施根荣. 翘嘴红鲌的池塘养殖. 新农村, 2005, (04): 20.

[137] 舒妙安, 林东年编著. 名特水产动物养殖学. 北京: 中国农业科学技术出版社, 2006.

[138] 宋憬愚主编. 简明养龟手册. 北京: 中国农业大学出版社, 2002.

[139] 隋锡林. 海参增养殖. 北京: 农业出版社, 1990.

[140] 孙伯庆, 林建华, 费国平. 蚌鱼混养生态结构的探讨. 水产养殖, 1994, (6): 31-32.

[141] 孙大江, 曲秋艺等. 史氏鲟的人工繁殖和养殖技术. 北京: 海洋出版社, 2000.

[142] 孙大江等. 调节光周期控制虹鳟产卵期的研究. 鲑鳟渔业, 1991, 4 (2): 54-61.

[143] 孙勉英等. 温度对大连紫海胆生长发育的影响. 水产学报, 1991, 15 (1): 72-76.

[144] 孙颖民等. 海水养殖实用技术手册. 北京：中国农业出版社，2000.

[145] 孙永杰，姜广亮. 刺参控温促熟及人工育苗试验. 齐鲁渔业，1997，14（3）：13-15.

[146] 谭永安，刘鉴毅等. 中国大鲵子二代的健康养殖及其病害防治. 水利渔业，2005，25（1）：21-22.

[147] 唐大由，李贵生等编著. 人工养龟. 北京：中国农业出版社，1999.

[148] 唐建清. 克氏原螯虾养殖技术（一）. 水产养殖，2009，（1）：39-41.

[149] 唐勇等. 乌鳢的人工繁殖技术. 淡水渔业，1988，28（2）：46-48.

[150] 陶亚雄，林浩然. 黄鳝自然性反转的研究. 水生生物学报，1991，15（3）：274-278.

[151] 涂涝等. 甲鱼配合饲料中蛋白质、脂肪以及糖类适宜含量初报. 水产科学情报，1995，22（1）：17-20.

[152] 万成炎等. 匙吻鲟受精卵的孵化及仔鱼养殖技术. 水利渔业，1996，（6）：12-16.

[153] 王宾贤编著. 甲鱼、乌龟高产养殖实用技术. 长沙：湖南科学技术出版社，1994.

[154] 王斌，李岩，李霞等. 虾夷马粪海胆"红斑病"病原弧菌特性及致病性. 水产学报，2006，30（3）：371-376.

[155] 王波，张建中，施岩等. 光棘球海胆育苗技术的初步研究. 黄渤海海洋，1993，11（2）：55-61.

[156] 王波等. 牙鲆等主要经济鱼类的生物学及养殖研究概况. 海洋水产研究，2004，25（5）：86-92.

[157] 王波. 虾夷马粪海胆生物学及增殖养殖技术. 齐鲁渔业，1999，16（3）：14-16.

[158] 王冲，李润寅. 俄罗斯鲟苗种养殖技术. 水产科学，2001，20（2）：24-25.

[159] 王春林等. 海水名特优水产品苗种培育手册. 上海：上海科学技术出版社，2003.

[160] 王殿坤. 特种水产养殖. 北京：高等教育出版社，1992.

[161] 王广军，任保振. 红鳍东方鲀网箱养殖技术. 渔业致富指南，2001，13：33-34.

[162] 王涵生. 石斑鱼人工繁殖研究的现状与存在问题. 大连水产学院学报，1997，12（3）：44-51.

[163] 王汉平，林加敬等. 池养鲥鱼人工繁殖的机理与调控. 中国水产科学，1998，（3）：30-37.

[164] 王汉平，钟鸣远等. 珠江口池塘幼鲥养成亲鱼的生理生态学研究. 水产学报，1997，21（4）：386-390.

[165] 王吉桥，程鑫等. 不同密度的虾夷马粪海胆与仿刺参混养的研究. 大连水产学院学报，2007，22（2）：102-108.

[166] 王吉桥等. 主要养殖鲟鱼的生物学特性. 水产科学，1998，17（6）：34-40.

[167] 王建国. 河虾养殖. 北京：中国农业科学技术出版社，2002.

[168] 王克行. 虾蟹类增养殖学. 北京：中国农业出版社，1997.

[169] 王兰明，王玉新等. 乌鳢亲鱼培育技术要点. 黑龙江水产，2007，（1）：23.

[170] 王丽梅. 海胆杂交育种技术研究进展. 水产科学，2005，24（3）：36-39.

[171] 王汝超，童培根，李应森. 次品珠产生原因及防止措施. 水产养殖，2000，（2）：7-8.

[172] 王卫民，查金田. 池养南方大口鲇人工繁殖与苗种培育试验. 水产养殖，2000，（2）：31-33.

[173] 王卫民. 黄颡鱼的规模人工繁殖试验. 水产科学，1999，（3）：9-12.

[174] 王武. 特种水产品养殖新技术. 北京：中国农业出版社，1996.

[175] 王武. 鱼类增养殖学. 北京：中国农业出版社，2000.

[176] 王兴礼，傅廷勇等. 配合饲料培育乌鳢鱼种技术. 淡水渔业，2001，31（5）：22-23.

[177] 王兴章，常忠岳. 马粪海胆筏式养殖技术研究. 现代渔业信息，2004，19（8）：16-18.

[178] 王玉堂，熊真等. 淡水冷水性鱼类养殖新技术. 北京：中国农业出版社，2001.

[179] 王育锋等. 中华鳖快速养殖新技术. 济南：山东科学技术出版社，1994.

[180] 王月香. 虎纹蛙生态养殖创高产. 科学养鱼，2001，（6）：16-17.

[181] 王正凯，吴遵林等. 匙吻鲟人工繁殖技术研究. 淡水渔业，2003，33（1）：42-43.

[182] 王子臣，常亚青. 经济类海胆增养殖研究进展及前景. 海洋科学，1997，20-22.

[183] 王子臣，常亚青. 虾夷马粪海胆人工育苗的研究. 中国水产科学，1997，4（1）：60-67.

[184] 韦启浪，邹红菲等. 鳄鱼养殖场选址的主要因素分析. 野生动物杂志，2009，30（1）：27-29.

[185] 温海深等. 野生鲇鱼人工驯化与饲养技术的研究. 水利渔业，2001，21（2）：19-20.

[186] 无公害乌鳢养殖技术规范. 浙江省地方标准：DB33/T 396.1—2003.

[187] 吴蓓琦，吴锦藻. 商品牛蛙的高效饲养. 中国农村科技，2005，（2）：28.

[188] 吴定虎. 赤点石斑鱼的病害及其防治的初步研究. 福建水产，1989，（3）：59-64.

[189] 吴光明，代国庆等. 泰国笋壳鱼养殖新技术. 中国水产，2009，（4）：32-35.

[190] 吴教东，毕南开. 实用珍珠养殖技术. 北京：金盾出版社，1988.

[191] 吴锦藻. 牛蛙养殖新技术. 南京：江苏科学技术出版社，1995.

[192] 吴业彪，林建国. 美国匙吻鲟及其养殖技术. 淡水渔业，1999，29（1）：38-39.

[193] 吴宗文，卿足平等. 鲇鱼、鲈鱼养殖实用技术. 北京：中国农业出版社，1999.

[194] 吴遵霖，李蓓等. 鳜鱼驯饲集约式网箱养殖技术. 淡水渔业，2002，32（4）：55-56.

[195] 肖永清，石安静. 硫酸铜对三角帆蚌的珍珠质量及外套膜与珍珠囊细胞的影响. 水生生物学报，2000，（3）：263-270.

[196] 谢忠明. 经济蛙类养殖技术. 北京：中国农业出版社，1999.

[197] 谢忠明. 海蜇增养殖技术. 北京：金盾出版社，2004.

[198] 谢忠明，隋锡林，高绪生编著. 海参海胆增养殖技术. 北京：金盾出版社，2005.

[199] 谢忠明主编. 鳜鲈养殖技术. 北京：中国农业出版社，1999.

[200] 熊安红. 虎纹蛙高密度养殖技术. 内陆水产，2001，（4）：32-33.

[201] 徐晋佑，杨勇清等. 蛙类养殖. 广州：广东科技出版社，1998.

[202] 徐在宽，费志良，潘建林编著. 龟鳖无公害养殖综合技术. 北京：中国农业出版社，2003.

[203] 徐在宽，徐明. 怎样办好家庭泥鳅、黄鳝养殖场. 北京：科学技术文献出版社，2009.

[204] 许立成. 翘嘴红鲌的养殖技术. 渔业致富指南，2007，（24）：50-51.

[205] 杨大伟，吕军仪，吴金英等. 牛蛙常见病害及防治的初步研究. 水产科技，2000，（3）：27-30.

[206] 杨代勤，陈芳等. 乌鳢的生物学研究. 水利渔业，2000，20（2）：7-9，3.

[207] 杨代勤，陈芳等. 黄鳝食性的初步研究. 水生生物学报，1997，21（1）：24-30.

[208] 杨代勤，陈芳等. 黄鳝的胚胎发育及鱼苗培育. 湖北农学院学报，1999，（2）：149-153.

[209] 杨辉，陶林. 网箱养殖青虾高产技术. 科学养鱼，2000，（2）：23-24.

[210] 杨明声. 黄鳝发育及生长的研究. 动物学杂志，1997，32（1）：12-14.

[211] 杨品红，李祖军，何望等. 中外淡水珍珠快速育成新技术. 内陆水产，1994，（增刊）：37-38.

[212] 杨先乐. 水产养殖用药处方大全. 北京：化学工业出版社，2008.

[213] 杨旭，姜功敏，周成志等. 虾夷马粪海胆人工育苗. 水产科学，2001，20（3）：19-20.

[214] 杨章武，李正良，郑雅友. 紫海胆人工育苗技术的研究. 台湾海峡，2001，20（10）：32-36.

[215] 叶启旺. 我国香鱼的养殖研究现状与开发前景探讨. 淡水渔业，2003，（6）：61-63.

[216] 殷禄阁，宫春光. 牙鲆的亲鱼培育技术. 河北渔业，2002，（2）：15-16.

[217] 于长清，考伟等. 虾池养殖刺参技术研究. 水产科学，1998，17（6）：15-18.

[218] 余红有，邹胜良，欧阳珊，吴小平. 乌鳢池塘网箱规模化人工繁殖技术研究. 中国水产，2008，（3）：34-35.

[219] 俞小先. 黄颡鱼的生物学特性及养殖. 科学养鱼，2001，（4）：18.

[220] 詹松文，顾树信. 鳜鱼、河鲀网箱养成技术. 淡水渔业，2001，31（1）：20-21.

[221] 战文斌，俞开康. 海参和海胆的疾病. 海洋湖沼通报，1993，（1）：95-102.

[222] 张宝忠，洪冠南. 大鲵的人工养殖技术. 水产养殖，1997，（1）：6-7.

[223] 张驰远. 胡子鲇养殖. 第2版. 北京：科学技术文献出版社，2000.

[224] 张德志，肖慧. 笋壳鱼的人工催产试验. 淡水渔业，2005，35（1）：50-51.

[225] 张根芳，方爱萍. 淡水育珠蚌疾病临床诊断若干重要问题的探讨. 淡水渔业，1999，（5）：10-13.

[226] 张健旭编著. 中华鳖高效养殖及其利用新技术. 北京：中国致公出版社，1997.

[227] 张景春编著. 养龟与疾病防治. 北京：中国农业出版社，2004.

[228] 张君. 翘嘴红鲌亲鱼培育的关键措施. 渔业致富指南，2007，（24）：56.

[229] 张茂友，张伟明等. 鳜鱼温室早繁殖技术初探. 淡水渔业，1999，29（11）：32-33.

[230] 张美昭等. 无公害鲆鲽类标准化生产. 北京：中国农业出版社，2006.

[231] 张孟闻，宗愉，马积藩. 中国动物志. 北京：科学出版社，1998.

[232] 张群乐等. 海参海胆增养殖技术. 青岛：青岛海洋大学出版社，1998.

[233] 张新山. 虎纹蛙的养殖技术. 内陆水产，2000，（1）：32-33.

[234] 张雪松，夏同胜. 一龄内扬子鳄的饲养和管理技术的改进. 动物学杂志，2002，37（2）：49-51.

[235] 张杨宗，谭玉钧，欧阳海. 中国池塘养鱼学. 北京：科学出版社，1989.

[236] 张元培，陆春明. 稀土在育珠生产中的应用. 内陆水产，1995，（4）：25-26.

[237] 章龙珍，庄平等. 人工养殖史氏鲟性腺发育观察. 中国水产科学，2002，9（4）：323-327.

[238] 赵德福，白跃宇等. 龟鳖高效养殖指南. 郑州：中原农民出版社，1999.

[239] 赵鑫. 海胆性腺发育研究概况. 北京水产，2007，（6）：48-54.

[240] 赵云芳. 长薄鳅生物学的初步观察. 四川动物，1995，14（3）：12-13.

[241] 郑勇. 名贵水生动物养殖. 北京：农业出版社，1990.

[242] 郑岳夫等. 象山港海区石斑鱼网箱养殖技术研究. 浙江水产学院学报，1996，15（2）：101-106.

[243]　周碧云. 黄鳝高效益养殖技术. 北京：金盾出版社，1999.

[244]　周华书. 乌鳢的池塘单养技术. 内陆水产，2007，(6)：36-37.

[245]　周敏. 鳄鱼养殖与经营利用产业在我国的发展研究. 福建林业科技，2002，29 (3)：92-95.

[246]　周秋白等. 池塘养鱼新技术. 南昌：江西科学出版社，1999.

[247]　周仁杰，林涛. 斜带石斑鱼人工育苗技术试验. 台湾海峡，2002，21 (1)：57-61.

[248]　周天元，赵淑芬. 泥鳅生态高效养殖技术. 上海：上海科学技术出版社，2005.

[249]　周维武，王华东，邢克敏. 红鳍东方鲀常见疾病及其防治. 科学养鱼，2005，(7)：53-54.

[250]　朱炳全. 石蛙的人工养殖技术（一）、（二）. 淡水渔业，2000，(1)：20-22，(2)：27-29.

[251]　朱士祥，汤峰. 华东地区池塘养殖白斑狗鱼技术探讨. 水利渔业，2008，28 (3)：78-79.

[252]　朱述淦. 泥鳅的人工繁殖及规模化养殖技术. 中国水产，2001，(1)：39-41.

[253]　邹叶茂. 特种水产品养殖. 北京：中国农业出版社，2002.